北京大学国家地质学基础科学研究和教学人才培养基地系列教材

普通地质学

（第2版）

吴泰然　何国琦　等编著

图书在版编目(CIP)数据

普通地质学/吴泰然,何国琦等编著.—2版.—北京:北京大学出版社,2011.1
ISBN 978-7-301-18294-9

Ⅰ.①普… Ⅱ.①吴…②何… Ⅲ.①地质学—高等学校—教材 Ⅳ.①P5

中国版本图书馆CIP数据核字(2010)第251795号

书　　名:普通地质学(第2版)
PUTONG DIZHIXUE
著作责任者:吴泰然　何国琦　等编著
责 任 编 辑:王树通
标 准 书 号:ISBN 978-7-301-18294-9/P·0076
出 版 发 行:北京大学出版社
地　　址:北京市海淀区成府路205号　100871
网　　址:http://www.pup.cn
电 子 信 箱:zpup@pup.pku.edu.cn
电　　话:邮购部62752015　发行部62750672　编辑部62764976　出版部62754962
印 刷 者:河北博文科技印务有限公司
经 销 者:新华书店
787毫米×1092毫米　16开本　21.25印张　4彩插　542千字
2003年8月第1版
2011年1月第2版　2025年3月第20次印刷
定　　价:59.00元

雄黄(左)、黄铁矿(中上)、萤石(右上)、磁铁矿(中下)、云母(右下)

图 4-5 晶体形态各异的矿物

图 5-16 不同的土壤剖面

图 4-9　各种常见的矿物

图 4-10　各种常见的造岩矿物

图 6-7　2002 年 3 月 19 日上午袭击北京的沙尘暴

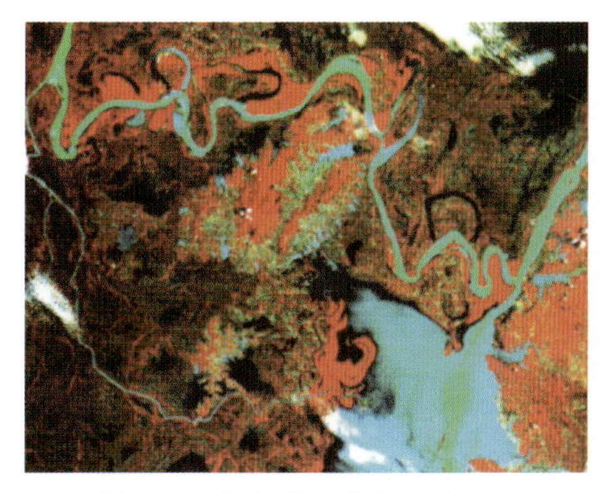
图 7-20　长江荆江段的卫星照片

图 7-21　河曲与残留的牛轭湖

图 9-13　围谷和 U 形谷

图 9-14　冰斗、刃脊和角峰

图 8-12　四川黄龙的钙质泉华

图 8-16　风光旖旎的桂林山水

图 10-30　障礁(a)与环礁(b)

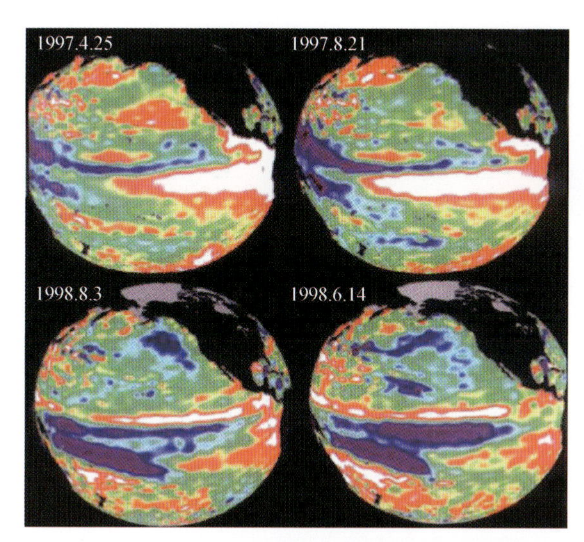

图 10-12　1997—1998 年的厄尔尼诺现象

图 10-35　正在喷出的海底黑烟

图 10-43　石英砂岩(左图)和杂砂岩(右图)

图 10-44　最常见的泥质岩——页岩

图 10-45　紫红色竹叶状灰岩

图 14-13　火山岩的玻璃质结构和隐晶质结构

图 14-14　火山岩中的斑状结构

图 14-16　气孔状构造(左)和杏仁状构造(右)

图 14-20　酸性火山岩——流纹岩

图 14-22　基性火山岩——玄武岩

图 14-23　不同成分和形态的火山弹

图 14-24　火山角砾岩

图 14-34　花岗岩

图 14-35　闪长岩

图 14-36　辉长岩

图 14-37　橄榄岩

图 15-13　变质程度最低的岩石类型——板岩

图 15-14　千枚岩

图 15-15　含石榴子石绿片岩

图 15-18　片麻岩

图 16-23 河流在凹岸的侵蚀作用造成公路的破坏

图 17-7 新疆吐鲁番盆地的坎儿井

图 17-8 游牧中的蒙古包

图 17-11 工厂排污使海滩变成了铁黄色

图 17-18 工厂排放的废气造成严重的大气污染

再版前言

普通地质学是地质学专业的入门课程，也是其他相关专业和地球科学爱好者所必修的课程。1988年，美国《时代》周刊将地球推选为该年度的“风云人物”，把人类赖以生存的地球提高到前所未有的位置，普通地质学的教学越发显示其重要性。

普通地质学的教学已有两百多年的历史。英国人A. 盖基将地质作用概括成外动力作用和内动力作用两大类，并引入近代地质学奠基人赖尔“将今论古”的理论，使普通地质学成为一门较为系统和成熟的课程，至今也已有一百多年了，其结构和教学内容至今没有实质性的变化。然而，自20世纪50～60年代以来，地球科学，其中也包括地质学的学科内容和体系正在发生巨大的变化，特别是联合国里约热内卢环发会议上指出了人类21世纪所面临的是“人口、资源、环境”三大问题和20世纪90年代的“国际减灾十年”，地质学的任务也已从较单纯地保障社会生存和发展及对水、能源和其他各类资源的需求，转而为社会可持续发展的更多方面服务的轨道上来了。地质学科本身及其任务的深刻变化决定了普通地质学课程的教学内容必须大幅度改变。为适应当前经济和社会发展以及面向21世纪人才培养的需要，北京大学地球与空间科学学院普通地质学课程建设研究组多次开会研究教学内容改革问题，并参考了美、英、俄等国的《普通地质学》最新教材多种，在此次课程建设中对普通地质学教学内容作了较大的改动。对比以往的普通地质学教学内容，第二版教材教学内容的改进主要反映在以下几个方面：

(1) 以往在内、外动力地质作用的教学中，对每一类地质作用过程的讲解一般遵循三段式，即：现象—机理—实例的模式，侧重在知识本身的传授。本教材始终贯穿了加强“资源与环境”、“地质灾害与防护”等与经济建设密切相关内容的做法。如风化作用，在强调它是一切外动力地质作用的先导并讲解物理、化学、生物等风化作用的机理外，加入了酸雨的有关内容；在地表水和地下水的地质作用、海洋的地质作用等章节中加强了有关资源与环境方面的内容；在重力、地震、火山地质作用等章节中加强了地质灾害及其防护等方面的内容，为教学对象在今后相关领域的研究中打下基础。

(2) “地球系统”的未来在很大的程度上取决于人类活动作为一种地质因素对“地球系统”的叠加效应。第十七章侧重探讨人与地球的关系，在普通地质学教学中是一种新的尝试。从影响人类活动的环境变迁、人类与地球系统的关系、人类在地球系统中的作用等几个方面，较为系统地介绍了人地关系。使教学对象认识到人类只有一个地球，并对它的未来有一定的了解，从而树立环保意识，并负起保护地球、保护环境的任务。

(3) 本教材的另一特点是大量使用了我国的典型地质现象作为教学案例，避免了在使用国外原版教材作为教学参考书时经常会遇到的一些问题。

按照“地球系统”组织教学内容是一个很大的改变，难度大。本教材的教学大纲是经过教学研究小组多次反复讨论的基础上确定的。在第二版教材中增加许多新内容的同时，如何保持适当的分量，如何与后续课程衔接，都经过了教学小组的认真研究。我们的目标不是要把一部《百科》灌输给学生，而是要使学生掌握地球学科知识体系的概貌，在日后的学习和工作中遇到问题知道去哪里找解答。

本教材由吴泰然、何国琦等执笔编著，但却包含了教学研究小组李茂松、韩宝福、张志诚、郑文涛等人多年的教学成果和心得。本次教材修订主要根据学科的发展调整了部分内容。

吴泰然

2010年8月

目　　录

第一章 绪 论

“地质学”(geology)一词原意是关于地球的知识，亦可称为地球科学。但地质学并不能涵盖地球科学的全部，“地球科学”还包括了诸如地理学、地球物理学、气象学等。通常情况下，earth sciences 表达地球科学的全部，geoscience 表达固体地球科学部分，而 geology 只用于狭义的地质学。

地质学是一门最古老的科学，她的形成与人类的诞生几乎是同步的。人类诞生不久就学会了使用工具，认识各种石材以提高生产效率是社会发展的必然，并逐渐进入石器时代(图 1-1)。但人类诞生初期，对一些激烈的自然现象不能理解，尤其是一些灾变性的自然现象给人类带来巨大的灾难，其结果是造成人类的恐惧心理。这些现象被逐渐地神化，形成自然崇拜和图腾崇拜。一直到 19 世纪初叶，人类对地球的探索仍基本属于自然哲学的范畴。

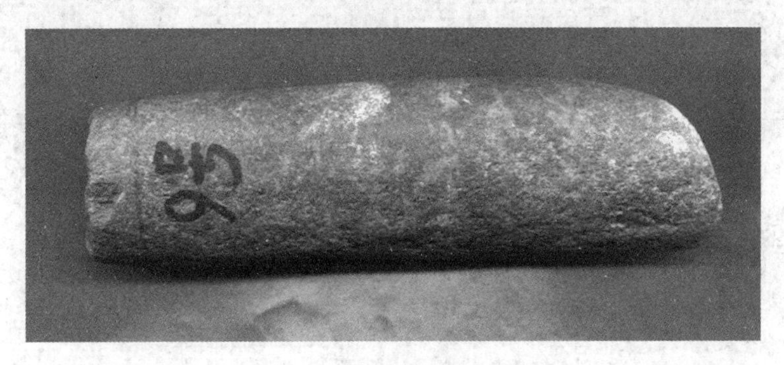

图 1-1　新石器时代的石棒

1830—1833 年，英国地质学家赖尔(Charles Lyell, 1797—1875)出版了三卷本的《地质学原理》，把理智带进了地质学(图 1-2)。赖尔运用现实主义的方法，从三个基本点出发：第一，改变地球面貌的力在全部地质历史中就其性质和强度看是一样的，即同一性原则；第二，这些力的作用缓慢，但从不间断；第三，这些缓慢地变化经过漫长的地质历史的累积，就导致了地球面貌的巨大变化。赖尔学术思想的重要意义在于地质学家可以通过对现在地球经历的地质作用过程的研究，来推断地质历史中曾经发生的地质作用过程，使地质学的研究发生了质的飞跃。这一“将今论古”的思想被英国的地质学家盖基(A. Geikie)概括为一句格言：现在是了解过去的一把钥匙(the present is the key to the past)。

图 1-2　现代地质学的奠基者——赖尔(C. Lyell)

1.1 地质学的研究对象、内容和意义

地质学的研究对象是地球(图1-3),其范围包括了从地核到外层大气的整个地球,但主要是固体地球部分。随着地球科学的发展,地质学的研究对象也在发生变化。最初,地质学家的主要观察对象是大陆,其研究范围所涉及的只是大陆地壳,加上大陆地壳还有广阔的地区被第四纪沉积物所覆盖,实际的研究区域只是地球表面很小的范围。随着地质学自身的发展、科学技术进步和相关学科交叉研究的推进,地质学的研究对象已经从大陆向大洋,从地壳向地幔及更深部发展,从岩石圈到地球各圈层之间的相互作用;阿波罗登月、卫星技术、大型天文望远镜导致了行星比较地质学的产生,使地质学的研究对象扩展到类地行星的比较研究,并获得了大量关于地球起源(太阳系起源)的信息。虽然地质学的研究对象已经发生了巨大的变化,但地质学主流的研究对象还是集中在地球的上部——岩石圈。

图1-3　从月球上拍摄的地球照片

地质学研究的内容可以概括为三个主要方面:一是地球的物质组成和结构构造,二是地球的形成和演化,三是研究地质学与社会经济发展相适应的实用技术。地球的物质组成主要研究元素、矿物、岩石、建造甚至是构造单元以及它们的行为特征(图1-4),地球的结构构造则主要研究元素、矿物、岩石、建造和构造单元之间的相互关系,虽然其研究内容也涉及物质成分的动态特征,但其研究内容主要还是地球的静态特征;地球的形成和演化

图1-4　构成地壳岩石的基础——矿物

研究的内容主要包括地球及类地行星的起源、地球各圈层的形成、生命的起源以及它们宏观的、微观的发展、变化过程的规律、特征和不同地质单元之间的相互关系和相互作用过程，其研究内容主要是地球的动态特征；与社会经济发展相适应的实用技术主要包括了资源、环境、减灾以及用于地质研究、勘探、开发的各种实用技术。

随着科学技术的发展，地质学研究的内容也在不断地发生变化，地质学和相关学科的交叉渗透，地质学研究的内容和所涉及的范围已经今非昔比，主要表现为一些综合性学科的发展。这些综合性学科通常把一个地区甚至是整个地球（如"全球变化"、"地球系统"等）作为整体，系统研究区域的总体特征及其制约区域地学过程的各种因素和它们的相互关系。

地质学首先是自然科学的组成部分，其研究结果对自然辩证法体系的完整性也有重要的意义，恩格斯在《自然辩证法》中就高度评价了赖尔和达尔文的工作。从地球科学发展的观点看，地质学的研究意义在于揭示地球的形成、发展、演化过程及其规律和各种地学过程的成因机制及演化规律，这些规律将在社会经济发展中发挥巨大的作用。

地质学研究更重要的意义在于服务社会经济的发展。20世纪末，人类即将跨进21世纪之际，国际社会对地球科学寄予了厚望，纷纷制定了21世纪的发展战略。1991年国家自然科学基金委员会组织专家编写了《地质科学发展战略研究报告》，提出了21世纪中国地质科学的主要任务和发展目标。1992年联合国在里约热内卢召开的环发会议，指出了人类在21所面临的主要问题是人口、环境和资源，并提出了可持续发展的战略。1993年美国国家研究委员会也编写了《固体地球科学与社会》一书，为21世纪的地球科学提出了四个目标：① 了解所有研究领域的各种作用过程；② 满足自然资源的需求；③ 减轻地质灾害；④ 调节和缩小全球变化的影响。所有这些都明确地表明，21世纪地球科学在发展学科自己的同时，必须适应于社会发展的需要，服务于经济建设和人类本身。由此可见，地质学家不再只关心地球上已经发生过的各种地质作用，也不再只是向地球索取，而更加关心正在发生和将来可能发生的各种事件和过程（图1-5）。

图1-5 汶川地震造成的强烈破坏

1.2 地质学的研究方法

地质学的研究方法和其他自然科学既相似又有所区别，与其他自然科学相似的地方就是它的严谨性，所有的自然科学都必须遵循严谨的科学态度，才可能获得准确的科研成果。由于地质科学本身的复杂性，地质学与其他自然科学的研究方法也有所区别。科学的论证方法有三段式的逻辑推理也有归纳法的综合推理，虽然地质学也有很多三段式的逻辑推理，但更多的科学结论来源于归纳法的应用，这也是地质学研究的特点之一。

大多数的地质学分支学科的研究工作是从野外调查开始的，传统的野外地质调查所使用的工具是被地质工作者称为“老三件”的锤子、罗盘、放大镜。今天的野外地质装备已经发生了巨大的改变，笔记本电脑、数码相机、手执 GPS 已经成为“新三件”，甚至更先进的卫星电话、现场成像系统等。

野外地质工作的主要任务有三项：确定地质体之间的空间关系，确定地质事件发生的时间关系，确定岩石组成的整体和局部的特征和采集典型的野外标本。时空关系的确定只能在野外进行，尤其是地质事件发生的相对时间关系。通过野外确定地质体的相互接触关系是确定地质事件时空关系的主要方法，而且这些工作也是地质学研究的基础，离开野外地质工作，地质学研究将成为无米之炊。当然部分地质学研究中的辅助工作只进行室内研究部分，但并不是学科的全部。

完成野外工作以后，大部分的地质学分支学科还需要进行室内的分析研究工作，即对岩石样品进行各种物理、化学指标的分析。各分支学科的分析内容有比较大的差异，如构造地质学通常要测定地质事件发生时间、构造环境的物理化学条件等，岩石学通常要分析岩石中各种元素的含量及其同位素特征等，石油地质学通常要分析孔隙度、渗透率、有机质含量和种类等。样品分析的精确程度会影响到研究结果的可靠性，因此地质学研究所使用的通常是世界最先进的分析仪器。现在地质学研究中常用的仪器有等离子质谱仪、X 光衍射仪、离子探针等(图 1-6，图 1-7)。室内的研究工作通常还会使用大量的辅助工具，用来扩大人类的观察能力，如偏光显微镜、电子显微镜以及被广泛使用的电子计算机。

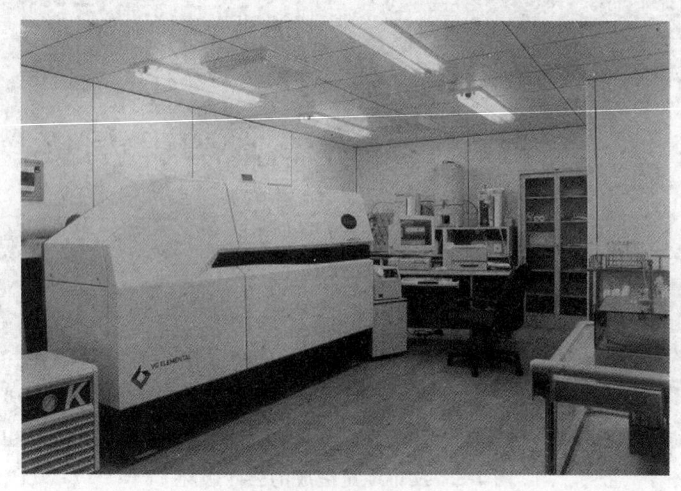

图 1-6 ICP-MS 多通道高分辨率等离子质谱仪

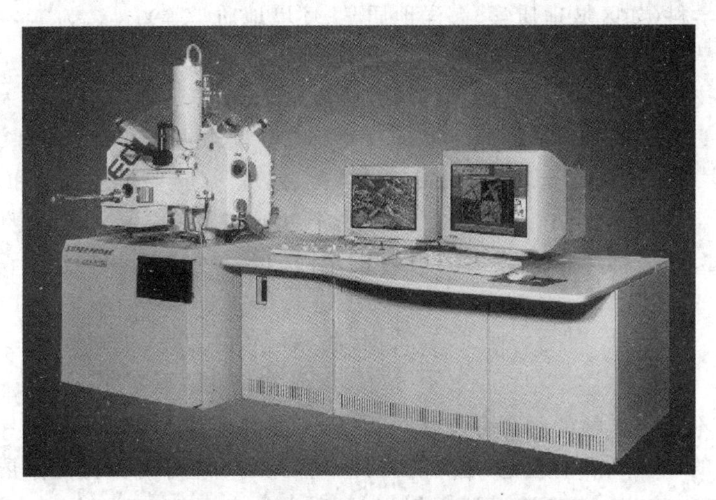

图 1-7 电子探针 X 射线显微分析仪

室内外研究只是地质学研究的基础，地质学研究的整个过程应该包括如下的步骤：

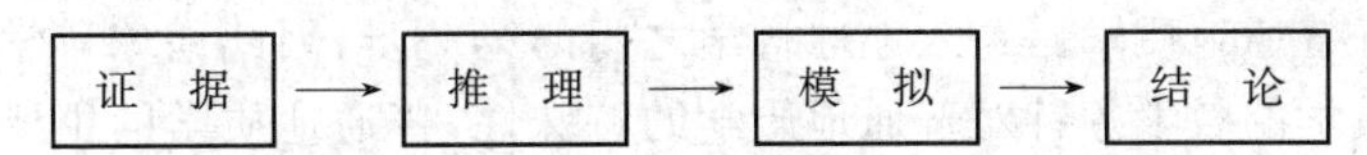

所谓的“证据”，就是将野外的、室内的、前人的和相关学科的成果等各方面获得的地质信息都综合起来，并且分门别类，去伪存真。“推理”就是用合理的地学过程将所获得的资料串连起来，把原来点状分布的、零散的信息变成空间的、相关联的信息，并对地质过程有一个初步的认识。因此，对于地质学家来说，能否对所掌握的资料进行合理地综合分析，是能否得出正确结论的关键。在条件允许的情况下，可以对推理过程进行模拟，再现地学过程的原貌，这也是结论是否成立的有力佐证。随着计算机技术的发展，地质过程的模拟正越来越多地被使用。地质学研究当然要给出所研究课题的最终结果——结论。因为地质学的许多研究属于归纳式的科学，所以合理的结论应该能够解释研究区或者课题中出现的最多的现象。

1.3 地质学的分支学科和相关学科

地质学所涉及的范围很广，其分支学科和相关学科覆盖了整个地球科学，甚至是整个自然科学。数学、物理学、化学、生物学，尤其是计算机科学的发展，往往也带动了地质学的发展。如生物学的研究方法促进了古生物学的发展，数学和计算机技术的发展直接关系到地质模型的建立和模拟的可靠性，甚至产生了“数字地球”的新领域等；反之地质学问题的提出，也会促进相关学科的发展。如对地质事件发生的绝对年代确定，促使各种同位素定年技术的发展，对样品测试精度的需求促进了分析仪器的开发。现代科学发展有一个很明显的特点就是相关学科的相互渗透，因此要严格的界定地质学的研究领域和分支学科已经比较困难。从地质学各主要分支学科研究的内容看，大致可以把地质学划分为下列几个大的领域：

(1) 研究地球物质组成的学科(如岩石学、矿物学、晶体光学等)；

(2) 研究地球结构、构造的学科(如显微构造学、构造地质学、大地构造学等)；

(3) 研究地球演化历史的学科(如古生物学、地层学、地史学等)；

(4) 综合性学科(如区域地质学、海洋地质学、环境地质学等);

(5) 应用性学科(如矿床地质学、石油地质学、灾害地质学等);

(6) 研究新技术的学科(如遥感地质学、数学地质学、信息地质学等)。

作为地质学近亲的相关学科主要有:地球物理学(主要是固体地球物理领域)、地球化学(目前在国务院学科目录中属于地质学的二级学科)、地理学(主要是地貌学和自然地理领域)。实际上地球物理学和地球化学与地质学已经是密不可分的兄弟学科,20世纪中叶以后的地球科学革命,正是地质学、地球物理学、地球化学的全面结合导致了板块构造学说的诞生。

1.4　普通地质学的任务

普通地质学不是地质学的一个分支学科,其讲授的内容是地质学的概况和一些基本知识,包括各分支学科的一些成熟的理论(通常在授课中会介绍一些学科的最新进展)。这些内容主要包括:地球的基本知识、内外动力地质作用、地质学的发展等,近年出版的普通地质学类教材一般还包括了资源、环境、减灾、人与地球等方面的知识,反映了地质学适应社会经济发展的需要。作为地质学的概览,《普通地质学》是所有地球科学工作者的入门教材,也是业余爱好者的必读教材。学好普通地质学是跨入地球科学之门的第一步,因此地球科学的各分支学科都非常重视普通地质学的教学。针对普通地质学的特殊性,普通地质学的主要任务应该包括以下一些内容。

(1) 了解地质学的基本特点。正如前面所论述过的一样,地质学研究也有自己的特点。地质学的主要特点可以归纳为以下三个方面:① 归纳式的逻辑推理,这是地质学所面对的问题的复杂程度所决定的。当然地质学研究也不乏三段式的逻辑推理,但在实际的课题研究中碰到更多的是资料的综合、归纳的推理。基于这种方式所获得的结论就需要有大量的证据支持,这就需要地质工作者付出更大的努力。② 大跨度的空间和时间尺度。地质学研究的时空尺度通常是大跨度的,时间尺度通常以距今多少百万年(Ma)为单位,空间范围几乎涉及整个地球,区域地质研究也往往涉及几个省区。另一方面地质学还研究显微尺度的地质现象,如晶体结构、显微构造、微区年龄等微观世界的地质现象,这些当然要借助于高精度的实验设备。③ 结论的不确定性。地质学所研究的问题大部分是反演问题,通常是以现在的观测结果去推断地质历史中发生过的事件,问题的多解性是显而易见的,这种特点造成了结论的不确定性。解决这一问题的途径有两种办法:第一是进行多角度、多学科的综合研究,以期获得最合理的结论;第二是依靠资料的不断积累和更新,依靠科学技术的发展去获得更精确的资料,使结论越来越接近事实。了解地质学的这些特点对今后的学习和工作是很有帮助的。

(2) 学会使用规范的地质学语言,这是普通地质学的另一个重要任务。地质学家只有使用规范的地质学语言,才能顺利地进行沟通,有效地进行学术交流。这就需要地质工作者掌握地质学的基础知识,明确各种地质术语的含义,同时遵守地质工作的规范,才能达到沟通和交流的目的。当然这需要一个积累的过程,但必须从普通地质学的学习开始。

(3) 掌握地球的基本知识和内外地质作用过程的基本内容。这是普通地质学授课的主要内容,课程包含了许多地质学分支学科的基础知识,掌握这些知识,对学好各分支学科的后续课程是大有帮助的。

(4) 掌握地质工作的基本方法,具备初步的野外调查能力。通过课内实习和野外实习加深对课堂内容的认识,同时学习野外调查方法,也是普通地质学的重要任务。

进一步阅读书目

张宝政,陈琦.地质学原理.北京:地质出版社,1989
肖庆辉.地球科学进展.北京:中国地质大学出版社,1994
陈传康,黎勇奇.地球科学.北京:高等教育出版社,1997
汪新文.地球科学概论.北京:地质出版社,1999
刘本培,蔡运龙.地球科学导论.北京:高等教育出版社,2000
杨树锋.地球科学概论.杭州:浙江大学出版社,2001
夏邦栋.普通地质学.北京:地质出版社,2006
黄定华.普通地质学.北京:高等教育出版社,2006
杨坤光,袁晏明.地质学基础.武汉:中国地质大学出版社,2009
Carla W M. Fundamentals of geology. Dubuque, IA: Wm. C. Brown, 1997
Jonathan, I L. Earth. Cambridge University Press, 2000
James S M, Reed W M. Essentials of geology. Australia: Brooks/Cole, 2002
Plummer C C, McGeary D & Carlson D H. Physical Geology. WCB/McGraw-Hill, 2004

第二章　宇宙、太阳系和地球

2.1　宇宙的起源

宇宙的起源历来是天文学家和广大的科学爱好者所关注的问题。对于宇宙的认识，人类是由近而远、由表及里不断深入的。人类最初对天地宇宙的初浅认识和迷惑不解，往往导致一些神话的诞生。关于宇宙的起源，每个民族都有一些美丽的传说，这些传说大多包括天、地、太阳、月亮、星星的形成。而日食、月食、彗星等不常见的天象则往往被认为是不吉利的。

传说远古时期，天地形成之前到处是一片混沌，分不出东西南北，在这一片混沌的中间孕育了人类始祖盘古氏(图 2-1)。他用自己制造的石斧劈开了混沌的世界，清者日升一丈，浊者日降一丈，经过了 18000 年终于形成了天地。盘古开天辟地的传说代表了古代中国人对宇宙起源朴素的理解。

图 2-1　盘古画像

古印度人认为，世界像球面的一部分，由几头巨兽驮着，巨象站在海龟的背上，海龟又骑在盘卷成一团的巨蛇上面，高高的塔尖就是高耸入云的山峰(图 2-2)。

古埃及人则认为他们居住的地方是四周环绕高山的谷底，天被山峰支撑着，天的形态好像屋顶，星星是悬在屋梁上的油灯(图 2-3)。

图 2-2　古印度人对宇宙的认识

图 2-3　古埃及人对宇宙的认识

宇宙起源的哲学观

关于宇宙的起源，我国古代著名思想家李聃的一段话历来为研究宇宙起源的科学家所推崇。《老子》曰："有物混成，先天地生，寂兮廖兮，独立不改，周行而不殆，可以为天地母。吾不知其名，字之曰'道'"，"道生一，一生二，二生三，三生万物"。如果把"道"理解为能量的话，从道生一到万物的形成，生动地描绘了宇宙的起源问题。可以说老子的这一思想，已经包含了现代宇宙起源理论的最基本的内容。

公元2世纪，古希腊哲学家托勒密总结了前人的认识后提出了"地心说"理论体系，这一理论流传了14个世纪，极大地推动了天文学的研究。直到今天，天文学家仍然在使用托勒密"天球"的概念。经过哥白尼、伽利略、开普勒等著名天文学家不断地努力，人类终于在牛顿力学体系下对宇宙有了一个全新的认识。

1686年牛顿发表了《自然哲学的数学原理》一书，并论证了万有引力定律。从17世纪开始，天文学家根据牛顿力学的原理去研究宇宙，得出的结论是：宇宙在空间和时间上都是无限的。恩格斯把当时的这一科学论断写入了他的著作中，成为自然辩证法的组成部分。牛顿的万有引力定律在当时对天文学的研究起到了巨大的推动作用(图2-4)。牛顿力学体系下的宇宙观可以归结到以下几点：

(1) 宇宙空间是无限的；

(2) 时间既没有起点也没有终点；

(3) 星体在万有引力作用下运动。

这种看似运动的宇宙认识论实际上是一种静态的宇宙观，因为宇宙是在万有引力的作用下进行着永恒不变的运动。

图2-4　伟大的科学家牛顿

大爆炸理论

乘坐过火车的人可能都有这样的经验，当一列火车迎面驶来时，我们会觉得汽笛的声音非常尖锐；而当火车经过身边远离我们而去时，汽笛的声音会突然变得低沉，这是一个多普勒效应的实例。根据爱因斯坦相对论原理可以推出，辐射源向观测者方向运动时，其辐射波的波长将变短；而辐射源远离观测者而去时，其辐射波的波长将变长，这就是多普勒效应。

把多普勒效应原理应用到天体的观测中，当天体远离观测者而去时，其辐射光谱谱线的波长将变长，向红端移动；反之，如果天体向观测者靠近，其辐射光谱谱线的波长将变短。根据这一原理观测的结果大大出乎天文学家的预料，他们发现，所有的星系全都远离我们而去，其退行速度达到每秒数千千米。天文学家把远离我们而去的星系退行现象称为红移。

20世纪30年代，美国天文学家哈勃在对比研究各星系的红移资料时发现，距离我们越远的星系，其退行的速度越大，即红移的大小与星系的距离成正比。这一红移和距离的关系被称之为"哈勃定律"。根据这一定律可以想象，观测者不论位于宇宙的什么地方，其观测结果都是相同的，所有的星系全都远离观测者四散而去。哈勃的这一发现使人们对宇宙有了一个全新的认识，宇宙并不是静态的、永恒不变的，而是动态的、膨胀的。

1946 年俄裔美国天文学家加莫夫根据宇宙膨胀的现象提出了大爆炸学说，即宇宙起源于 150 亿年前的一次大爆炸(图 2-5)。大爆炸发生后的大约 10^{-43} 秒，宇宙进入了“普朗克时代”，这个时代的物质密度、空间尺度、时间经历都处于极限状态，温度可达 10^{32} K；当温度下降到 10^{13} K 时，宇宙进入了“强子时代”，这时的宇宙有大量的质子、中子和其他粒子发生强相互作用；大爆炸之后大约 1 秒，宇宙进入“轻子时代”，以电子、中微子和其他粒子发生弱相互作用为特征，并辐射出光子；大约 1 分钟后，宇宙进入“辐射时代”，此时的温度仍高达 10^{10} K，光辐射能量达到极大值，并逐渐开始简单的核合成；核合成时期结束之后，宇宙经历了“物质时代”，当温度下降到 4000～3000 K 时，电子和质子几乎全部结合成氢原子。这一理论能够较好地解释宇宙的膨胀和宇宙中氢和氦的原始丰度问题。两年之后，加莫夫又预测了大爆炸余烬大约5～10 K 的背景辐射，他的预测在 1965 年得到了美国彭齐亚斯和威尔逊两位工程师的证实，其背景辐射值相当于 3 K，大爆炸理论也得到了普遍的认同。当然，大爆炸理论中所说的爆炸并不是我们日常见到的，以一个确定点为中心的爆炸，而是一开始就充满宇宙空间的膨胀，所有宇宙中的星系都远离其他星系而去。

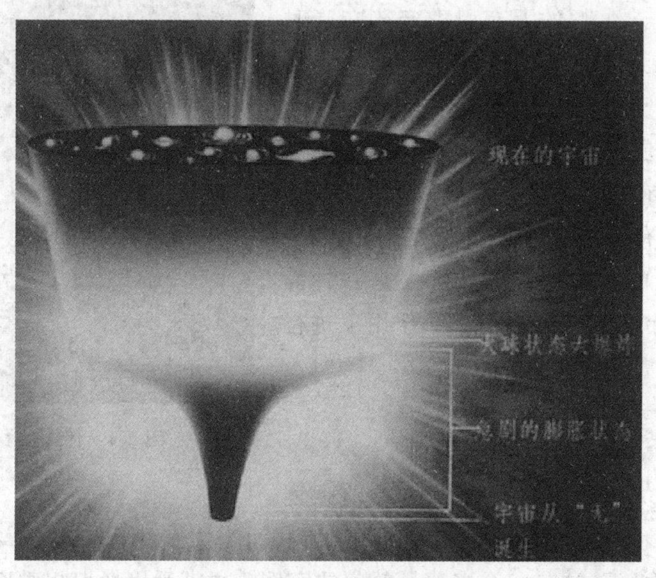

图 2-5　大爆炸宇宙模型示意图

关于宇宙起源的问题应该说到目前为止还没有完全解决，例如大爆炸理论仍然存在着宇宙如何从无到有的问题，或者说是对大爆炸发生的最初时刻($0～10^{-43}$ 秒)宇宙所发生的事情仍然了解很少。宇宙的物质又是如何从分布极端的均匀状态，发展到今天的极不均匀状态的，这些问题至今还没有令人满意的解释。

2.2　星系的演化

主序星

从星系诞生起，恒星在万有引力的作用下不断地收缩，温度也不断升高。当恒星的内部温度升高到700万度时，其内部开始发生氢的热核反应，由此产生热膨胀力与收缩力相抵抗，达到动态平衡，使恒星长期处于稳定状态，称为主序星阶段。主序星阶段是恒星演化中周期最长的一个阶段，太阳系进入这一阶段大约有50亿年了，估计太阳的主序星阶段约有100亿年。恒星质量的大小决定了恒星在主序星阶段的亮度和生命周期，但并不是质量越大生命周期越长，质量大的恒星用于抵抗收缩力的能耗也就越大，其生命周期反而越短。

红巨星

恒星演化到老年期时，氢燃料逐渐耗尽，氢的热核反应停止，其中心部分在引力作用下急剧收缩，并释放出巨大的能量，使温度再次升高，外壳急剧膨胀，形成红巨星。由主序星转化成红巨星的过程很快，在引力作用下，红巨星的内部温度重新升高，又发生了氦的热核反应，因此红巨星还可以停留相当长的时间。红巨星的表面温度虽然降低，但总发光量却增加了，因此变成一颗呈红色的亮星。

白矮星

白矮星恒星演化至晚期阶段，形成于红巨星中心的一种低光度、高密度、高温度的恒星。因为它的颜色呈白色、体积比较矮小，因此被命名为白矮星，如天狼星伴星（图2-6）。根据白矮星的半径和质量，可以算出它的表面重力大约为地球表面的1000万～10亿倍。在这样高的压力下，任何物体都已不复存在，连原子都被压碎了，电子脱离了原子轨道变为自由电子，被称为“电子简并态”。电子简并压与白矮星强大的重力平衡，维持着白矮星的稳定。

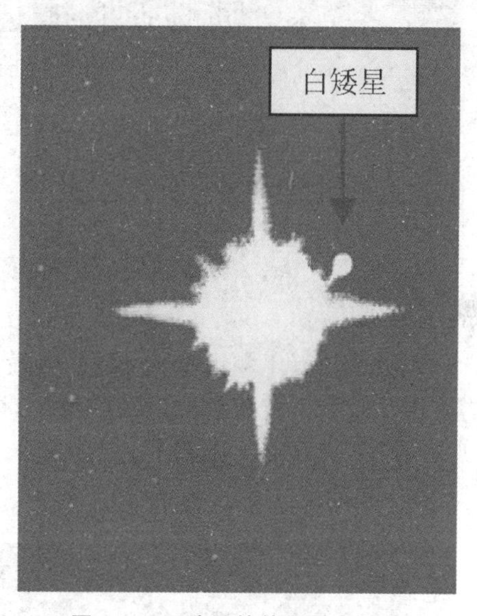

图2-6 天狼星的伴星是白矮星

超新星

天文观测者经常会发现，在某一星座位置上会突然出现一颗闪亮的“新星”，新星经过一段时间后会很快地变暗，并逐渐消失，故古人称之为“客星”。新星实际上是恒星演化到最后阶段发生猛烈爆发所形成的。超新星是爆发规模超过新星的一种“变星”，一般存在的时间只有几天到几个月。

超新星是恒星即将灭亡时的现象，其爆发的光强度相当于太阳的10^{7}～10^{10}倍，释放能量10^{40}～10^{47}焦耳（图2-7）。I型超新星爆发后的物质被抛射到宇宙中弥散为星际物质，结束恒星的演化史；II型超新星未经过白矮星阶段，由红巨星爆发后，外层解体膨胀为星云，中心迅速坍塌形成中子星或黑洞，从而进入恒星演化的晚期和终了阶段。超新星爆发后形成强的射电源、X射线源和宇宙线源。超新星还是星际重元素的主要贡献者。

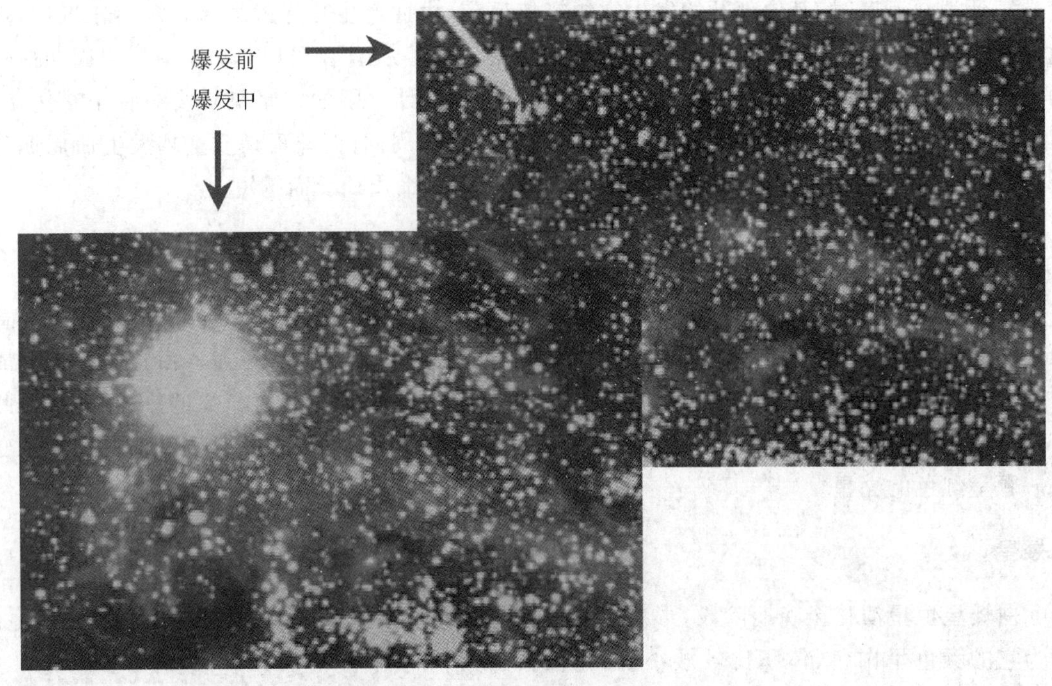

图 2-7 麦哲伦星云中的超新星爆发

2.3 太阳系的起源

太阳系的构成

太阳系拥有 1 颗恒星、8 颗行星、最少 165 颗卫星和一些矮行星、小行星、彗星、陨星、星际物质等。太阳系位于银河系的旋臂上，以大约两亿年的周期绕银河系的中心旋转。目前学界以“日球层”来定义太阳系的边界，其半径约合 90 个天文单位(一个天文单位为日地距离，约 1.5×10^{8} km)。

图 2-8 太阳风的形态

太阳系的中心是太阳，一颗炽热的恒星。太阳的内部温度达到 $10\sim15\times10^{6}$ K，其能源来自内部的热核反应。组成太阳的物质主要是氢(约 70%)和氦(27%)，其他元素只占 2.5%左右。太阳的最外部是由日冕组成的太阳大气，从日冕中升起的粒子流构成了太阳风向宇宙空间辐射，并带走了太阳热核反应的部分能量(图 2-8)。太阳质量大约是太阳系全部质量的 99.866%，行星的质量在太阳系中可以说是微不足道的。不可思议的是，太阳的动量和它所具有的质量却很不相称，只占太阳系总转动惯量的2%。

太阳系的行星可以分为两大类：类地行星和类木行星。靠近太阳的4颗行星(水星、金星、地球和火星)与地球的大小、物质组成和内部结构等方面都很相似，故称为类地行星亦称内行星；太阳系靠外侧的四颗行星(木星、土星、天王星和海王星)，由于与木星的性质相近，称为类木行星，又称为外行星。

水星是离太阳最近的一颗行星，其直径仅为地球的2/5，表面温度为−173℃～143℃。水星的表面和月球非常相似，布满了大大小小的陨石坑(图2-9)。水星的自转速度很慢，自转周期相当于地球的59昼夜，约为公转周期的2/3。水星的密度为5.43 g/cm^3，与地球极为相似。

图2-9 水星的表面布满了陨石坑

图2-10 金星的表面覆盖着厚厚的大气

金星不仅是地球的近邻，而且各种物理参数和地球也极为相似，是地球的“姐妹”，也是行星比较地质学的主要研究对象，对研究地球的形成和演化具有重要的意义。金星的外层是浓密的大气，表面有90个大气压。大气的主要成分是CO_2，温室效应使金星的表面温度高达467℃。金星的自转速度极为缓慢(周期为117地球昼夜)，与其他行星不一样的是金星的自转方向与公转方向不同。从探测器获得的照片看，金星的表层由薄层的岩石(可能是玄武岩)组成。

地球稍大于金星，与其他类地行星所不同的是地球拥有液态外核和较快的自转速度，形成了很强的磁场。地球活动的外圈使外动力地质作用强烈地改造地壳的面貌，使地球的表面形态变得丰富多彩。

火星的直径相当于地球的1/2，质量相当于地球的11%，自转速度与地球接近(24小时37分)，其表面温度为−28℃～−139℃。火星表面的高差可达27 km，比地球的19 km、金星的15.5 km还大。由于表面温度很低，火星上可能广泛发育永久的冻土，但有些地方发育了典型的干涸河床(图2-11)和巨大的环形山。

木星直径约为1.43×10^5 km，是地球直径的11.25倍，体积为地球的1316倍，质量是所有其他行星总数的2.5倍。木星的平均密度相当低，仅1.33 g/cm^3。木星的公转周期为12年，自转周期仅有10小时。木星没有固态外壳,它是一颗由液态氢组成的星球(图2-12)。内部可能是由铁和硅组成的固体核。1979年3月4日"旅行者1号"空间探测器飞过木星附近时发现木星像土星一样有光环,其宽度有6500 km,厚30 km,是由很多黑色石块组成的。

图2-11 火星表面发育了典型的干涸河床

图2-12 太阳系最大的行星木星

土星桔黄色的表面,漂浮着明暗相间的彩云,配以赤道面上那发出柔和光辉的光环,显得非常妩媚(图2-13)。土星自转一周为10小时14分。土星长期被当做太阳系的边界,直到1781年发现天王星以后,太阳系才得以扩大。土星大小仅次于木星,与木星有许多相似之处。其直径约为1.2×10^{5} km,是地球的9.5倍,体积是地球的730倍。但它的平均密度却比水还要小,仅有0.7 g/cm^{3}。假如将土星放入水中,它会浮在水面上。土星最引人注目的是它的光环,其厚度只有15～20 km,宽度却达200 000 km,主要物质是石块和冰块。

图2-13 土星美丽的光环最为耀眼

图2-14 天王星有9条光环

天王星在太阳系中的位置排行第七,距太阳约2.9×10^{9} km。它的体积也很大,是地球的65倍,仅次于木星和土星,在太阳系中位居第三;直径约为5×10^{4} km,是地球的4倍,质量约为地球的14.5倍,其特点是自转轴与公转轨道平面平行,被称为"躺着的行星"。天王星表面温度在－200℃以下，有 9 条光环(图 2-14)。

按距行星与太阳的平均距离由近而远排列，海王星排行第八。它的亮度为 7.85 等，只有在望远镜里才能看到，是一颗淡蓝色的行星(图 2-15)。海王星是在 19 世纪经过计算发现的，半径约为地球的 4 倍，表面温度在－200℃以下。特点是两颗卫星以不同的方向运行。

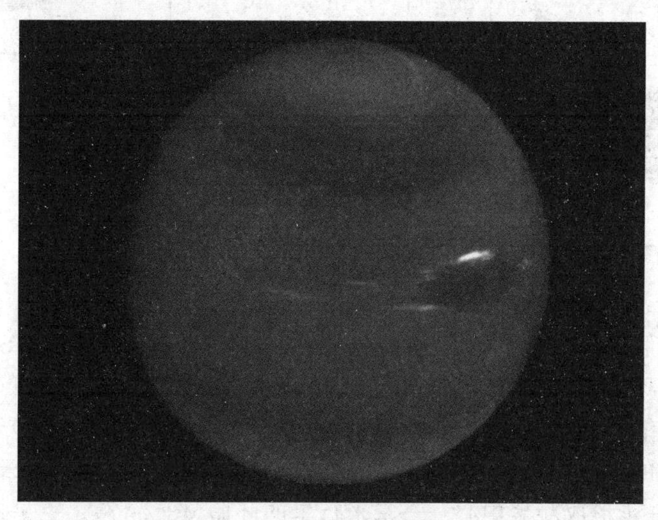

图 2-15 旅行者 2 号拍摄的海王星

除了八大行星以外，太阳系还有一些像冥王星、谷神星、阋神星一类的矮行星。阋神星比冥王星大约 15%，从而引发了什么是行星的争议，并最终导致冥王星被“开除”出行星家族。

太阳系起源问题的假说

太阳系的起源问题同样存在着很多的未知数，从 18 世纪起，先后出现的各种太阳系起源的假说至少有几十种，随着近 30 年来科学技术的飞速发展，关于太阳系起源的问题才得到比较一致的认识。

灾变假说 法国科学家布丰(G. Buffon)于 18 世纪中期提出一个假说，认为行星的形成是由于太阳遭到了另一个大天体强烈的撞击，他认为这个天体可能是彗星。这是第一个关于太阳系形成的灾变假说，其后这类假说还多次被提出过，直到 21 世纪初还有人提出，但每次都以不成功而告终。不成功是由两个方法学的缺欠所造成的：一是把太阳的起源和行星的起源割裂开了，而所有的特征(化学组成、更主要的是同位素组成、年龄、行星只占整个太阳系质量的 0.02%等事实)都表明它们有共同的起源；二是给行星的形成以偶然性，而不认为是一个有规律的过程。

康德-拉普拉斯假说 德国学者康德(I. Kant)于 1755 年提出的假说更具有科学意义。康德坚决与以往的宗教说法决裂，他勇敢地声明：“请给我物质，我给你们看宇宙是如何从物质组成的”。康德假说的前提是，充满宇宙的物质最初以元素质点的形式均匀分布于空间之中，然后，在万有引力的作用下开始形成物质凝聚的中心之一就是太阳；同时物质开始了旋转运动。继而，环绕太阳运动的尘埃云组成了行星(图 2-16)。恩格斯在《自然辩证法》中高度评价了康德的科学贡献。

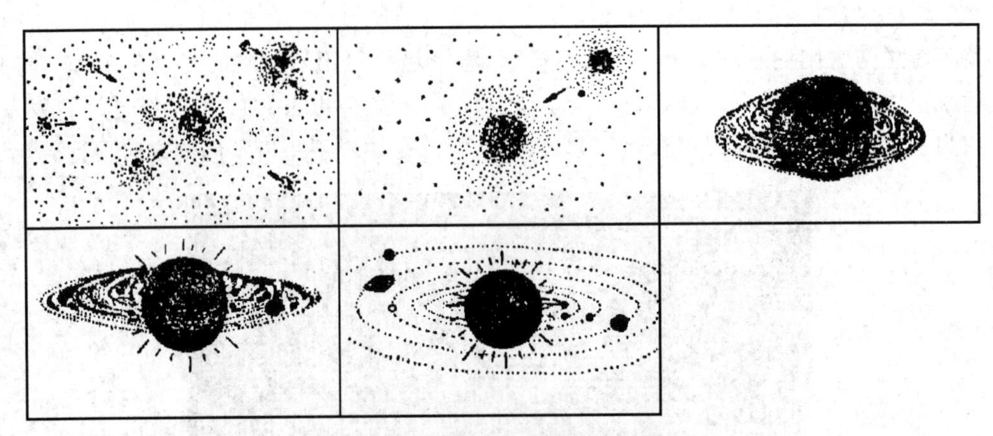

图 2-16　康德的太阳系起源假说图示

完善并给康德假说以数学基础的功绩属于法国的数学家拉普拉斯(P. S. Laplace)。因此，这个假说在后来被称为康德-拉普拉斯假说。按拉普拉斯的说法，最初存在着处于万有引力作用下旋转着的和收缩着的气状星云(在此以前不久，赫歇耳(W. Herschel)发现了这种星云)，星云中有一个凝聚的中心，后来演化成太阳。随着旋转和收缩的加强，星云团成了扁的形状，并分出了环，环进一步形成凝聚中心——未来行星的胚胎(图 2-17)。卫星以类似的方式在行星周围形成。最初，行星和卫星都应该是炽热的气球，只是由于后来的冷却，才有了壳和成了固体。因此拉普拉斯的宇宙假说(注意不是康德的)属于“热”宇宙假说。

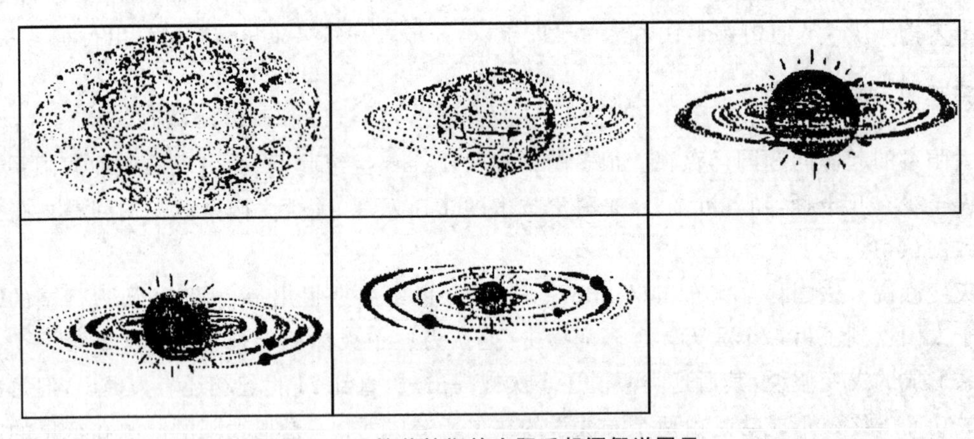

图 2-17　拉普拉斯的太阳系起源假说图示

摩耳顿-张伯伦假说　太阳系的一个特征参数是其转动惯量的分配，惯量由产生它的物体距太阳的远近和该物体公转的速率所决定。从太阳和行星具有共同起源出发，占整个太阳系全部质量 90%以上的太阳也应有最大的转动惯量。但实际上由于太阳自转很慢，它只占有总转动惯量的 2%，而行星，特别是那些巨行星，首先是木星却占有总转动惯量的 98%。经典形式的康德-拉普拉斯假说不能解释这个矛盾现象。在 20 世纪初人们开始寻找代替的假说，英国天文学家琼斯(J. H. Jeans)的假说就是其中之一。他回到了布丰的观点，但认为组成行星的太阳物质不是彗星撞击，而是另一个行经太阳附近的星球从太阳中吸引出的结果。美国天文学家摩耳顿(F. Multon)和地质学家张伯伦(T. Chemberlen)共同提出了一个类似的假说，按这个假说,从太阳分出气体是由行经太阳附近的一颗星的强大引力作用造成的,然后在凝聚中形成微星,进一步形成小行星、行星。星子的概念在科学中站稳了脚跟,然而假说本身后来被摒弃了。

太阳俘获气-尘埃-流星云的假说 苏联学者施密特(О. Ю. Ш мидт)为了走出运动惯量分布问题的死胡同,建议了一个有特色的太阳俘获气-尘埃-流星云的假说,这种云在后来凝聚成了行星。施氏的学生们继续发展了施密特假说中重要的肯定成分,他们提出了原始行星云凝聚过程的模型,原始行星云的进一步凝聚就成了后来的行星及其卫星(图 2-18)。他们认为星云物质初始是冷的,所以施密特的宇宙假说与康德假说一样属于"冷"的,而不像拉普拉斯的学说那样属于"热"的宇宙假说。

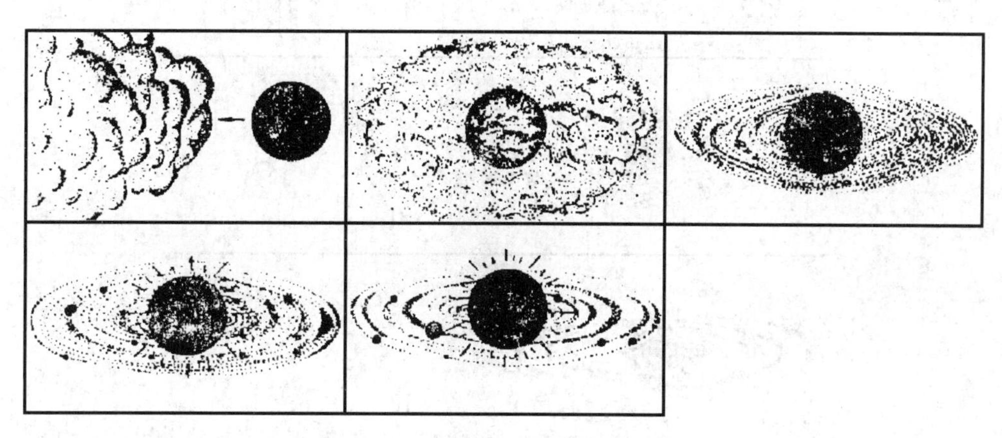

图 2-18 施密特的太阳系起源假说图示

在过去对太阳系起源的认识中,有三个问题困扰着科学家:其一是动量和质量的分布,为什么太阳具有太阳系全部质量的 99.866%,其动量却不到 2%,康德-拉普拉斯的假说正是由于不能合理地解释这个问题而困扰;其二是重元素的来源,由于太阳系比许多其他恒星包含有更多的重元素,可以推知太阳是第二代恒星,即形成太阳的气体云中包含着其他恒星经过核燃烧后散发到空间中的余烬;其三是太阳系的行星既有许多共同的特征,又有各自的特点,使得太阳系起源假说的建立更加困难。

近 30 年来,随着天文学的巨大进步,许多太阳系起源的问题已基本清除。人们惊讶地发现,现代太阳系起源假说似乎又回到了康德最初的思想上。天文学家成功地观测到星际之间的等离子体的成星过程,恒星的诞生主要是由于磁场和气尘云以及射线压力的反作用。这个过程发生在河外星系的悬臂的外边界,银河系也是如此。超新星的爆发可能是附近星云开始收缩的推动力,太阳系的重元素和短周期的放射性同位素可能是超新星爆发过程中强烈的核反应所形成的。现代太阳系起源假说基本包括以下四个阶段(图 2-19):

第一阶段,原始太阳气尘云与邻近的一颗即将成为超新星的星。

第二阶段,超新星爆发,原始太阳气尘云在超新星影响的范围之内,并从超新星的爆发中获得能量和重元素、放射性同位素等物质。

第三阶段,在超新星能量的推动下,太阳气尘云开始旋转并逐步形成中心的太阳。当太阳达到一定大的时候,内部开始发生热核反应。年轻的恒星,尤其是质量大的恒星开始向外抛射物质,在太阳系的外围形成环绕太阳的环。

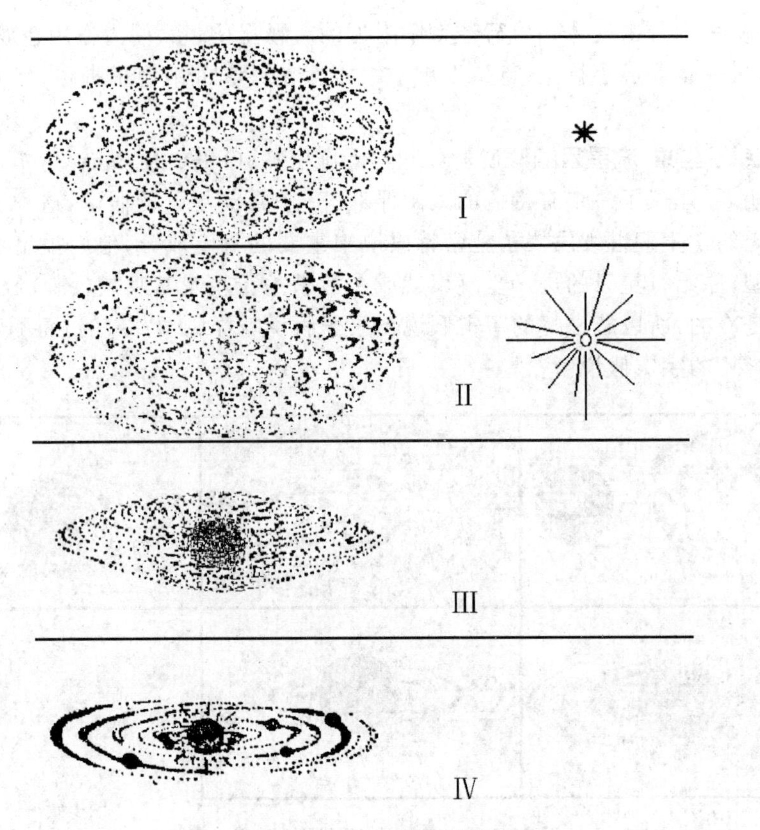

图 2-19　太阳系起源的四阶段图示

第四阶段，太阳系的中间部分形成太阳，环绕太阳的环逐渐凝聚成星子，并以星子为中心逐渐形成行星。行星的卫星也有着相似的过程。

太阳系形成初期，太阳周围的原始行星云和太阳都快速地旋转着，但渐渐地被磁流体动力所减缓，使太阳系中的惯量重新分配。在太阳系星云的演化中，太阳可能以电磁力或湍流对流的形式向行星转移惯量。

太阳系的其他天体

小行星　位于火星和木星之间，编号命名的已有 3000 多颗，最大一颗谷神星的直径约 1003 千米。按照太阳系行星轨道与太阳的距离规律，小行星带的位置应该有一颗行星，因此一般认为小行星带的形成是太阳系形成时由于某种原因，未能积聚成大行星。小行星可能蕴涵着太阳系形成的信息（图 2-20）。

彗星　彗星通常是由岩石、冰块和气体组成的，密度很小，目前已经发现的彗星有 1600 多颗（图 2-21）。著名的哈雷彗星每 76 年光顾地球一次，其质量是地球的六亿分之一。彗星的轨道有椭圆、抛物线、双曲线三种，椭圆轨道的彗星又叫周期彗星。一般彗星由彗头和彗尾组成。彗头包括彗核和彗发两部分，有的还有彗云。并不是所有的彗星都有彗核、彗发、彗尾等结构。彗星的体形庞大，但其质量却很小，就连大彗星的质量也不到地球的万分之一，彗尾的密度极小，仅为 10^{-17} g/cm^3 左右。由于彗星是由冰冻着的各种杂质、尘埃组成的，在远离太阳时，它只是个云雾状小斑点；而在靠近太阳时，因凝固体的蒸发、汽化、膨胀、喷发产生了彗尾。

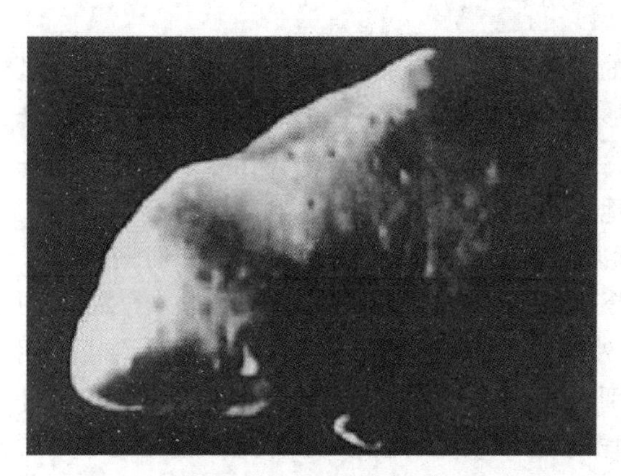

图 2-20　951 号小行星

图 2-21　1996 年底光顾地球的海尔-波普彗星

流星和陨星　流星是行星际空间的尘粒和固体块闯入地球大气圈同大气摩擦燃烧产生的光迹。若它们在大气中未燃烧尽，落到地面后就称为“陨星”或“陨石”。流星原是围绕太阳运动的，在经过地球附近时，受地球引力的作用，改变轨道，从而进入地球的大气圈。流星有单个流星、火流星、流星雨几种。单个流星的出现时间和方向没有什么规律，又叫偶发流星。火流星也属于偶发流星，只是它出现时非常明亮，像条火龙且可能伴有爆炸声，有的甚至白天都可以看到。许多流星从星空中某一点向外辐射散开称为流星雨，著名的狮子座流星雨的辐射点就在狮子座(图 2-22)。陨石是太阳系中较大的流星体闯入地球大气层后未完全燃烧尽的剩余部分，通常会给我们带来丰富的太阳系形成和演化的信息(图 2-23)。

图 2-22　狮子座流星雨

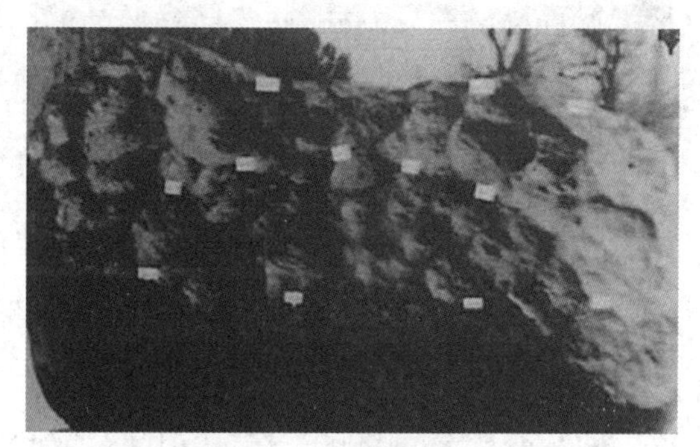

图 2-23　在新疆发现的陨铁

2.4　地球的早期演化

地球形成至今已有 46 亿年的历史，她处于永恒地运动之中，我们今天看到的只是地球演化历史中的一个片断。我们今天所能够得到的关于地球演化的资料，也只是地球演化历史长河中的一些零星信息，但我们依然可以通过这些信息描绘出地球早期演化的一些景象。

陨石冲击事件

地球的起源问题实际上也是太阳系和行星的起源问题。在太阳系演化的早期，形成行星的原始气尘云开始积聚，形成了一系列的环，并形成了一些凝聚中心。这些大大小小的中心开始吸引周边的物质，形成类似小行星岩石块体，并互相撞击。这些岩石块体由于大致处于同一轨道面，且运动方向相似，因此撞击的形式慢慢地发生了变化，形成了一个比周边更大一点的积聚中心，并最终形成了行星和卫星。这次陨石冲击大约发生在距今 40 亿年前，时间可能长达 5～10 亿年，月球、水星以及众多的小行星至今仍布满了这次冲击事件的陨石坑(图 2-24，图 2-25)。而地球、金星、火星等存在较为复杂的内外动力作用过程的行星，表面形态受到了长期的改造，陨石坑保留的数量极其有限，但仍可辨别出陨石冲击的痕迹(图 2-26)。陨石冲击事件实际上是太阳系形成中的一个必然过程，陨石冲击事件不仅是行星形成的原因，也是地球圈层分异的主要原因之一。

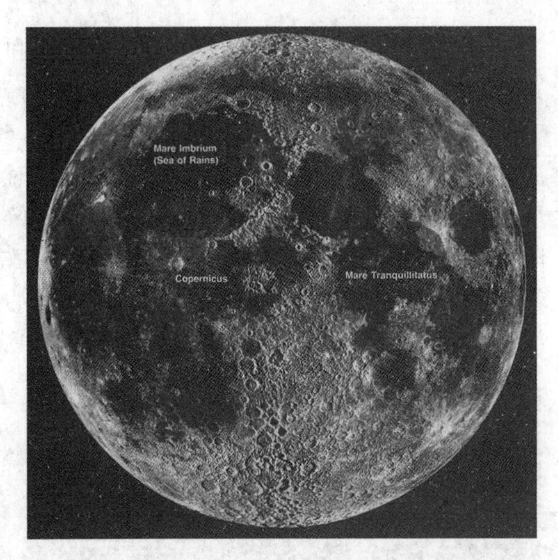

图 2-24　火星的表面布满了陨石坑(左上)
图 2-25　月球的表面也布满了陨石坑(右上)
图 2-26　美国亚利桑那州的陨石坑(左下)

地球外圈的形成

地球圈层结构的形成与太阳系演化早期陨石冲击事件有着密切的联系。对于岩石行星(类地行星)而言，圈层形成的重要原因是需要有很高的温度使行星处于熔融状态，在重力的作用下按密度发生分异。

地球形成的早期曾经存在一个原始大气圈，其成分与宇宙中的其他天体一样，以氢、氦为主。由于类地行星离太阳的距离比较近，且行星的质量都比较小，所产生的万有引力也比较小，加之氢、氦气体容易向外层空间逃逸，在太阳风的作用下很快就消失了。因此类地行星的大气圈都具有次生的来源，现今地球大气圈的形成与地球的内部析气作用是密切相关的。

陨石冲击事件使得地球表面的温度不断增加，地球大部分的岩石和外来的陨石都处于熔融状态，岩石中的挥发组分从岩石中分离出来，形成了现在大气圈的雏形。早期大气圈的成分和现在的大气圈成分相比有较大的区别，最明显的是氧和二氧化碳含量的变化，二氧化碳的含量相当于现在大气圈的 20 万倍。水圈的形成也与大气圈的形成相似，在陨石冲击下，陨石和地球岩石中大量的结晶水由于温度的升高从矿物的分子结构中分离出来，形成大量的蒸气。当陨石冲击事件逐渐减少后，地球表面的温度也开始下降，水蒸气凝结成水降到地球表面，并最终形成水圈。由此可见，地球的水圈和气圈都是地球演化的结果，而液态水圈的形成则略晚于气圈。

生命的起源问题是自然科学的三大基础理论问题，目前尚无明确的答案。20 世纪 60 年代，科学家已经发现宇宙中存在大量的有机分子，说明构成生命物质基础的有机物质可以在自然条件下的宇宙空间形成。但从简单的有机分子到生命的诞生则需要经过：有机物小分子→有机物大分子→多分子体系→生命的飞跃过程。

从地球早期大气圈的成分推测，由于早期大气圈中氧的含量很低，臭氧的含量更低，不能有效地阻止太阳紫外线辐射对生命的伤害。因此地球早期的生命最大可能诞生于海洋，因为海洋中富含各种生命繁殖所必需的元素，同时深深的海水阻挡了紫外线对生命的伤害，是生命繁衍最合适的环境。有证据表明，地球在水圈形成之后不久生命就诞生了，在南非巴布顿地区发现了地球上最古老的生命记录距今已经 38 亿年。在此之前科学家通过地球化学研究的手段已经推测出地球上的生命应该诞生在距今 38 亿年或者更早的时间。

遍布世界各地的一种最古老的岩石“条带状磁铁石英岩”（世界上许多大型铁矿都产于这种岩石中，我国最古的老迁西群岩石类型也是这种磁铁石英岩，鞍钢、本钢、首钢的矿区也都是这种岩石）可能是生命参与作用的一个证据。大家知道铁的化合物有 Fe^{2+} 和 Fe^{3+} 两种形式，FeO 溶于水，Fe_2O_3 则不溶于水。在早期陨石冲击事件中，由于大量的陨铁落入地球，地球表层的铁和硅的含量很高，海水中充满了 FeO 和 SiO_2。由于大气中氧的含量并不高，所以 Fe^{2+} 很难被氧化成 Fe^{3+} 沉积下来，只有在厌氧生物的帮助下，这种过程才可以进行。厌氧生物在繁殖过程中所排出的 O_2 促进了 FeO 的继续氧化，形成 Fe_2O_3 沉积下来，同时由于大量厌氧生物的繁殖使海水逐渐转变成氧化环境，生物大量减少，形成了 SiO_2 的沉积，这样不断地循环反复形成了条带状磁铁石英岩。这个过程也逐渐地改变了大气圈的化学成分，使大气中的 CO_2 逐渐减少 O_2 逐渐增多，慢慢地演变成今天的大气。虽然地球生命诞生已经有很长的历史，但在 30 多亿年的历史中却没有什么大的变化，基本上是以很低级的单细胞的形式存在的，直到 5.42 亿年前的寒武纪才发生了地球生命史上的第一次大爆发，地球的生物从此发生了突飞猛进的变化。

地球内圈的形成

陨石冲击事件不仅给地球带来了大量的物质和能量，也使地球的温度急剧升高，并使地球表层处于熔融状态，促进了地球的圈层分异。地球内圈形成和演化的另外一个重要因素是行星的质量，质量决定了行星的内部结构和演化历史。只有质量达到一定值，行星才能够演化成球体,小行星由于质量太小,其外形是随机的。在重力的作用下,行星物质不断分异,重物质向行星内部集中并释放势能,同时放射性物质所释放的能量使地球内部不断地升温,加速了物质的分异,最终形成了内部圈层。在这一过程中,质量从两个方面起作用,一是质量大的星球万有引力也大,与此相关的重力也大,使重力分异作用能有效地进行;二是质量大所含的放射性物质含量也多,由于岩石的热导率很低,大量的放射性元素蜕变产生的能量长期保留在行星的内部,使得行星内部的圈层分异得以长期进行,保持行星活力。

质量越大,这种分异过程也就越长,能量积累也越多,行星的活动性时间也就越长。从地球的大地热流研究看,地球内部向外释放的能量远小于地球内部所产生的能量,因此地球内部的活动还将继续下去。而像水星、火星这种质量较小的行星,现在已经停止了内部的活动。

地球的年龄

近 30 年来,科学家利用放射性同位素定年方法获得了一系列与地球年龄相关的数据:在澳大利亚西部获得的锆石测得年龄为 44 亿年,足以表明地球的年龄不会小于这个数据;从月球上获得的岩石所测定的年龄有许多在 46 亿年以上,由于月球是地球的卫星,也是太阳系的一员,因此地球的年龄应不小于月球的年龄;从大量来自太阳系的陨石获得的年龄也都在46～47 亿年之间。根据太阳系起源同一性的基本原理,地球的年龄应在 46 亿年以上。

进一步阅读书目

陈自悟.从哥白尼到牛顿.北京:科学普及出版社,1980

约翰.D.巴罗著.宇宙的起源.卞毓麟译.上海:上海科学技术出版社,1995

王建华.太阳·地球·月亮.北京:冶金工业出版社,2000

史蒂芬·霍金著.时间简史.许明贤、吴忠超译.长沙:湖南科学技术出版社,2001

Trinh X T 著.创世纪 宇宙的生成.刘自强译.上海:上海译文出版社,2002

第三章　地球的结构与组成

3.1　地球的形状和大小

人类对于地球形状的认识也是逐渐提高的，古人由于科学技术条件的限制，对地球的认识比较肤浅。我国先民从北斗七星常年绕北极星旋转的关系和一望无际的大地，就得出了"天圆地方"的概念。古希腊的哲学家泰勒斯在公元前600年左右曾提出了地球为一圆盘的设想，公元前550年左右，毕达哥拉斯就提出了地球是圆球形的概念。到了17～18世纪，人们开始使用较为精确的三角测量法，终于认识到地球并不是一个理想的球体。虽然地球的表面高低起伏，但这些地形的变化对于地球来讲是微不足道的，从人造卫星获得的地球照片可以看出，地球的边缘是近似光滑的(图3-1)。

图3-1　人造卫星获得的地球照片

由于地球存在自转，且自转速度较大，旋转离心力的作用使地球的物质发生从两极向赤道方向的运动，使地球近似于旋转椭球体，赤道半径比两极半径略大(表3-1)。

表3-1　地球的基本数据

赤道半径/km	极半径/km	极扁度率	表面积/km^2	体积/km^3	质量/g
6378.245	6356.863	1/298.25	5.1×10^{8}	1.083×10^{12}	5.976×10^{27}

地球的形状是椭球体的概念只是初步接近地球形状的事实，由于地球在自转和公转中还会受到各种力的影响，地球的表面形态是非常复杂的。地球体是最接近于现代地球形状的一

个概念。假设在风平浪静的大洋水域，大洋水体在重力的作用下会形成一个稳定的表面，这个表面与重力的指向垂直，且重力处处相等，即重力位表面。如果把这一假想的表面延伸到大陆下面，则构成了一个全球封闭的近似球面，这就是地球体的表面。换言之，地球体是与大洋水面相一致的重力位表面。地球体的形态看起来像个鸭梨，根据人造卫星的资料分析，地球南极与标准旋转椭球体相比约缩进 30 m，北极则凸出约 10 m(图 3-2)。地球体的形态和地球固体表面的形态有比较大的差别(图 3-3)，二者不能混为一谈。

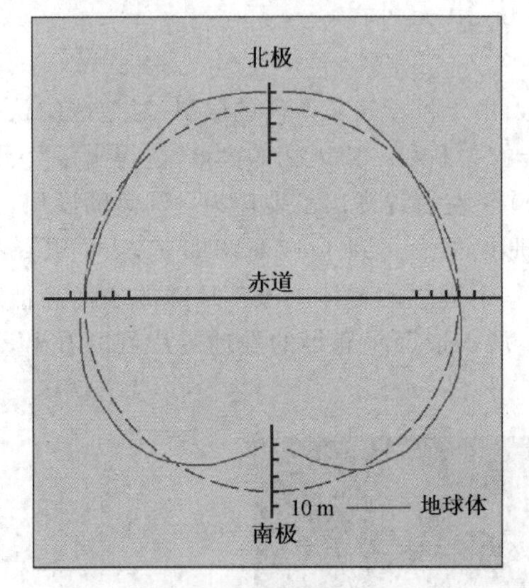

图 3-2 地球体形态示意

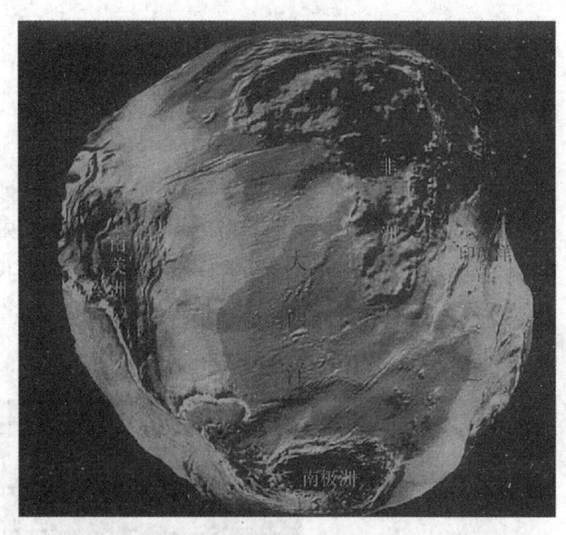

图 3-3 将固体表面高差扩大 5 倍的地球形态

地球的表面形态高差变化很大(图 3-4)，基本上可以分为陆地与海洋两大部分。大陆约占地球表面的 29.2%，平均高度为 0.86 千米，最高点为珠穆朗玛峰，高达 8844.43 米；大洋的面积约占地球表面的 70.8%，平均深度为 3.9 千米，最深点在马里亚纳海沟，深度为 11034 米(图 3-5)。如果将地球表面抹平，则地球表面将位于海平面以下 2.44 千米的深度。

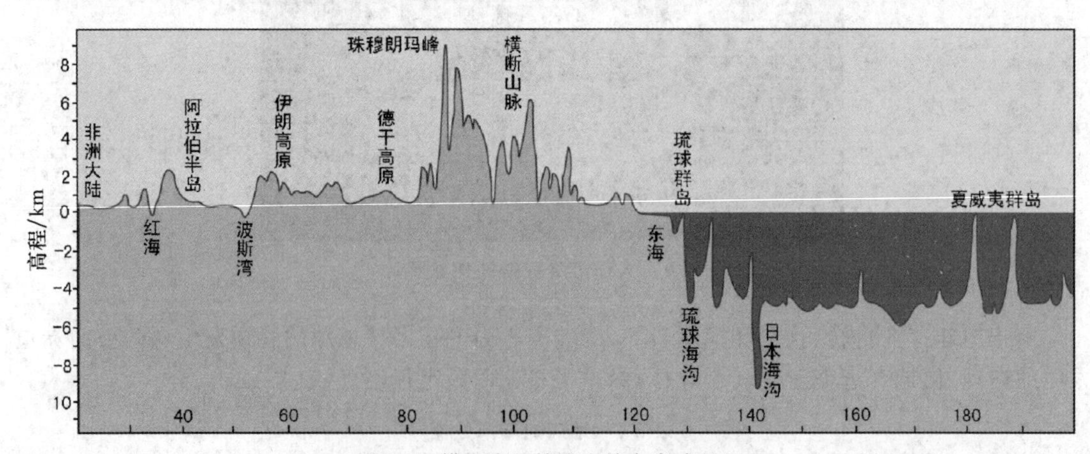

图 3-4 横切喜马拉雅山的东半球剖面

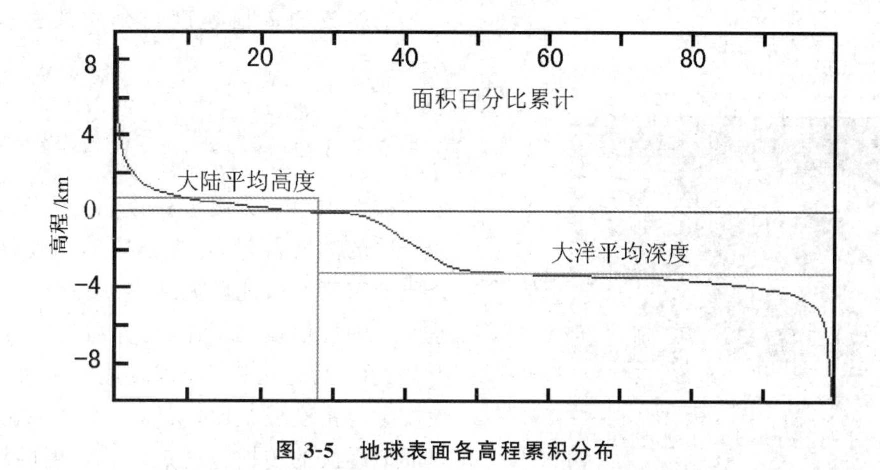

图 3-5 地球表面各高程累积分布

3.2 地球的物理性质

地球的波速结构

地球具有弹性,允许弹性波通过,因此地震波可以在地球内部传播。地球在一定的条件下还具有塑性,因此在力的长期作用下,岩石会发生变形。地震波在地球内部的传播方式主要有三种:纵波、横波和面波。纵波又称为P波,其特点是波的振动方向与传播方向一致;横波又称为S波,其特点是波的振动方向与传播方向垂直;面波是地震波到达传播介质表面时形成的振动形式比较复杂的、沿介质表面传播的地震波(图3-6)。通常情况下,同一震源的地震波在同一介质中纵波的传播速度比横波快1.73倍,而面波的速度只有横波的3/4。

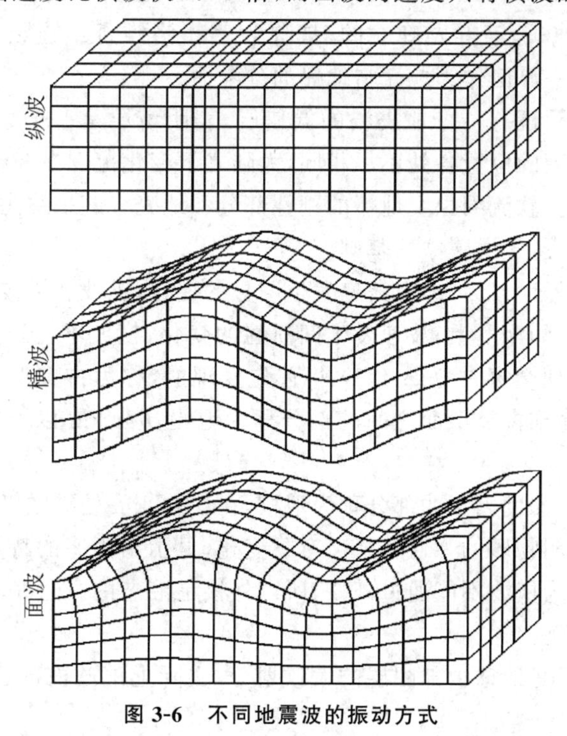

图 3-6 不同地震波的振动方式

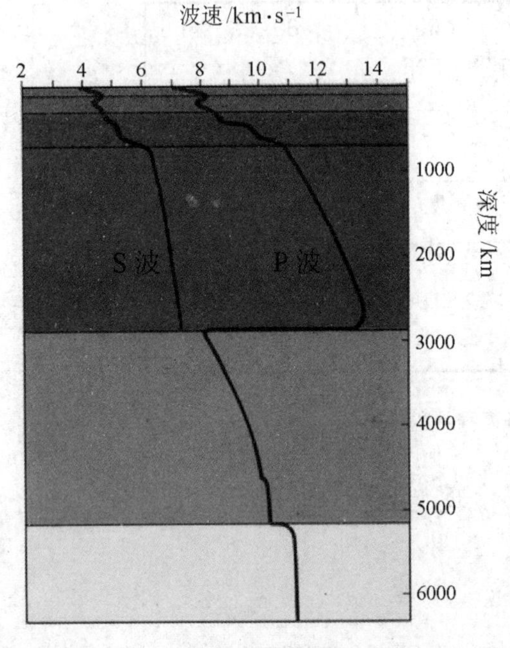

图 3-7　地震波在地球内部的波速变化

地震波的传播速度与介质的密度和弹性有关：

$$V_{\mathrm{P}}^{2}=\frac{\nu+\frac{4}{3}\mu}{\rho},\quad V_{\mathrm{S}}^{2}=\frac{\mu}{\rho}. \qquad (3\text{-}1)$$

公式(3-1)中 V_{P} 为纵波速度，V_{S} 为横波速度，ν 为介质的体变模量，μ 为介质的切变模量，ρ 为介质的密度。由此可见地震波在介质中的传播速度与弹性模量成正比，与介质的密度成反比。由公式(3-1)还可以看出，波速一定时介质的弹性模量与密度成正比，实际观察结果显示，地球内部地震波的传播速度是随着密度的增大而加快的，这表明密度大的物质其弹性模量也加大。从公式(3-1)还可以看出，当 μ 为零时，V_{S} 也等于零，由于液体的切变模量 μ 为零，因此横波不能在液体中传播。

地球沿半径方向由于圈层的分异，造成了物质成分的差异和物理性质的差异。地球内部圈层划分的主要依据是地震波在地球内部的传播特征，尤其是地震波的波速变化(图 3-7)。

从地表向下，大洋地区 5～12 km 的深度，大陆平原地区 30～40 km 的深度，大陆高山地区在 50～75 km 的深度位置上，地震波的波速有了明显的变化，纵波由 7.0 km/s 突然升高到 8.0 km/s 左右，横波从 3.8 km/s 升高到 4.6 km/s 左右。这个一级地震界面是由南斯拉夫地震学家莫霍洛维奇在 1909 年首先确立的，被称为莫霍洛维奇不连续面，简称莫霍面(或 M 面)。地球科学家把这一界面作为地壳与地幔的分界面。

到达 200 km 深度附近有一个地震波的低速层，表明该层是一个塑性程度相对较高的圈层，称为软流圈。软流圈的位置各处不尽相同，大陆之下变化范围在 80～250 km 之间，大洋之下在 50～400 km 之间。软流圈以上地幔的刚性部分和地壳合起来称为岩石圈，软流圈和岩石圈概念的建立是板块构造学说建立的基础。

大概在 670 km 的深度以后，地震波速发生明显的变化，纵波和横波的传播速度缓慢增快，曲线平滑。到 2900 km 的深度上，波速发生间断性的变化，横波不能通过，这是另一个一级地震界面，由美国地球物理学家古登堡 1914 年首先发现的，称为古登堡不连续面，简称古登堡面。地球内部从莫霍面到古登堡面之间的部分称为地幔，670 km 以上的部分称为上地幔，以下的部分称为下地幔。

地球内部 2900 km 深度以下的部分称为地核，在 5100 km 处纵波又有一个突然变化，在界面处又有横波出现，表明物质的弹性特征又有了变化，显示出固态的特点。2900～5100 km 之间的部分称为外核，因为横波不能通过外核，所以外核是液态的。5100 km 以下到地球的中心称为内核。

地壳、地幔、地核只是地球内部圈层的大致划分，实际上地球内部还有一些波速特征表现非常复杂的过渡层。

地球的密度、压力和重力加速度

根据万有引力定律可以计算出地球的总质量，再将地球的总质量除以总体积(表 3-1)即可获得地球的平均密度为 5.52 g/cm^3。组成地壳岩石的密度大致在 2.4 g/cm^3 到 3.0 g/cm^3 之间，平均为 2.8 g/cm^3，由此可见地球内部的密度比地壳要有显著的增加。地球内部的密度是随着深度的增加而增加的，但并不是均匀的增加(图 3-8)。研究表明，上地幔的平均密度约为 3.3～3.4 g/cm^3，到 2900 km 的下地幔底部增加到 5.6～5.7 g/cm^3 左右。从地幔到外核，密度急剧跃升为 9.7～10.0 g/cm^3，内核的密度则可以达到 13 g/cm^3。

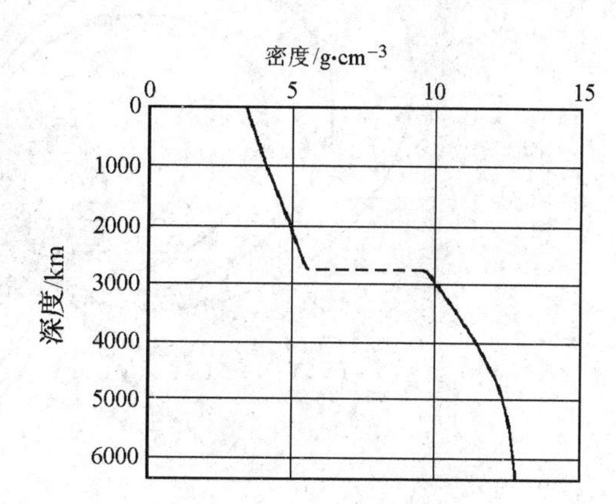

图 3-8 地球内部的密度分布

由于地球形成的时间很长，其内部所受的压力主要为静岩压力，其数值为深度与该深度以上岩石的平均密度和平均重力加速度的连乘积(表 3-2)。

表 3-2 地球内部的压力

深度/km	40	100	400	1000	2900	5000	6370
压力/MPa	1×10^3	3.1×10^3	1.4×10^4	3.5×10^4	1.37×10^5	3.12×10^5	3.61×10^5

重力加速度在地球内部的变化与地球的物质分布和深度密切相关，呈复杂的曲线(图 3-9)。重力加速度在地表的数值为982 cm/s^2，到下地幔的底部达到最大值 1037 cm/s^2 左右，再往地核开始急剧减小，到外核底部约为 452 cm/s^2，到 6000 km 处约为 126 cm/s^2，到地心处重力加速度为零。

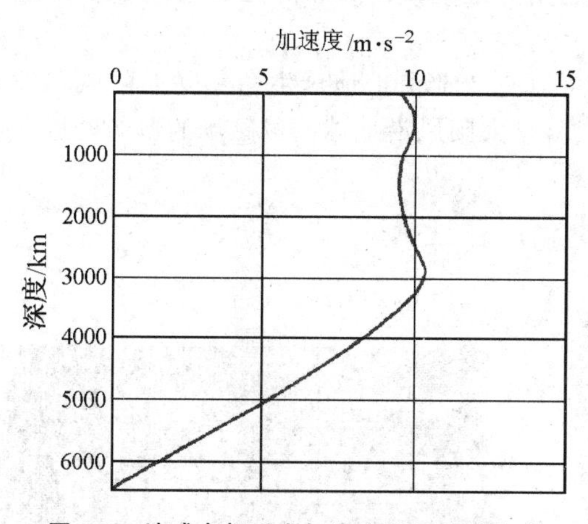

图 3-9 地球内部重力加速度随深度的变化

地球的磁性和电性

地球像一块球形的磁铁，磁力线分布在地球的周围，形成一个偶极地磁场(图 3-10)。地磁南北极的位置和地理南北极的位置是不一致的，二者相去甚远，而且地磁极位置还在不停地移动变化着，目前磁南北极与地理南北极大约有 11.5 度的交角。地磁极的迁移可能和地球内部物质的运动有关。

由于磁南北极和地理南北极存在交角，反映在地表就是磁子午线和地理子午线也存在交角，这个交角就是磁偏角。实际上由于岩石形成过程中会获得磁性，其剩余磁场会在区域磁场中产生影响，因此地质工作者在实际工作中是以罗盘指针与地理子午线的夹角作为磁偏角的。地球表面的磁力线与水平面也存在一定的交角，称为磁倾角。磁力线与水平面的交角在赤道为 0°，向南北两极逐渐增大，在磁南北极为 90°。利用地磁场的这一特性，通过研究岩石剩余

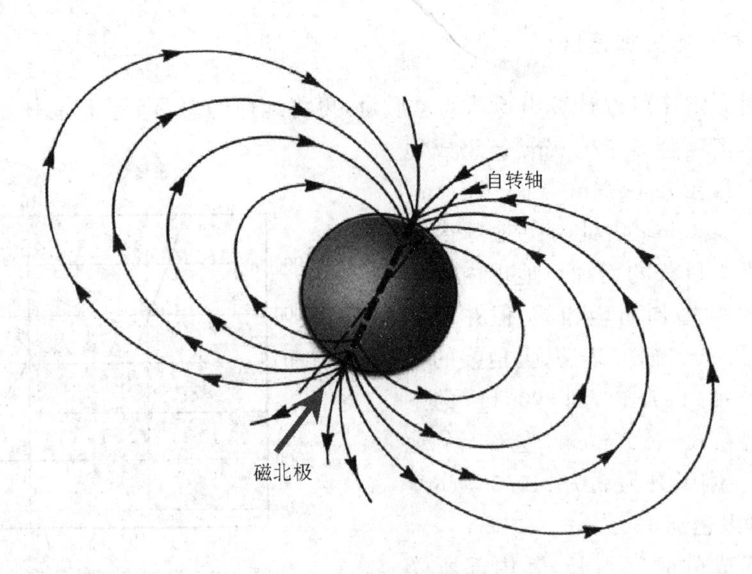

图 3-10　地球的磁场特征

磁场的特征可以确定岩石形成时的古纬度等。利用岩石的不同磁性特征，还可以研究区域的磁异常，对矿产资源、构造格局、地震预报等方面的研究都具有重要的意义。

地球既然存在磁场，则必然存在电场。大面积的地磁场感应，就可以形成大地电流，大地电流的平均密度约为 2 A/km^2。大地电流的强度是不稳定的，其变化和磁场的变化有密切的关系，也可能和岩石所受的应力变化有关。同样利用大地电流的异常特征也可用于各种地质特征的研究。

地球的电磁场构成了地球的第一个保护层，可以有效地保护地球生命免受太阳风和外太空的各种电磁辐射的威胁(图 3-11)。极光的形成就是太阳风沿地球两极磁场的薄弱处进入地球所引起的现象(图 3-12)。

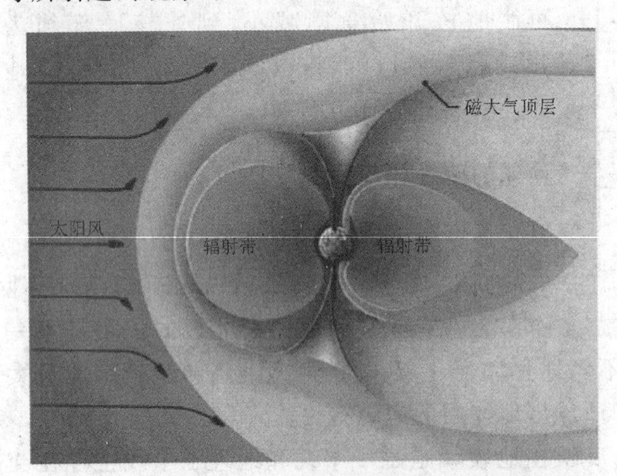

图 3-11　电磁层保护了地球生命免受电磁辐射的威胁

图 3-12　神秘的北极光

地球磁场会对居里面之上的地壳上层岩石产生影响，使岩石获得磁性。并使岩石的磁化方向与岩石形成时的地磁场方向一致。通过对岩石剩余磁场及岩石形成历史的研究发现，地球的磁场曾经不止一次的发生重大的改变，甚至是南极变成了北极，北极变成了南极，也就是发生了地磁场的反转。

利用地球的磁性、电性、重力、地震等方面的特征，研究地球的结构构造、矿产资源分布、灾害发生机制的方法，统称为地球物理方法。

地热与地热梯度

地热是指地球内部的热能及其分布、变化特征。地球的热能主要由太阳能和地球内部能量转化而成(参见本书第四章)。太阳能对地球内部的影响很小，一般不超过 30 m，在距地表不过几米的深处，常年的温度变化就已经很小，温度与当地的年平均气温大致相当。如我国东南沿海的潜水常年保持在 20～24℃左右，北京地区则在 13℃左右。

地球内部积聚了大量的能量，并从内部向外传递，这就是大地热流，其度量单位为每秒每平方厘米微卡($\mu cal/cm^2 \cdot s$)，全球热流平均值约为 1.4～1.5 $\mu cal/cm^2 \cdot s$。大地热流值在不同的地区差异很大，大陆平原区的热流值一般在 0.9～1.2 $\mu cal/cm^2 \cdot s$；大陆山区热流值较高，变化也较大，一般在 2～4 $\mu cal/cm^2 \cdot s$ 之间；大洋中脊的热流值最高，一般在 2 $\mu cal/cm^2 \cdot s$ 以上，最高可达 8 $\mu cal/cm^2 \cdot s$；全球平均热流值约为 1.5 $\mu cal/cm^2 \cdot s$。

地球内部的温度随着深度的增大而增大，我们将单位深度内温度增加量称为地热梯度(℃/km)，而把每升高 1℃所增加的深度称为地热增温级。目前发现的地热梯度最大的在美国俄勒冈州地区，达到 150℃/km，最小的在南非，只有 6℃/km，二者相差 25 倍。与大地热流相一致，地热梯度大的地区通常出现在大洋中脊和大陆造山带(图 3-13)，地热梯度小的地区通常出现在大陆古老的稳定区。大陆地区的地热梯度一般在 20～50℃/km 之间，平均为 30℃/km 左右，但这一数值可能只适应于地壳上部。如果按 30℃/km 的地热梯度计算，在 100km 处的地幔上部即可达到 3000℃，这一温度足以使该深度上的岩石全部熔融，但地震波的特征已经确认该深度上的岩石为固态，估计此深度上的温度不超过 1300℃。

图 3-13 位于喜马拉雅造山带的西藏羊八井地热喷泉

3.3 地球的结构和物质组成

地球的物质是由元素所组成的，由于地球经历了漫长的演化历史，尤其是重力的作用，各圈层的物质组成也存在很大的差异。地壳中各种元素的分布和地球化学行为直接关系到人类的生存环境，了解地壳中各种元素及其同位素的分布情况，特别是元素的平均含量及各种元素的地球化学行为，对阐明元素的富集、扩散、迁移规律及其对人类生存的影响具有重要的意义。

由于地球内部的物质很难直接获得，给地球的平均化学成分计算带来了较大的困难。一般认为地球的化学成分与陨石的成分接近，地幔的成分与球粒陨石成分接近，地核的成分则与铁质陨石接近。通过实验室的高温高压模拟和陨石的对比研究，得出地球的平均化学组成，8种主要元素占地球总量的98%以上（表3-3），但不同的学者所给出的地球的平均化学成分也有一些区别。

表3-3 组成地球的8种主要化学元素及其百分比含量

元素	氧O	铁Fe	镁Mg	硅Si	硫S	镍Ni	钙Ca	铝Al
百分比/(%)	30.25	29.76	15.69	14.72	4.17	1.65	1.64	1.32

地壳

元素在地壳中的含量称为元素的丰度，元素在地壳中的平均含量称为克拉克值（由美国学者克拉克于1889年最先公布研究成果）。地壳的平均化学成分与地球的平均化学成分有较大的差别，主要表现在硅、铝、钠、钾等轻元素的丰度较高，8种主要元素占地壳总量的99%以上（表3-4）。

表3-4 组成地壳的8种主要化学元素及其百分比含量

元素	氧O	硅Si	铝Al	铁Fe	钙Ca	镁Mg	钠Na	钾K
百分比/(%)	46.50	25.70	7.65	6.24	5.79	3.23	1.81	1.34

地壳中的元素在极少情况下是以单质存在的（如自然金、金刚石等）（图3-14），绝大多数情况是以化合物的形态存在的（图3-15）。这些化合物的形成除了受元素本身的结构和化学性质

图3-14 碳元素的单质矿物金刚石

图3-15 地壳中最常见的化合物石英

所决定外,还受到外界的物理化学条件所控制。不管是单质还是化合物,它们通常是以独立矿物的形式在地壳中存在的,并构成了地壳的主体——岩石。另有极少数的微量元素,由于它们丰度很低,很难以独立矿物的形式存在,这类元素常以类质同象的形式或胶体吸附的形式存在于其他矿物中。

地壳的底部以莫霍面为界,在大陆地区位于地表以下 30~78 km 处;在大洋地区位于 5~12 km 处。研究表明,地壳的厚度在大陆的造山带地区最厚,在大洋地区最薄,青藏高原的地壳厚度达到 78 km,而在大洋的一些地区甚至不到 5 km。这一现象可以用阿基米德原理加以解释,低密度的地壳在地幔之上如同漂浮在水面的木块,高山部位必然有较深的“山根”。这样在地幔的某一深度面上,上覆岩石对地幔的压力处处相等,处于一种均衡状态,地质学家称之为:地壳均衡原理(图 3-16)。

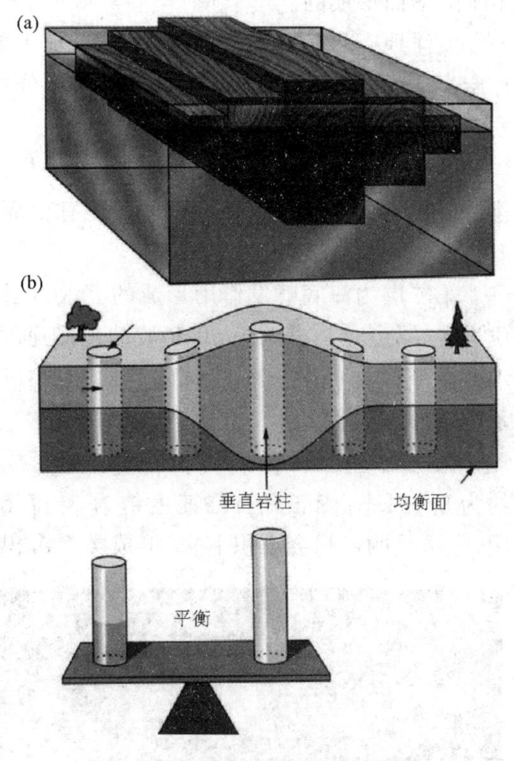

图 3-16 地壳均衡原理示意图

在地壳内部还存在一个地震界面,称为康拉德面,通常作为上下地壳的界面。康拉德面并非全球连续,一般认为在大陆地壳才有康拉德面存在,大洋地区则没有。但即便在大陆地区,康拉德面的位置也很不确定。

上地壳分布在大陆区,其主要物质成分是以硅铝质矿物组成的沉积岩、岩浆岩和变质岩等,其密度大约为 2.5 g/cm^3,也叫花岗-片麻岩层。

大陆地区下地壳的主要物质成分通常被认为是镁铁质矿物组成的岩石,成分与玄武岩相近,其密度大约为 3.0 g/cm^3,也与玄武岩相当,因此下地壳也叫玄武岩层。这种观点目前正受到严峻的挑战,来自俄罗斯科拉半岛超深钻的资料表明,康拉德面以下的岩石仍然是硅铝质的片麻岩或麻粒岩。大多数地球物理学家认为,康拉德面通常是 P 波速度从 4.5~5.0 km/s 突变为 6.0 km/s 的截面。科拉半岛的地震资料表明,该区的康拉德面应该位于地表以下 7 km 处,玄武岩层应在该处钻遇,但实际结果却并非与人们预期的一样,钻孔一直在单一的变质花岗-片麻岩层、角闪岩层中通过,这个结果正在改变地质学家对地壳的传统认识。

大陆地壳存在两种性质迥然不同构造单元:克拉通和造山带。

克拉通是大陆地壳中一种稳定的构造单元,通常可以分为上下两个大的构造层次,下面的部分称为基底,上面的部分称为盖层,有时候也可以缺失上面的盖层部分。克拉通的基底是地壳中最古老的部分,在加拿大魁北克发现的最老岩石的年龄达 42.8 亿年,一般的年龄都在 8 亿年以上,而且是由非常坚硬的花岗岩和片麻岩一类的结晶岩石组成。克拉通的盖层是覆盖在基底上面的沉积岩层,具有基底和盖层的克拉通又称为地台。由于克拉通的基底非常坚硬,上面的沉积岩层不容易发生构造变形,是大陆中的稳定地区,也就形成了平原的地貌,如华北平原、西伯利亚平原等,世界上著名的大平原的地壳构造都是克拉通。

造山带与克拉通形成了鲜明的对比，在地球表面形成了连绵数千千米乃至上万千米的雄伟山系。造山带是大陆地壳中一种较为活动的构造单元，也称为褶皱带，其最重要的特征就是构造变形非常强烈，岩石破碎，褶皱、断裂遍布整个造山带，并形成一些延伸很远的线状构造。造山带主要分布在克拉通的边缘，它是由于地球内部系统发生变化，致使岩石圈发生大规模的水平运动而形成的。

大洋地壳明显地区别于大陆地壳，最大的区别是大洋地区不存在康拉德面，并缺失花岗-片麻岩层（即大陆区的上地壳），其物质成分主要为镁铁质岩石。根据"深海钻探计划"所获得的资料，大洋地壳可以分为三个层次：

第一层为松散的深海沉积物，厚度从几百米到一千米不等，这些沉积物主要来自大洋的生物源沉积，有钙质沉积和硅质沉积，还有少部分火山碎屑沉积和冰川沉积。P波的传播速度一般小于4 km/s。

第二层为海底喷发作用形成的玄武岩层，并夹有一些深海沉积作用形成的碳酸盐岩和硅质岩等，厚度为1.5～3 km。P波的传播速度约为4.5～6 km/s。由于海底喷出的岩浆遇到海水急剧冷却收缩，常形成特殊的岩枕（图3-17）。枕状熔岩是水下岩浆喷出的典型构造，具有指示构造环境的意义。

第三层是由玄武质岩浆在浅部固结形成的辉绿岩和在深部结晶形成的辉长岩，其厚度大约为3～5 km。P波的传播速度约为6～7 km/s。由于深部岩浆的结晶分异作用和重力的作用，先结晶的矿物会堆积下来，形成类似沉积岩的层状构造，称为"堆晶构造"（图3-18）。

图3-17　具枕状构造的玄武岩

图3-18　具堆晶构造的辉长岩

实际上在大洋中脊的位置地壳的底部与地幔是呈渐变的过渡关系，在很长的一段范围里没有地震波速的突变，反映了大洋中脊是洋壳新生的位置，壳幔分异还没有形成。只有当洋中脊物质向两侧运动并逐步冷却发生相变之后才分异出大洋地壳和地幔。

大陆地壳和大洋地壳具有明显地差异，可以归结为以下四个方面的主要区别：

物质成分差异：构成大洋地壳主体的是玄武岩、辉绿岩、辉长岩等镁铁质的岩石；而大陆上地壳则是花岗岩、片麻岩等硅铝质的岩石组成，下地壳也可能以硅铝质的片麻岩、麻粒岩等组成。

地壳结构差异：大陆具有上下地壳的特征，中间存在有地震界面（康拉德面）；大洋则只有镁铁质岩层地震波速呈渐变提高的变化特征。

形成年代差异：大陆的形成年代久远，大陆的核心部分形成至今一般都在10亿年以上，只有一些造山带是年轻的；大洋地壳则非常年轻，大洋中脊很大部分是形成于新生代的，最老的也只有2亿年左右。

地壳厚度差异：大陆地壳平均厚度约为35 km，最大厚度可达78 km；大洋地壳平均只有6 km，最大厚度也仅12 km。

大陆地壳和大洋地壳的巨大差异表明了二者应该是地壳中两种不同的构造单元，而且应该有不同的成因。

地幔

地壳底部至地表以下2900 km处的古登堡面的地球内部圈层为地幔。地幔占地球总体积的83%，总质量的2/3。根据地震发生的最大震源深度，在670 km深度处将地幔分为上地幔和下地幔两个部分。由于目前的技术条件限制，人类并不能直接到地下深处采集地幔的样品，对于地幔的物质成分的认识主要是通过以下途径获得的：

(1) 大陆地壳中来自地幔的岩浆作用所保留的超镁铁质岩石(主要是橄榄岩)；

(2) 玄武岩中所含的地幔包体；

(3) 大陆或大洋岛热点作用来自深部岩浆作用所形成的碱性岩类；

(4) 大陆稳定区含金刚石的金伯利岩筒的岩石成分；

(5) 球粒陨石的成分。

对这些与地幔物质成分相近的岩石进行研究，并通过高温高压实验和地震波波速传递实验进行对比研究，所得到的结果应该是很接近地幔实际的物质成分。

大多数研究者认为，上地幔的物质成分主要是超镁铁质岩石，密度大约为3.3～3.4 g/cm^3，其物质成分一般认为是由橄榄石、辉石和石榴子石按不同的比例组成的。构成上地幔的主要岩石——石榴石橄榄岩，其密度、地震波传播速度等主要地球物理参数与上地幔一致。

上地幔的波速变化比较复杂，其中在大约100～200 km处存在一个S波的低速层，反映了该层物质可能具有较强的塑性变形能力，在动力的作用下可以发生缓慢的流动，称为“软流圈”。将软流圈以上的地幔部分和地壳合在一起统称为“岩石圈”。

下地幔的物质成分被认为与上地幔基本相似，所不同的是物质发生了化学键的转变。由离子键转变成共价键时，物质的密度可以提高18%。在2900 km深处的地幔底部，其密度达到5.6～5.7 g/cm^3。

地核

地核也可以分为上下两个部分，在深度5100 km以上的部分称为外核，以下部分称为内核，由于S波不能在外核中传播，所以外核应该是液态的。人类可以获得的关于地核的直接资料只有地震波速传递资料，对地核的物质成分了解甚少。对地核成分的认识主要是和铁质陨石的对比，从地球存在强磁场的特征看，地核的物质应该是具有高磁性的铁镍物质，这与铁质陨石的成分相当。

外核的密度由地幔的底部的5.6～5.7 g/cm^3，急剧跳跃到9.7 g/cm^3，然后逐渐增加到11.5 g/cm^3，推测地球外核由氧化铁组成，在巨大的压力下它不仅是熔体，而且相变为密度更大的金属相。

内核物质的密度最大，大约是 12.5～13 g/cm^3，主要由铁和镍组成，也可能有其他元素存在，其原因是纯铁镍合金的地震波速应比观测值低。

进一步阅读书目

陶世龙，万天丰，程捷．地球科学概论．北京：地质出版社，1999

乔纳森·韦纳著（美）．地球的奥秘．张生，高建中等译．长沙：湖南教育出版社，2000

刘全稳，赵金洲，陈景山．地球动力与运动．北京：地质出版社，2001

杨树锋．地球科学概论．杭州：浙江大学出版社，2001

缪启龙．地球科学概论．北京：气象出版社，2001

张友学，尹安．地球的结构、演化和动力学．北京：高等教育出版社，2002

Brian J S, Stephen C P. The dynamic earth: an introduction to physical geology. New York: Wiley, 1992

Frederick K L, Edward J T. Essentials of geology. NJ: Prentice Hall, 2000

Plummer C C, McGeary D & Carlson D H. Physical Geology. WCB/McGraw-Hill, 2004

第四章　地质作用与地质年代

4.1　地球的能量系统

地球并不是一个封闭的体系，她每时每刻都在宇宙中运动着，同时也在宇宙中进行着能量与物质的交换。而且能量和物质总是紧密地联系在一起的，伴随着物质的获得或丧失，地球系统也同时获得或丧失了能量。

一切地质作用都是以能量为基础的，地球的能量系统由以下几个方面构成：太阳能、放射能、物理能和其他能源。

太阳能是地球从太阳辐射中获得的能量，虽然地球从太阳辐射中所获得的太阳能只是太阳辐射能的22亿分之一，但地球平均每秒钟仍可获得 1.8×10^{17} 焦耳的太阳能(图4-1)。太阳的辐射使植物和依靠光合作用繁殖的藻类生物大量繁殖，构成生物链的基础。在一定条件下，太阳能通过有机界的参与可以转化成煤和石油储存起来。太阳能还可以使大气发生环流形成风能，使水蒸气上升构成水的势能。因此可以说太阳能是地球生物活动(包括人类在内)的主要能源。

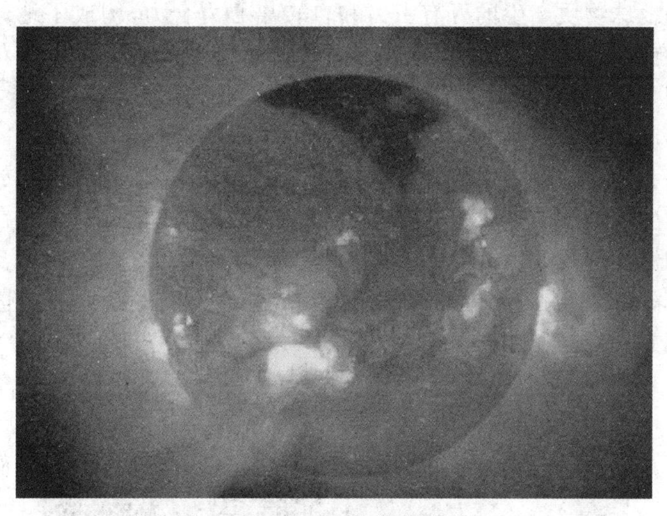

图4-1　太阳时刻向外辐射能量

放射能是地球中的放射性物质在裂变过程中所产生的能量(图4-2)。在地球形成的早期，短半衰期的放射性元素很多，这些放射性同位素大部分已经裂变成稳定元素。因此可以认为地球形成早期，应比现在具有更高的温度，很有可能在整个地球的表层都是岩浆的世界。由于地球仍然含有很多长半衰期的放射性元素，而且放射性物质的总量也很大，现今地球由放射性物质所产生的依然能量高达到 1.2×10^{14} 焦耳/秒。

物理能主要是地球的旋转动能(包括自转和公转)和引力能。地球的旋转能在一定的时间尺度中基本保持在一定的总量范围里。地球公转所具有的能量在太阳系中处于平衡的状态，

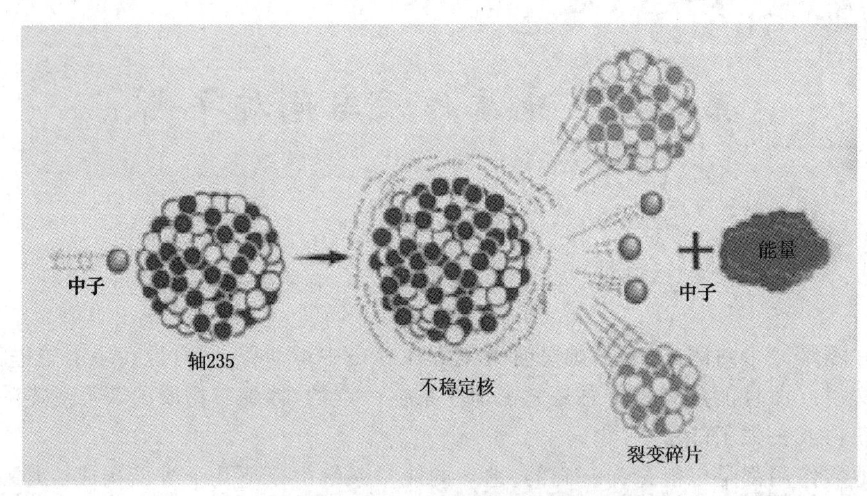

图 4-2 放射性元素裂变释放能量示意图

只有在与其他天体相互作用时才发生改变，因此对地球本身的物质运动和平衡的影响要么是一种长周期的作用，要么是一种灾难性的作用。

据地球的自转速度计算，现今地球自转的总能量约为 2.14×10^{29} 焦耳，这样巨大的能量哪怕有亿分之一的变化，其能量变化就相当于 34000 次 8 级地震的能量变化，势必引起地球的剧烈变动。

地球的重力是地球物质产生的万有引力和自转离心力合力，构成了地球的重力场。重力能是一种势能，只有物质在重力场中发生位移时才产生能量的变化。地球获得的重力能主要在圈层分异的早期，而现今地球基本上已经是按物质的密度分层。因此，重力能的变化在现今地质作用中已经不起到主导作用。

引潮力是太阳和月亮的引力对地球共同构成的作用力，由于地球的自转和太阳、月亮与地球的相对位置会发生周期性的变化，引潮力也发生周期性的变化。引潮力在地球上最明显的结果是引起海水的潮汐变化，其功率大约为 1.4×10^{12} 焦耳/秒。

除此以外，地球的能量系统中还有化学能、结晶能、生物能等其他的能量形式(图 4-3)，并在地球的演化中起到一定的作用。

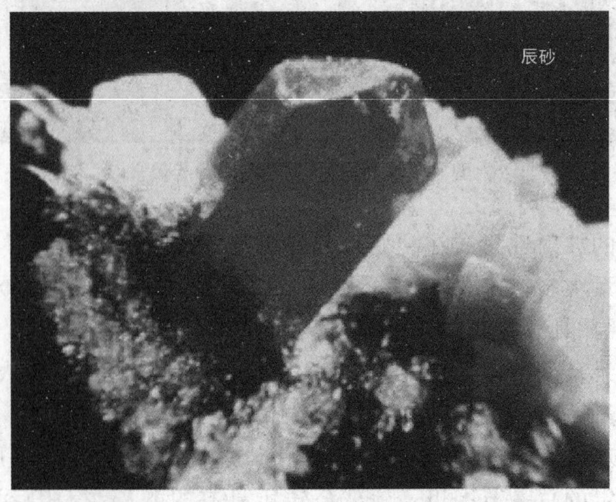

图 4-3 矿物在结晶过程中也会释放能量

由于岩石圈主要由刚性岩石组成，热导率很低，根据地壳的平均热流值计算，地壳的平均散热量为 1.8×10^{13} 焦耳/秒，因此仍有大量的热能在地球的内部积聚，构成了地球内动力地质作用的能量基础。地球内部的能量在积累到一定的程度之后就会转化成物质运动的形式释放出来，这就导致火山、地震、变质作用和构造运动等内动力地质作用的发生。

4.2 地质作用的形式

地质作用的表现形式

没有能量地质作用就不可能发生，但并不是所有地球的能量都会转化成地质作用的形式。由能量转化而成的，能够导致地质作用发生的力称为营力。

像放射性能、动能、重力能、化学能、结晶能等来源于地球内部的能量称为地球的内能，以内能作为营力的地质作用称为内动力地质作用，内动力地质作用主要作用于地球的内圈并最终反映到地壳。来源于地球外部的能量称为外能，其相应的地质作用称为外动力地质作用，外动力作用则主要作用于地球的外圈和地球的表层系统。地质作用有不同的表现形式，内动力地质作用的形式主要有：构造运动、地震作用、岩浆作用和变质作用等方式(图 4-4)；外动力地质作用的主要形式是地球外圈对地壳的风化、侵蚀、搬运、沉积过程，并对地球的表层系统进行改造。

图 4-4 因为强烈的构造运动所形成的珠穆朗玛峰

地质作用的主要形式：

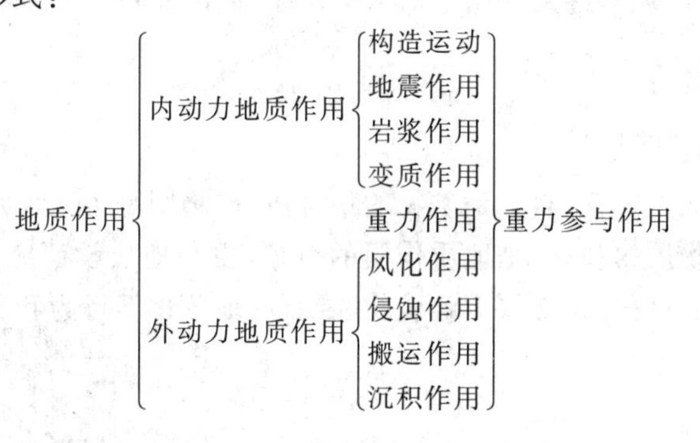

在刻画外动力地质作用所搬运和沉积的碎屑物经常用到以下几个概念：

● 粒级——反映碎屑物颗粒的大小(表 4-1)。

表 4-1 碎屑物的粒级

粒径/mm	<0.005	0.005～0.05	0.05～0.5	0.5～2.0	2.0～5.0	>5.0
名称	黏土	粉砂	细砂	粗砂	细砾	粗砾

● 分选——反映碎屑物粒径大小的集中程度。沉积物中碎屑的粒径方差越小，分选性越好。

● 磨圆度——碎屑物在搬运过程中棱角会逐渐地被磨损，使碎屑颗粒逐渐变圆，反映碎屑颗粒被磨圆的程度就是磨圆度。

地质作用的相互关系

地球是一个客观存在的系统，地球各圈层之间的相互作用和物质与能量的交换也是客观存在的，而且许多地学过程的发生、发展和演化常表现出内外圈层的一致性，“地球系统”的概念就是基于这种思想而产生的。“地球系统”理论的基本思想是，地球是一个统一的系统，内外动力地质作用都发生在这个统一体中，必然存在一些共性和各自的特性。如重力作用应属于内动力的范畴，但从地质作用的主要形式可以看出，重力既作用于内动力过程也作用于外动力过程，同时还有其特殊的形式——重力作用(斜坡作用)。内动力作用导致地壳的变形，使地球表面复杂化；外动力作用则主要对地球表面进行夷平作用，使地球表面简单化。

地球物质系统的运动具有统一性的特征，也就是说地球系统的物质运动，从内圈到外圈经常表现出很强的一致性，各圈层之间的相互作用是地球系统物质运动的基础，大规模的物质运动表现尤为明显。内动力地质作用可以改变外动力的作用过程：如海底地震所释放的能量会引起水圈的运动而发生海啸，青藏高原的隆起使东亚和南亚季风发生改变引起全球气候的变化，通过火山、地震作用发生的地球内部析气可以改变大气圈的成分，等等。外动力地质作用同样可以触发内动力地质作用的发生：如三角洲的沉积使地面不断沉降，河流的夷平过程可以促使地幔隆起改变内部平衡，等等。这种统一性的根本原因是因为地球作为一个统一的系统，各圈层之间不断地进行着物质和能量的交换。

构造运动不仅直接造成了地球物质的宏观运动，同时改变了地球物质的物理化学环境，促进微观运动的进行。如地球在释放能量的同时也在释放各种气体，并逐步地改变大气的化学组成；区域性的温压条件变化会使地球化学平衡遭受破坏，导致元素发生迁移形成新的地球化学场。这些环境因素的改变，毫无疑问会对人类的生存环境造成极大的影响。

4.3 矿物与岩石

岩石圈的物质组成是岩石，岩石是矿物的集合体，矿物则是由元素及其化合物形成的。矿物和岩石构成了地壳物质的基础，是地质作用的对象，也是地质学研究的主要对象，了解和研究地壳或岩石圈的地质过程，就必须了解矿物、岩石的地球化学行为和岩石学特征以及地质过程对它们的影响。

矿物

矿物是指自然条件下，在一定的物理-化学环境中形成的元素或化合物。大多数的矿物是晶体，少数为非晶体。矿物的晶体机构表现为规则的几何多面体，天然的矿物晶体形态是多种多样的(图 4-5)，其形态是由原子、离子、分子等基本质点在空间上按一定的规律排列形成的。

雄黄(左)、黄铁矿(中上)、萤石(右上)、磁铁矿(中下)、云母(右下)

图 4-5 晶体形态各异的矿物

物理-化学条件和热力学条件对于矿物的形成具有重要意义。在不同的物理-化学条件下，相同的物质可以形成不同的晶体形态。石墨和金刚石是一个最好的例子，两种矿物都是由纯碳元素组成，由于构成石墨的是六方晶系的板状晶体，成为一种最软的矿物，其硬度只有 1；金刚石则属于正方晶系，是自然界中最硬的矿物，硬度达到了 10。化学成分相同的物质形成不同晶格的固体形态的性能被称为多形现象。

矿物由于质点有规律的排列形成晶格，造成了矿物的各向异性。几乎所有矿物的物理特征(导热性、导电性、硬度、光性等)都会表现出某一个方向具有某种特殊的性质，不同的方向则具有不同的性质，被认为是非均质体；而未结晶的物质(如玻璃)，由于质点无序排列，经常表现出各向同性的特点，被称为均质体。

矿物的形态与性质

矿物的外形 矿物常具有一定的外形，根据矿物的外形可以区别一些常见的矿物。如磁铁矿是正八面体，黄铁矿是正方体或五角十二面体，云母为薄片状，石英则为六边柱状体等(图 4-5)。矿物还常常会以许多较小的单体聚集在一起，形成矿物的集合体。如粒状集合体、片状集合体、肾状集合体、纤维状集合体等(图 4-6)。实际上自然界中的矿物由于晶体的生长受到限制。其外形往往是不规则的，只有在矿物形成的过程中有足够的时间和空间，才能形成形态完整的矿物。

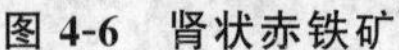

图 4-6　肾状赤铁矿

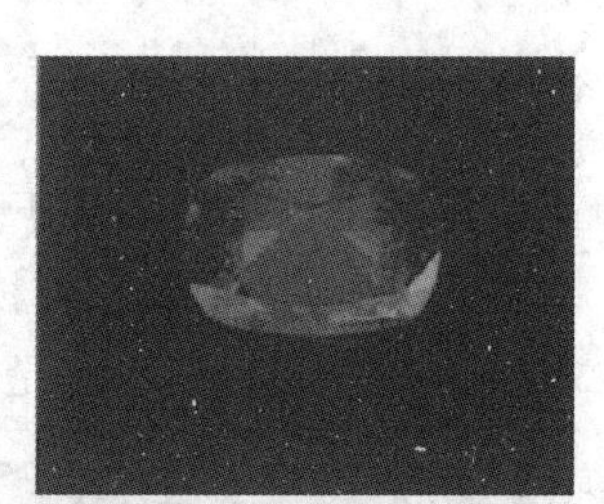

图 4-7　各种颜色的水晶

矿物的颜色和光泽　矿物的颜色是多种多样的，色彩艳丽的颜色尤为引人注目，很多矿物就是因为其颜色而得名，如赤铁矿（红色）、褐铁矿（褐色）、孔雀石（蓝绿色）等。同一种矿物由于所含的杂质不同也会有不同的颜色，如不含杂质的石英是无色透明的，而当石英含有杂质时则可以形成紫水晶、烟水晶等（图 4-7）。矿物的外观除了形态、颜色不同以外，还会有光泽的差异，矿物光泽是指矿物对可见光反射的能力。矿物光泽的强弱取决于矿物的折射率和吸收系数和反射率。反射率越大，矿物的光泽就越强。在矿物学中将光泽的强度依反射率(R)分为三级：金属光泽($R>0.25$)；半金属光泽($R=0.19\sim0.25$)；和非金属光泽($R=0.19\sim0.04$)。非金属光泽常见的有：

- 金刚光泽　是指同金刚石等宝石的磨光面上所反射的光泽，如白铅矿的光泽。
- 玻璃光泽　如同玻璃表面所反射的光泽，例如方解石的光泽。
- 珍珠光泽　某些矿物呈浅色透明状，由于一系列平行的解理对光多次反射的结果而呈现出如蚌壳内面的珍珠层所表现的那种光泽，例如透石膏、白云母等。
- 油脂光泽　在某些透明矿物的断口上，由于反射表面不平滑，使部分光发生散射而呈现的如同油脂般的光泽，例如石英、霞石断口上的光泽。
- 丝绢光泽　在呈纤维状集合体的浅色透明矿物中，由于各个纤维的反射光相互影响的结果，而呈现出如一束蚕丝所表现的那种光泽，例如石棉的光泽。
- 蜡状光泽　某些隐晶质块体或胶凝体矿物表面，呈现出如石蜡所表现的那种光泽。

矿物的条痕　条痕是指矿物在坚硬的物质上留下划痕的颜色，其本质是矿物粉末的颜色。矿物的颜色与矿物的条痕经常是不一致的，如黄铜矿的颜色是铜黄色，而条痕却是暗绿色。一般地说，条痕只适合于低硬度矿物的鉴定。

矿物的硬度　矿物的软硬程度称为矿物的硬度。硬度是反映矿物表面抵抗外力的能力，地质学中通常采用的是相对硬度的方式来确定矿物的硬度。如用甲矿物去划乙矿物，乙矿物出现划痕而甲矿物未受损伤，则认为甲矿物的硬度大于乙矿物。标准摩氏硬度计的 10 种矿物列于表 4-2。

表 4-2 摩氏硬度计

1度	滑石	6度	正长石
2度	石膏	7度	石英
3度	方解石	8度	黄玉
4度	萤石	9度	刚玉
5度	磷灰石	10度	金刚石

把需要鉴定硬度的矿物与摩氏硬度计中的矿物相互刻划比较即可确定其硬度,如某种矿物的能被石英刻动而不能被正长石刻动,则硬度可以大致确定为6.5。在野外还可以利用一些简易方法确定矿物的硬度,如指甲的硬度约为2.5,小刀的硬度约为5.5,玻璃的硬度约为6.5。需要注意的是野外鉴定矿物硬度时,矿物的表面会因为风化作用而降低硬度,因此需要在矿物的新鲜面上鉴定矿物的硬度,才能反映矿物的真实情况。

矿物的解理和断口 矿物受力后会沿一定的方向裂开成光滑面的特性称为矿物的解理,光滑的平面称为解理面。如云母可以揭成一层层的小薄片是因为云母具有一组极完全解理,方解石打碎后仍然呈菱面体是因为方解石具有三组完全解理。矿物的这种特性是因为矿物晶格按某种特殊的结构排列,并形成了一些薄弱面的表现(图4-8)。另外一些矿物,在受力后并不沿着一定的方向破裂,而是形成不规则的破裂面,这种破裂面称为断口。常见的断口形态有贝壳状、锯齿状、羽状和不规则状等。解理和断口是互为消长关系的,解理发育的矿物,断口则不发育,反之亦然。

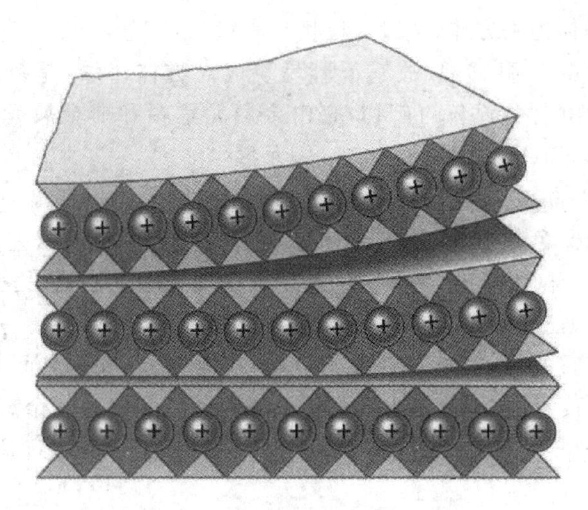

图 4-8 云母的解理面和晶体结构

一些常见的矿物

石墨(C) 晶体是六方片状,但比较少见。一般集合体呈鳞片状或块状,铁灰黑色或钢灰色,条痕为黑色,半金属光泽,不透明。硬度1,一组极完全解理。比重2.21~2.26。手摸时有滑感,会污手(图4-9a)。石墨最常见于变质岩中,是有机碳物质变质形成的,煤层经热变质也可形成石墨。有些火成岩中也可出现少量石墨。石墨可用于制造电极、润滑剂、铅笔芯、原子反应堆中的中子减速剂等,以及用来合成金刚石。

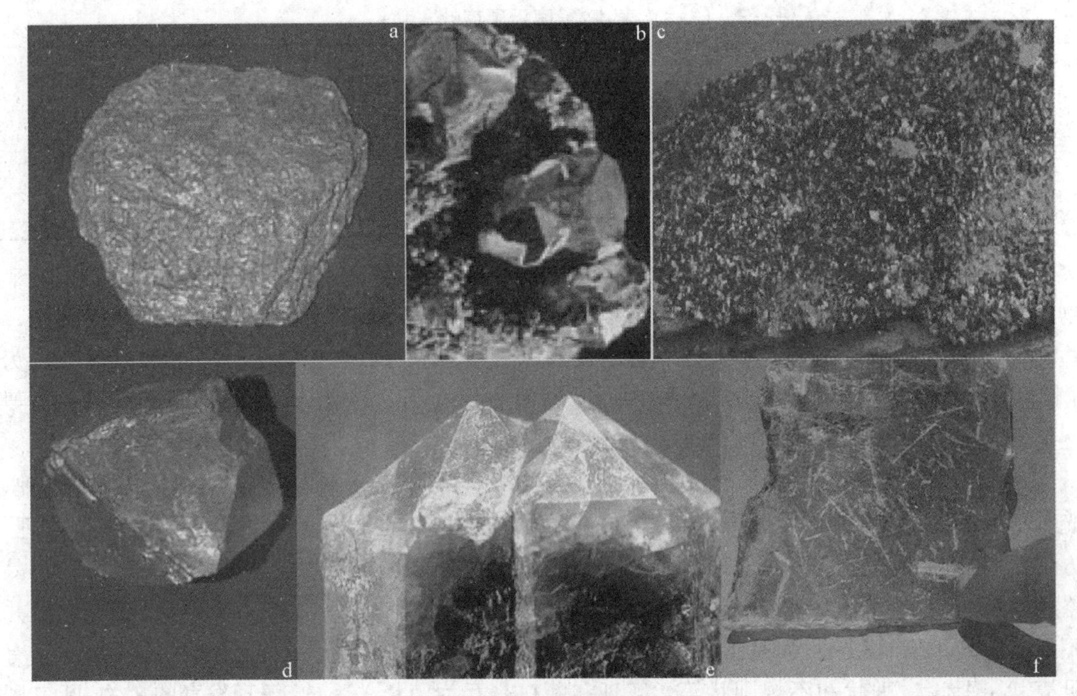

图 4-9 各种常见的矿物

方铅矿(PbS) 晶体为立方体,一般为粒状或块状,铅灰色,条痕呈灰黑色,金属光泽。硬度 2～3,比重 7.4～7.6,三组解理,故它很容易裂成立方体小块,是铅的主要矿物类型(图 4-9b)。方铅矿是硫化物中很著名的矿物,它由金属元素铅和非金属元素硫组成,分子式是 PbS,组成中常含有 Ag、Bi、Sb、As、Cu、Zn、Se 等元素。

黄铜矿($CuFeS_2$) 晶体呈四面体,但少见,常呈粒状或块状产出。铜黄色,风化后会有蓝、紫、褐多种颜色,绿黑色的条痕,硬度 3～4,小刀可以刻破,断口参差状,性脆,比重 4.1～4.3,是一种重要的铜矿石(图 4-9c)。黄铜矿是提炼铜的主要矿物之一,是仅次于黄铁矿的最常见的硫化物之一,也是最常见的铜矿物。

黄铁矿(FeS) 完整的晶体为正方体或五角十二面体,立方体晶面上常可见到相互垂直的晶面条纹,集合体呈致密块状、粒状或结核状。浅铜黄色和明亮的金属光泽,常被误认为是黄金,条痕绿黑色,硬度 6～6.5,小刀刻不动。比重 4.9～5.2,无解理,是重要的制硫矿物(图 4-5)。

铁矿(Fe_2O_3) 晶体呈板状或片状,但很少见,常见的为致密块状、鲕状、豆状、肾状等。颜色通常为吐红色、暗红色、猪肝色等,条痕樱红色,金属光泽至半金属光泽,硬度 5.5～6,比重 5.0～5.3,无解理,赤铁矿是自然界分布极广的铁矿物,是重要的炼铁原料,也可用作红色颜料(图 4-6)。

磁铁矿(Fe_3O_4) 晶体为正八面体或菱形十二面体,通常为致密块状、粒状。铁黑色或深灰色。无解理,硬度 5.5～6,具强磁性,是重要的铁矿石(图 4-5)。

萤石(CaF_2) 晶体属等轴晶系的卤化物矿物。常见的为块状、粒状集合体,一般为绿色、紫色、黄色,条痕白色,玻璃光泽,透明至不透明,无色透明的较为少见。在紫外线、阴极射线照射下或加热时发出蓝色或紫色萤光,并因此而得名。硬度 4,比重 3.18,四组完全解理,是重要的工业原料(图 4-9d)。

磷灰石($Ca_5[PO_4]_3[F,Cl\cdots\cdots]$)　晶体为六方柱状,集合体为柱状、致密块状等,属六方晶系的磷酸盐矿物的总称。有绿色、黄色、黄褐色、浅紫色等,玻璃光泽,加热后可发磷光。解理沿底面不完全,性脆,断口不平坦,油脂光泽,透明至不透明,硬度 5,比重 3.18～3.21。将钼酸铵粉末置于磷灰石上,加硝酸,可生成黄色的磷钼酸铵,用以快速试磷(图 4-9e)。

石膏($CaSO_4 \cdot 2H_2O$)　属单斜晶系的含水硫酸盐矿物。晶体为板状,集合体为块状或纤维状,常为白色或无色透明,玻璃光泽,纤维状者呈丝绢光泽。含杂质时呈多种颜色。硬度 2,比重 2.3,一组极完全解理,薄片具挠性。用于塑模、医疗、添加剂等(图 4-9f)。

石英(SiO_2)　晶体呈六方柱双锥状,柱面可见生长纹,常见为粒状、块状集合体,有时可见石英晶簇(图 4-10a)。无色透明的石英称为水晶,含各种杂质可形成多种颜色,硬度 7,比重 2.65,无解理,贝壳状断口,受压或受热能产生电效应。石英是最常见的造岩矿物,也是重要的工业原料,无裂隙、无缺陷的水晶单晶用作压电材料,来制造石英谐振器和滤波器。一般石英可以作为玻璃原料,紫色、粉色的石英和玛瑙还可作雕刻工艺美术的原料。石英是最重要的造岩矿物之一,在火成岩、沉积岩、变质岩中均有广泛分布。巴西是世界著名的水晶出产国,曾发现直径 2.5 m、高 5 m、重达 40 余吨的水晶晶体。

图 4-10　各种常见的造岩矿物

正长石($KAlSi_3O_8$) 晶体属单斜晶系的架状结构硅酸盐矿物。正长石是钾长石的亚稳相变体,钾长石和钠长石不完全类质同象系列。短柱状或厚板状晶体,常见卡斯巴双晶(图4-10e)、巴温诺双晶和曼尼巴双晶,集合体为致密块状。肉红或浅黄、浅黄白色,玻璃光泽,解理面珍珠光泽,半透明。两组解理(一组完全、一组中等)相交成90°,由此得正长石之名。硬度6,比重2.56~2.58。900℃以上生成的无色透明长石称透长石。正长石广泛分布于酸性和碱性成分的岩浆岩、火山碎屑岩中,在钾长片麻岩和花岗混合岩以及长石砂岩和硬砂岩中也有分布。正长石是陶瓷业和玻璃业的主要原料,也可用于制取钾肥。

白云母($KAl_2[AlSi_3O_8][OH]_2$) 集合体呈片状或致密块状。一般为无色透明,可因所含杂质而呈淡黄或淡褐色,珍珠光泽(图4-10b)。硬度2~3,一组极完全解理。白云母也是一种主要造岩矿物,岩浆作用和变质作用都可以形成。白云母的绝缘性能好,可在电器工业中用于绝缘材料。

黑云母($K[Mg,Fe]_3[AlSi_3O_{10}][OH]_2$) 常见为片状集合体,颜色有黑色、棕色、褐色等(图4-10c),硬度2~3,一组极完全解理。主要为岩浆作用形成。

斜长石($Na[AlSi_3O_8]$——$Ca[Al_2Si_2O_8]$) 类质同象系列的长石矿物的总称,共分为6个矿物种:钠长石(An0-10Ab100-90)、奥长石(An10-30Ab90-70)、中长石(An30-50Ab70-50)、拉长石(An50-70Ab50-30)、倍长石(An70-90Ab30-10)和钙长石(An90-100Ab10-0)。岩石学中将前二者统称为酸性斜长石,而将后三者统称为基性斜长石。晶体多为柱状或板状,常见聚片双晶,在晶面或解理面上可见细而平行的双晶纹。白至灰白色,有些呈微浅蓝或浅绿色,玻璃光泽,半透明。两组解理(一组完全、一组中等)相交成86°24′,故得名斜长石(图4-10d)。硬度6~6.5,比重2.6~2.76。斜长石广泛分布于岩浆岩、变质岩和沉积碎屑岩中。斜长石是陶瓷业和玻璃业的主要原料,色泽美丽者可作宝玉石材料,如日光石。

普通角闪石($Ca_2Na[Mg,Fe]_4[Fe,Al][(Al,Si)_4O_{11}][OH]_2$) 晶体呈长柱状,横断面为近菱形的六边体,集合体常呈粒状、针状或纤维状(图4-10f)。颜色为绿黑至黑色,条痕浅灰绿色,玻璃光泽,近乎不透明。两组完全解理,交角为124°或56°。硬度5~6,比重3.1~3.4。普通角闪石是火成岩和变质岩的主要造岩矿物。

普通辉石($[Ca,Na][Mg,Fe,Al,Ti][(Si,Al)_2O_6]$) 晶体短柱状,横断面近八边体,集合体常为粒状、放射状或块状。绿黑至黑色,条痕无色至浅灰绿色,玻璃光泽(风化面光泽暗淡),近乎不透明(图4-10g)。两组柱面中等解理,相交近直角(87°或93°)。硬度5~6,比重3.23~3.52。普通辉石是火成岩,尤其是基性岩、超基性岩中很常见的一种造岩矿物,在月岩中也很丰富,变质岩中偶有出现。

橄榄石($[Mg,Fe][SiO_4]$) 晶体为短柱状,多呈粒状集合体,因常呈橄榄绿色而得名(图4-10h)。偏于富镁的镁铁橄榄石最常见,一般称为橄榄石,随Fe含量增多,可由浅黄绿色至深绿色,玻璃光泽,透明至半透明。解理中等或不完全,常具贝壳状断口,性脆。硬度6~7,比重3.3~4.4。橄榄石是组成上地幔的主要矿物,也是陨石和月岩的主要矿物成分。它作为主要造岩矿物常见于基性和超基性火成岩中。镁橄榄石还可产于镁矽卡岩中。橄榄石受热液作用蚀变变成蛇纹石。透明色美的橄榄石可作宝石。

石榴子石($[Ca,Mg][Al,Fe][SiO_4]_3$) 晶体一般为菱形十二面体或四角三八面体,集合体常为粒状。颜色多种多样,有红色、褐色、浅绿色、黑色等(图4-10i)。无解理,硬度6~8.5,多为变质作用所形成。

方解石($CaCO_3$) 晶体为菱面体，集合体多种多样，有粒状、致密块状、鲕状、钟乳状等，因所含杂质不同而呈现各种各样的颜色，条痕白色。三组完全解理，硬度 3，遇酸会强烈起泡。方解石主要是沉积作用和变质作用形成的，岩浆作用也可形成。以方解石为主要成分的石灰岩可以用来烧石灰或作为水泥原料。无色透明的方解石称为冰洲石，具有特殊的双折射现象，是非常重要的光学材料(图 4-11)。

图 4-11 冰洲石的双折射现象

岩石

矿物在地质作用下所形成的集合体称为岩石。岩石可以是由单一矿物组成的，如纯净的大理岩就是由方解石组成的，但大多数的岩石是由两种或两种以上的矿物组成的，如花岗岩就是由石英、长石和云母三种矿物组成的。构成地壳的岩石按照其成因可分为岩浆岩、沉积岩和变质岩三大类，分别由岩浆作用、沉积作用和变质作用形成(请阅读相应的章节)。

岩石的矿物组成 岩石的矿物组成是指组成岩石的矿物种类及其在岩石中所占的比例，是区别岩石类型的主要依据。

岩石的化学成分 研究表明，几乎所有天然元素都可以在岩石中发现，岩石的化学成分是指构成岩石的 10 种主要元素的氧化物(SiO_2、Al_2O_3、Fe_2O_3、FeO、CaO、MgO、MnO、Na_2O、K_2O、TiO_2)，它们在岩石中所占的比例超过了 99%。对于难以确定其矿物成分的岩石，通常采用岩石的化学成分来确定岩石的种类。

岩石的颜色 岩石的颜色主要取决于岩石的物质成分，以及组成岩石的矿物特征。成分相同的岩石有时在颜色上会有很大的差异。对于沉积岩而言，岩石的颜色还会在很大程度上反映其沉积时的环境。

岩石的结构 结构是岩石中矿物之间的相互关系的反映，如隐晶质结构、斑状结构(图 4-12)、等粒结构等。

图 4-12 斑状结构

图 4-13 气孔状构造

岩石的构造　构造是岩石中由于物质组成的差异或结构的差异所反映出的外观的总体特征，如块状构造、气孔状构造(图 4-13)、层状构造、片麻状构造等。

常见的岩石类型将在相关的章节里介绍。

4.4　地质年代学

地质学的主要任务之一是恢复地球演化的历史以及在地球演化过程中发生的地质事件的时间关系，从而确定不同演化阶段地质特征。地质事件的发生时间可以用相对的和绝对的地质年代来表示，虽然绝对地质年代在时间表达上更为合理，但有些只需要确定地质事件发生的先后顺序的研究，通过野外调查地质体的接触关系所确定的相对时间，往往更加可靠。

相对地质年代

在研究地球的演化历史或者地质过程时，有时候并不一定需要知道地质事件发生的准确时间，而只需要知道它们之间的先后顺序，这种只确定地质事件发生先后顺序的方法称为相对地质年代。在没有找到合适的定龄方法之前，地质学家采用的就是相对地质年代的方法来确定地质事件发生的先后顺序。这种相对地质年代学的方法至今仍然是地质学家研究地质过程的主要手段。

丹麦人斯坦诺(N. Steno)是一位职业医生，他在意大利从事地层学研究中利用在医学上学到的生物学知识来研究化石，创立了生物地层学的原理，并提出了地层学的三个定律，从而奠定了相对地质年代研究的基础：

地层层序律　即先沉积的一定位于地层的下部，后沉积的一定位于上部，由此可以确定沉积事件的先后顺序。

原始连续性定律　即沉积过程中如果没有干扰因素，则原始的沉积地层一定是连续的。

原始水平性定律　在原始条件下形成的沉积地层一定是水平的(图 4-14)。

图 4-14　原始水平连续的沉积地层

由这三条定律出发,如果发现某个地区的地层不符合上述情况,就可以判断一定有什么地质事件发生。例如发现有新地层在老地层之下,那么引起地层倒转的原因是褶皱还是断裂?地层如果不是连续的,那么这之间发生了几次沉积间断?沉积间断发生在什么时间?地层如果是倾斜的,那么造成地层倾斜的原因又是什么?这三条定律看似简单,但追究引起原始地层发生变动的原因,直至今日仍然是野外地质调查的主要内容,也是确定相对地质年代的主要方法。

通过对区域间的地层对比,就可以确定区域地层沉积的先后顺序,并根据其他地质体与地层的关系来确定地质事件发生的先后。从图 4-15 可以看出,不同地区的岩层虽然出露在不同的高程上,有些地区还发生了沉积间断,中间部分地层缺失,但通过对比依然可以判断他们沉积的先后顺序和相应的位置。图 4-15 中柱状剖面 D 中缺失了泥岩层,这种现象称为不整合(平行不整合),表明中间存在了沉积间断。实际上在 A、B、C 中也都存在沉积间断,但由于没有明显的地层缺失,很容易被忽视。

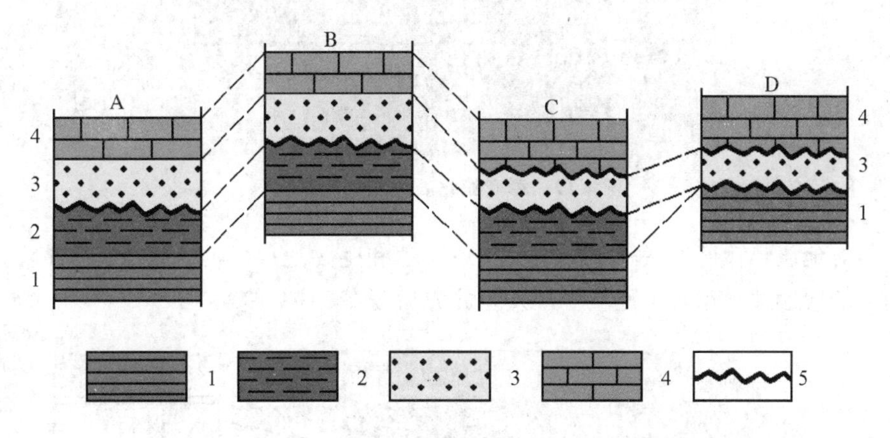

1—页岩 2—泥岩 3—砂岩 4—灰岩 5—沉积间断

图 4-15 通过地层对比可以判断岩层的沉积的先后顺序

沉积间断和地层对比研究除了可以确定沉积事件的时间关系外,还有助于沉积地层中岩组和沉积阶段的划分。地层中经常可以见到一些相似的岩组有规律的重复出现,这是因为某一特定的沉积环境重复出现。剖面上这种具有周期性重复出现的地层单位我们称之为"韵律层"(图 4-16)。

图 4-16 地层中反复出现岩性相似的韵律层

由于地层的发育往往局限于一定的区域,而不同地区的地层则很难进行对比,这种方法也受到了限制。英国工程师史密斯(W. Smith)在修筑公路时发现在特定的地层中往往有一些特定的化石类型,如果反过来用特定的化石种类来确定特定的地层是否可行呢?研究表明这种思路是可行的,而且那些用来进行地层对比的化石如果分布广泛，就可以进行跨区域的地层对比了。后来经过拉马克、居维叶等人的不断完善，逐渐演变成生物地层学。生物地层学研究中最主要是选择那些在地质历史中存在时间比较短、演化快、分布范围广的古生物化石——**标准化石**，以提高对比的可靠性(图 4-17)。通过对动植物演化的继承性和阶段性，可以成功地利用它们的遗体化石确定距今 700 Ma 以来的沉积地层的时间关系。

图 4-17　寒武纪化石古莱德利基虫

确定相对地质年代的方法除了利用沉积地层学和生物地层学的方法外，还可以利用地质体在空间上的接触关系来确定地质事件发生的先后顺序(图 4-18)。

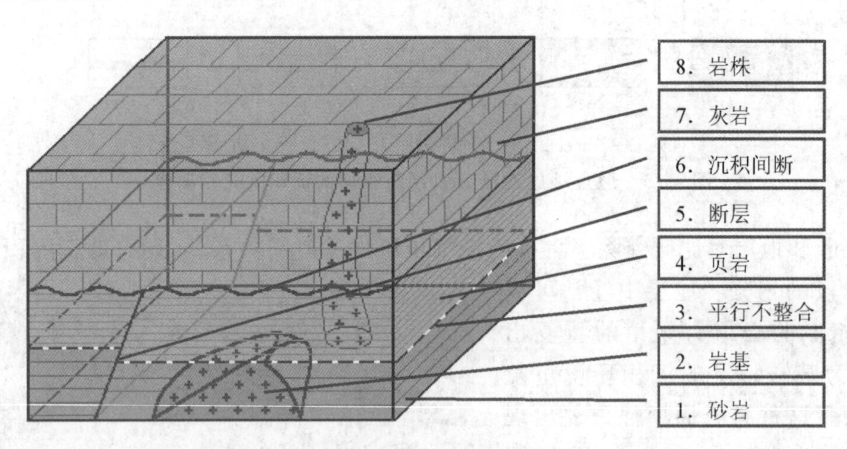

图 4-18　8 个地质事件发生的先后顺序及其依据

经过几代地质学家的不断努力，终于确定了一个地质年代表(表 4-3)，以此进行全球范围的地层对比，并确定时间关系。

绝对地质年代

地球科学的研究非常需要采用绝对的时间来描述地质事件发生的确切年代，哪怕所给出的时间有一定的误差。绝对地质年代是以绝对的天文单位“年”来表达地质时间的方法，绝对地质年代学可以用来确定地质事件发生、延续和结束的时间。

在人类找到合适的定年方法之前,对地球的年龄和地质事件发生的时间更多含有估计的成分。诸如采用季节-气候法、沉积法、古生物法、海水含盐度法等,利用这些方法不同的学者会得到的不同的结果,和地球的实际年龄也有很大差别。

1896 年贝克勒尔发现了铀的放射性,1902 年居里夫人首先提出了可能利用放射性同位素的特点确定矿物年龄的思想,1905 年提出了利用 U、Pb 放射性同位素确定矿物年龄的方法,并在 1907 年成功地获得第一个 U-Pb 放射性同位素年龄,为地质学的绝对地质年代研究提供了崭新的方法。矿物的年龄可由下列公式计算:

$$t = \frac{1}{x}\ln\left(\frac{D}{P}+1\right)$$

其中 t 为矿物的年龄,D 为矿物中的子同位素含量,P 为剩余的(未分解的)同位素含量,x 为同位素衰变常数。上式所表示的只是原理性的计算方法,由于上式中矿物的子同位素 D 可能包含非蜕变形成的元素,因此现今的同位素定年方法还采用了很多的办法来消除这一因素的影响。

目前地球科学领域所采用的同位素定年方法主要有 U-Pb 法、钾-氩法、氩-氩法、Rb-Sr 法、Sm-Nd 法等,根据所测定地质体的情况和放射性同位素的不同半衰期选用合适的方法可以获得比较理想的结果。

地质年代表

1881 年在意大利召开的第二届国际地质学大会上曾经通过了地层及相应的地质年代表的基本单元划分。在当时的年表中,地质历史被划分为四个代,主要依据是生物界的发展演化阶段,并建议使用的相应名称:

太古代　意为最古老的生命

古生代　即古老的生命

中生代　即为中等年龄的生命

新生代　意为新生命的开始

在对地质年代表的进一步完善过程中又划分出元古代,后来地质学家认为有必要建立更大的时代单位(宙)和相应的地层单位(宇),即太古宙(宇)、元古宙(宇)和显生宙(宇),并逐渐形成了地质年代表(表 4-3)。需要指出的是,随着研究的不断深入和区域性地层的差异,不同的学者给出的地质年代表在绝对年代上会有所区别。

太古宙　二分为古太古代和新太古代。

元古宙　三分为古元古代、中元古代和新元古代,目前中新元古代的地层发育最好的在中国,根据中国地质学家的研究,中新元古代可以划分出四个纪,即长城纪、蓟县纪、青白口纪和震旦纪。

显生宙　三分为古生代、中生代和新生代,由 12 个纪组成。

纪(系)　纪是基本的地质年代单位,其名称大多是最早的研究区地名或民族名称,中文纪的名称一般沿用了日本的译名,通常采用纪的英文名称的第一个字母作为纪的符号,个别纪因为重复而采用其他符号。为了在地质图上能够醒目地区分不同的纪,每个纪都有自己特定的颜色(见表 4-3)。

表 4-3　地质年代表

宙(宇)	代(界)		纪(系)	世(统)	纪起始时间/Ma	纪延续时间/Ma	符号
显生宙	新生代		第四纪	更、全新世	2.6	2.6	Q
			新近纪	上新世	23	20.4	N_2
				中新世			N_1
			古近纪	渐新世	65.5	42.5	E_3
				始新世			E_2
				古新世			E_1
	中生代		白垩纪	晚白垩世	145	79.5	K_2
				早白垩世			K_1
			侏罗纪	晚侏罗世	199	54	J_3
				中侏罗世			J_2
				早侏罗世			J_1
			三叠纪	晚三叠世	251	52	T_3
				中三叠世			T_2
				早三叠世			T_1
	古生代	晚古生代	二叠纪	晚二叠世	318	67	P_3
				中二叠世			P_2
				早二叠世			P_1
			石炭纪	晚石炭世	359	41	C_2
				早石炭世			C_1
			泥盆纪	晚泥盆世	416	57	D_3
				中泥盆世			D_2
				早泥盆世			D_1
		早古生代	志留纪	晚志留世	443	27	S_3
				中志留世			S_2
				早志留世			S_1
			奥陶纪	晚奥陶世	488	45	O_3
				中奥陶世			O_2
				早奥陶世			O_1
			寒武纪	晚寒武世	542	54	$\in_3$
				中寒武世			$\in_2$
				早寒武世			$\in_1$
元古宙	新元古代		震旦纪		1000	430	Pt_3(Z)
			青白口纪				Pt_{3q}
	中元古代		蓟县纪		1600	600	Pt_{2j}
			长城纪				Pt_{2ch}
	古元古代				2500	900	Pt_1
太古宙	新太古代				>3800	>1300	Ar_2
	古太古代						Ar_1

比纪(系)更短的单位是世(统)。纪一般可以分为 2～3 个世,分为早、中、晚,只有新生代给世以自己的名称。

地质年代表在地质学研究中发挥了巨大的作用,它是国际公认的,对所有地质现象和过程进行划分、对比和限定的工具，给地质历史过程顺序的建立带来了秩序。

主要地质时代的基本特征

太古宙是地质记录最为古老的年代，是地球形成后的初始期，其时限约从38亿年至25亿年前，长达13亿年。太古宙的岩石大多经过了高温高压的变质作用，属于高级变质岩类，由于年代久远，确实很难寻觅到化石，人们对这一时期的生命活动了解得很少。但20世纪后半期，科学家们陆续在南非和澳大利亚获得了重大收获，在变质程度不太剧烈的沉积岩层中发现了叠层石，这是微生物和藻类活动的产物。在南非的一套古老沉积岩中，科学家们借助先进的精密观测仪器，发现了200多个与原核藻类非常相似的古细胞化石，这些微体化石一般为椭圆形，具有平滑的有机质膜，这是人们迄今为止发现的最古老、最原始的化石，也是在太古代地层中发现的最有说服力的生物证据(图4-19)。

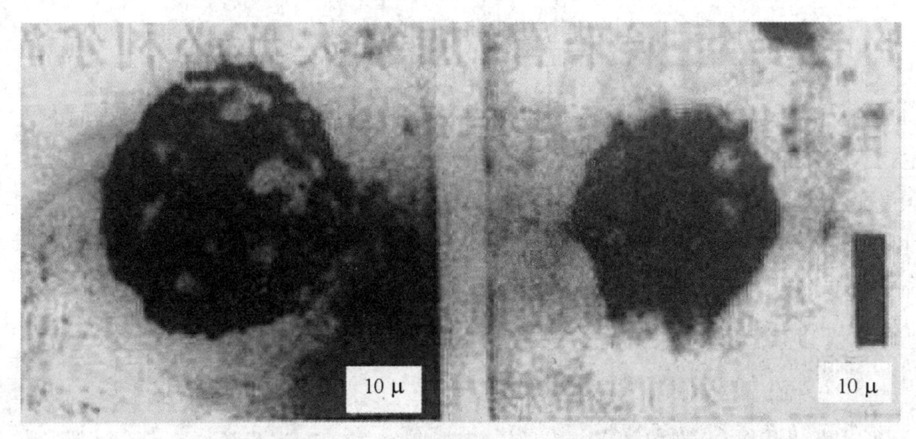

图4-19 在南非巴布顿地区发现的38亿年前的球状细菌化石

元古宙的时限自25亿年前至5.42亿年，其岩石类型也变得多样化了。在我国北方蓟县地区出露的一套浅变质的中、新元古代地层包含了许多这段地史的信息。人们在这一时期的古老地层中发现过微古植物化石、宏观藻类化石及叠层石。仅在我们中国，古生物学家就已发现元古宙不同时期的微古植物化石80余属、近200个种，生命在元古宙得到进一步繁荣，那时的地球已不再是满目荒芜了。

图4-20 前寒武纪的单细胞生物化石

元古宙末期，大约从8.5到5.42亿年，被命名为震旦纪，这是因为这段时间在生命演化历程中具有承前启后的意义，并且它的命名地是在中国。“震旦(Sinian)”意指中国，德国地质学家首先把它用于地层学，许多学者都仿效使用，但含义有所不同。后来地质学家们重新定义了震旦纪，我国著名地质学家李四光等在长江三峡建立起完整的震旦纪地质剖面，这就是有名的峡东剖面，它向全世界提供了地层对比的依据。震旦纪已有了明确的生物证据，在动物界出现了低等的小型具有硬壳的物种，以及大量裸露的高级动物，后者就是发现于澳大利亚的埃迪卡拉动物群(图 4-20)。在植物方面表现为高级藻类(如红藻、褐藻类等)的进一步繁盛，宏观藻类也得到飞速的发展，这时的地球已彻底改变一片死寂、毫无生气的面貌了。

寒武纪是古生代的第一个纪，距今约 542Ma—488Ma，经历 54Ma 的历史。寒武纪的英文 Cambrian，它原本是英国威尔士西部一座山脉的名称，因为地质学家塞奇威克(A. Sedgwick，1785—1873)在这里进行过详细的研究，发现过许多那一时期的生物化石并确认了相应的地层，才被作为一个专门的名称使用至今。现在，寒武纪这个名字被全世界广泛应用，它代表地球上有大量生物开始出现的新时期开始，在此之前，由于地球上的生物极其稀少，便被人们统称为前寒武纪。进入寒武纪后，地球上出现了广泛的海侵现象，海洋的面积进一步扩大，为海洋生物的生长创造了条件，一些原始无脊椎动物逐渐演化发展成具有硬壳的无脊椎动物。作为一个远古的时代，寒武纪最显著的特点，就是具有硬壳的不同门类的无脊椎动物如雨后春笋般的出现，这些动物，包括节肢动物、软体动物、腕足动物、古杯动物以及笔石、牙形刺等。它们的飞速涌现，形成了生物大爆炸的壮观局面，带来了生物从无壳到有壳这一进化历程中的重大飞跃。

我国寒武纪地层在南方和北方都有广泛的分布，并产有丰富的古生物化石。近年来对云南澄江地区寒武纪古生物的研究取得了许多重要的成果，澄江动物群的深入研究将为揭开寒武纪生命大爆发的奥秘提供大量的信息(图 4-21)。

图 4-21　澄江动物群复原图

寒武纪时形成了许多沉积型的矿产，这些矿藏包括磷、石膏、盐类等，其中磷矿最为重要，我国这一时期的磷矿主要分布在南方。从寒武纪开始，地球磁场的变化有了记录，为板块漂移的研究提供了证据，磁场反转使剩余磁场的极性发生交替变化，为地层对比提供了另一条研究途径。

奥陶纪是早古生代海侵最广泛的时期，这为无脊椎动物的进一步发展创造了有利的条件。这一时期，海生无脊椎动物不仅门类和属种大量丰富，在生态习性上也有重要的分异。主要生物种类除三叶虫外，还有笔石、海绵、鹦鹉螺、牙形刺动物、腕足类、腹足类等，奥陶纪还出现了原始的鱼类(图 4-22、图 4-23)。

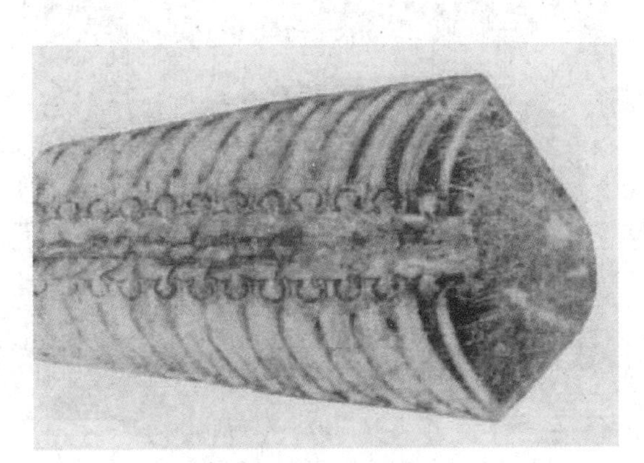

图 4-22　奥陶纪鹦鹉螺

图 4-23　奥陶纪的海绵动物化石

奥陶纪地层长期被作为志留纪的一部分。1835 年英国地质学家塞奇威克(A. Sedgwick)建立寒武纪时，泛指整个早古生代及其那一时期形成的地层。同年，莫奇逊(R. I. Murchison)研究英格兰的同一地区的这套地层，提出了志留纪的称谓，指早古生代地层的大部分。这样，两个名称涵盖的内容在时限和地层上有一段重复，造成应用上的困难和长期的争论。后来，地质学家拉沃斯(C. Lapworth)提出建议，将原称寒武纪或志留纪之间的重复部分另外取名奥陶纪(Ordovician，威尔士一个古代民族的名字)。实际上，直到 1960 年的第 21 届国际地质学大会上，奥陶纪才被确认为独立的纪，其时代相当于原来志留纪的 3/5。从此，才有了早古生代地球发展史的寒武纪、奥陶纪、志留纪先后三个不同的发展阶段。

志留纪的名称也是来源于英国的一个古老部落(Silurian)。由于强烈的造山运动，志留纪的地球表面出现了较大的变化。海洋面积缩小，陆地扩大，因此低等植物作为植物界的先驱者登上了大陆。海洋中，各种无脊椎动物并不理会领地的萎缩而继续繁盛，毕竟海洋的面积是太大了，更何况随之而来的又将是一次新的海进。

在志留纪的海洋中，珊瑚出现了较多种类，它们为晚古生代(主要是泥盆纪和石炭纪)珊瑚的空前繁荣奠定了基础。志留纪的主要珊瑚类型是床板珊瑚和四射珊瑚，尽管当时的珊瑚中许多是单体而不是群体，但由于数量丰富，海洋中已经形成了珊瑚礁。层孔虫是另一类海洋生物，它们可以分泌钙质的骨骼，也具有造礁能力。腕足类是一种固着生物，具有两瓣硬壳，死后容易保存成为化石，形成壳相地层。此外，志留纪时的重要生物还有苔藓虫、三叶虫、鹦鹉螺类和笔石类。其中，笔石是一种非常重要的生物，其化石通常保存在岩层面上，很像用笔书写的痕迹,故称之为笔石(图 4-24)。

笔石是一种脊索动物,在生物进化史上有其重要的意义,即出现了中枢神经。分布于我国东南沿海的文昌鱼就是脊索动物的孑遗动物(图 4-25)。

图 4-24 志留纪的笔石

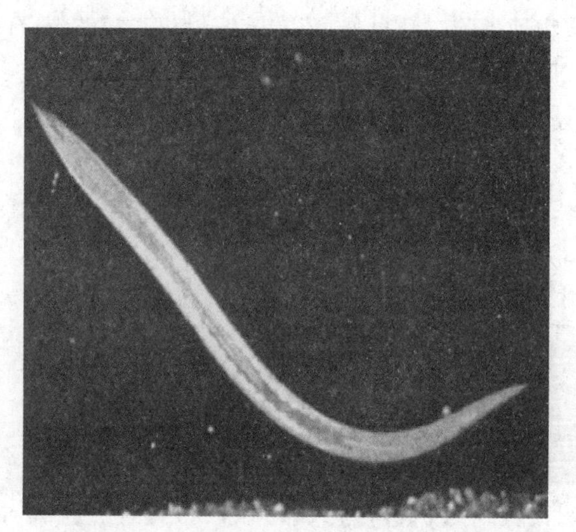

图 4-25 分布于我国东南沿海的文昌鱼

泥盆纪是晚古生代的第一个纪,得名于英国西南部的 Devon shire(德文郡),日本学者后来将 Devonian 译成片假名"泥盆纪",才有了现在的名字。由于早古生代的造山作用(加里东运动)影响,地球经历了漫长的构造变动,使全球陆地面积继续扩大。与此同时,地球的大气成分也发生了明显的改变,可能是臭氧层的出现,使生物可以暴露在大气中而免遭紫外线的伤害,从这一时期起,生物才开始从海洋向陆地进军。

在当时,鱼类首先从无脊椎动物中分化出来,形成生物界的新族。由于泥盆纪的鱼类空前繁盛,泥盆纪又称"鱼类的时代"。与此同时,植物中的先驱者已经向陆地上扩展,在这个新的环境中,它们淋浴着和煦的阳光,逐渐占据了辽阔的大地,地球开始披上了绿装。在泥盆纪早期,气候变得干燥炎热,适宜这种环境的裸蕨植物获得了迅速发展(图 4-26),泥盆纪晚期,石松类和真蕨类形成了成片的森林,为陆生生物的发展准备了条件。

另一方面,海洋中的无脊椎动物仍然统治着那里的世界,腕足类、珊瑚、层孔虫、苔藓虫、双壳类、牙形刺等生物在大洋中竞相发展,其中腕足类是非常引人注目的一类生物。腕足类属于底栖固着型生物,软体由两瓣壳所保护,此外,还有一个用于支撑和固定身体的肉茎。它们喜欢生活在安静的海底,与世无争。腕足类品种繁多,在我国南方这一时期的地层中,保存着丰富的腕足动物化石(图 4-26)。

石炭纪的气候温暖湿润,有利于植物的生长。随着陆地面积的扩大,陆生植物从滨海地带向大陆内部延伸,并得到空前发展,形成大规模的森林和沼泽,陆地表面到处是绿色的世界,给煤炭的形成提供了有利条件(图 4-27)。所以,石炭纪成为地史时期最重要的成煤期之一,因而

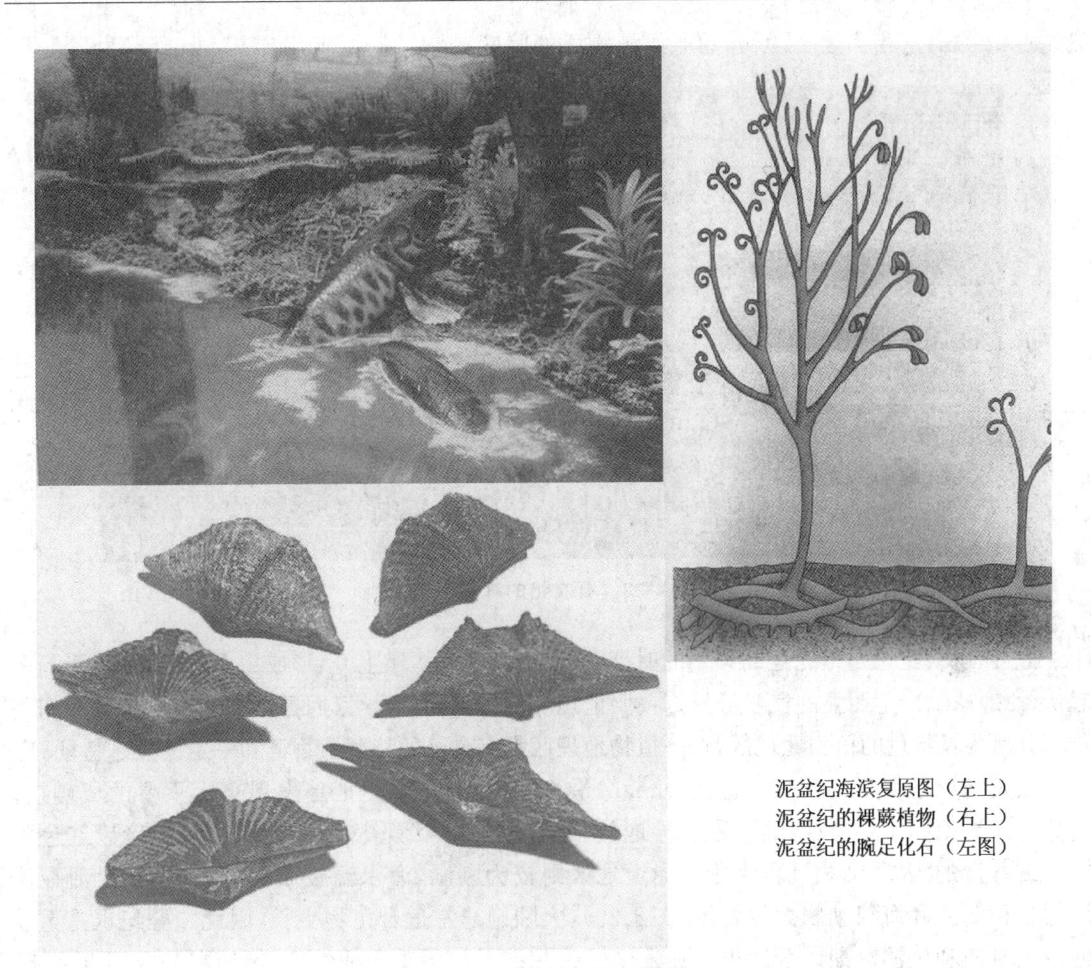

泥盆纪海滨复原图（左上）
泥盆纪的裸蕨植物（右上）
泥盆纪的腕足化石（左图）

图 4-26 泥盆纪的生物界

得名“石炭纪”(Carboniferous)。据统计，属于这一时期的煤炭储量约占全世界总储量的 50% 以上。在石炭纪的森林中，既有高大的乔木，也有茂密的灌木。乔木中的木贼根深叶茂，木贼的茎可以长到 20～40 cm 粗，它们喜爱潮湿，广泛分布在河流沿岸和湖泊沼泽地带。石松是另一类乔木，它们挺拔雄伟，成片分布，最高的石松可达 40 米(图 4-28)。石炭纪时，早期的裸子植物(如苏铁、松柏、银杏等)非常引人注目，但蕨类植物的数量最为丰富。蕨类植物是灌木林中的旺族，它们虽然低矮，但大量占据了森林的下层空间，紧簇拥挤，蒸蒸日上。可以这样说，今天地球上之所以蕴藏有如此丰富的煤炭资源，与石炭纪的植物界的繁盛密切相关。中国是煤炭资源大国，山西的煤层应该是最好的证据。石炭纪森林的广袤和茂密可以从中国所产煤层的厚度上看出来，有的煤层厚度竟

图 4-27 煤炭中的鳞木化石

然超过 120 m,这相当于 2440 m 的原始植物质的厚度。

图 4-28　石炭纪的森林面貌

此外,石炭纪也是地壳运动频繁的时期,许多地区这时褶皱上升,形成山系和陆地,地形高差起伏,使地球上产生明显的气候分异。按照地理环境的不同,科学家们根据石炭纪的植物分布特点划分出各具特色的植物地理区,每一植物地理区都有自己的特色植物群和一定的生态特征。

二叠纪以俄罗斯的彼尔马省(Permian)最先研究而得名,是地球发展史上重要的成礁期。二叠纪以海退为主要特征,陆地占主导地位,北半球气候干燥炎热,因此大部分地区以红色的含盐或石膏的泻湖、陆相沉积为主。赤道地区则较为潮湿,海水温暖而又清澈,喜欢生活在浅海的各种钙藻和海绵动物大量繁殖(图 4-29),大陆则非常适合植物生长,因此二叠纪也是重要的成煤时期和生油时期。全世界已经发现了许多二叠纪的礁型油气田,例如在美国得克萨斯、新墨西哥州等地就发现和开发了二叠纪礁型油气田 100 多个,其中斯克雷油田分布长40 km,宽 3～15 km,产油面积 295 km^2,可采储量 1.62 亿吨。俄罗斯的乌拉尔地区,开发了与礁有关的油气田 30 余个,产量也极为可观。

图 4-29　二叠纪海底景象

脊椎动物由水到陆必须解决适应陆地生活环境的三大课题，其一是支撑和运动，鱼形动物是靠水的浮力，不存在支撑体重问题，尾和鳍则是其运动器官。为了适应陆地生活，必须把偶鳍改造为四肢来完成支撑体重和运动的双重任务；其二是从鳃呼吸改为肺呼吸；其三为生活在陆地上，还必须防止体内水分的蒸发。两栖动物在克服水分蒸发方面并不十分成功，所以它们只能生活在河、湖岸边和沼泽区等潮湿地带。两栖动物在二叠纪的发展可谓一日千里，无数种两栖动物匍匐爬行在水边，到二叠纪末期，逐渐演化为真正的陆生脊椎动物——原始爬行动物(图4-30)。

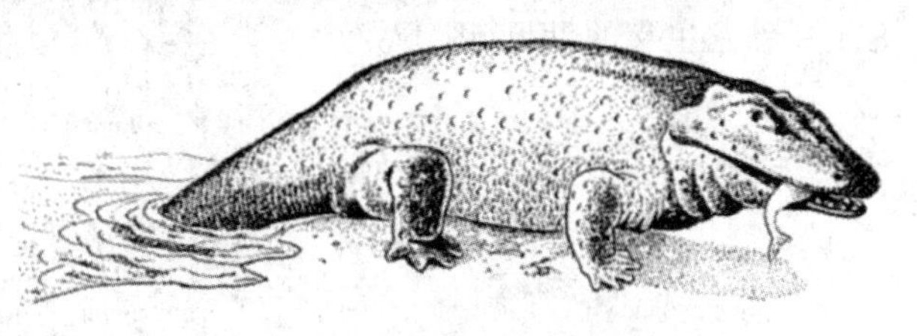

图4-30　二叠纪的两栖动物引螈

二叠纪末期发生了生物大量绝灭事件，可能与晚古生代末出现的地壳运动有关(海西运动)，经过这次运动，北半球的许多活动海槽都已先后转化为褶皱山系，环境也发生了巨变，造成了大量的生物灭绝。

三叠纪是中生代的第一个纪，最早人们在德国西南部发现了代表这段时间的地层，因这套地层的颜色和岩石结构明显地由三个部分组成：下部是陆相杂色砂页岩，中部为海相灰白色石灰岩，上部是陆相红色岩层，三分性质一目了然，故此被称作“三叠系”(Triassic)。

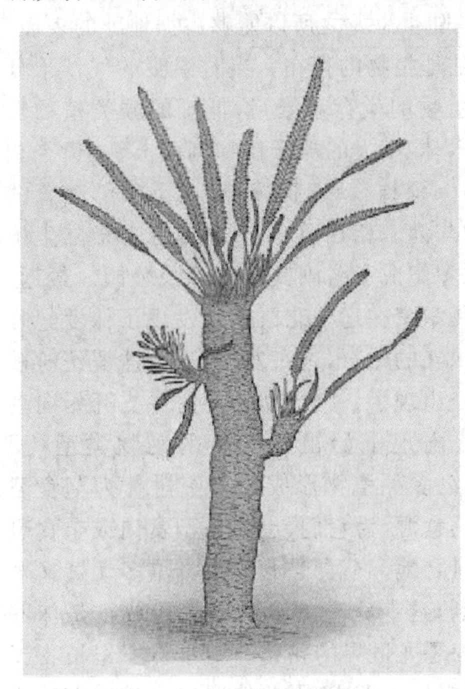

图4-31　三叠纪的苏铁

三叠纪的生物界面貌大大不同于晚古生代的二叠纪，在海洋中，随着二叠纪末大量生物门类的绝灭，代之而起的是软体动物(菊石、双壳类等)、六射珊瑚、海绵类、海百合、有孔虫、苔藓虫等，微体化石牙形刺在三叠纪十分常见，它们处在演化史上的关键时期，属种更替显得极其频繁，至三叠纪末它们全部绝灭。在陆地上，裸子植物继续保持着优势，苏铁类占据主要地位(图4-31)，真蕨和木贼类也逐渐繁盛。陆生脊椎动物出现了水龙兽、犬颌兽等，它们是接近于哺乳类祖先的似哺乳爬行动物。三叠纪晚期爬行动物向各方面分化，种类繁多，如适宜于陆地环境的我国云南禄丰龙，喜爱在湖泊中游弋的安徽巢湖龙，回返到海洋中生活的喜马拉雅鱼龙等。

三叠纪末，在我国广大地区发生了“印支运动”，扬子板块和华北板块连为一体，结束了我国东部地区“南海北陆”的局面。与此同时，一个新的构造格局开始出现，我国大陆东西分异的沉积特点逐渐表现出来，这也是我国整个中生代的沉积特点。我国三叠纪以沉积矿产较为丰富，重要的有煤、石油、油页岩、膏盐和菱镁矿等。

侏罗纪(Jurassic)得名于法国、瑞士交界的阿尔卑斯山区的侏罗山(Jura Mountain)，从19世纪初开始就有许多人来这里从事科学考察活动，今天在地质学上应用的一些理论或概念都得益于当时对侏罗山区的认识，如古生物学中的“化石层序律”、化石带的建立和划分，地层学中“阶”的概念等。由于这一地区的地层发育特别完整，经过测定认为形成于地质历史的中生代中期，于是称为侏罗系。这个时期是爬行动物大繁盛的时期。

在中生代时，哺乳动物还没有真正出现，恐龙等爬行动物因此遇不到生存竞争的对手，它们理所当然地成为生物界的霸主。侏罗纪到处都是恐龙的家族，天空中滑翔掠过的是翼手龙和飞龙，在海洋中搏击风浪的是鱼龙和蛇颈龙，陆地上四处觅食的是梁龙、剑龙和雷龙，地球真正成了恐龙主宰的世界(图 4-32)。

图 4-32　侏罗纪的雷龙

恐龙等爬行动物之所以能够得到飞速发展，特别是陆生恐龙之所以能够占据地球的表面，主要取决于陆地植物的存在。当时温暖的气候十分有益于陆地植物的生存和繁衍，低矮的蕨类植物长成茂密的灌木林，高大的裸子植物则是苏铁、银杏和松柏类，它们一棵棵巍峨、挺拔，形成了郁郁葱葱的乔木林，乔木与灌木相互混合，整个地球都被陆生植物所覆盖，侏罗纪成了名副其实的绿色公园。最近，我国的古生物学家在辽宁北票地区发现了侏罗纪晚期被子植物果实的化石，这一发现表明，侏罗纪时被子植物也已经出现了。爬行动物的另一支开始向鸟类方向进化，出现了始祖鸟等新的动物类型(图 4-33)。侏罗纪多种植物形成的茂密树林为草食恐龙提供丰富的食源，为它们、也为小型食肉或杂食恐龙提供了藏身之地。草食恐龙的数量增多无疑又对肉食恐龙有利，这一完整的食物链的构成正是侏罗纪为什么成为恐龙世界的秘密。由于侏罗纪植物茂盛，非常益于煤炭的形成，因此侏罗纪也是主要的成煤期，全球许多大煤田都形成于这一时期。

图 4-33　始祖鸟复原图

白垩纪是中生代的最后一个纪，白垩纪(Cretaceous)的名称来自于拉丁文白垩"Creta"，代表一种灰白色、颗粒较细的碳酸钙沉积，英国东南的多佛尔海峡即由白垩构成陡峭的岩壁，人们认识白垩纪地层也是最早从这里开始的。白垩纪是地质年代表中唯一一个以岩性命名的纪。

白垩纪是地球发展史上的重要时期，这一时期是动植物新生门类蓬勃发展和迅速演变的时期,也是又一次出现生物大绝灭的时期。著名的霸王龙就生活在白垩纪,它是当时最强悍的食肉动物(图 4-34)。以霸王龙为代表的蜥臀类恐龙大多数具有捕杀猎物的高度适应性,在世界各地都有它们的踪迹。鸟臀类的演化也在这一时期也十分醒目,出现了甲龙、角龙、鸟脚龙类等,鸭嘴龙就是十分常见的鸟脚龙类。除了陆地上的恐龙,白垩纪时,向空中发展的爬行动物有了更完善的适应,它们不仅个体硕大,飞翔能力也可以同某些鸟类相媲美;海洋中的爬行动物以沧龙类和蛇颈龙类为代表。但整个白垩纪鸟类、哺乳类和鱼类的崛起已对恐龙构成威胁,从侏罗纪延续下来的由恐龙主宰世界的格局正面临崩溃。

图 4-34　白垩纪统治地球的霸王龙

白垩纪出现了真正的鸟类,这在生物进化史上是一个重要的事件。我国古生物学家在辽宁北票地区发现的中华龙鸟等化石为鸟类的演化和发展提供了最有力的说明(图 4-35)。鱼类中真骨鱼得到迅速发展并分布于全球各地。节肢动物中的介形虫、叶肢介等成为重要的化石,特别是介形虫,它们个体微小,既可生活在淡水,又能生活在海水、半咸水,有很强的适应能力。海生无脊椎动物中,菊石、有孔虫、双壳类具有一定的代表性。

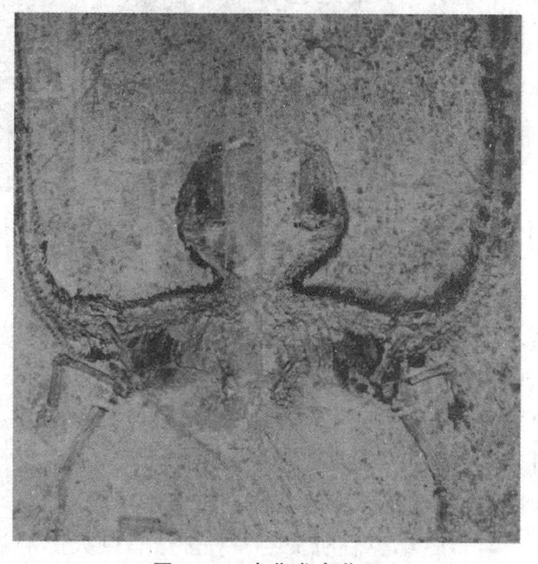

图 4-35　中华龙鸟化石

中生代进入白垩纪后,最重要的事件就是各种恐龙的相继绝灭,使中生代这一生物界的霸主全部退出了历史舞台,从而结束了统治地球长达一亿多年的恐龙时代。科学家们进一步指出,灾难并不仅仅只是降临在恐龙身上,在白垩纪末,出现了一次遍及整个生物界的大劫难。研究表明,中生代末以恐龙为代表的生物大绝灭,是继古生代末二叠纪的生物大绝灭后又一次引人瞩目的事件。这次事件，除恐龙外，还导致菊石、箭石类完全绝灭，有孔虫、珊瑚、海百合、双壳类及许多微体古生物的一些目、科也完全绝灭。中生代末的这次浩劫，殃及的各种生物总计达3000个属，有一半以上惨遭淘汰。科学家们认为，生物在短时间内突然绝灭，可能与地球的环境变迁有关，可能与生物界自身演化历程中的调节与平衡有关，这也是促进生物继续发展的重要因素。正是这次大绝灭，才引起了新生代哺乳动物的飞速发展，使地球生物呈现了千姿百态的新景观。

第三纪(Tertiary)时，地球上已相继形成阿尔卑斯山、喜马拉雅山、落基山和安第斯山等一系列巨大的山系，地表高差十分显著，气候也有过几次大范围的波动。这首先影响了植物界的发展，被子植物在第三纪占据主要地位并获得了迅速演化，裸子植物和蕨类植物退居次要地位。早第三纪基本上是木本植物大发展阶段，晚第三纪草本植物也加快了演化速度，植物组分越来越复杂。受地形、土壤和气候等各种因素的影响，第三纪出现了明显的植物分区，热带植物区的植物与温带植物区的植物在组合面貌上截然不同。第三纪哺乳动物也得到了飞速地发展，除了不如植物的种类繁多外，个体的演化却加快了，如当时的三趾马个头只有现在的狐狸那么大(图4-36)，始祖象的个头也和现在猪的个头相当。

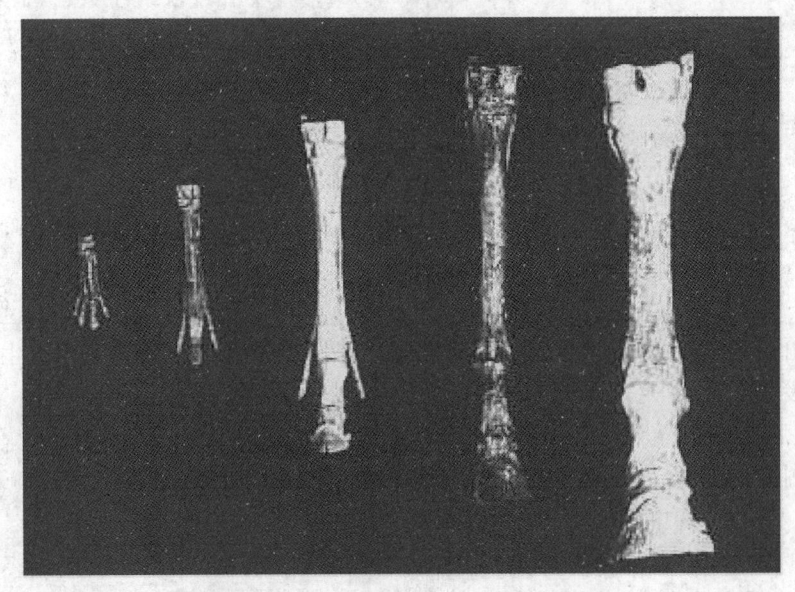

图4-36 从三趾马到现代马下肢的演变

在我国，第三纪早期古地理轮廓基本上是中生代白垩纪的延续，海区分布在喜马拉雅、台湾及塔里木盆地西缘，海水的范围与中生代相比已明显缩小。与此相反，陆地面积扩大了，在陆区内，西部的大型盆地包括准格尔、塔里木、柴达木等盆地仍继续沉降接受沉积。中部的几个大型盆地，如陕甘宁盆地、四川盆地沉积范围逐步缩小，直至消失已不再接受沉积。东部也有较大的变化，华北地区东西两侧上升，中部逐渐下沉，形成巨型的华北盆地。华南的江汉盆地、苏北盆地仍然继承着前期的沉降条件。

早第三纪中后期发生了对全球有巨大影响的造山运动，即喜马拉雅运动，到晚第三纪后期加速隆升，逐渐形成今日世界屋脊——喜马拉雅山，青藏高原地区在此时也不断上升，当时的古地理面貌与现代很接近，只有台湾地区仍然沉没在大海中。

根据第三纪古地理面貌得知，我国这一时期陆相地层非常发育，海相地层仅见于台湾、喜马拉雅及塔里木盆地西南缘。陆相大致可以沿着贺兰山—龙门山一线为界，划分东西两大部分，它们在古地理格局、沉积类型以及地史发展过程有其各自的特点。

第三纪时形成了许多重要的矿产，在我国，有经济价值的是石油、天然气资源，此外，褐煤等沉积矿产也很重要。在西北地区，与干燥气候条件有关的盐类矿藏，如石膏、岩盐、芒硝等储量丰富，也具有重要的意义。

第四纪(Quaternary)是最后一个纪，至今尚未结束。第四纪的重要事件是北半球出现了多次的冰期，发育了大面积的冰川。第四纪最重要的事件是人类的出现，长期以来，科学家们认为人类大约在100万年前出现，并从这时开始命名为第四纪。随着研究的不断深入，古人类出现的时间被一再推前，现在的第四纪已经不再和人类的出现直接关联，而成为真正的地质年代。

1974在埃塞俄比亚阿法地区发现了16岁的"Lucy"少女，距今300多万年，显示了直立行走的特点，但上肢仍保留攀援的功能，称为"阿法南猿"(图4-37)；1992年在非洲阿拉米斯地区发现距今440万年的南猿化石；从分子生物学的研究推测，人与猿分道扬镳的时间应大约在500万年前。

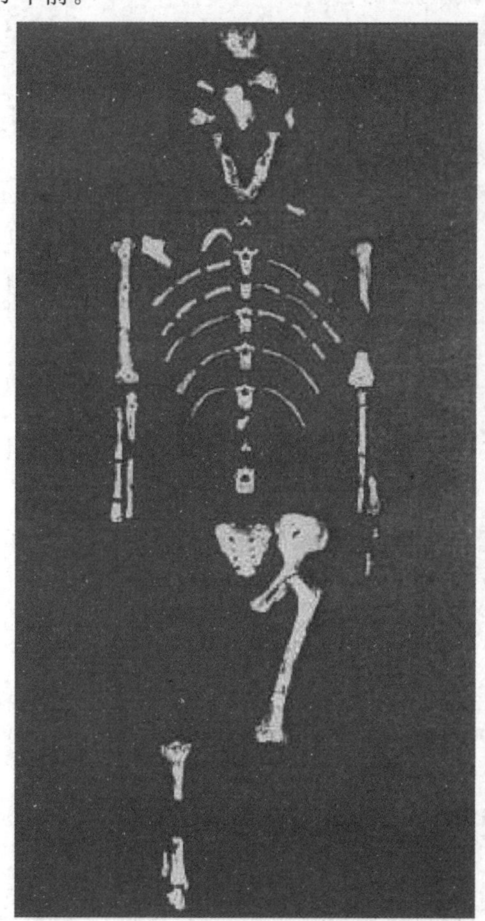
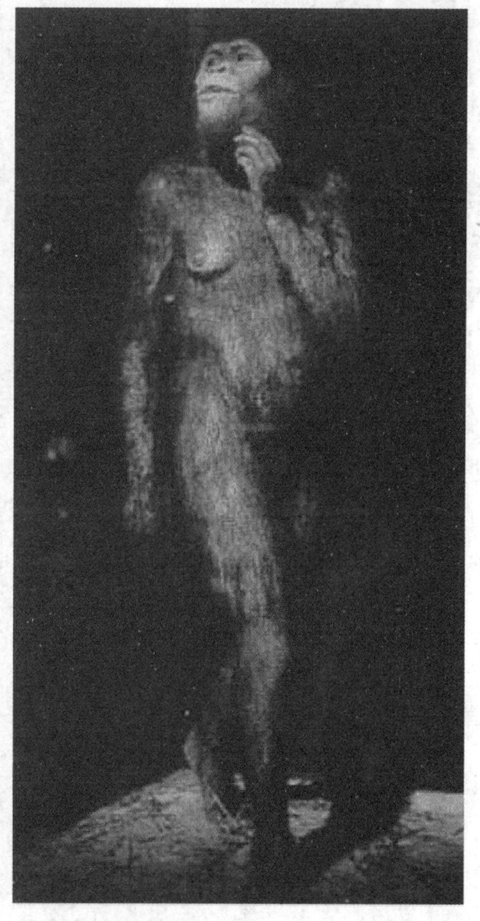

图4-37 阿法南猿化石及复原图

2002年，法国普瓦捷大学的米歇尔·布吕内及同事在乍得沙漠中发现的一个头盖骨、牙齿和下颚碎片距今有700万年的历史。他们从牙齿和头骨结构判断，化石属于此前从未被发现的一个新人种，将其命名为"乍得人"，并给化石取名"杜马伊"。部分科学家们相信，它就是人类祖先，而且是最古老的人类祖先。但另一个研究小组坚持认为，他们在肯尼亚发现的距今600万年前的"千禧人"才是人类最早的祖先。科学家至今也未找到标志人与猿分离的化石，而"杜马伊"则是迄今发现的最早人种化石，如果它不在人类进化树的起点位置，也应该相当接近，对人类进化研究具有重要价值，对这一问题的争论仍在继续。

进一步阅读书目

D. 约克，R. M. 法夸尔. 中国科学地质研究所同位素地质研究室译，地球年龄与地质年代学. 北京：科学出版社，1976

刘本培，赵锡文，全秋琦，等. 地史学教程. 北京：地质出版社，1986

W. B. 哈兰德著. 地质年代表. 袁相国，等译. 北京：地质出版社，1987

B. И. 索博列夫斯基著. 珍奇矿物. 郭武林，严清瑞译. 北京：地质出版社，1988

门凤岐，赵祥麟. 古生物学导论. 北京：地质出版社，1993

卫管一，张长俊. 岩石学简明教程. 北京：地质出版社，1995

克里斯·佩伦特著. 岩石与矿物. 谷祖纲，李桂兰译. 北京：中国友谊出版公司，2000

王正贤. 奇异的石头世界. 贵阳：贵州教育出版社，2000

夏树芳. 化石漫谈. 上海：上海科学技术出版社，2000

Yvette Gayrard-Valy 著. 化石——洪荒世界的印记. 郑克鲁译. 上海：上海书店出版社，2000

严蓉. 神奇的化石：穿越时空，回望数亿年前的远古生物. 乌鲁木齐：新疆人民出版社，2002

彼得·J·怀布罗著. 探寻化石之旅. 陈锽，等译. 济南：山东画报出版社，2006

Harold L L. The earth through time. Forth Worth: Saunders College Pub., 1991

Morris S P, Rigby J K. Interpreting earth history: a manual in historical geology. Boston: WCB McGraw-Hill, 1999

Jon Erickson. An introduction to fossils and minerals: seeking clues to the earth's past. New York: Facts on File, 2000

第五章　风化作用

矿物和岩石通常形成于地表以下的某一地段，一旦露出地表，在新的环境中必然要达到新的平衡。由于地表有比较大的自由空间，矿物和岩石在新的环境下的平衡就会向扩大空间的方向发展，这就是风化作用的基础。

风化是由于温度、大气、水溶液及生物等因素的作用使矿物和岩石发生物理破碎崩解、化学分解和生物分解等复杂过程的综合。“风化”被广泛用于地球科学的许多分支学科，但“风化”一词并不能反映出这一复杂过程的全部。风化作用可以相对的划分出物理风化和化学风化。

风化作用遍及整个地球的表面，包括水下也存在风化作用。但水下的风化作用非常微弱，且由于沉积作用的进行，水下风化作用一般很难作为主要的地质作用显示出来，因此风化作用主要在大陆的表面进行。

5.1　物理风化

由于温度作用或机械作用引起岩石发生崩解、破坏，但又不改变其化学成分的风化过程称为物理风化。引起物理风化的因素也是多种多样的。在一些情况下风化过程是由于岩石自身的原因和温度变化的作用，而没有外部机械营力的作用，称这种风化作用为温度风化。由于外部营力的机械作用使岩石发生崩解的过程称为机械风化。

温度风化

温度风化的原因是由于昼夜温差和季节温差的影响造成岩石发生不均匀的热胀冷缩而引起的。岩石通常是由多种矿物组成的，不同的矿物具有不同的膨胀系数，在温度变化过程中会导致岩石中矿物之间的结合力减弱，最终松弛崩解(图 5-1)。即便是成分较为均一的岩石，由于存在着岩石的各向异性，甚至是晶格结构的差异，也可以造成热胀冷缩的差异，导致岩石的风化。

图 5-1　热胀冷缩中岩石不断的松弛剥落

由于温度变化长期作用的结果,还由于矿物岩石的膨胀系数的不同,岩石中矿物颗粒间的联结逐渐受到破坏,岩石开裂、解体,形成一些单个的块体。温度风化在温差大的地区最为强烈,特别是昼夜温差大、空气干燥、缺少植被覆盖的地区,因此温度风化在沙漠地区最为盛行。我国新疆塔克拉玛干沙漠地区年降水量平均只有50 mm,一些地区年降水量甚至不到10 mm,天空云量很少,夏季昼夜温差可以达到50℃以上,岩石如果含有较多的暗色矿物,在阳光的强烈照射下温度急剧升高,夜间又急剧下降,巨大的温差造成了该区的温度风化异常强烈(图5-2)。

图5-2　沙漠中物理风化作用形成的地貌景观

在没有积雪的高山地区也有同样的情况,那里空气稀薄,白天地面温度升高很快,夜间热量又很快散发,昼夜温差也非常大,温度风化作用也很强烈。

机械风化

机械风化是外部营力作用使岩石发生机械破坏的结果。水在冻结过程中由于密度降低,体积可以增大9%～10%,会产生巨大的破坏力。当水进入岩石的孔隙或裂隙中,如果产生冻结过程,其相应的膨胀力可以导致岩石发生解体,尤其是周期性的冻结作用,很容易把岩石破坏成较小的块体,这种风化作用称为冻结风化(图5-3)。

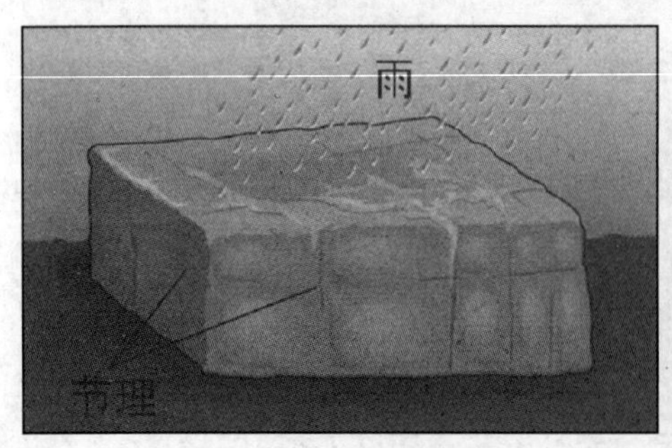

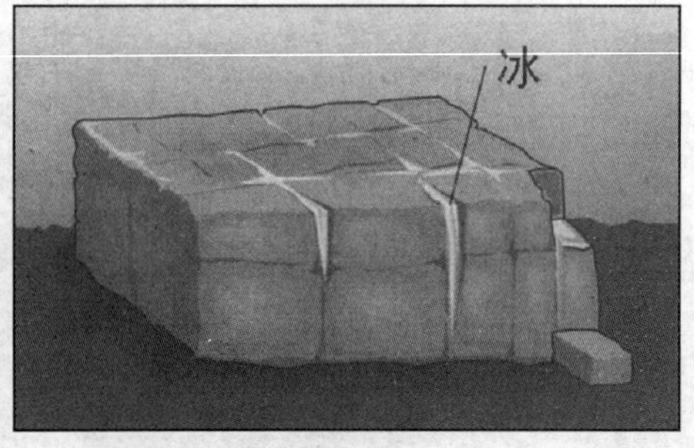

图5-3　冻结风化作用示意图

对于高孔隙度的岩石(孔隙度为10%～30%),如砂岩、砾岩等,当气温在0℃附近变化时,一旦有水参与,周期性的冻结作用很容易使岩石疲劳崩解,造成破坏(图5-4)。

图 5-4 遭受冻结风化作用破坏的岩石

植物的根系和掘地动物对岩石也会产生机械风化作用。随着树木的生长，其根系越来越大，同时对岩石的裂隙壁产生了极大的作用力，就像楔子一样将岩石沿裂隙劈开，造成机械风化，著名的黄山松有很多都是生长在岩石的裂缝中(图 5-5)。各种掘地动物，如啮齿类动物、蠕虫动物等，也会产生机械作用。

图 5-5 黄山的迎客松就生长在岩石的裂缝中

此外，岩石的解体可以在岩石中产生毛细裂缝，并可能在毛细裂缝出现晶体，晶体生长的同时也会对岩石产生压力，毛细裂缝扩大，使岩石的完整性受到破坏，造成机械风化。

5.2 化学风化

化学风化作用是指氧、水溶液对矿物、岩石的破坏作用，它不仅使矿物、岩石破碎、分解，还使矿物、岩石的化学成分发生了改变。

整个岩石的风化过程始终伴随着或强或弱的化学风化作用，甚至在某些时候起到关键的作用，反映了风化作用过程中不同作用因素相互间的密切关系。物理风化作用使岩石破碎的同时增大了岩石受风化的面积，化学风化改变了岩石的化学成分，形成了适合新的物理-化学条件下的平衡，加速了物理风化的进行。

化学风化的主要方式

氧化作用 是地球表面最为活跃的风化作用形式之一，氧化作用通常使一些具有多种化学性质的元素由低价氧化物转变为高价氧化物。如黄铁矿到褐铁矿的风化过程：

$$\underset{\text{黄铁矿}}{FeS_2 + nO_2 + mH_2O} \longrightarrow \underset{\text{硫酸亚铁}}{FeSO_4} \longrightarrow \underset{\text{硫酸铁}}{Fe_2(SO_4)_3} \longrightarrow \underset{\text{褐铁矿}}{Fe_2O_3 \cdot nH_2O}$$

氧化作用发生的第一阶段形成硫酸亚铁和硫酸。硫酸的存在又大大加速了风化的进程，促使矿物进一步分解。第二阶段从硫酸亚铁变成硫酸铁。由于硫酸铁是不稳定的，在氧和水的作用下进一步转变成铁的含水化合物褐铁矿。

溶解作用 是化学风化过程的另一种常见的形式。任何矿物都能溶解于水，只是溶解度不同而已。含有 CO_2 或者其他酸性气体的水，可以使矿物、岩石更易发生溶解。对于一些蒸发盐类，如石膏、岩盐等，水的溶解作用表现尤为明显。各类矿物、岩石的溶解度不同，决定了它们被溶解的速度。自然界中的氯化物最容易被溶解，所以岩盐最容易被溶解，其次是硫酸盐，随后是碳酸盐岩。纯水对于碳酸盐岩几乎不起作用，但一旦加入二氧化碳，难溶的碳酸盐岩立即变成了易溶岩石，其反应如下：

$$\underset{\text{方解石(石灰岩)}}{CaCO_3 + CO_2 + H_2O} \longrightarrow \underset{\text{重碳酸钙}}{Ca(HCO_3)_2}$$

水溶液的溶解能力除了与所含酸性物质的成分有关外，还和温度、压力等外界条件有关。温度升高通常会使溶解能力增强，压力降低会使水溶液中的酸性气体逸出，降低了溶解能力。溶解作用的结果是使易溶物质流失，难溶物质残留原地，使岩石的孔隙加大、硬度减少，加速了其他风化形式的破坏。

水化作用 是指矿物与水发生化学反应，吸收一定的水到矿物的晶体结构中，形成新的含水矿物的过程，如无水石膏与石膏之间在一定条件下是可逆的，其反应式如下：

$$\underset{\text{硬石膏}}{CaSO_4 + 2H_2O} \longrightarrow \underset{\text{石膏}}{CaSO_4}$$

$$\underset{\text{赤铁矿}}{Fe_2O_3 + nH_2O} \longrightarrow \underset{\text{褐铁矿}}{Fe_2O_3 \cdot nH_2O}$$

水化作用形成新的含水矿物改变了矿物原来的结构，也改变了含有该矿物岩石的结构，其结果往往使矿物、岩石的抗风化能力减弱，加速了风化的进程。

水解作用 由于水的电离作用，矿物在水溶液中会发生水解作用，形成带有 OH^- 的新矿物。复杂的水解作用对于硅酸盐类和铝硅酸盐类岩石的风化具有特别重要的意义。这种作用过程包括分解矿物、带出某些元素、与氢氧离子组合、水化作用等，如地壳表层普遍存在的长石通过中间形式形成高岭石的过程就是水解作用的典型代表：

$$\underset{\text{正长石}}{K(AlSi_3O_8)} \longrightarrow \underset{\text{水云母}}{(K,H_3O)Al_2(OH)_2(AlSi_4O_{10})} \longrightarrow \underset{\text{高岭石}}{Al_4(OH)_8(Si_4O_{10})}$$

中间过程中会有氢氧化钾和二氧化硅随水溶液流失，只有高岭石保留在原地，形成高岭石矿床。

影响化学风化作用的因素

影响化学风化作用的主要因素来自三个方面：矿物、岩石的地球化学特征；有机界的作用；环境与气候因素。

矿物、岩石的地球化学特征是影响化学风化作用的主要因素。不同的岩石由于化学成分的不同，其化学活动性也明显不同(主要表现在化合价、离子半径、离子亲和力、化合能力和极化能力等方面)，容易被氧化、溶解的岩石出露区，总是化学风化作用较为强烈的地段。同一岩石中由于不同矿物成分的差异，也会造成风化作用的差异(图 5-6)。

图 5-6 白云质灰岩中常见的刀砍状和太婆脸构造

有机界的作用是化学风化过程中另一个重要的因素。在坚硬的岩石表面出现生物(微生物、苔藓等)起，化学风化的作用就开始了。由于生物吸收的成分与岩石的成分有较大的差异，造成了岩石的风化。同时，生物的新陈代谢过程所产生的氧气、有机酸等物质，加速了化学风化的进程。

对植物灰分的分析表明，生长在岩石表面或裂缝中的植物，其灰分的化学成分与岩石的成分有很大的差异，灰分中 P、S 的含量比岩石高出数十倍，K、Na、Mg 的含量也高出几倍。同时，灰分中含有 Si、Al 等物质表明，植物从岩石中获取主要的养分，但又破坏了岩石中硅酸盐的晶格结构。

气候与环境同样是影响化学风化过程的重要因素。干燥炎热的气候使得氧化作用容易进行，潮湿的气候则使得溶解作用、水解作用易于发生。地形会影响气候条件，山地的垂直分带现象会影响温度风化作用和生物风化作用的进行。山的阴坡和阳坡因为日照的条件不一样，在阳坡一面通常温度风化作用较为强烈。地下水的性质特征、地球化学场、构造活动性等环境因素也都影响化学风化作用的进程。

5.3 岩石性质对风化作用的影响

风化作用的强弱与岩石自身的性质有很大的关系，在同样的风化条件下，岩石的性质决定了风化作用的表现形式。需要指出的是，岩石的坚硬程度并不是决定风化作用速度的因素，如花岗岩的坚硬程度要远大于石灰岩，在降水量大的地区，石灰岩的风化速度要比花岗岩快，但在以温度风化作用为主的地区，花岗岩的风化速度则要比石灰岩快得多。

岩石的结构构造对风化作用的影响

岩石的结构有晶质与非晶质、等粒与不等粒、细粒和粗粒之分。通常情况下，粗粒的岩石往往比细粒的岩石更容易风化，结晶岩石又比非晶质岩石容易风化。成分相同的岩石，等粒结构的岩石由于热胀冷缩时矿物体积变化均匀，风化的速度较慢；而不等粒结构的岩石由于矿物的体积膨胀不均而加快了风化速度。

岩石中一些原生的、次生的构造同样会影响风化作用的进程，形成一些特殊的风化地貌。如岩石中经常存在一些原生的或次生的节理，节理的交会处是风化作用容易进行的地方，并逐渐地形成球形风化（图 5-7、图 5-8），岩浆岩中原生的流面构造形成了板状风化（图 5-9），等等。

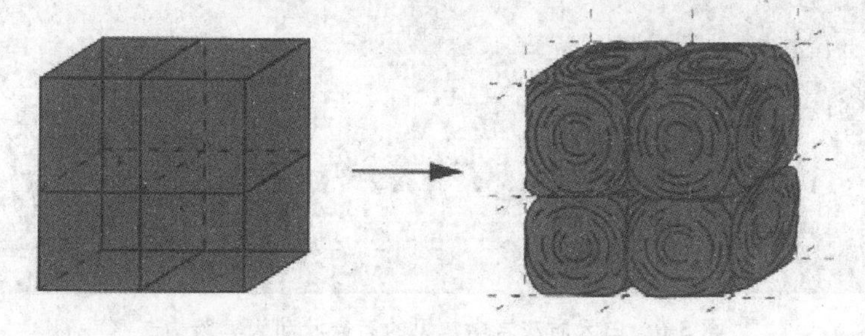

图 5-7 球形风化示意图

图 5-8 球形风化现象

图 5-9 原生流面构造的存在形成了岩体边缘的板状风化

岩石的物质成分对风化作用的影响

岩石的物质成分不但影响了化学风化的过程,也同样影响了物理风化的过程。岩石中不同的物质成分具有不同的物理特征,还会形成不同的结构、构造,造成差异风化。

不同的矿物有不同的晶体格架,而晶体格架的稳定性如何也必然反映在风化作用中。不稳定的晶体格架,矿物中的元素容易以离子的形式进入水溶液中,并随水溶液流失,风化过程加速;而具有稳定晶体格架的矿物就不容易被风化,最后保留在原地,形成一些残积型矿床。

不同的矿物成分,其颜色、热导率、膨胀系数也有差异。均质的岩石在这些方面比较一致,不容易风化;非均质岩石则比较容易风化。如花岗岩就比石英砂岩容易风化,当它们出现在同一地区时,正地形的位置出露的总是石英砂岩。对于岩浆岩来说,基性岩含有较多的暗色矿物,颜色较深,岩石内部不同的矿物的热胀冷缩不均,且含有较多的低价 Fe、Mg、Ca 的硅酸盐,一般来说较酸性岩容易风化。

岩石的成分对风化作用的影响极为深刻,在相同的风化条件下,由于岩石中含有不同的成分层或不同的成分集合,常表现出不同的风化结果,造成地貌上凹凸不平的现象,被称为差异风化(图 5-10、图 5-11)。在沉积岩地区,巨厚层岩石中的差异风化可以帮助我们确定岩层的产状。

图 5-10 含泥质条带灰岩的差异风化现象

图 5-11 成分集合造成的差异风化

5.4 风化作用的产物

岩石遭受风化作用后其最终结果是形成各种风化作用的产物。这些产物可以分为两大类：移动型和残积型。

移动型产物在风化作用中被排除一定的距离，这些产物有可能随水溶液的搬运而流失，也可能在某个合适的地段重新沉积下来，形成新的矿床。

未移动的残留在原地的风化产物称为残积物，是陆相沉积物的一种重要类型。

在山区的陡坡，风化作用崩落的碎石、泥砂和其他残积物在山脚处构成的锥形堆积物称为倒石堆，其特点是分选性、磨圆度都很差，倒石堆的锥顶的堆积物的粒度较小，根部的堆积物粒度较大(图 5-12)。

图 5-12 风化作用形成的倒石堆

风化壳

岩石圈上部的各种残积物的总和称为风化壳。

组成风化壳残积物的成分及其厚度的变化，取决于各种风化作用因素的组合效果(图 5-13)。形成巨厚风化壳的有利因素有高温、高湿度、平坦的地势、茂盛的植被、含多种矿物质的岩石和长期的风化作用。在地壳处于抬升阶段的造山带，由于其他外动力地质作用很强烈，河流切割、重力滑坡等方面的作用往往在没有形成风化壳，或只有很薄的风化壳时就将岩石破坏，因而不容易形成厚的风化壳。

热带雨林地区由于温度高、降雨量大、生物的作用等因素都非常活跃，加上植被覆盖，残积物不容易遭受破坏，因此可以形成巨厚的风化壳。寒带森林-灰化土带由于大气降水的减少和温度的降低，风化壳的厚度大大减小。沙漠半沙漠地区由于降水量小、蒸发量大，风化作用以物理风化为主，其风化壳的厚度则很有限。从图 5-13 可以看出，在其他条件相同的情况下，降

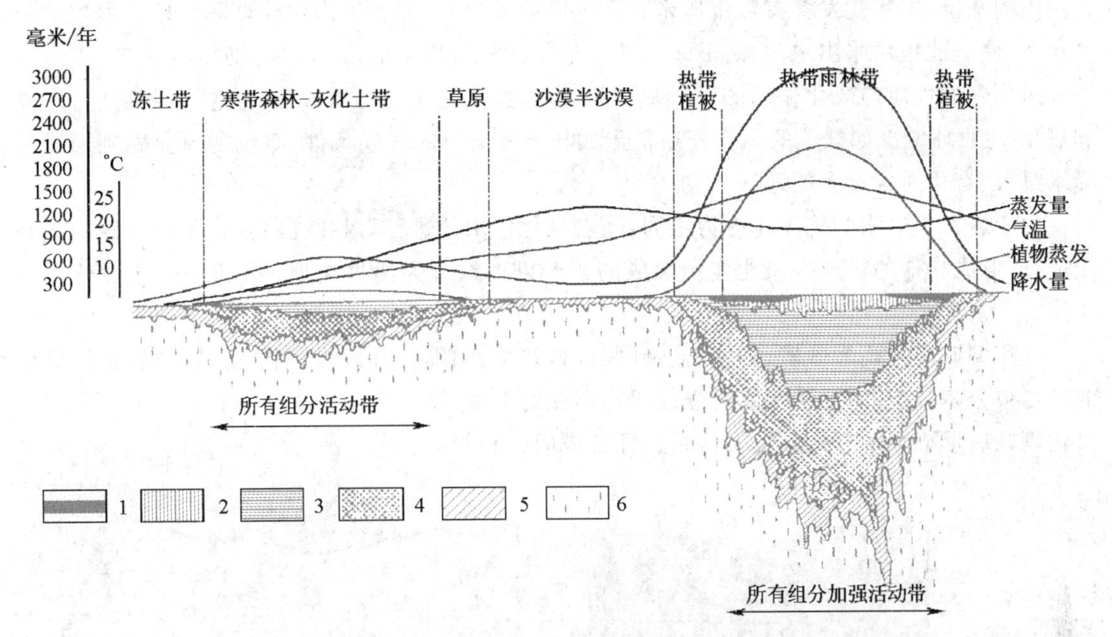

1. 褐铁矿或铝土矿帽 2. 赭石(Al_2O_3)带 3. 高岭石带 4. 水云母-蒙脱石带 5. 碎石带 6. 新鲜岩石

图 5-13 各种不同类型的地壳单元风化壳厚度与气候的关系

水量越大的地区,风化作用也越强烈。

从风化壳剖面的研究可以发现,岩浆岩的风化过程具有一定的顺序性:

- 第一阶段 主要以物理风化作用为主,剖面中以原岩的碎块累积为特征;
- 第二阶段 这一阶段可以见到碱金属或碱土金属元素的析出,在残积物中形成方解石薄膜或方解石结核;
- 第三阶段 硅酸盐的晶体格架和化学成分都发生了深刻的变化,并形成高岭石一类的黏土矿物;
- 第四阶段 矿物继续分解,风化壳富集铁、铝元素和铁的氧化物、氢氧化物。

风化壳的形成是复杂的,风化作用的阶段性只是一般的规律,各阶段之间也没有明显的界限。

大面积保留了发育良好的风化壳,称为区域性风化壳。区域性风化壳通常发育在剥蚀作用较强的、被逐渐夷平的山区或平缓的山坡或溢流火山岩台地。沿造山带平缓地段发育的成带状分布的风化壳称为带状风化壳。

研究风化壳的意义

在地质历史中,长期稳定的陆地可以形成较厚的风化壳,一旦被沉积物掩埋即成为古风化壳,古风化壳对古气候、古环境及构造活动等具有指示意义。

地壳在相对稳定期或缓慢上升期可以形成较厚的风化壳,因此在沉积岩剖面中如果存在古风化壳便可以认为该区曾经有过地壳运动,使得沉积盆地一度露出水面,发生沉积间断,并且在风化壳形成的时期是地壳活动相对稳定的时期。例如我国华北地区中奥陶统上面覆盖了中石炭统的地层，中间就发育有数十厘米到数米厚的风化壳，表明奥陶纪晚期华北地区发生了地壳运动，使华北板块露出水面，之后是长达一亿年的相对稳定的风化、剥蚀期。

风化壳的性质与风化作用的环境密切相关，通过风化壳的物质成分、颜色可以判断古气候和氧化-还原环境。如红色的风化壳通常形成与干燥炎热的气候条件，暗色的风化壳则形成于降水量大、有机质含量多的地区。

由于岩石中矿物的抗风化能力不同，随着风化作用的进行，风化壳将保留某些特殊的矿物或成分，形成特殊的矿产。风化作用形成的矿产可大致分为两种类型：残积型矿床和残余型矿床。

残积型矿床主要为砂矿，如锡石、金刚石、自然金、铂等。其成因是风化过程中容易被风化的矿物被分解带走，而抗风化能力强的矿物则保留下来，堆积成矿。含金刚石的金伯利岩筒在风化剥蚀后形成金刚石的富集带就是这样形成的（图 5-14）。

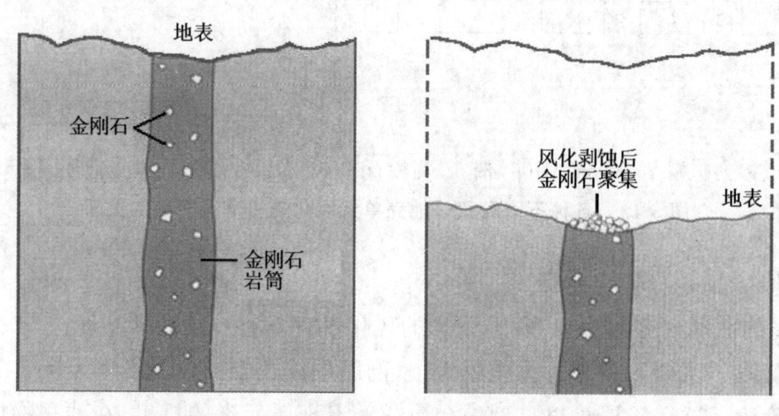

图 5-14　风化作用中金刚石富集过程示意

残余型矿床则是风化过程中（尤其是化学风化）矿物被分解，部分活动的组分随水溶液的作用而流失，较稳定的组分则残留下来形成矿床。如广泛分布于我国东南地区的残余型高岭土矿，福建漳浦的三水型风化铝土矿，华中火山凝灰岩中的残余型钴土矿等。风化淋滤残积型铁矿也是铁矿床的重要类型，含铁矿物主要是赤铁矿和褐铁矿，其特点是含铁品位高，可达60%～70%。

风化型矿床的分布范围一般与其下伏的母岩分布范围大致相当，因此风化矿床除了自身的工业价值外，还是寻找原生矿床的重要标志。

研究不同地区、不同构造单元中风化壳的不同性质和发育程度，对工程建筑具有重要意义，尤其是工程的地基处理，对工程的稳定性至关重要。如高层建筑物、铁路路基的地基稳定，水库库底的渗漏问题等，都需要对风化壳进行详细的调查研究。

土壤

土壤是地壳最上层风化作用的形成物，土壤是具有肥力和富含有机质成分并有特殊结构类型的地球陆地表面层。土壤的产生和发育是很多因素综合作用于岩石的结果，这些因素包括水、空气、动植物及其产生的有机质、太阳能等。土壤不仅是地质历史、自然条件的记录，同时也是人类经济活动的记录。

自然界中生物圈的演进、循环使大量的有机质保留在地壳的表层，生物体死亡之后残骸的有机质会发生分解，这个过程对土壤的形成具有重要意义。如果生物残骸的有机质快速彻底地分解，容易产生充分的矿化，对土壤的发育意义不大；如果地壳表层中的氧气提供不足，则生物残骸不能充分分解，形成新的相对稳定的有机质综合体，即腐殖质或腐殖土。腐殖质通常呈黑色或褐色，是土壤中肥力的主要元素(图 5-15)。

图 5-15 富含腐殖质的东北黑土地

土壤中矿物颗粒活跃的分解作用和有机质成分的分解，构成了土壤的特殊结构，使土壤疏松、孔隙度增大、空气和水易于流通。

土壤的成分及其分布取决于区域的气候环境、基底岩石的化学成分等因素，不同的因素组合会形成不同的土壤。我国幅员辽阔，东西南北区域不同，其自然地理、气候环境、岩石性质、构造背景等因素也迥然不同，各地区土壤的颜色也有很大的差异，被称为“五色土”。

正常的土壤在剖面上由上往下可以划分出几个层次(图 5-16)：

- 腐殖质聚集层(A)具有大量的植物残骸，其主导作用是腐殖质的积聚。
- 残积层(B)主要是土壤层的内部风化，以物质的带出为主导，大多存在黏土矿物。
- 淋积层(C)主要积聚从其他层带来的物质。
- 母岩(D)未经土壤形成作用的岩石。

各类不同的土壤，其剖面组成也不尽相同。

在一些第四纪陆相沉积物中可以见到被埋藏的土壤，这些土壤已从生物圈的循环中退出，不能再补充腐殖质，特别是被埋藏的有机质或腐殖质已经分解蜕变，因此不能再复苏。

图 5-16 不同的土壤剖面

进一步阅读书目

雅库绍娃，等著. 普通地质学. 何国琦，等译. 北京：北京大学出版社，1995

林大仪. 土壤学. 北京：林业大学出版社，2002

张辉. 土壤环境学. 北京：化学工业出版社，2006

夏邦栋. 普通地质学. 北京：地质出版社，2006

刘俊民，张忠学. 工程地质与水文地质. 北京：中国水利水电出版社，2009

Davidson J P，Reed W E & Davis P M. Exploring Earth. Prentice Hall Upper Saddle River，1997

Tarbuck E J，Lutgens F K. New Jersey：Earth Prentice Hall，Inc. 2002

第六章 风的地质作用

大气圈是地球外圈最主要的组成部分,大气圈本身也进行着各种各样复杂的物理化学过程,并有自己专门的学科,如大气物理学、气象学等。但大气圈除了自身的各种物理化学过程外,还与地球表面附近的岩石圈发生着各种复杂的地质过程,即风的地质作用。

通常把空气的水平运动称为风。当然空气的运动是非常复杂的,绝对水平运动的空气也是不存在的,因此可以把近水平运动的空气称为风。空气产生运动的根本原因是气压分布不均匀,即气压梯度力(单位质量空气在气压场中所受的作用力)作用下沿气压梯度力方向运动。风是一种矢量,有风向和风速两个要素。风向表示风的来向,地面风向用16个方位表示,每个方位各占22.5°角。例如北(N)风是指由正北或向东西方向偏转不超过11.25°角度的范围内吹来的风。高空风向则用360 °水平方位角表示,从北起顺时针方向量度,风速指单位时间内空气在水平方向移动的距离,单位为m/s。

风的地质作用是指气流对地球表面物质的动力作用及其相关的过程。主要表现在破坏地表岩石,使之破裂、粉碎、磨蚀,并把地表的松散物质搬运到其他地方沉积下来,形成特殊的地貌景观。风的这些作用过程统称风成作用。

6.1 大气圈的成分、结构特点

大气圈是包围地球的气体圈层,其厚度在几万千米以上,总质量估计在5.27×10^{15} t左右。在地球万有引力的作用下,大气圈在地面处的密度最大,向外逐渐变得稀薄,并逐渐过渡为宇宙气体,因此大气圈没有明确的外界。

大气的成分

低层大气的主要成分列于表6-1,仅N_2、O_2、Ar、CO_2四种气体已占低层大气总量的99.98%以上。

表6-1 低层大气主要成分百分含量

	N_2	O_2	Ar	CO_2	Ne	CH_4	O_3	H_2O	其他
体积/(%)	78.084	20.946	0.9234	0.033	18×10^{-4}	1.8×10^{-4}	1.0×10^{-5}	0.01～2.8	0.001
重量/(%)	75.523	23.142	1.280	0.05	13×10^{-4}	1.0×10^{-4}	2.0×10^{-5}	0.006～1.7	0.005

大气的主要成分是氮和氧,二者所占大气的比例在99%以上。氮是植物制造蛋白质的主要原料,氧是生物能量的主要来源,对生命具有重要意义。

二氧化碳是一种温室气体,对调节地球表层的温度起到关键的作用,主要来源于地球内部析气(火山、地裂缝等)、生物的呼吸、有机质的燃烧等。

臭氧主要分布在离地面20～35 km的平流层中。臭氧是氧分子受到紫外线辐射后分解成氧原子,大部分氧原子很快又结合成O_2,部分氧原子与氧分子结合成O_3。由于臭氧吸收了太阳辐射中的大量紫外线，构成了地球的一道保护层。

大气中还有其他一些组分：H_2、CO、SO_2、N_2O、NO_2、NO、Kr、Xe、Rn 等，其含量都很低。在人口比较稠密的地区或工业区 CO_2、CO、SO_2、NO_2、NO 的含量相对较高，是污染大气的主要成分。

在低层大气中还含有数量不等的可吸入颗粒物，主要来自岩石风化的微小颗粒、工业排放的粉尘、生物颗粒以及海水中的盐粒等。

大气的结构

大气在垂直方向上分布是不均匀的，主要集中在大气圈的底部，大约有 50% 的大气集中在 5 km 的高度范围以下，约 75% 集中在 10 km 以下。在 2000～3000 km 的高空，大气的密度已接近宇宙空间的气体密度。

大气的物理性质在垂向上也是不一样的，按照其特征的差异可以把大气分为若干层（图 6-1）。

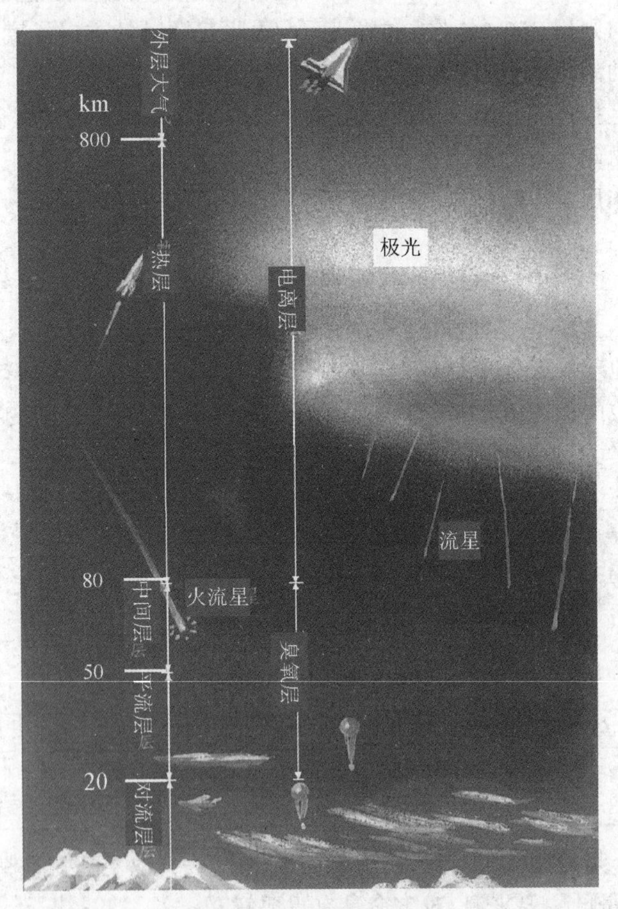

图 6-1　大气的垂直分层

对流层　大气圈的最下一层，平均厚度在高纬度地区为 8～9 km，中纬度地区为 10～12 km，低纬度地区为 17～18 km。夏季厚度大于冬季。对流层的厚度不到整个大气圈的 1%，但却集中了大气质量的 3/4，大气水汽的 90%。对流层受地球表面的影响最大，层内对流旺盛,大气中的主要天气现象如云、雾、雨、雪、雹都形成在此层内。对流层中温度一般随高度的升高而降低,垂直温度梯度(在垂直方向高度变化100 m时气温的变化值)平均为0.65℃/100 m。对流层顶部的温度降至零下几十度。对流层对人类的影响最大,通常所说的大气污染就是对此层而言。

平流层 从对流层顶部以上到大约50 km左右高度为平流层。平流层中气温随高度升高初时不变,而后逐步升高到0℃以上,这主要是地面辐射减少和氧及臭氧对太阳辐射吸收加热的结果。这种温度分布抑制了空气对流,所以此层内气流比较平稳,是喷气式飞机飞行的理想场所。由于平流层中水汽和尘埃含量较少,因此没有对流层中那种剧烈的云雨天气现象。

中间层 平流层顶以上到大约80 km的一层为中间层。此层中气温又随高度升高而降低,其顶部温度可降至−113℃～−83℃。由于垂直温度梯度大,有相当强的垂直混合。该层内水汽极少,几乎没有云层出现。

热层 中间层顶以上为热层。该层温度随高度增高而迅速升高。由于太阳辐射中波长小于0.17 mm的紫外线几乎全被该层中的分子氧和原子氧吸收,并且吸收的能量大部分用于气层的增温,加之气层内分子稀少,热量无法通过热量传输的方法传递出去,因此热层温度可达1000 K以上。热层没有明显的顶部,通常认为温度从增温转为等温时为热层顶部。在太阳活动宁静时,顶高约250 km,当太阳活动强烈时顶高约500 km。

外层 是热层以上的大气层。为大气圈向星际空间的过渡地带。在那里空气极为稀薄,温度随高度很少变化。由于那里地球引力很小,空气分子运动的自由度很大,使一些高速运动的空气质点不断向星际空间逃逸,故又称散逸层。

大气的运动

大气圈是运动最为活跃的地球圈层,大气圈的运动包括水平方向的和垂直方向的运动,低层大气和高层大气的运动。由于大气运动的存在,才使全球大气的物质能量交换、水分输送成为可能。大气运动的产生和变化由气压的空间分布及变化所决定。气压的变化会引起风、环流和天气的变化。

气压指大气压强,通常用观测高度到大气上界的单位面积上垂直空气柱的重量表示,其单位为Pa,1 Pa=1 N/m^2,1标准大气压=101325 Pa=1013.2 hPa。由气压定义可以看出,气压是随着高度减小的。气压随高度升高按指数律递减。

气压在水平方向分布也是不均匀的,有些地方气压高,有些地方气压低,可以用水平气压梯度来研究气压的水平变化。水平气压梯度是指垂直于等压线(指水平面,如海平面上气压相同的点的连线)由高压指向低压,在单位距离内的气压差。水平气压梯度一般为1 hPa/100 km左右。垂直气压梯度比水平气压梯度数量级上大104倍。在水平面上用等压线封闭的高值区表示高气压(简称高压)所在,等值线封闭的低压区表示低气压(简称低压)所在。高气压的延伸部分称为高压脊,低气压的延伸部分称为低压槽。两个高压和两个低压相对组成的中间气压区叫鞍形气压区(图6-2)。

大气圈中大规模的、有规律的气流运动称为大气环流,大气环流包括全球性的和局部性的环流。大气环流是地球气候系统的主要因素之一,对地球的区域性气候变化具有重大的作用。

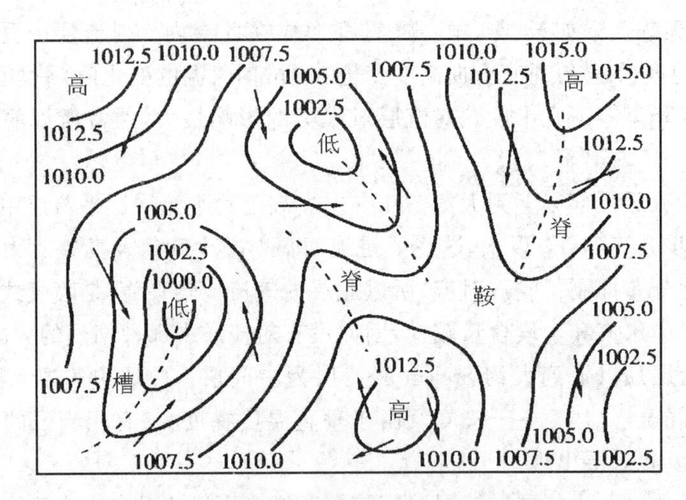

图 6-2　气压等值线图中气压场的基本类型

大气每时每刻都在不停地运动着，其运行是极其复杂和多变的。如果从随时随地不断变化的运行状态中对时间进行平均，就可发现大气运行具有明显规律性。进行时间平均的空间分布常被看成是全球大气大规模运动的基本状态(图 6-3)。

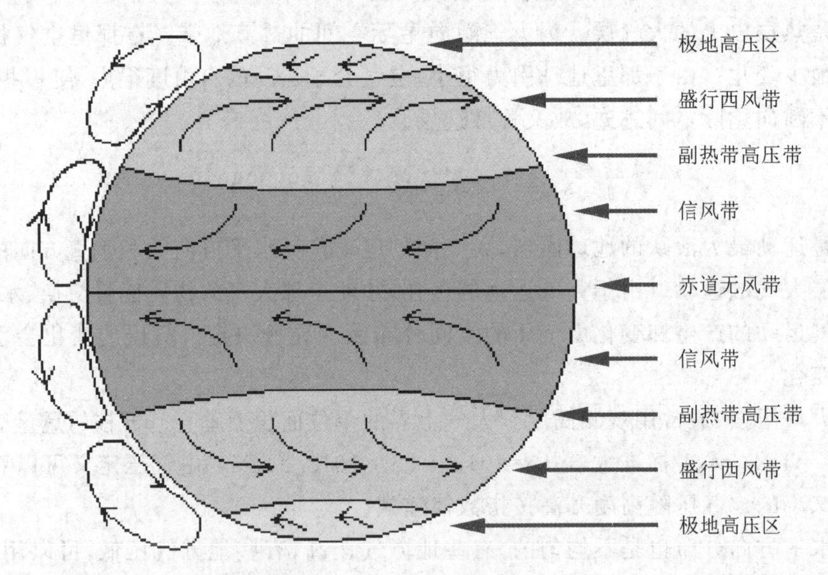

图 6-3　大气环流示意图

平均纬圈环流是指东西方向水平环流。高低空气流以纬线方向为主。低空在 60°～90°的高纬地区为极地东风带(北半球为东北风，南半球为东南风)，随冬夏太阳位置的南北移动，东风带位置也南北移动，且冬强夏弱。30°～60°的中纬地区为盛行西风带(北半球为西南风，南半球为西北风)，西风带的位置也随季节南北移动，冬强夏弱。在 0°～30°的低纬地区为信风带(北半球为东北风，南半球为东南风)，但强度夏强冬弱。

平均经圈环流是指南北方向的垂直剖面上的环流。与前述三个纬圈环流带对应的三个经线环流圈分别为：极地环流圈、中纬度环流圈和热带环流圈。

季风(季风环流)是指在一个大范围内的随季节变化的盛行风向或气压系统。季风具有明显的季节变化,而且随着方向和气压系统的季节变化,天气系统也发生明显的变化。季风形成的原因主要是海陆间的热力差异。亚洲大陆冬季为强大的高压控制,冬季风主要为内陆向海洋的偏北气流;夏季为热低压控制,夏季风则主要为海洋向陆的偏南气流,空气潮湿,多降雨。

大气降水

大气降水是指从云层中降落地面的液态或固态的水,有雨、雪、雹等多种形式。降水量是指降水在水平面上的未经蒸发、渗流或其他损失的积聚深度,以毫米(mm)为单位。降水的形成需要云层中形成的水颗粒能够克服空气的阻力和上升气流的顶托作用,并且在降落过程中未被蒸发殆尽,才能降落地面。

降水强度是指单位时间内的降水量。通常把24小时内的降水量来区分降水强度。将24小时内的降水量＜10 mm、10～25 mm、25～50 mm、50～100 mm、100～200 mm、＞200 mm分别称为小雨、中雨、大雨、暴雨、大暴雨和特大暴雨。

6.2　风的地质作用

风的地质作用强度取决于风的类型和风力的大小,由于风主要是沿水平方向运动,因此风可以把碎屑物搬运到很远的距离。风速越大,风的破坏力越大,搬运的距离也越远。3～4级风(4.4～6.7 m/s)可以搬运尘粒,5～7级风(9.3～15.5 m/s)可以搬运沙粒,8级风(18.9 m/s)可以搬运细砾石,强风暴时(22.6～58.6 m/s)甚至可以搬运石块。根据风所携带碎屑物的成分不同,沙尘暴可以分为黑色、褐色、黄色、红色、白色等多种颜色(图6-4)。除了大气环流外,还有一些区域的风具有严格、固定的风向,并在一定时期内持续地进行,是风成作用的典型地区。

图6-4　遮天蔽日的沙尘暴

最强烈的大面积的风是飓风，能穿透岩石裂缝把岩石劈开成岩块，并可将岩块沿地面搬运或将其抛起，使之发生相互的碰撞。最大的风速出现在雷暴区，这一地区的气流可能发生旋转，形成直立的漏斗状气旋——龙卷风(图 6-5)。龙卷风近中心风速可以超过音速，其产生的破坏力非常可怕，能掀翻屋顶，将其吹走，甚至摧毁房屋、掀翻载重卡车、把树木连根拔起(图 6-6)。龙卷风风经过的地带常留下一条很宽的破坏带。

图 6-5 破坏力极强的龙卷风

图 6-6 遭龙卷风袭击的房屋

2002 年 3 月 19 日上午一场沙尘暴袭击了北京，这是 20 世纪 80 年代以来最为严重的一次沙尘天气，短短的半个小时就使整个北京笼罩在茫茫的黄沙之中，大地仿佛在燃烧，天空变成了火一样的颜色(图 6-7)。

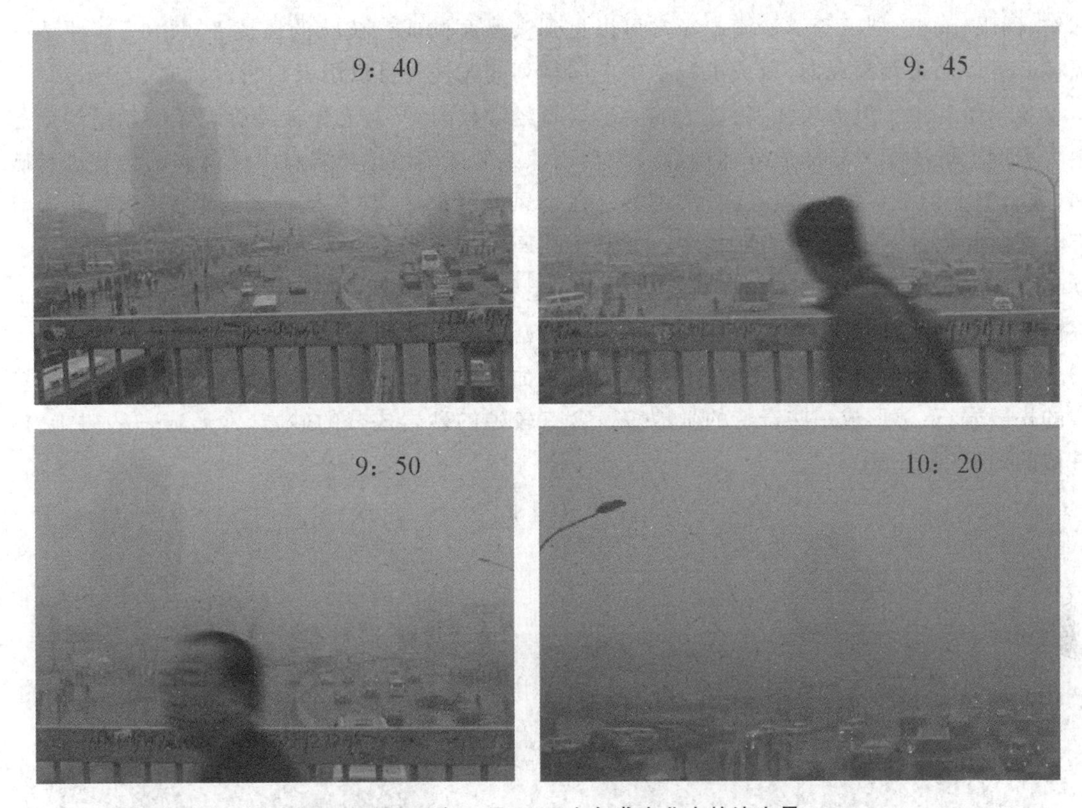

图 6-7 2002 年 3 月 19 日上午袭击北京的沙尘暴

吹蚀作用和磨蚀作用

吹蚀作用 由气流压力的直接作用，使地面松散岩石遭到破坏、粉碎或被吹走的作用。实际上，风的吹蚀作用很少单独进行，通常是与磨蚀作用一起发生的。

磨蚀作用 风夹杂着一些硬颗粒对地面岩石的破坏过程称为磨蚀作用。磨蚀作用在狭窄的山谷、大裂缝带以及被烘热的沙漠盆地最为强烈。因为这些地区经常产生粉尘涡流，这种涡流裹挟地表由物理风化形成的松散物质，并向上抛起、打碎，这种作用反复进行可使地面逐渐变深形成盆地，长期作用的结果会使盆地越来越深。新疆的吐鲁番盆地就是这种作用形成的，盆地中部的艾丁湖水面已经低于海平面 154 m，如果不是湖水的保护，这种作用还将继续下去。

图 6-8 沙漠中常见的风棱石

风的磨蚀作用对岩石有极强的破坏力，将普通玻璃置于风沙流中，数日后即变成磨砂玻璃，因为其表面出现了许多风沙磨蚀的小坑，表面变得很粗糙。被风刮起的无数的粉尘、砂砾对岩石的各个部位，尤其是突起部位进行磨削，在岩石表面留下凹坑、网眼、沟槽、划痕等。沙漠中经常可以见到被风磨蚀成三棱状的风棱石(图 6-8),原地的风棱石可以用来判断风向,风成沉积物中定向排列的风棱石可以用来判断古风向。

狭窄山谷由于风力较强,斜坡上的突出岩石经常被削平、磨光。被风所破坏的峭壁的形态很大程度上取决于岩石的成分和构造。风会以惊人的准确性选择岩石中最薄弱的位置进行破坏,在岩壁上留下各种小坑、孔穴、沟槽等。在季风盛行地区,甚至是古老的道路、车辙印迹等都会在风的磨蚀下不断的加深、扩大。如黄土高原的许多沟壑就是古道路在风的成沟作用下发育而成的。由于风所携带的碎屑物从地面往上颗粒逐渐变小,其磨蚀能力也是从地面往上逐渐减弱,这种磨蚀的结果是形成一些特殊的蘑菇状风蚀地貌(图 6-9)。

风的另一种作用形式是平吹作用,风可以大面积地吹走地面上松散的土壤。对含有硬结核的松散岩石,常形成一些奇特的微地貌。含有较硬的砂岩成分的砂岩,常形成一些树干、树桩似的地貌(图 6-10)。

图 6-9　风蚀作用形成的蘑菇状地貌

图 6-10　罗布泊中的风蚀柱

风的搬运作用

风的搬运作用具有很大的意义。风从地表扬起的松散碎屑物(尤其是粉尘),可以长时间地悬浮在大气中,并随着大气环流飘浮到世界各地,被称为星球级的地质作用。1883 年印度尼西亚喀拉喀托火山喷出的红色火山灰曾随大气环流绕地球转了 3 圈,并在大气层中保持了 3 年之久。远离大陆的大洋中心部位,风成碎屑物是深海沉积的主要成分,含有有机质的风成碎屑物也是浮游生物的主要营养源。

风的搬运能力与风力的大小成正比,风力 $P=1/2CV^2$(式中 P 的单位为 kg/m^2,V 为风速,单位为 m/s,C 为经验常数,其值为 0.125),即风力与风速的平方成正比。风的搬运能力极其强大,持续强劲的优势风可以使碎屑物翻山越岭,进行长距离的搬运(图 6-11),搬运距离与风力和碎屑物的粒度有关。

图 6-11 内蒙古西部雅不赖山口的沙河

搬运的方式主要有滚动、跳动和悬浮等，在搬运的同时也进行着各种破坏作用。碎屑物被搬运的过程中不断地和地面发生碰撞摩擦，碎屑物之间也相互碰撞、摩擦，较软弱的成分被分解破坏。石英是最稳定的碎屑颗粒，因此是风沙流中的主要成分。

风成堆积

由风的沉积作用所形成的堆积物称为风成堆积，其特点是：

- 成分　长石、石英的硬度较大，且晶体结构比较稳定，在风的搬运中不易被分解破坏，所以风成堆积的成分主要是长石、石英所组成的碎屑物。
- 颜色　风成堆积物的颜色各种各样，以黄色、灰色、白色居多。
- 分选性　风在运动中能量将逐渐减弱，其搬运能力也逐渐减小，各种不同粒度的碎屑物也逐渐沉积下来，因此风成堆积物有很好的分选性，粒度大小随风向展布，上风方向颗粒较粗，下风方向颗粒较细。中国西部有世界上最典型的风成堆积物，其粒度分布由西向东逐渐变细。
- 磨圆度　风在搬运过程中的磨蚀作用会对碎屑物颗粒进行反复的磨圆作用，由于空气的密度很小，空气中的碎屑物可以被磨得更细、更圆。实验表明，水中的碎屑物粒径＜0.05 mm时，便不再被磨圆；而风中的碎屑物粒径＜0.03 mm时，仍可继续磨圆、磨细。可见风成堆积物具有良好的磨圆度。

风成岩石或风成堆积物中常可见到斜层理(图 6-12)。斜层理的形成与碎屑物的运动形式有关，尤其是与新月形沙丘的形成有关(图 6-13)。

新月形沙丘是沙漠中常见的地貌。在单向风的作用下，沙粒由于风的搬运作用不断地向前推进，随着风停止运动沙粒也停止运动而堆积成沙丘，沙丘在单向风的不断改造下逐渐地演变成新月形。

图 6-12 岩层中的斜层理

图 6-13 沙漠中常见的新月形沙丘

新月形沙丘的迎风坡和背风坡的坡度不一样,迎风坡的坡度较缓。在10°～20°之间;背风坡的坡度较陡,坡度约为30°～35°。

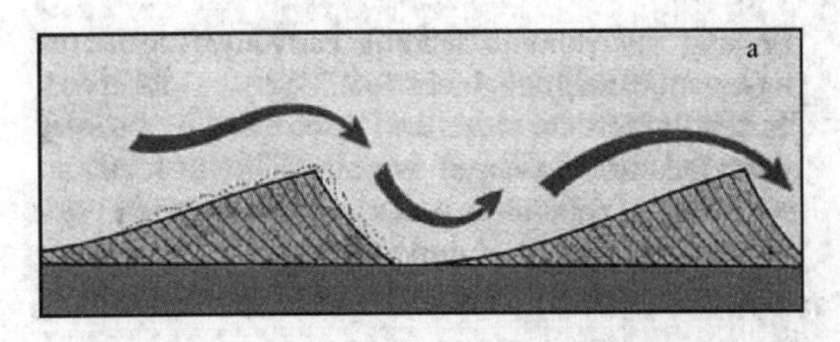

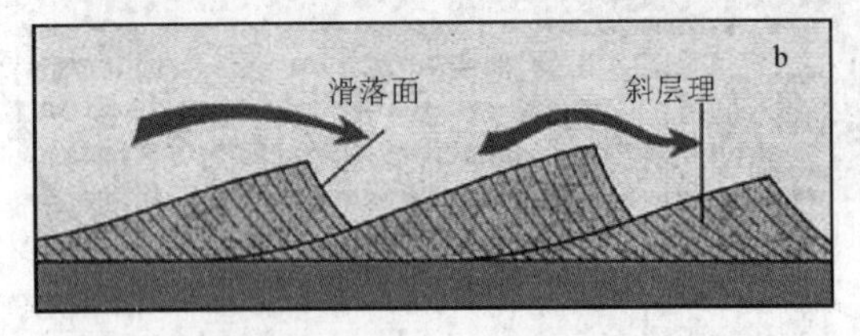

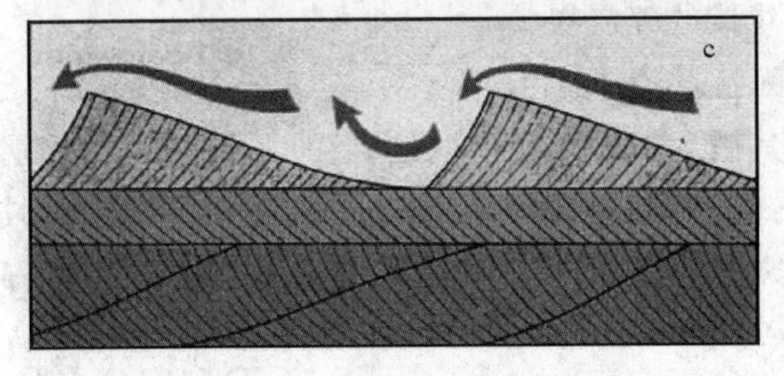

图 6-14　交错层理的发育过程

风在搬运过程中,沙丘的迎风坡遭受侵蚀,沙粒从迎风坡向前运动到背风坡处向下滑落,形成稳定的坡面沉积下来(图6-14a)。

随着沙粒的迁移,在沙丘前部逐渐形成斜层理(图6-14b)。

当风向发生改变时,沿着沙粒的前进方向又会形成新的沙丘,同时形成新的斜层理(图6-14c)。有多层不同倾斜方向的斜层理组成的岩石层理称为交错层理。

风成地貌

风的地质作用形成的地貌称为风成地貌,风成地貌可以分为两大类型:风蚀型地貌和堆积型地貌。

戈壁是典型的风蚀型地貌之一。由于风的长期侵蚀作用,细小的碎屑物被风搬运到其他地方,原地只保留了砾石和一些粗碎屑,构成戈壁滩(图6-15)。在戈壁滩上往往可以见到砾石表面覆盖了一层黑黑的荒漠漆(图6-16),由于毛细水的大量蒸发,使铁、锰氧化物残留在荒漠表面而形成的。

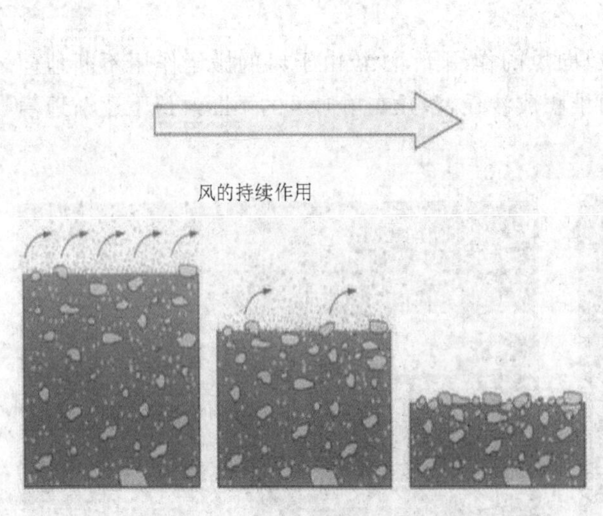

图 6-15　戈壁荒漠的形成过程

图 6-16　覆盖了荒漠漆的戈壁

雅丹是另一种典型的风蚀型地貌。雅丹在维吾尔语中的原意是“具有陡壁的小山包”。由于风的磨蚀作用，小山包的下部往往遭受较强的剥蚀作用，并逐渐形成向里凹的形态。如果小山包上部的岩层比较松散，在重力的作用下就容易垮塌形成陡壁，形成雅丹地貌，有些地貌外观如同古城堡，俗称魔鬼城(图 6-17)。

图 6-17　在新疆广泛发育的雅丹地貌

沙漠是最典型的风成堆积型地貌。风的搬运作用把沙尘从地面扬起，当风力减弱时沙尘便落下，优势风长期的作用使某一区域的沙尘越堆越多，从而形成沙漠。位于非洲北部的撒哈拉沙漠是世界上最大的沙漠，我国最大的沙漠是位于新疆塔里木盆地的塔克拉玛干沙漠(图 6-18)。

风成沙波纹是分布最广的一种风成堆积物中的微地貌，其形态如风吹起的水面涟漪(图 6-19)。风成沙波纹主要分布在较大的平缓的沙丘上，新月形沙丘的迎风面也常出现。

图 6-18　塔克拉玛干沙漠

图 6-19　沙漠中的风成沙波纹

风成黄土是另一种堆积型地貌(图 6-20)。黄土的形成是风在搬运过程中的分选作用形成的,风在搬运中随着风力的减弱,粗的碎屑物首先沉积下来形成沙漠,随后是细砂、粉砂,最后沉积的是黄土。位于我国陕西、内蒙古一带的黄土高原就是盛行西风带长期作用的结果,并在我国西部形成由西向东颗粒逐渐变细的、不同类型的风成堆积物。

图 6-20 黄土高原是典型的风成堆积物

进一步阅读书目

魏以成.大气的奥秘.北京:科学普及出版社,1984

F.K.海尔著.气候与沙漠化.曹鸿兴,等译.北京:气象出版社,1988

谢安,江剑民.大气环流基础.北京:气象出版社,1994

叶玮.新疆西风区黄土沉积特征与古气候.北京:海洋出版社,2001

丁国栋.沙漠学概论.北京:林业大学出版社,2002

杨坤光,袁晏明.地质学基础.武汉:中国地质大学出版社,2009

第七章　地表水流的地质作用

地表水流是指所有流动于大陆地表的水，包括大气降水、融雪、经由地下重新返回地表的暂时的、常年的径流水。地表水流是大陆表面最主要的外动力地质作用形式，也是改造大陆地表形态的主要动力。地表水流在山区进行侵蚀作用，形成深切地貌，使地面逐渐降低；在平原或低洼的盆地地区则以沉积，使地面上升，其结果是不断地夷平地球陆地表面。

地表水流的地质作用包括对地表岩石的侵蚀、搬运和沉积等作用，这些作用的总和称为"水流作用"，其作用的产物称为"沉积物"。地表水流作用的强度取决于水流的流量和流速。

大气降水是产生地表水流的基础。降落于陆地的大汽水，一部分通过汇水流域注入江河湖泊后流入大海，一部分通过地面蒸发回到大气中，还有一部分深入地下构成地下水，并最终返回大海(图 7-1)。在水的这个循环中充分体现了大气圈、水圈、岩石圈的相互作用。

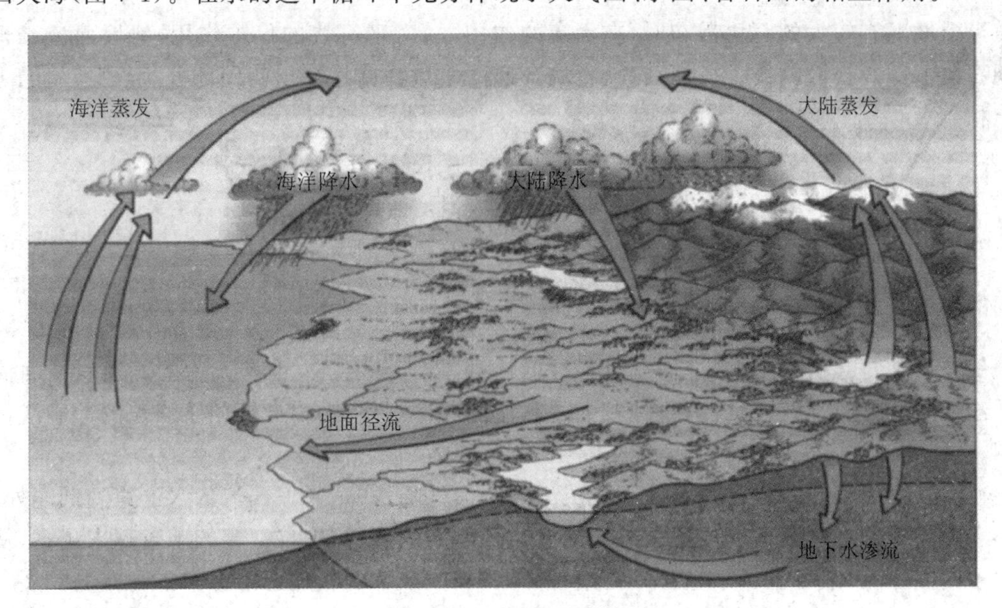

图 7-1　水圈循环系统

大陆水循环基本满足：

大气降水量＝地表径流量＋地下水渗流量＋大陆蒸发量

上述关系式只是一个原则性的规律，对于某一区域，水循环的关系可能会随各种影响因素的变化而变化。

7.1　斜坡面流

面流(亦称片流)指降雨或融雪时产生的、无固定水道的细小水流沿斜坡向下的运动形式。斜坡面流的水动能虽然不大，但它能够带动风化作用所产生的松散物质，主要是细颗粒物质，

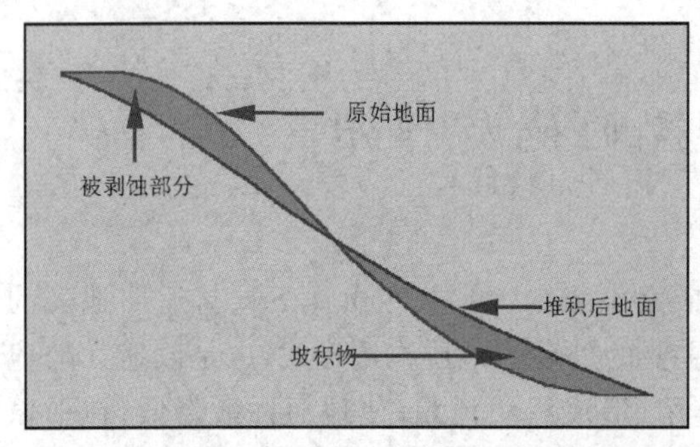

图 7-2 斜坡面流的侵蚀和堆积

并沿斜坡向下搬运，尤其当降雨时雨点冲击地面的机械作用，加强了斜坡面流的侵蚀和搬运能力，从而产生斜坡面状冲刷。斜坡冲刷带走的部分松散物质，堆积在斜坡下部和坡脚处。这类作用称为坡积作用，所形成的沉积物称为坡积物。在斜坡面流的作用下，斜坡的上部遭受冲刷侵蚀，下部则保留了坡积物，使斜坡坡度逐渐减小，并呈下凹剖面的坡度平缓轮廓(图 7-2)。

随着斜坡的变缓，水流流速减小，被冲刷和再沉积的物质越来越细。平原地区的坡积物成分中，主要发育亚黏土和亚沙土，而较粗的沉积造成的低洼斜坡表面，坡积物或者缺失，或者含量不大。

对于坡积作用较有利的条件是温带和亚热带的平原、草原区以及干旱的热带大草原带。这些地区在短时的降雨和融雪期间，从斜坡上冲走疏松的风化产物，相对稀疏的植被也会加速这种冲积作用。

当山坡上有较大的石块散布时，在面流的作用下，由于石块的保护作用，斜坡面流难于冲刷到石块下部的松散物质。久而久之，石块下部的松散物质将高出四周部分，形成突出的土柱或土林。

7.2 暂时性河流的地质作用

冲沟的形成与发展

斜坡通常是起伏不平的，上面常见各种低洼处，既有天然的，也有人为的。当斜坡面流汇入低洼地后便形成了较强水流，这种较强的水流能够冲刷斜坡，由此开始了斜坡的冲刷或侵蚀作用。

冲沟发育的第一阶段是在斜坡上形成细谷。大气降水时，斜坡面流的水汇集到低洼处，在细小水流的冲刷下逐渐地形成了细谷。随着这种作用的进行，细谷汇集的水流越来越多，从而扩大了侵蚀作用，细谷也越来越深。在细谷加深同时，细谷的长度也沿坡向下和向上扩展。细谷向分水岭一侧移动，在接近斜坡谷源头处经常会出现一个较大的落差，即形成所谓的顶部跌水(图 7-3)，这相当于冲沟发育的第二阶段。这一阶段，冲沟的纵剖面很陡，沟底不平坦，其出口呈“悬挂”状。在整个沟谷范围内发生强烈的垂向侵蚀。降雨和融雪后，流水冲击顶部跌水的峭壁，使其遭到破坏。冲沟就这样每年向上加长，向分水岭发展，冲沟生长的这种过程，称为后退式侵蚀或向源侵蚀。冲沟除向上生长以外，还发生沿坡向下的强烈侵蚀，直到冲沟口达到冲沟水流排泄的河、湖或大海时为止。冲沟排泄的河流或任一盆地的水面称为冲沟的侵蚀基准面。

以侵蚀基准面为准，开始冲沟发育的第三阶段。垂向侵蚀逐渐使原来不平的沟谷变平缓，沟底的纵剖面逐渐平滑。而在其上游区沟底仍然较陡，冲沟的横剖面一般有很大的坡度，有时呈“V”型谷。在冲沟发育的第四阶段，垂向侵蚀减弱，沟谷顶部峭壁变缓，冲沟岸坡逐渐塌落，达到稳定的天然斜坡角，局部被植物覆盖。沿冲沟流动的水，冲走岩堆和其他重力作用或坡积作用的产物，并将其中一部分堆积在搬运的途中，在冲沟谷底的最深部形成厚度不大的堤状冲

图 7-3 冲沟强烈的下蚀作用及其顶部叠水

沟沉积物。在冲沟与河谷或湖泊(海)相接的出口处,局部形成沟谷冲积锥。一旦冲沟谷底达到地下水面,冲沟中便产生经常性水流,并逐渐演变成不大的河谷。

在森林草原和草原地带,常见到沟底稍宽的冲沟形态,具有松软平缓的斜坡,常被坡积层所覆盖,有时也被植物所覆盖。这种形态称为沟壑。

冲沟侵蚀的强度与很多因素有关,如气候特征、局部地形、地质构成(岩石成分和埋藏特点)、植物覆盖情况等。人类的经济活动(砍伐森林、不正确的翻耕土地等)也常引起冲沟侵蚀的发生。表面由松散易冲刷的岩石组成的地区,冲沟常常发展得很快。例如,黄土高原地区,主要由第四纪未固结的黄土组成,冲沟的作用极为强烈,发育了大面积的沟壑地形(图 7-4)。密集的冲沟网强烈地切割了黄土高原,从而给当地的植被、可耕地、水土保持,甚至是人类的生存带来巨大的威胁。新构造运动(地壳抬升或者侵蚀基准面下降),会对复杂冲沟系的发育产生重要影响。

图 7-4 被冲沟强烈切割的黄土高原

暂时性山间水流的作用

山区大气降水或融雪时期会发生暂时性的或间歇性的山间水流。暂时性的山间水流可以分为三大部分，上游地区汇集了大气降水的水流，称为汇水流域(图7-5)，其形态类似一个半圆形的剧场或漏斗的一半，山间斜坡上布满了由中心向上部发展成树枝状的冲沟。汇水流域的下方是横穿山区的水流沟槽，水流沟槽的横切面通常呈“V”字型，纵向坡度很大，沟底表面很不平坦。暴雨或大量融雪季节，汇水流域所汇集的雨雪水使水流沟槽充满了水，此时沟槽里的水具有很大的动能，并且携带了各种碎屑物和石块，使水流具有很强的破坏能力。山间的水流一旦流出山区，到达山前平原的出口处，水流便成扇状四处散开，流速度也骤然锐减，有时则迅速渗入地下，使表面的河流几乎干涸，河流所携带的碎屑物也在山前出口处沉积下来，形成冲积锥(图 7-6)，亦称洪积扇。

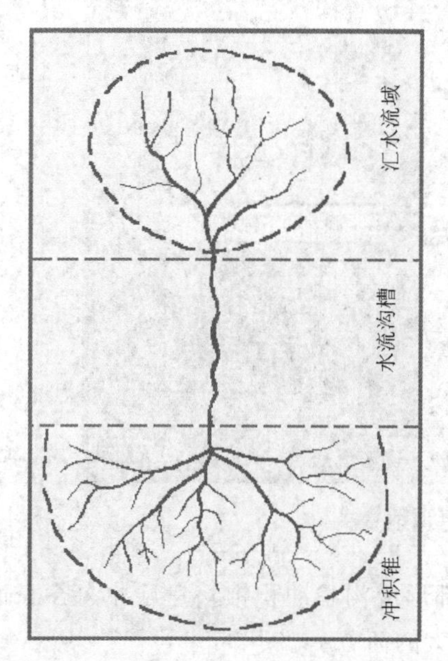

图 7-5　暂时性山间水流示意图

暂时性山间水流周期性变动的结果，使冲积锥沉积物的剖面中，各种大小的碎屑物常为复杂的互层。我国西部干旱地带的山区，山间水流的冲积锥相互会合叠加，形成规模巨大洪积冲积裙——倾斜平原。

图 7-6　新疆天山山前的冲积锥

在干旱地区，不仅是暂时性水流，即便是从山间流出的经常性河水在沙漠平原地区也经常变得干涸了，并将其携带的碎屑物质堆积下来，形成大型的冲积锥。这些经常性山间水流的冲积锥称为“干旱型”冲积锥，或者“陆上三角洲”。

有学者提出，这些三角洲在构成上的特点是具有很好的同心圆状分带性，可将其划分为三个基本的带：

冲积锥上带(“陆上三角洲”)　水流沿地面呈散流状，形成放射状发散的河床水系，消耗大量的地表水。该带内主要产生河床(水流的)沉积物的堆积,在其上部主要成分为大漂砾、卵石,逐渐变为漂砾、卵石夹砾石和砂,然后是砂。碎屑物从锥顶向下按距离增大粒径逐渐变小,这与水流流量消耗和流速的减小,以及沿冲积锥表面水的散流有关。

冲积锥中间带 上带中的大多数河流在这里都部分或全部干涸,因此形成一个个往复移动的冲积扇组成的带。在一些河床沟槽中,堆积起由洪水带来的亚砂质-亚黏土物质,当洪水漫过冲积锥表面时,可形成一薄覆盖层。

冲积锥边缘带(前锋带) 该带中周期性地发生地表水的泛滥,结果在一些地方形成暂时性的湖泊类,如小型水域、沼泽、盐沼地,等等。在这样的条件下,一方面形成湖相沉积物——含石膏和碳酸盐夹层的钙质粉砂岩、黏土;另一方面,沉积沼泽的盐碱质沉积物——强石膏化和盐碱化的亚黏土质、钙质沉积物。

因此,“陆上三角洲”可以划分三种明显的岩相:A—上部带的河床相;B—相应于中间带的冲积扇相;C—边缘带的洪水泛滥的滞流相。

7.3 河流的地质作用

河流是大陆外动力地质作用最主要的形式,在河流的侵蚀、搬运和沉积过程中,大陆的表面形态不断地被改造,如果没有内动力的作用,大陆将很快被夷平。河流对于国民经济有很大的意义,河水为工农业生产和生活用水提供了水源,河流还是水力发电、渔业生产、航运等经济活动的场所。

河流水位随时间而变化,主要与河水的不同补给方式有关,河流的补给依赖于地表水和地下水,并取决于河流流域的气候特点。在一年中,每一条河流的高水位和低水位时期是交替的,高水位称为洪水位或洪峰水位,通常在夏季出现,低水位状态称为枯水位或平水位,通常在冬季出现,在热带地区则与雨季和旱季密切相关。

河流的水量在洪水期可增大至5～20倍或更大,尤其在多水年份,与平水期相比可增大至80～100倍。河流的年径流量也有很大的变化,如黄河的年径流量最大为9.73×10^{10} m^3,最小年径流量位9.15×10^{9} m^3,相差10倍以上。河流流速也不是固定不变的,随时间和地点而变化。大的平原河流在枯水期流速达1～2 m/s,而山区河流可达3～5 m/s或更大。最大流速可见于主河道水流的表层部分,最小流速位于岸边和邻近河底部分,因为这里的水流受河床岩石的摩擦。河流在不同的河段流速也发生变化,这与河流中存在着浅滩和深水区有关。

河流中水的运动主要为紊流运动(无序的、涡流的),即水流中每一质点的运动速度或运动方向都是没有规律的。紊流运动引起回水(湍流)并造成全部水体从河底至河流表面的混合,卷起碎屑物质,使其转为悬浮状态。只有在河流的个别地段,当流速很小,河床较为平坦(纵坡不大),水的运动可能为层流运动或者平行的带状运动。

河流做功的能力称为河流的能量或者河流的活力,水流的能量与水体(水量)和流速有关。因此,水量和流速越大,河流的能量也越大,河流的地质作用也越强烈。河流的地质作用包括:侵蚀作用、搬运作用、沉积作用。

河流的侵蚀作用

河流的侵蚀作用及其趋势与河谷发育阶段有关。侵蚀作用可分为底蚀和侧蚀,底蚀是指水流在河床底部向下侵蚀的作用，使河谷加深；侧蚀则是水流冲刷河岸的作用，从整体上使河谷展宽。

图 7-7　强烈下蚀的黄河上游龙羊峡

河谷发育的早期阶段以底蚀作用主(图 7-7)，水流下切河谷，趋向于塑造一个平衡剖面，使其适应于河流所流入的海面或湖面。河流所流入的水域的水位面，决定河流水流侵蚀作用的深度，称为侵蚀基准面，这种定义如同对冲沟侵蚀基准面的定义一样。侵蚀基准面决定整个河流水系的发育，包括河的主流及其分支的发育。

早期阶段河流的发育，是从侵蚀基准面向上进行的逆向侵蚀作用的结果。河流纵剖面的形成，可示意地表示如下。可以设想一平面 AB，在其上产生了河流(图 7-8)，并假设其坡度处处相等，岩石的性质也完全一样。在相同的坡度下，河流的侵蚀作用强弱取决于河流的流量，由于下游河流的补给较为充分，水量较大，因此最大的侵蚀作用集中在 aB 段，剖面形态逐渐演变为 abB。这样 ab 段斜坡较陡，因此流速增大，使在 a 点以上部分冲刷作用加剧。$a-a_1$ 段深切的结果使河底形态逐渐演变为 a_1b_1bB 的位置。这时，高于 a_1 点的部位又加速了冲刷作用，如此进行下去，最终河流将下切到平缓的(下凹的)河床曲线，这一曲线称为侵蚀的均衡曲线或称为河流平衡剖面。一般认为，纵剖面的这一最终曲线，下游近于水平线，上游则近于垂直线，使河谷的每一段都处于动态平衡状态。动态平衡是指水流侵蚀能力、河流所携碎屑物的荷载以及河床岩石抗冲刷力之间的平衡。通常将河流划为三段：上游段，以侵蚀作用力主，既有向深部的下切侵蚀，也有向分水岭方向的向源侵蚀；中游段，以搬运作用为主；下游段，以沉积作用为主。但是，这种划分是有某种假定性的，尤其涉及中游段，可能会产生相等程度的沉积和搬运。

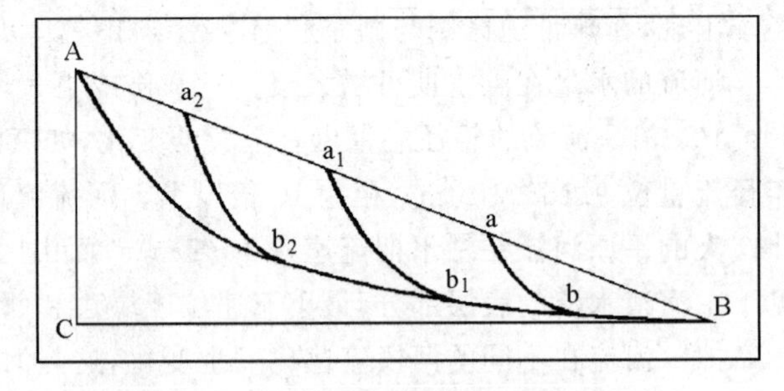

图 7-8　河流平衡剖面的形成过程示意

上述河流平衡剖面的形成适应于一般侵蚀基准面，但仅是一种理想的模式。天然条件下，河流沿其流动方向的地表形态大多是不平坦的，不平的地形使河谷各个地段具有不同的纵坡落差，造成瀑布、险滩等地貌(图 7-9)。而这些又受河水所冲刷岩石的不同成分和不同硬度的影响，在某些情况下，还与地壳运动的不均匀性有关。受上述各种因素的影响，不同地段河水的流速和侵蚀强度各异。在这些情况下，除基本基准面外，局部的侵蚀基准面对于河流平衡剖面的形成具有很大意义。如果河流在流经途中遇有较稳定岩石构成的陡坎(跌水)，则形成瀑布。具有很大能量的跌落水流，冲刷陡坎下的河底，并向上溅起，形成复杂的水回转涡流。这种作用的结果是陡坎被掏挖，形成凹槽，并逐渐扩大其范围，最终陡坎顶部塌落，陡坎后退，瀑布又在新的条件下开始作用。在陡坎基底处瀑布冲起岩石巨块，把河床钻成深坑，类似于圆井或巨大的大“锅”。

图 7-9 河流纵坡落差形成的瀑布、险滩

有瀑布的陡坎即为局部的侵蚀基准面。在此基准面以上，河流与此陡坎相适应而发育；位于陡坎之下的河流段，则趋于以主要侵蚀基准面为准而发育。在陡坎后退的过程中以及陡坎完全消失之后，河流平衡剖面的发育将完全与主要侵蚀基准面相关(图 7-10)。陡坎及其上的瀑布后退的速度与水量、陡坎高度、岩石硬度等诸因素有关。例如，众所周知的位于美国和加拿大边境的尼亚加拉大瀑布，从 50 m 的高度上泄下。形成该瀑布的原因是由于有高地陡坎，其表层有厚约 25 m 的坚硬白云岩，在白云岩之下有易受冲刷的岩石。根据 1875 年以来的观测资料，尼亚加拉瀑布在加拿大一侧后退的速度约为 1～1.2 m/a，从瀑布形成至今总共后退约 1.2 km。

原始地形为洼地的湖泊也可成为局部侵蚀基准面。这时的河流好像被分为上游(高于湖泊部分)和下游两部分，上游部分以湖泊水面高度为侵蚀基准面的“后退”式侵蚀作用发育，而下游部分则趋向于达到主要侵蚀基准面。一旦湖泊消失，即形成统一的、总的平衡

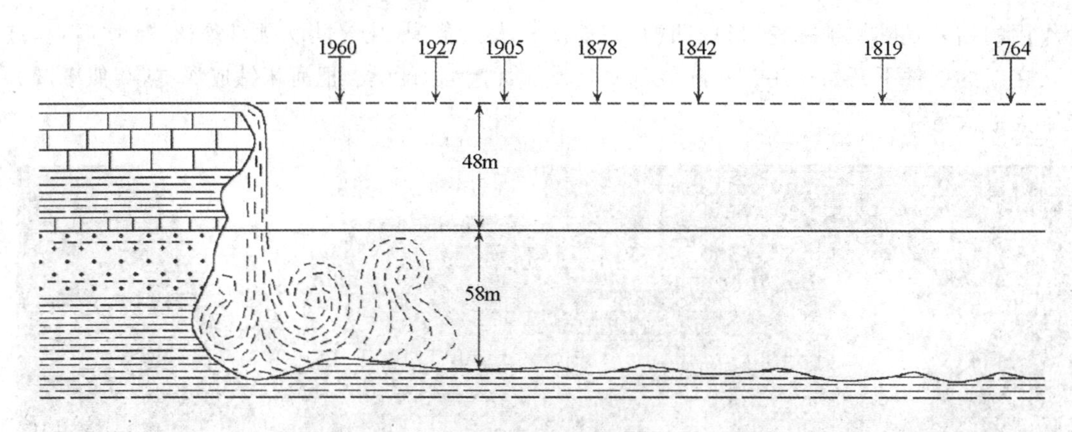

图 7-10　尼亚加拉瀑布不断后退示意图

剖面。

河流的侧蚀作用是指河流不断地对河岸侵蚀,使河谷不断扩大、变宽的过程。河流从形成之初向下侵蚀作用发生的同时,就开始进行侧蚀作用,到河流发育的晚期则以侧蚀作用为主。河流发育的初期阶段侧蚀作用不大,随着平衡剖面的形成,底蚀作用逐渐减弱,侧蚀作用愈益显著,冲刷河岸、扩宽河谷。河床中除纵向水流之外,还产生横向环流,特别是在洪水时期的主河道,流速达到最大,出现明显的紊流运动,水向河底流去,在近底层径流又冲向岸边。横向环流能冲刷主河道的河底,并将碎屑物带向岸边,部分碎屑物沉积下来。河流侧蚀作用形成的横向环流是河漫滩形成的主要原因。

不同年代洪水期河流动态(水量和流速)的改变,引起横向环流的变化。泥沙沉积的不均匀性、水流直线性的破坏以及主河道时而向一岸,时而向另一岸的移动,都与此变化有关。河床变成弯曲的形状、河谷的继续改造与这些河曲的发展以及河床的侧向移动有关。

河流的搬运作用

河流的径流水在运动时,携带风化和侵蚀过程中被破碎的岩石产物,并将其运移到其他地方的过程称为河流的搬运作用。被河流搬运的物质除河流自身侵蚀破坏河床岩石所形成的碎屑物外,还包括了河流岸坡上崩塌、滑坡、冲刷等作用的产物。风化作用和风的作用也是河流搬运物的重要来源。河流的搬运方式主要有以下三种:

沿河床推运的(滚动或滑动)砾石和泥沙　不同粒级的碎屑物沿河床推运时有不同的运动形式,并形成了适应当时水动力条件的特殊的构造,如果在岩层中发现这些构造,则可以用来判断岩层的顶底面和古水流方向。沿河床被河流所运移的碎屑物质又加强了水流的下切侵蚀能力,而岩石碎块之间则互相摩擦、碰撞,逐渐变细变碎,从而形成卵石、砾石和砂。沿河床推运的沙粒级碎屑物的运动形式与风的搬运作用相似,在河床底部形成不对称的沙波纹和斜层理。不对称的沙波纹缓坡指向水流的上游方向,形态较尖的是波峰,较圆滑的是波谷;斜层理通常是与下层面相切,与上层面斜交,斜面倾向指示水流的下游方向。对于往复式的河流冲积平原,由于水流经常改变,则往往形成交错层理(图 7-11)。

图 7-11 美国犹他州 Zion 国家公园中的交错层理

河流中的砾石在水流的长期作用下将逐渐的适应水动力条件,达到稳定状态。砾石长轴不管最初与水流的夹角如何,在水流的推动下通常以长轴垂直于水流的方向向前滚动,因为这种状态下砾石运动所需的水动能最小,并最终形成最大扁平面向水流上游方向倾斜排列的叠瓦状的稳定状态(图 7-12)。如果河流湍急,水动力强劲,则砾石的长轴将平行于水流方向滑动甚至跳跃前进。

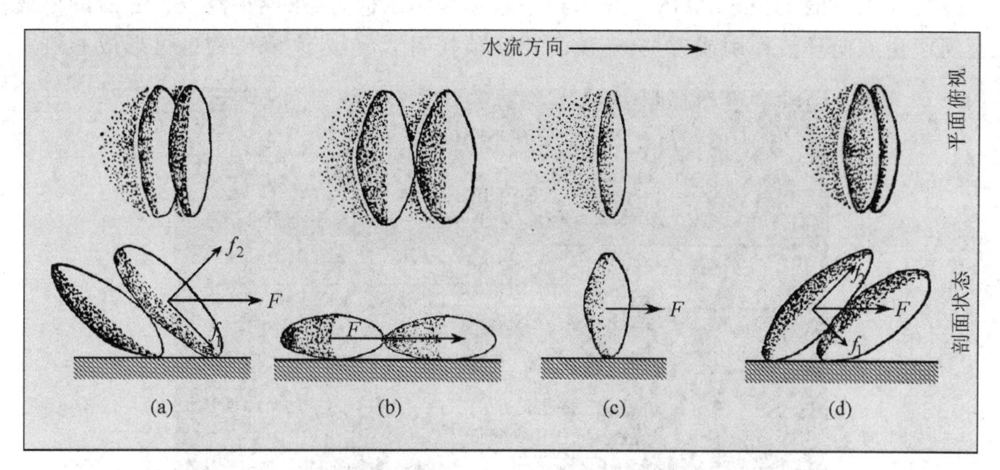

图 7-12 砾石在流水的作用下,运动中逐渐改变排列方式的过程示意

呈悬浮状态的泥沙 沿河底拖曳的泥沙以及呈悬浮状态的泥沙称为河流的固体径流。由于径流流速的不同,可搬运不同粒径的碎屑物。河流的搬运能力与径流的流速成正比,显然河流在搬运过程中不同粒度的碎屑物将随着水动力的减小而逐渐沉积下来,即河流的机械搬运过程具有良好的分选作用。这也可以用来解释平原河流和山区河流沿所能移动的碎屑物在粒径上的巨大差别。

呈溶解状态运移的物质 河水中呈溶解状态运移的物质有碳酸盐类($CaCO_3$,$MgCO_3$,Na_2CO_3)和二氧化硅。据研究,碳酸盐中可有近 60%的成分离子化,因此溶运物中以 $CaCO_3$ 含量最多。只有在干旱地区的河水中,易溶的硫酸盐和氯化盐才会有较显著的含量。河流中呈溶解状态的还有少量的 Fe、Mn 的化合物或胶体溶液。

河流的沉积作用

还在河流发育的最初阶段，侵蚀作用具有明显优势时，河谷的个别地段就已经开始了碎屑物质的沉积作用。开始时，这些沉积物是不稳定的，当洪峰或洪水泛滥时，河流的水量和流速均增大，流水又可重新携带起这些沉积物沿河流向下运移。但是随着河谷平衡剖面的逐步形成，以及由于侧蚀作用使河谷加宽，在河床中和近河床部位已经形成固定的、不再移动的沉积物。稳定的沉积作用首先发生在河流的下游，那里水量较大，并最早达到平衡状态。“后退”式侵蚀的进一步发展以及平衡剖面的形成，在河流的中游地段也逐渐形成了沉积的条件，稳定的沉积物逐渐地向中游推进。

由于河水径流作用的结果，在河谷中堆积起来的沉积物称为冲积层或冲积物。这些冲积物是由不同粒径、不同磨圆度、不同分选程度的碎屑物组成的，沉积物的总体特征是从下游向上游碎屑物的粒级逐渐增大。

河床内的沉积作用

河床内的沉积作用随着河流水位的季节性变化而发生变化。洪水期，河床内主要以搬运为主，平水期则可沉积大量碎屑物。河床内的沉积物通常是不稳定的，可以因为洪水的到来被搬走，也可以因水动力的变化而消失。

心滩是河床内的沉积地貌(图 7-13)，在平水期高出水面，洪水期被淹没。心滩的形成主要是在宽河段由双向环流作用或者主、支流的相互顶托而形成，外来障碍物也可形成心滩。

图 7-13　长江某河段的心滩

河床外的沉积作用

河流的侧蚀作用在河流拐弯的凹岸侵蚀，同时河流的底部回水把碎屑物带到凸岸沉积(图 7-14)。随着时间的推移，这部分沉积物的规模逐渐扩大，只有在洪水期才会被淹没，故称之为河漫滩(图 7-15)。

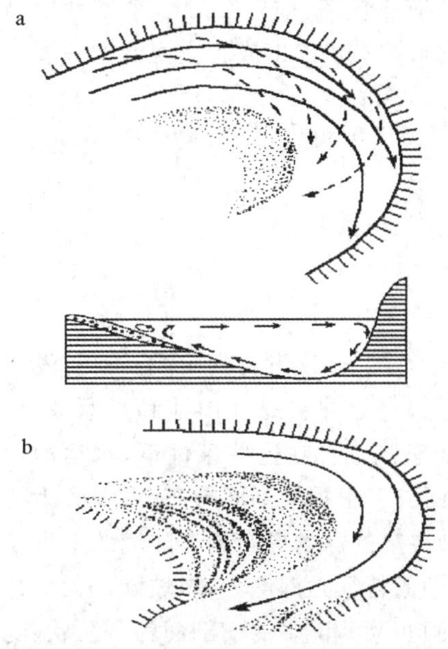

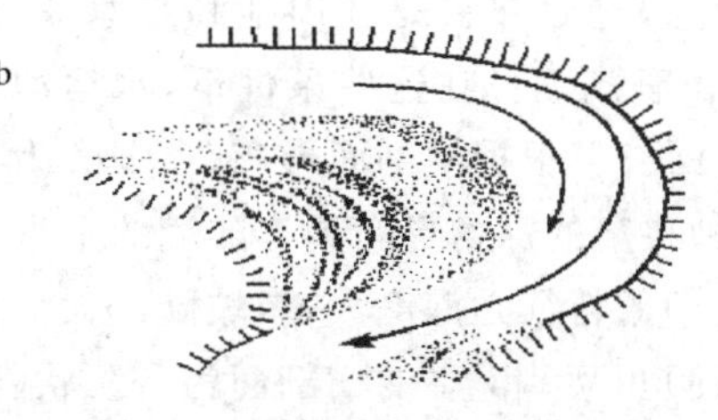

图 7-14 河漫滩形成的水动力条件

图 7-15 长江第一湾的河漫滩

河漫滩的沉积具有二元结构的特征，即下部是由粗变细的河床冲积物，上部是洪水期的漫滩冲积层(图 7-16)。

河流冲积平原主要由河流在改道的过程中形成的往复冲积层组成，河流相冲积平原的沉积物主要由三部分组成：河床冲积相、覆盖河床冲积层的漫滩沉积相和充填旧河道的古冲积相(图 7-17)，前两部分即为漫滩沉积。

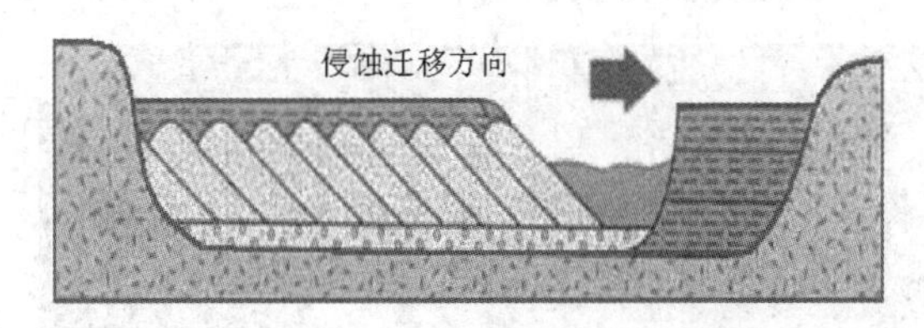

图 7-16 河漫滩沉积过程及二元结构

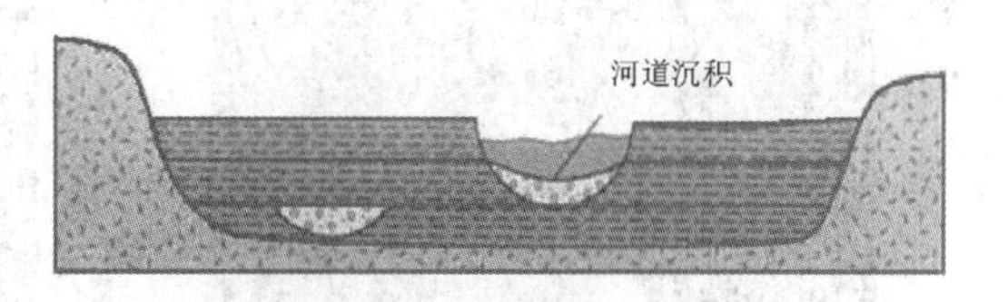

图 7-17 往复式冲积平原的沉积特征

实际上平原大型河流河漫滩的地形十分复杂，这与河水流速分布不均匀、河床中存在各种障碍物以及河床迁移特性不同等因素有关。在河床地形中可以分出三种大的地貌要素：

邻河床漫滩 是指直接与主河床相邻，并主要由砂组成的河漫滩。这是漫滩较高的部分，也常常是一系列平行的沙堤或者沙洲。

中央河漫滩 是指位于邻河床漫滩之外的河漫滩最宽阔的部分，它表面上是由河漫滩冲积物——亚黏土、亚砂土等物质组成。大河的中央漫滩还由于有处于各不同发育阶段的旧河道而呈现复杂的情况。漫滩的砂质沉积物常常遭受风成作用，结果形成沙丘。各种类型土壤的形成与河漫滩地形的这种复杂性有关。

邻河阶地漫滩 是指与古老的漫滩以上阶地或者与河流基岸相接的漫滩的边缘部分。由于漫滩的边部与河床相距较远，因而冲积沉积物带来的较少，而且主要是细粒的亚黏土成分。

这些邻阶地的低地也常是旧河床。与阶地相邻的低洼地常有小湖或强烈沼泽化，个别地段与牛轭湖、小溪流相接，这与从漫滩以上阶地和分水岭方面流来的潜水渗出或者主河流的一些支流有关。

7.4　河谷形态的发育

河谷形态的发育阶段

在河谷的发育过程中，可以划分出几个代表一定河谷形态的、依次发育的阶段。河谷发育的第一阶段，即当底蚀或垂向侵蚀作用为主时，称为青年阶段。这主要是在山地和高原区，那里典型的地貌特点是，具有陡峭的纵坡、跌水、瀑布，有时还有湖泊。在这些条件下，水运动速度很大，底蚀作用占主导地位，可以造成很深的、具陡坡的河谷。根据横剖面形态，可划分为几种不同的类型。狭谷或隘口属于最狭窄的特殊形态。这种狭窄的深切形态具有陡峭的垂直岩壁，有时甚至是悬壁(图 7-18)。峡谷或深谷发育广泛。它们的特征是深度大，斜坡陡度大。这些河谷形态与拉丁字母“V”很相似，故又称 V 型谷(图 7-19)。某些深谷的横剖面为台阶状(陡坎状)，这是由于河流径流切割了具有不同稳定性的水平岩层所致。坚硬岩石表面经剥蚀作用切割的结果，形成不大的、具有陡峭断崖的阶地状平台。这些年轻河谷形态的特征是，河谷深度大于宽度数倍，河床几乎完全被水充满，而局部沉积下来的冲积物只是暂时性的，当洪水泛滥时期，可沿河向下再迁移。

图 7-18　具有峭壁和狭窄出口的河谷类型

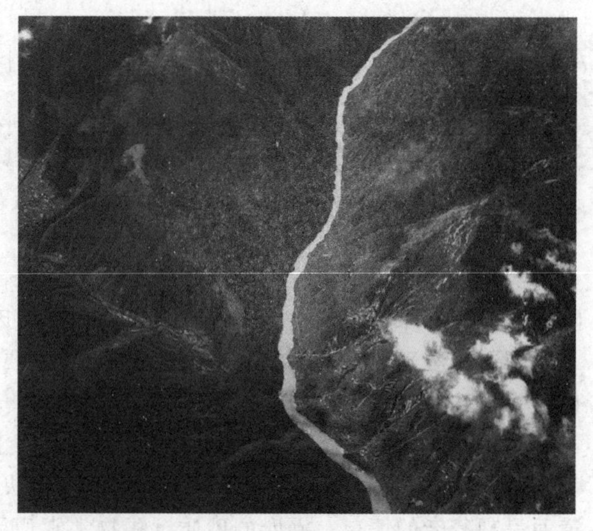

图 7-19　金沙江典型的“V”字型河谷

在河谷发育的较晚阶段，侧蚀作用开始大大加强，主河道时而向一岸，时而向另一岸迁移，并形成弯曲的河流——河曲(图 7-20，图 7-21)。据研究，在每一条河床中，甚至具有直线型轮廓的河床中，水流具有螺旋状前进的特征，仅此一点就可为水流轮流地向右岸和左岸的局部冲刷造成有利的条件，从而导致在河床中形成一些弯曲（图 7-14）。河流的弯曲程度也与其他一些因素有关，如地形原始的不平坦，岩石不同成分与不同的可冲刷性，构造运动的差异，等等。但是，对于形成河曲最有影响的，还是河床作用的动力学特征。侧蚀作用以及河谷的进一步拓展与河曲（又称蛇曲）现象有关。

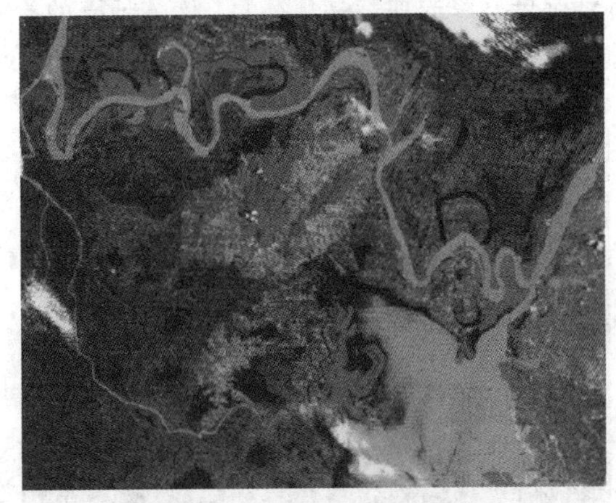

图 7-20 长江荆江段的卫星照片

图 7-21 河曲与残留的牛轭湖

河谷发育的晚期，侧蚀作用大大加强，河曲在河流侧蚀的持续作用下，河道的弯曲程度越来越大，其结果是使河道截弯取直，留下废弃的古河道。这种弯曲的古河道往往会变为湖泊，称为牛轭湖（图 7-22）。地球自转也对大河河谷的加宽及其非对称性的侵蚀产生影响，在旋转体表面运动的物体都要受到科氏力的影响，根据科里奥利斯理论，所有沿地球表面运动的物体，不论其运动方向如何，在北半球与初始方向相比均受到向右方向的偏移，而在南半球则受到向左方的偏移。因此，北半球的河流右岸侵蚀较左岸强烈，往往形成右岸陡峭，左岸宽缓的地貌。

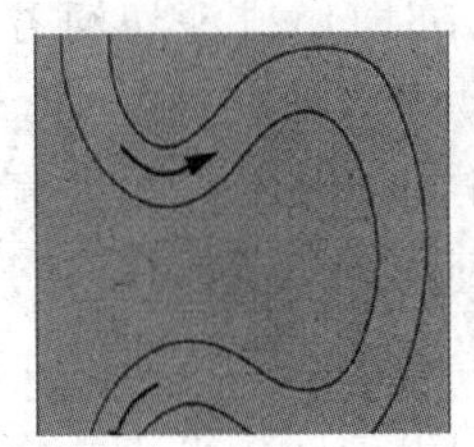

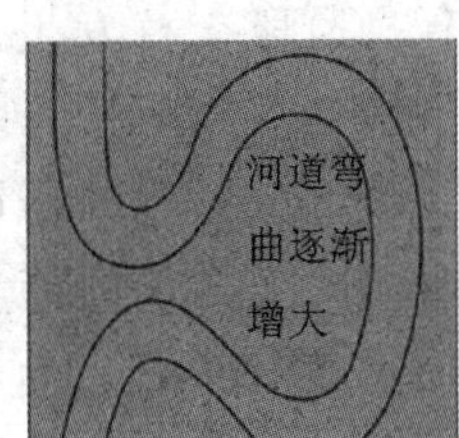

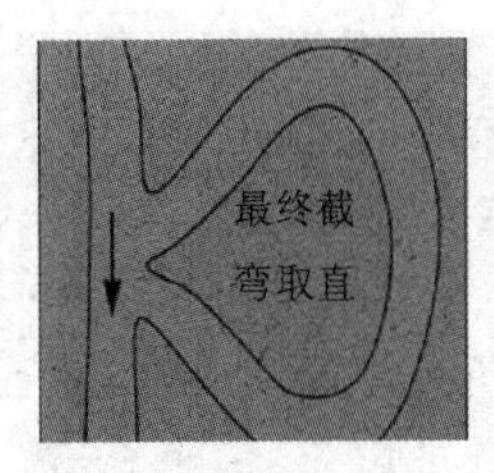

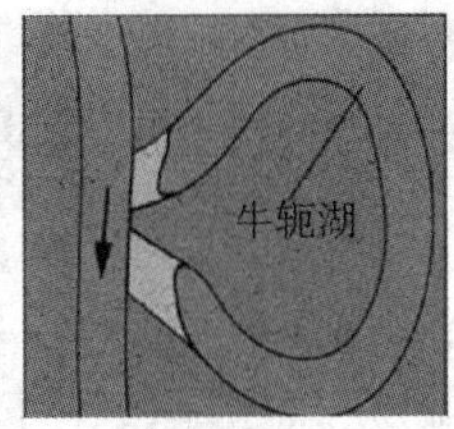

图 7-22 河曲的发展与牛轭湖的形成

河谷发育的趋势与循环性

河谷从一个阶段向另一个阶段的发展，表现出一定的方向性和顺序性，此外，也反映了连续发育阶段的重复性——循环性。河谷的发育大致可以分为两个阶段，第一阶段相当于形态上的青年期，河谷横剖面表明具有强烈的垂向侵蚀；第二阶段相当于形态上的壮年期，具有典型的缓河底的横剖面和发育很好的漫滩。地壳的抬升或侵蚀基准面的降低，亦即河流流入的洋面、海面或湖面的下降，均会引起河谷的年轻化，下蚀作用重新开始，然后再次侧蚀拓宽河谷。如果地壳的抬升速度很快,河流在原有河曲的基础上迅速下切,形成深切河曲(图 7-23)。河谷的这种循环性,可以随着地壳抬升或侵蚀基准面下降的多次发生而多次发育。

河谷年轻活化的一种特殊情况是形成次生型河谷,这种河谷叠置在较早形成的、宽阔平缓且具有很多河曲的河谷之上。有时在同一河谷中可见到在同一地段,既有形态上成熟的具有很宽漫滩的先存河谷,也有缺失河漫滩、河流深切至基岩的次生河谷。河谷的这些形态上年轻化的地段,常属于构造发展的隆起区,其垂向侵蚀的强度与隆起速度是相符的。随着地壳的抬升,有些河流甚至可以切穿抬升的山岭或大型高地,形成大型的峡谷地貌(图 7-24)。

图 7-23　美国科罗拉多峡谷是典型的深切河曲

图 7-24　长江从四川盆地破三峡而出向东方流去

河流阶地及其类型

导致河谷循环发育的地壳运动,是随时间有所改变的。构造运动常表现为活动期和平静期交替进行的周期性变化,其结果是造成河谷发育过程中的强烈深切下蚀阶段与强烈的侧向侵蚀阶段交替发生,亦即形成深切河谷和较平缓的河底及沉积物发育的交替发生。当陆地隆起或者侵蚀基准面降低时,在发育较好且具有平缓河床的地段发生新的下切侵蚀,河流开始改造其纵剖面,以使其适应于新的侵蚀基准面。当新的纵剖面接近于平衡曲线时,侧蚀作用和堆积作用大大加强,在河谷较低的地形部位形成新的漫滩。原来的漫滩被保留在河岸的斜坡上,以陡坎的形式与新漫滩相连接,称为河流阶地。构造运动的下一次抬升或者侵蚀基准面再次降低,再次引起河流的下切作用,最终在更低的水平上形成新的平缓的河谷。相对于新的下切,以前的河谷底部也变成高起的平台,河谷原来底部

图 7-25　多次地壳运动形成的多级河流阶地

的这些地段,成为高出现代漫滩的若干级台阶,形成多级的河流阶地(图7-25)。

河谷发育的每个阶段或旋回都是由河流下切开始,终止于河谷新河底的形成。这样就形成一种新的河谷形态类型——阶地化的河谷,这种河谷特别是在平原河流中得到完全的发育。最高的阶地是最早形成的,而最低的阶地则是最年轻的。河流阶地的命名通常从低处开始,由年轻向较老的阶地计算(阶地 I、II、III、IV 等)。每一阶地的斜坡及位于其下的阶地平台相应于侵蚀的一个循环。

根据基座的高度状况和冲积层厚度,将河流阶地划为三类:

侵蚀阶地或者刻蚀阶地 这类阶地的整个阶地平台和台地斜坡几乎全部由基岩组成,仅在平台表面局部地保存厚度不大的冲积层。这种阶地结构证明,在其早期发育阶段河流是以侵蚀作用为主,冲积物沉积量不大(与构造运动加剧有关)(图 7-26)。

图 7-26 新疆天山中发育的河流侵蚀阶地

堆积阶地 阶地平台和陡坎全部由冲积沉积物组成,而且基岩的基座低于河水位,在地表未出露。这种结构表明,河流经过了从深切侵蚀到形成有巨厚冲积物沉积的漫滩的整个发育过程。漫滩形成以后被下切,以阶地形式保留了下来(图 7-27)。

基座阶地 其特点是阶地的斜坡上露出基岩基座,基座的上部是由河流沉积作用形成的冲积物。这种阶地的结构表明,在河流形成侵蚀阶地后,构造作用保留有一段较稳定的时间,之后又发生急剧的下切,使基座暴露(图 7-28)。

图 7-27 天山的隆升使开都河形成了多级堆积阶地

图 7-28 由基岩基座和沉积物构成的基座阶地

应当指出的是，许多河流的河谷中，在同一阶地范围内，可以见到由一种阶地类型向另一种阶地类型过渡的情况。这是由于河谷的各个地段，构造运动出现的不均匀性和构造运动的不同方向所引起的。

河流阶地的相对高度和绝对高度沿河谷是有变化的，此时可能有两种情况：侵蚀基准面降低，在这种情况下，河流阶地的相对高度向下游方向减小；河流上游地壳抬升，这时河流阶地相对高度也向下游方向减小。河流阶地高度的这种变化对于经受强烈的最新隆起的年轻山区是很典型的，如图7-26所示，第四纪强烈隆升的天山，河流阶地的高度向上游方向有明显的减小。

在隆起区和沉降区的边界可能产生所谓的“剪刀式阶地”。这一名称反映的阶地特征是：在山区地壳上升，河流的下切作用形成的侵蚀阶地占据了河谷斜坡较高的位置，到山前地带，连续的下沉使这些阶地由侵蚀阶地转变为堆积阶地并被埋没。山前平原地区埋藏的冲积层相应于山区阶地，有些地方沉积物的厚度相当大，证明了地壳的巨大拗陷作用。山前平原沉积物的剖面中，有时可见到几套互相叠置的冲积层组合体构成的互层。在每一套冲积层组合中，其下部均为较粗粒的沉积物——卵石或粗砂，明显地与山区侵蚀作用加剧有关；向上逐渐为细粒、极细粒砂所代替，局部还有黏土物质，反映了山区侵蚀作用的减弱和地形变缓。因而，每一套这样的冲积层组合(从粗粒到极细粒)即为山前平原堆积作用的一个旋回，这相应于山区侵蚀作用的一个旋回，在山区表现为一级阶地。

最后还应强调的是，在影响河谷发育的诸多因素中，最主要的因素应该认为是地形和气候，而地形是受地壳运动所控制的。因此，对于冲积物成分及各岩相之间的关系、沿河流域古漫滩阶地的数量及其高度变化等等的分析，可以恢复区域地质发展的最新历史以及最新构造活动的性质、气候条件的变化，等等。

7.5　河流的河口

河流的入海口称为河口。影响河口形态的因素众多，使河口的形态千变万化。影响河口形态的主要因素有：

河流的流量及随时间的变化关系；

河流所携带的碎屑物含量和碎屑物的成分；

海水的含盐量和其他电解质的含量；

海流、波浪、潮汐等海洋水动力的特征；

全球海平面的变化特征；

构造运动。

在诸多因素中河流所携带碎屑物的含量和构造运动的特征是起主导作用的因素。虽然河口的形态复杂、影响因素众多，但依然可以分成两种最基本的类型：三角洲和河口湾。

三角洲

河流入海时流速急剧降低，河流所携的碎屑物质沉积在近岸的河口处，形成水下冲积锥。水下冲积锥逐渐向大海方向增长，加大其宽度和高度。河流到达稳定水体时在水体中或紧靠水体处形成的部分露出水面的沉积物和沉积地形称为三角洲(图7-29)。三角洲发育的条件是：有丰富的沉积物来源，即河流所携带的碎屑物含量较高，有足够的碎屑物可以堆积在河口处；河口口门外的水深较浅，使碎屑物容易沉积下来；海洋作用力较弱，不会很快将河口处的不稳定碎屑物搬运到浅海陆架或深海。

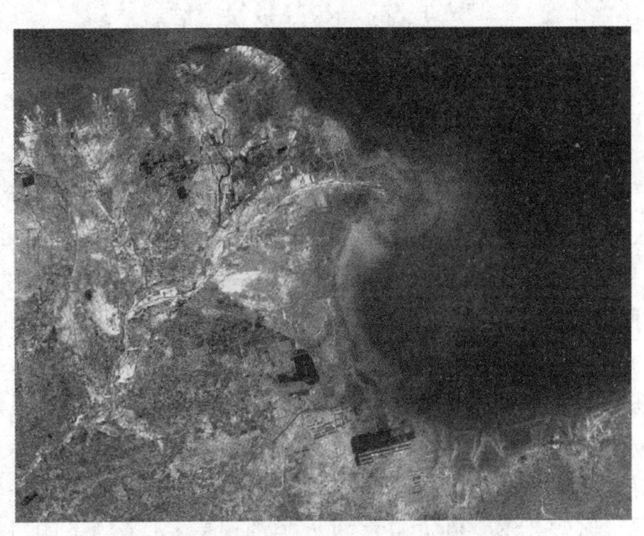

图 7-29 黄河三角洲的卫星照片

三角洲可分为三角洲平原和三角洲前缘两部分。三角洲平原由分流河道和河间地组成，黄河所形成的三角洲达到了最大规模的冲积三角洲平原（长度超过 1000 km，宽度超过 300～400 km），在正常年份，三角洲每年向渤海推进 3 km；河流入海口以外的地区称为三角洲前缘，如果海水深度较小，河床很快被冲积物淤塞，已经不能够允许河流全部水量通过。因此，河流要从已形成的回水中寻找新的出口，冲跨河岸，形成新的附加河床。结果在河流河口部分形成树枝状河床网系，被称为支流或者河汊。

在三角洲发育过程中，有一个地貌上长短轴之比的临界值，假设 a 是与河流流向一致的纵轴长度，b 为三角洲沉积物横向最大宽度，则每一河流 a/b 为一常数，视河流携带的沉积物和水动力条件而定。黄河的 a/b 大约为 1.2。超过这一数值，河流将决堤改道，在新的地方沉积。河流每一次改道所形成的沉积物，称为三角洲朵体，每个三角洲都是由若干个朵体组成的（图 7-30）。

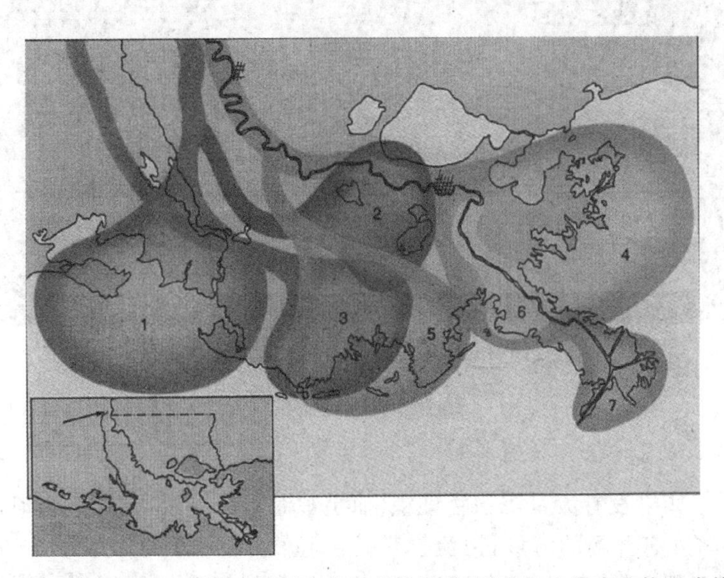

图 7-30 密西西比河最新的三角洲由若干朵体组成，图中数字代表朵体形成的顺序

河流三角洲可有不同成分与成因的各种沉积物：

- 河床支流的冲积层，在平原区为砂和黏土，在山区为较粗的物质；
- 湖相沉积物，主要是富含有机物的亚黏土质沉积物，这些封闭的水域可能是脱离了河床的支流，或是位于河床间岛屿低洼地上的水域；

- 沼泽沉积物，在湖泊闭合之处产生的泥炭层；
- 海相沉积物，形成于涨水的涌浪时期。

由于河床支流经常性的移动，这些沉积物无论在水平方向上，还是在垂直方向都可互相取代。有些情况下，尚可见到三角洲沉积物被风所改造，形成风成沉积物及其地貌形态。

地表水的剥蚀作用在河谷和三角洲发生强烈的堆积作用，结果产生广阔的冲积平原和冲积-坡积平原，如长江中下游平原。平原是人类活动的主要场所。由于平原的地形高差很小，便于人类的劳作和出行，因而平原是人口密度最大的地区，这些平原具有重要的国民经济意义。冲积平原和冲积三角洲平原对于农业也有很大意义。河漫滩土壤、漫滩阶地和河流三角洲土壤，在多数情况下都具有较高的肥力。特别是河漫滩和三角洲，由于在洪水期周期性地被水所淹没，因而使土壤不断富集新的营养丰富的物质。这种地方性的土壤改良和浸水能使其获得较高的生物效能，在其影响下形成高肥力的土壤。只要在秋天的季节里到大平原去走一走，你就会感觉到大自然对人类的厚爱，人类洒下的每一滴汗水，都会得到大自然的回报(图7-31)。

图 7-31　大平原是人类经济活动的主要场所

河口湾

河流的河口区如果没有大量沉积物堆积，而是被海水所淹没，则称之为河口湾。河口湾形成的条件是：河口处有开阔的海域；河流携带的沉积物少；海洋的作用力强(海流、波浪、潮汐等)，可以及时把沉积物带走，使河流的沉积物无法堆积成三角洲。钱塘江河口是一个典型的河口湾(图 7-32)，每当涨潮时，尤其是天文大潮日，喇叭状的河口使得涌入钱塘江潮水形成了后浪推前浪态势，潮水水位迅速增高，并以排山倒海之势奔涌向前，形成了千古奇观“钱塘潮”，同时把钱塘江不多的碎屑物带入海洋。2002 年受台风“森拉克”的影响，又逢天文大潮期，钱塘江出现风、雨、潮三碰头。9 月 8 日下午，在杭州九溪的闸口天文站和萧山的美女坝，有 100

多人遭到钱塘江风暴潮袭击,20多辆汽车和摩托车被潮水损坏。当日凌晨1∶23,钱塘江第一大潮创了高平水位11.2 m的新纪录(图7-33)。

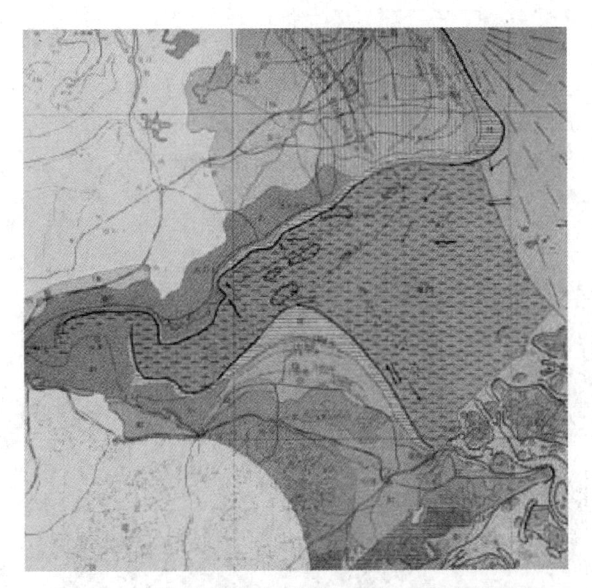

图7-32 钱塘江的河口形态不利于碎屑物的沉积

图7-33 2002年9月8日出现的钱塘大潮

河口湾处最重要的地质现象是发育了最大混浊带。在河流淡水和海洋咸水的接触带上,往往形成絮状沉淀。河流所携带的溶解状态的物质在近河口处的水溶液中沉淀,此时这些物质主要呈胶体状态(Fe,Mn,Al等),在咸海水的影响下产生凝结作用,在河口也常常见到有机胶体的沉淀。最大混浊带在河流的洪水期表现尤其明显,此时河水径流处于混浊状态,并有大量的溶胶物质,海水的凝结作用加剧这种过程。

7.6 河系及其发育与分水岭的迁移

任一条河系均可分为主河流与支流。支流又可分为一级、二级、三级支流等等。大气降水从斜坡面流开始,由高处流向支流并汇入主河流。河流及其汇水流域所占据的全部面积称为流域面积。不同的河流占据了陆地表面的不同区域,所有河流的流域面积总和等于地球陆地的面积。河流的流域被分水岭相互分开,分水岭又分为主分水岭和旁侧分水岭,主分水岭将具有相反方向倾斜的不同斜坡的河系分开;旁侧分水岭将具有同一倾斜坡的流域分开。无论是主分水岭,还是旁侧分水岭,其状态都不是固定不变的,它们总是向一方向或另一方向移动,分水岭将向河流具有较小侵蚀作用的方向迁移(图7-34)。形成这种现象的原因是河流向源侵蚀强度不同,这可能包括分水岭斜坡(倾斜面)陡度不同、河中水量多或少的不同、侵蚀基准面的高度不同,等等。下切较强的河流可能(由于向源侵蚀作用)逐渐劈开分水岭,拦截其他流域河流上游的径流，这种现象称为河流的袭夺或者河流夺流(图 7-35)。除上述的从河流的源头的拦截之外，广泛分布旁侧夺流现象。当强烈下切的河流支流由于向源侵蚀结果，从旁侧靠近另一条河流或其支流夺得其部分径流时，就会产生这种旁侧夺流。

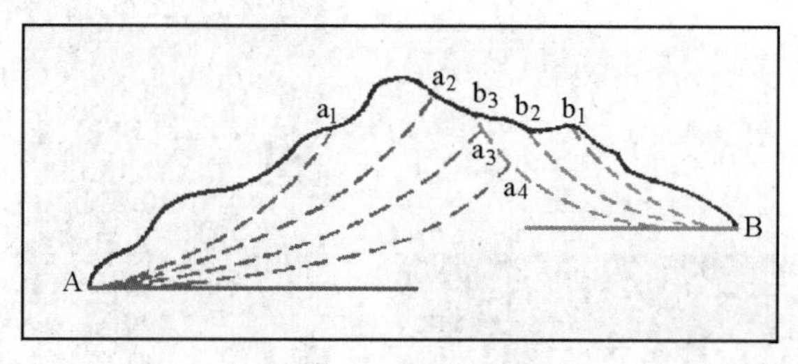

图 7-34　分水岭的迁移

A 河流的侵蚀基准面较低，下蚀作用和向源侵蚀作用比 B 河流强烈，因此分水岭向 B 侧迁移

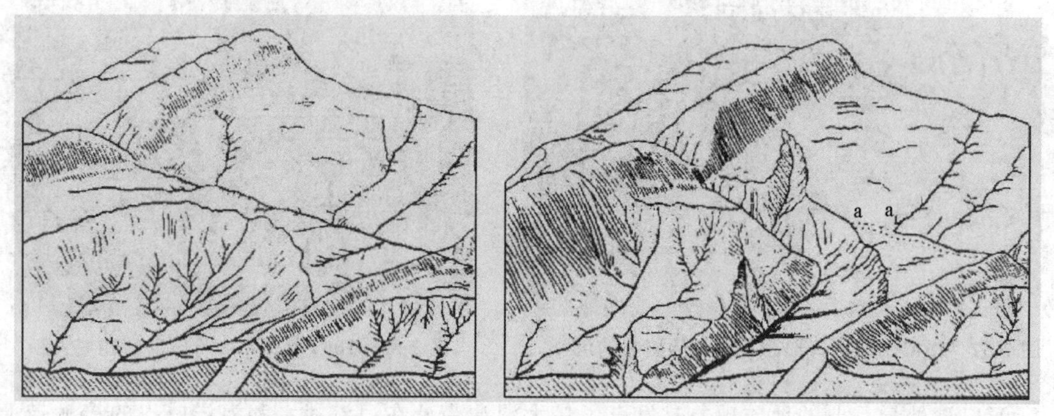

图 7-35　由于河流的袭夺作用，从左向右流动的河流失去了上游的水流，右图 aa_1 段成为弃河

地表水剥蚀作用的趋势以及剥蚀结果与气候条件紧密相关，因为气候决定地表径流的水量，也与地壳运动紧密相关。在气候不发生根本变化以及地壳上升运动幅度不大的情况下，毗连的河流作用(包括支流河系)、斜坡冲刷和其他外动力影响综合作用，造成地形的降低和变缓，河谷的进一步拓宽，在面流冲刷作用以及重力作用下，碎屑物向下移动可以导致斜坡坡度的减小，分水岭区域变低和变缓以及造成分水岭和河谷谷底之间高差的减小。在古老山区陆地表面相对变平缓，形成剥蚀平原，美国学者戴维斯称之为准平原，即几乎是平原，而帕夫洛夫称其为临界平原。这种平原还不是理想的平原，而是波状的，或是丘陵状平原，有时具有陡坡高地——由较硬岩石组成的剥蚀残山。地表在水的剥蚀作用下，由地表被强烈的深切到准平原的演化是河流地质作用过程的总趋势。但是构造运动总是在不断地进行着，因而准平原化的作用很难进行到底，这就是矛盾的对立统一。

7.7　与河流作用有关的有用矿产

由河流冲积作用形成的一类特殊的有用矿床，被称为冲积砂矿床或砂矿。河流流经各种岩石，冲刷、淋溶其中所含的金属矿物，在河水流动过程中，搬运其冲刷产物，并按比重进行分选。水把较轻颗粒搬运较远，而重的颗粒沉积下来，并沿河底继续拖曳，缓慢移动。如果在河流运动途中，受岩石和构造的控制（改变河谷横剖面），遇有深坑、裂隙或坚硬基岩的位置，水流径流速度就会改变，重矿物颗粒沉落，滞留于不平缓的地形之处。最重要的代表性砂矿矿床有金、铂、金刚石、锡石等。

砂矿床既可在现代河床和漫滩的冲积层基底中见到，也可见于古漫滩阶地冲积层的底部。冲积砂矿在地质剖面中，是以含有用矿产的状态出现的（含金砾岩、含铂砾岩等）。

许多油气田的形成与古冲积三角洲沉积层有关。渤海湾盆地的主要石油和天然气田（胜利油田、中原油田等）产于第三纪以来黄河三角洲的冲积层里。世界上许多其他地区的石油、天然气也常赋存于三角洲沉积层中。

冲积卵石和砂被广泛应用于道路和其他建筑工程建设。

进一步阅读书目

成松林.我国的河流.北京：科学出版社，1983

赵今声.海岸河口动力学.北京：海洋出版社，1993

张春生，刘忠保.现代河湖沉积与模拟实验.北京：地质出版社，1997

倪晋仁，马蔼乃.河流动力地貌学.北京：北京大学出版社，1998

陈立，明宗富.河流动力学.武汉：武汉大学出版社，2001

Brian J S, Stephen C P. The dynamic earth: an introduction to physical geology. New York: Wiley, 1992

第八章　地下水的地质作用

地下水是指地表以下的岩石孔隙中或土层里的水。地下水几乎遍布了整个大陆，即便是干旱的戈壁沙漠地区、孔隙度极小的结晶岩地区，都含有地下水。在适宜的地段还可以大量聚集地下水，达到惊人的数量，形成地下水库。地下水的总量达到 $2.0\times10^{9}\ km^{3}$，是最主要的淡水资源之一，在地表水污染越来越严重的情况下，地下水的合理开发利用日益显示出其重要的意义。

由于地下水的流动速度小，其机械作用能力较弱，但地下水的地质作用表现的是一种长期作用的累积效果。地下水还是一种溶剂，当地下水中含有各种酸性物质时，其溶解能力具有强大的破坏作用。尤其是在温暖潮湿地区的可溶性岩石中，地下水越发显示出巨大的改造能力。

8.1　岩石中的水和岩石的透水性

岩石中水的类型

地下水赋存于地下的岩石(或土层)孔隙中，根据地下水与岩石的关系，可以将岩石中的水分为以下几种类型：

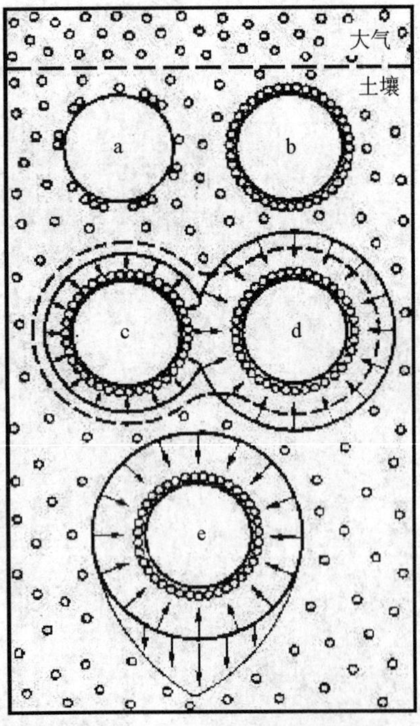

蒸汽状水(气态水)　分布于岩石的孔隙或空隙中，不含液态水的空气中，水分子以气态的形式存在。在岩石的孔隙中与其他类型的水形成动态平衡，可以相互转化，且具有很大的流动性。如果岩石的孔隙与大气直接连通，则蒸汽状水还可与大气中的气态水直接进行交换。蒸汽状水在不同的岩石和大气中具有不同的水汽张力。

强结合水(吸附水)　是岩石中的水分子靠不同极性吸附于岩石分子表面的第一个水分子层，与岩石分子具有很强的结合能力。岩石孔隙表面形态越复杂，所吸附的强结合水就越多，因此在松散的岩石(如黏土、亚黏土等)包含有较多的强结合水。强结合水是很难被利用的地下水类型。

弱结合水(薄膜水)　分布于岩石表面强结合水之外的若干个水分子层，形成附着在岩石孔隙上的水薄膜。弱结合水也是依靠分子极性电力所形成的附着力吸附在岩石孔隙表面的，不同的岩石有不同的吸附能力，薄膜水的厚度也不同。对于同一种岩石，薄膜水的厚度越大，岩石对外层的水分子

图 8-1 水分子与岩石分子的关系

a—未饱和的强结合水；b—饱和状态的强结合水；cd—弱结合水从 d 颗粒向 c 颗粒运移；e—在重力的作用下形成向下运动的重力水。

的控制力越弱，相邻的两个岩石颗粒薄膜水的厚度如果不同，厚度大的一方就会向厚度小的一方运移。弱结合水的外层可以被植物所吸收。

毛细水　靠水的表面张力部分或全部充满岩石或土层中的毛细管的水的形式。岩石中的所有毛细管都充满水时，其含水量称为毛细容水量。毛细水还可以分出两种类型，一种是与地下水位没有联系的毛细悬着水，由大气降水的入渗获得，通常位于包气带上部；一种是毛细上升水，位于地下水面上，是地下水沿毛细管上升形成的。

重力水　能够在重力或其他水动力的作用下自由地在岩石的孔隙中自由流动的水，可以分为充满透水岩石孔隙的重力水和由大气降水保留在潜水面以上的重力水。重力水是可开采利用的地下水。

固态水　在饱水岩层中地下水冻结作用形成的冰晶、冰层等，与季节的变化有关，在冻土带较为常见。

结晶水　水分子进入矿物的晶格中，构成矿物的一部分，如石膏($CaSO_4 \cdot 2H_2O$)、芒硝($Na_2SO_4 \cdot 10H_2O$)等，芒硝中水的含量占矿物总量达55.9%。这部分水经过加热可以从矿物晶格中释放出来。

岩石的透水性

岩石的透水性(透水程度)对地下水的赋存方式和地下水的运动速度有很大的影响，根据岩石的透水性，可以分为三种类型：

透水岩石　孔隙度较大的沉积岩(砂岩、砾岩等)、裂隙碳酸盐岩(石灰岩、白云岩等)、未胶结的土壤层等(图8-2)，地下水在这些岩石中能够比较容易的运动，可以自由地穿透岩层。

弱透水岩石　泥岩、亚黏土、亚砂土、黄土，等等(图8-3)，地下水的通过能力减弱，运动速度减慢，可以起到一定的阻隔作用。

图8-2　容易透水的砂岩层

图8-3　半透水的黄土层

不透水岩石(隔水岩石)　孔隙不连通的火山岩(玄武岩、安山岩等)、无裂缝的结晶岩石(如花岗岩、片麻岩、大理岩等)和紧密胶结的沉积岩，等等(图8-4)。地下水很难通过这类岩石，起到限制地下水流向和入渗的作用，也阻挡地下水向地壳深部运移的作用。

松散沉积物的透水性取决于碎屑物颗粒的大小及其结构性质。一般地，构成岩石的碎屑

图 8-4　隔水的玄武岩层

物颗粒越大，孔隙度越大，其透水性也越好；颗粒越小孔隙度越小，其透水性也越差。在自然条件下，大部分的松散碎屑物颗粒大小是不均匀的，细小的颗粒充填在粗颗粒之间，减小了孔隙度，也影响了岩石的透水性。

裂隙岩石的透水性取决于岩石裂隙的大小和密度，可溶性岩石还取决于岩石中的空隙（洞穴）和空隙的连通性。在岩石孔隙中流动的地下水称为孔隙水，裂隙中的地下水称为裂隙水，岩溶通道中的地下水称为岩溶水。

岩石的容水量是指岩石能够容纳的地下水总量，它取决于岩石的孔隙度。地下水充满岩石孔隙时的水量称为岩石的饱和容水量，依靠分子极性的内聚力所维持在岩石孔隙中的水量称为最大分子容水量，饱和容水量和最大分子容水量之差称为岩石的给水度，从单位体积中能够获取的地下水量称为单位给水度。

8.2　地下水的成因与赋存形式

地下水的成因类型

地下水的形成有多种途径，最主要来自于下述的几种成因：

入渗地下水　通过大气降水入渗到地下透水层中形成的，是地下水补给的主要形式。大量的降雨和厚层积雪的融化，会使地下水的水位发生明显的上升，而长期的干旱则使地下水水位明显下降。河流、湖泊和海洋也可以通过渗流与地下水进行动态交换，显示了水圈作为统一体的相互作用关系。

凝结地下水　在一些气候干旱的地带，如沙漠、戈壁等，由于大气降水很少，蒸发量很大，地下水的补给方式可以通过凝结的方式进行。含有水蒸气的大气进入地表以下的岩石孔隙中，由于沙漠地区昼夜温差很大，大气中的水分子很容易在夜间凝结成液态的水，附着在岩石的孔隙中，形成地下水。这一凝结过程类似于露水的形成，对于昼夜温差很大的干旱地区，凝结作用具有重要的意义，可以使植物获得所需的水源。

沉积地下水　这是沉积岩在形成过程中封闭在孔隙中的地下水类型。原来渗入到沉积物孔隙中的地下水，在成岩过程中由于沉积物被压缩、孔隙被封闭而保留下来，也称为“封存水”。由于沉积岩大多是海相成因的，沉积水也大多是海洋卤水，因而大多数是属于高矿化度的地下水。即使是形成时的封存水是淡水，但在长时间的地质作用中，水溶液中也已经溶解了各种离子。这类地下水通常很难被开采利用。

原生地下水　在现代火山活动区或第四纪以来的火山活动区，地下水有较高的温度，并常以喷泉的形式出现，这类地下水还常常含有与普通地下水不一样的化学组分和气体。这类地下水可能与岩浆冷却过程中由岩浆中分异出来的原生水有关，称为原生地下水。原生水通常以气态的形式从岩浆中析离出来，然后顺着深部断裂构造和断裂上升，进入较低温地段时逐渐冷却成为液态水，并最终喷出地表。有时候这类地下水要积聚到一定的程度才可以克服地下某种构造的束缚，才能喷出地表，形成间歇喷泉(图 8-5)。

图 8-5 西藏昂仁打加间歇喷泉

再生地下水 是从含结晶水的矿物中分离出来的水。从结晶水转变成自由水通常需要高温高压过程来实现，如石膏的脱水过程。

地下水的赋存方式

地下水以多种方式存在于地壳的岩石中。按照地下水的埋藏方式和水力特征可以将地下水分为：承压水、非承压水和自流水三种。非承压水可以分为：上层滞留水、潜水和层间水。

上层滞留水

分布在包气带、离地表深度不大的范围内，由大气降水入渗到地下透水层中局部的隔水层之上形成的(图 8-6)。

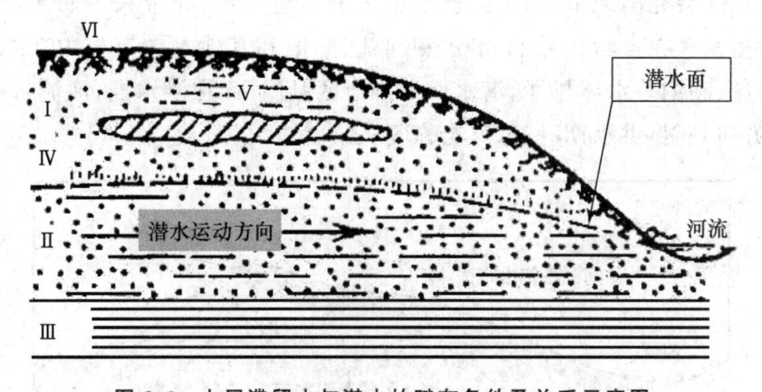

图 8-6 上层滞留水与潜水的赋存条件及关系示意图

Ⅰ—包气带 Ⅱ—潜水(水饱和带) Ⅲ—隔水层

Ⅳ—毛细上升水 Ⅴ—上层滞留水 Ⅵ—土壤水

上层滞留水的分布范围一般都很有限，滞留水层的厚度一般也不太大，通常在 0.5～3 米之间，其水层厚度取决于局部隔水层的面积和大气降水量的大小。在降水或融雪期间，上层滞留水的面积可以很大，而在干旱季节面积则大为减小甚至消失。由于上层滞留水埋藏深度比较浅，通常是农村饮用水和灌溉水的水源。

潜水

分布于地下第一个区域性的隔水层之上的透水层中，是地下水最常见的形式。潜水既可以分布在松散的岩石中，也可以分布在充满孔隙或裂隙的岩石中。潜水的补给方式主要靠大气降水或地下水潜流的方式补给，补给区域与潜水分布的范围一致。潜水属于非承压水，其自由表面称为潜水面(图 8-6)，潜水面的高程称为潜水水位或地下水水位。潜水分布的岩层称为含水层，从潜水面到隔水层的厚度称为含水层厚度。含水层的厚度与潜水的运动方式、大气降水量、底部隔水层的起伏变化等多种因素有关。潜水面之上还分布毛细上升水，毛细上升水的厚度取决于含水层的毛细管特征和地下水的矿化程度和表面张力。

潜水面和地表形态的起伏特征基本相似，呈正相关关系，其坡度比地形更为平缓(图8-7)。潜水在重力或其他水动力的驱动下会发生运动，在地形的低洼处潜水会以泉水的形式向河流或湖泊排泄重力水，潜水排泄地段称为潜水的泄水区。潜水在地下岩石的连通孔隙或裂隙中以平行的细流方式运动，属于层流运动。地下水的流动速度取决于岩石的透水性能和地下水的层的坡度。地下水的运动遵循达西定律：

$$V = k \cdot h/l$$

V 为地下水流速，h 为两点间的高差，l 为两点间的距离，k 为常数，与岩石性质有关。h/l 也称为水头梯度。地下水的流速很慢，一般只有 0.5～2 m/昼夜。在透水性好的地区，如未胶结的鹅卵石，地下水的流速可以达到 30 m/昼夜。

潜水由于气候条件的变化，尤其是大气降水的变化，潜水水位、水量和水质也会随时发生变化。在丰水年份，大气降水增加，潜水水位升高；在缺水年份，则水位下降。潜水位发生波动时，地下的一些透水层也会时而充水，时而干涸。这种动态的变化使地下水从隔水层以上可以分为三部分：常年饱水带、间歇性饱水带和包气带(图8-7)。常年饱水带是最低潜水位到隔水层之间的部分，岩石孔隙总是充满地下水；最低潜水位到最高潜水位之间部分为间歇性饱水带，只有在丰水期才会充满地下水；最高潜水位之上为包气带，此带只在局部隔水层上含有重力水，即上层滞留水。在自然条件下，潜水和河流、湖泊和其他水体有着内在的联系。通常情况下，潜水向河流、湖泊等水体排泄，潜水面向排泄区倾斜；而在洪水期，河流将水倒灌进地下，潜水面向相反方向倾斜；洪水期一过，又会恢复正常状态。

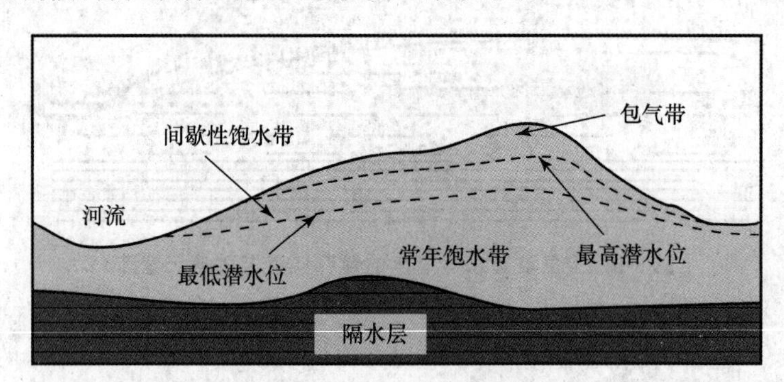

图 8-7　地下水的结构示意图

层间水

层间水是位于两个隔水层之间透水层中的地下水，又可以分为层间非承压水和层间承压水。

层间非承压水　通常这类地下水形成于地形切割较为严重的地区，透水层出露高程大的为地下水的补给区，出露高程小的为排泄区。两个隔水层之间的透水层并未被地下水完全充满，保留了自由水面，因此层间非承压水通常保持着流动的状态(图8-8)。

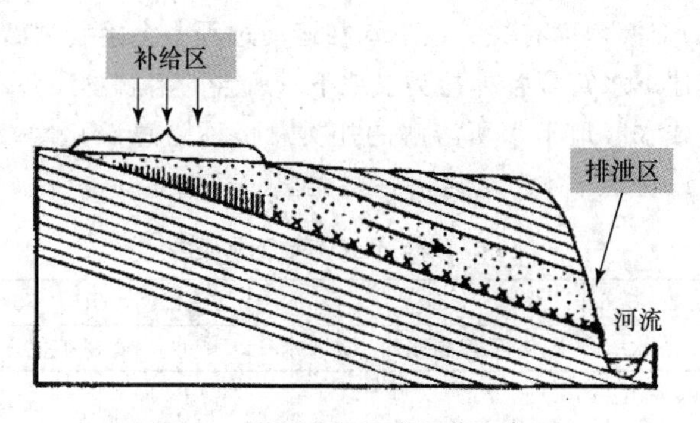

图 8-8 层间非承压水埋藏示意图

层间承压水 亦称自流层间水，是充满两个隔水层中间透水层的地下水，是层间水的另一种形式。承压水是分布范围较广、埋藏较深的地下水。承压水最有利的形成条件是地壳中的各种构造拗陷盆地或单斜岩层，前者是地层弯曲形成的盆状构造(图 8-9Ⅰ)，后者是地层向一个方向倾斜，在较深部转化为隔水层(图 8-9Ⅱ)。由于承压水被限制在隔水层中间，层间的地下水便获得其上部水体的静水压力，即水头压力。

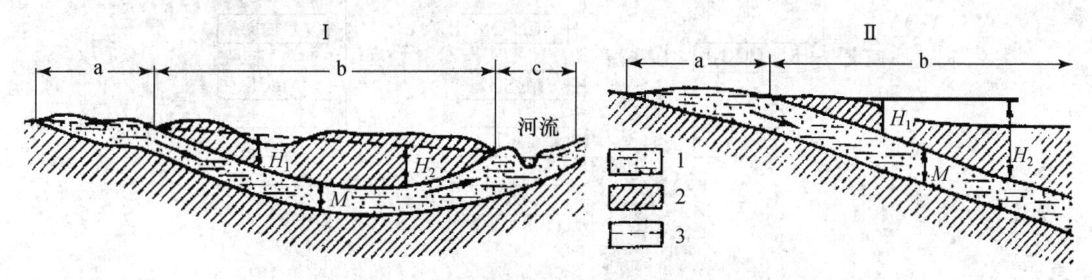

图 8-9 向斜盆地和单斜岩层承压水结构剖面图

a—补给区，b—承压区，c—泄水区，H_1、H_2—水头高度，M—自流水厚度

1—含水层，2—隔水层，3—水压面(图中箭头指向为自流水流动方向)

自流水盆地可以分为三个区：补给区、泄水区和承压区。

补给区是承压水获得水源的区域，它位于层间透水层出露的标高最大的位置，大气降水在补给区入渗到透水岩层中，并顺着层间流动到达承压区。

泄水区是承压水出露地表的地段，其标高必定比补给区小。

承压区位于补给区和泄水区之间，是承压水的主要分布区。

层间承压水的水头压力是由补给区和泄水区的高程差决定的。如果在剖面上将补给区和泄水区的水位连一条线，则此线大致反映了该处的地下水自流高程，即在此剖面上钻井，水位应大体上升到连线的位置。

8.3 地下水的化学成分

地下水的化学分类

地下水的化学成分与地下水的成因有直接的关系，同时还与地下水的活动性、地下水流经的岩石类型和地下水的交换程度有关。地下水在运动过程中会溶解岩石的各种矿物质以及岩石中的流体包裹体，使地下水富集各种盐类。地下水所含的溶解物质各不相同，浓度也迥然相异，可以从极淡水到极咸水。地下水所溶解的盐类总量称为总矿化度，通常用 g/L 表示。根据地下水的矿化度，可以将地下水分为以下一些类型（表 8-1）：

表 8-1　总矿化度与地下水类型

总矿化度	0.2	0.2～0.5	0.5～1.0	1～3	3～10	10～35	35～50	50～500
水的类型	极淡水	淡水	矿化度较高水	微咸水	咸水	高矿化水	近卤水	卤水

据奥夫钦尼科夫，总矿化度单位（g/L）。

地下水的水化学类型是按各种离子含量及其组合情况决定的，地下水中最常见的阴离子有 HCO_3^-、SO_4^{2-}、Cl^-，阳离子有 Ca^{2+}、Mg^{2+}、Na^+，这六种离子的组合决定了地下水的基本性质——碱度、盐度和硬度：

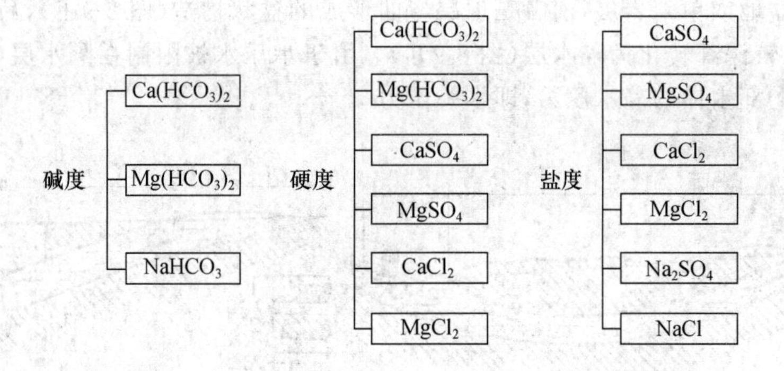

矿泉水

能对人的身体起生理作用的，并被用于治疗目的的地下水称为矿泉水。地下水的医疗功能通常与地下水的高温和所含特殊的化学成分有关，如铁、溴、碘、氡、二氧化碳、硫化氢等。

根据矿泉水的总矿化度可以将矿泉水分为淡水、微咸水和咸水。

根据矿泉水的温度可以分为冷水（＜20℃）、温水（20℃～37℃）、热水（37℃～42℃）和高热水（＞42℃）。

根据矿泉水的成分、性质和医疗价值可分为：碳酸矿泉水、硫化氢矿泉水、含氮硫化氢水、含甲烷硫化氢水、含碳酸硫化氢水、风化壳冷氡水、岩浆岩构造热裂隙氡水等。

泉及其堆积物

泉是地下水的天然露头。泉经常出露于揭穿含水层的河谷、沼泽、湖滨、海岸等地，泉水可以划分出两种基本类型：下降泉和上升泉。

下降泉是上层滞留水、潜水和层间非承压水等具有自由表面的地下水的露头。这类地下水不承受水头压力，通常在含水层的较低处的泄水区出露，也可以在河谷、悬崖等具有落差的地段出露，地下水总是以向下流的形式排泄，故称为下降泉（图 8-10）。下降泉的流量变化很大，尤其是上层滞留水形成的下降泉，随季节的变化更大，有时甚至干涸。泉水的流量还和补给条件和岩石的透水性有很大关系，补给量大的透水性好的含水层，其泉水露头的流量自然也很大。

图 8-10 湖岸边的下降泉

图 8-11 向外喷涌的上升泉

上升泉是承压水在泄水区的天然露头。在出露点以喷泉的形式上溢泄水，故称为上升泉，喷泉的高度取决于承压水所承受的压力(图 8-11)。

泉水出露地表时，由于温度压力等因素的变化，泉水中所含物质沉淀在露头附近形成独特的堆积物，称之为泉华。最常见的泉华为钙华，钙华的形成过程与地下水的岩溶作用相似，当富含碳酸钙的地下水流出地表时，由于压力突然降低，二氧化碳从水中逸出，过饱和的碳酸钙便沉积在泉眼附近，形成钙华(图 8-12)。如果地下水的温度较高，且流经的地区以硅质碎屑岩为主，如长石、石英砂岩，则可以形成硅质的泉华(硅华)。

图 8-12 四川黄龙的钙质泉华

8.4 地下水的地质作用

由于地下水的流速很低，水量分散、动能微弱，因此地下水的各种地质作用也都比较微弱，大部分的地下水没有明显的机械作用。地下水一旦发育成地下暗河，其作用能力就变得异常巨大，此时的地下水与河流的地质作用已基本相似。虽然地下水的机械作用较为微弱，但其化学作用却是非常活跃的，也是地下水作用的主要形式。

地下水的破坏作用

机械潜蚀作用 由于在岩石空隙或裂隙中的地下水流动速度非常缓慢，其机械作用一般较弱，只能对细小颗粒的粉砂、黏土级别的松散碎屑物进行机械潜蚀。在地下水的长期作用下，岩石结构逐渐变得疏松，孔隙扩大。一些松软的岩石或未胶结的土层，在地下水的机械潜蚀下甚至会引起蠕动变形或由于空隙的扩大造成塌陷。在黄土地区，这种地下水的潜蚀现象尤为明显，经常会有地下漏空造成黄土的塌陷。在岩石的洞穴或较大裂隙中流动的地下水具有较大的动能，会对地下岩石产生较大的破坏作用。

化学溶蚀作用 这是地下水破坏作用的主要形式，并可形成各种地下岩溶地貌(详见8.5节)。一般地说，地下水的溶蚀作用主要是含有 CO_2 的水对碳酸盐岩的溶蚀。地下水中所溶解的 CO_2 大约有1%会形成 H_2CO_3，其余仍保留游离状态。碳酸的形成使地下水的溶解能力大大提高，如果地下水流经的是可溶性岩石，则化学溶蚀作用就更加明显。含有 CO_2 的地下水对石灰岩溶蚀作用的化学反应式如下：

$$CaCO_3 + CO_2 + H_2O \longrightarrow Ca(HCO_3)_2$$

当地下水到达地下较大的洞穴或地表时便发生了逆反应。

地下水的搬运作用

地下水的搬运作用既可以是机械的，也可以是化学的。同样，地下水的机械搬运能力也很弱，其搬运能力的大小与机械潜蚀能力的大小成正比，只有地下河才有较强的机械搬运能力。机械潜蚀的产物以机械搬运为主；化学溶蚀的产物则以溶液的形式搬运。地下水能以溶液的形式大量地搬运溶蚀作用的产物，而且其搬运能力与流速的关系不大，只与流量和地下水的性质有关。地下水的性质主要是水温和 CO_2 含量，CO_2 溶解量大，则地下水溶解和搬运能力也大；CO_2 溶解量减少，则地下水溶解和搬运能力也随之降低。温度升高可以使矿物质的溶解度升高，但温度升高又往往造成 CO_2 的逸出，结果是整体的溶解能力降低。全世界的河流每年将49亿吨的溶解物质搬运到海洋，其中绝大部分都是地下水的溶解搬运带来的，反映了地下水巨大的搬运能力。

地下水所搬运的的物质成分取决于地下水流经的地区的岩石成分，因此，通过地下水所搬运的物质成分，可以了解地下水所通过的岩石的物质组成。

地下水的沉积作用

地下水的沉积作用同样有机械的和化学的两种形式，化学沉积是地下水沉积作用的主要形式。

图 8-13 溶洞中的石笋

机械沉积作用 地下水的机械沉积作用主要是地下河流到达平缓、开阔的地带，使地下水的流速降低，水动力减小，其携带的机械搬运物便沉积下来。沉积物有溶洞塌陷形成的砂砾，但更多的是黏土。与地表水流相比，地下水机械沉积物的磨圆度、分选性都要差。溶洞的垮塌堆积或溶洞角砾岩是由砾、沙、泥形成的混合堆积，无分选和磨圆。

过饱和沉积 是地下水化学沉积的一种最普遍的形式。地下水在运动过程中，由于温度、压力的变化，通常是地下水流出地表或从裂隙流入开阔的洞穴，因压力降低导致 CO_2 的逸出，地下水中的溶解物产生过饱和，使搬运物沉积下来。地下水的过饱和沉积物有以下一些主要类型：

泉华 以 $CaCO_3$ 为主要成分的称为钙华；SiO_2 为主要成分的称为硅华(参见 8.3 节)。

溶洞滴石 富含 $Ca(HCO_3)_2$ 的地下水沿着裂隙流入溶洞中，由于压力降低、蒸发加快，使 $CaCO_3$ 沉淀形成溶洞滴石。地下水在溶洞顶棚蒸发形成的沉淀物称为石钟乳，滴落到溶洞底部形成的沉淀物称为石笋(图 8-13)，其生长速度大约是 6～12 cm/千年。地下水的长期作用会使石钟乳向下延伸，石笋向上生长，最终连成石柱。由于溶洞的内部形态非常复杂，地下水逸出时的条件也不尽相同(参见 8.5 节内容)，加上地下水所含的溶质也是千变万化，因此溶洞中可以形成五彩缤纷的、形态各异的千奇百怪的溶洞碳酸盐过饱和沉积。

矿脉和假化石 溶解了矿物质的地下水在流入岩石的裂隙后，由于压力的降低，矿物质会沉淀或结晶出来，形成矿脉。在一些较紧闭的裂隙中，有时会沉淀一些树枝状的铁、锰氧化物，称之为假化石(图 8-14)。

图 8-14 铁锰氧化物形成的树枝状沉淀

石化作用 是指地下水中溶解的矿物质与掩埋在沉积物中的生物体之间进行的物质交换。在石化过程中，生物体内能够被地下水溶解的物质被地下水溶解带走，留下的空间则被地下水所携带的矿物质所充填。生物体的物质成分虽然发生了变化，但其生物结构却被保留了下来(图 8-15)，这就是化石形成的基本原理。

图 8-15 已经成为化石的硅化木仍然保留了树干的形态

8.5 岩溶作用

岩溶作用是流水(包括地下水和地表水)对易溶的、有裂隙的岩石进行溶解、淋滤、冲刷等，在地表和地下形成独特的岩溶地貌景观的地质作用过程。岩溶地貌又称喀斯特(karst)，其名称来源于亚得里亚海附近的喀斯特石灰岩高原。岩溶其发育的基本条件是：

- 具有裂隙的可溶性岩石，使其具有透水性；
- 有较充足的水源，水可在裂隙中自由流动；
- 水具有较强的溶解能力。

含有各种盐类和气体的天然水，对可溶性岩石的溶解会起到很重要的作用。富含 CO_2 的水比纯水的溶解能力要强许多倍，含有 SO_4^{2-}、Cl^- 的水对岩石的溶解能力也提高了许多。这种复杂的天然溶剂与裂隙岩石的相互作用，造就了地表的和地下的岩溶形态。

可溶性岩石包括石灰岩、白云岩、白垩、石膏和其他岩盐。根据岩石的成分，可溶性岩石可以划分为碳酸盐类岩溶、石膏岩溶、盐岩溶，后两者虽然溶解速度快，但在自然界中分布却很少。发育最广、研究程度最高的是碳酸盐类岩溶，许多学者对碳酸盐类的岩溶发育规律及各种形态特征都进行了详细的研究。

我国西南的广大地区都发育有岩溶地貌，其中又以广西桂林最为典型(图 8-16)。

图 8-16 风光旖旎的桂林山水

地表岩溶形态

溶沟 是出露于地表的可溶性岩石在地表水流的作用下形成的。流水沿可溶性岩石的裂隙流动，不断地溶蚀岩石，在岩石表面形成一系列的深刻槽、线沟、裂隙状溶缝等，深几厘米到几米不等。溶沟的进一步发展，岩石逐渐地被溶蚀成孤立的锥状形态，称为石芽。溶蚀作用的继续发展，流水进一步深切，把可溶性岩石分割成各种各样的石柱，称为石林(图 8-17)。

图 8-17 云南石林县石林景观

落水洞　是垂向或倾斜的深洞，呈裂隙状或井状深入地下，能吸收地表水流。落水洞是地表水沿可溶性岩石的裂隙尤其是交叉的位置向下溶蚀而形成的，通常与地下的岩溶作用相伴而生。

溶斗　是地表岩溶发育最为广泛的一种，可以分布在不同气候带的山区、平原。溶斗的规模和形态差异很大，直径从数米到数百米不等，多数直径在 1～50 m 之间，斗深在 20 m 以内。按照溶斗的成因，可以把溶斗分为两种基本类型：地面溶滤溶斗，是地表水流的溶解作用形成的，其发育过程通常是由于落水洞上部加宽、加深而形成的，溶斗的底部通常有一进水口与落水洞连通，有时也会因为泥土的充填而堵塞(图 8-18)；塌陷溶斗，是地下水作用形成的溶洞顶部岩石塌陷而形成的，巨型塌陷溶斗成为“天坑”。

图 8-18　贵州兴义八卦田(溶斗)

位于重庆市奉节县的小寨天坑是世界上最大的塌陷溶斗(图 8-19)。天坑坑口地面标高 1331 m，深 666.2 m，坑口直径 622 m，坑底直径 522 m。坑壁四周陡峭，坑壁有两级台地：位于 300 m 深处的一级台地，宽 2～10 m；另一级台地位于 400 m 深处，呈斜坡状。坑底下边有地下河，小寨天坑是地下河的一个“天窗”。小寨天坑堪称“天下第一坑”，是当今世界洞穴奇观之一。

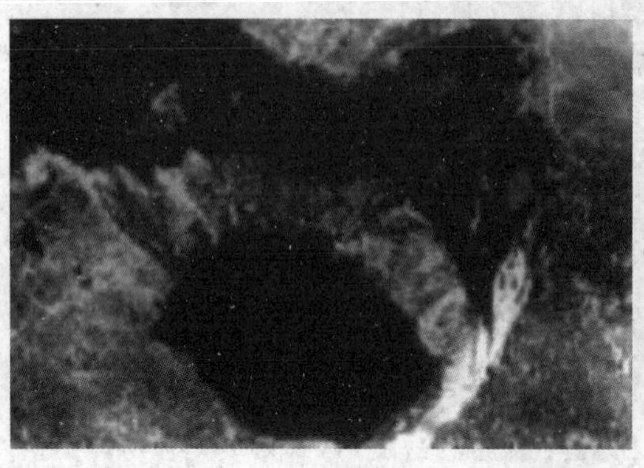

图 8-19　小寨天坑俯瞰(左图)和天坑的岩壁(右图)

与小寨天坑毗邻的天井峡地缝，构成了“天坑地缝”的自然奇观。天井峡地面有一条天然缝隙，属于巨型溶槽（图 8-20）。地缝全长 14 km，可分为上、下两段。上段从兴隆场大象山至迟谷槽，长约 8 km，为隐伏于地下的暗缝。由兴隆场大象山天井峡能进入缝底，通行长度为 3.5 km。缝深 80～200 m，底宽 3～30 m，缝两壁陡峭如刀切，是典型的“一线天”峡谷景观。缝底有落水洞，暴雨后有水流。下段由天坑至迷宫峡，是长约 6 km 的暗洞，1994 年 8 月，由英国洞穴探险家探通。小寨天坑与天井峡地缝属同一岩溶系统，天坑底部的地下河水由天井峡地缝补给，自迷宫峡排泄；从天坑至迷宫峡出口地下河道长约 4 km。

图 8-20 天井峡地缝

盲谷 河流在到达主干流之前，径流水就在吸水岩溶区被吸入地下而消失，称为盲谷。通常是在落水洞处顺着岩溶通道流入地下暗河，有时会重新流出地表。

地下岩溶形态

对于可溶性岩石，除了地表水的作用，在地表形成各种岩溶地貌外，在地下水的作用下也会在地下形成各种地貌。地下水的岩溶作用形成的地下形态可以分为两大基本地貌，一类是地下水溶蚀作用形成的地貌，一类是地下水过饱和沉积的堆积地貌。

溶蚀地貌 地下水溶蚀作用形成的地貌最引人注目的是溶洞。溶洞广泛分布于平原与高山地区，通常位于地下水的潜水面附近，地下水沿潜水面附近的大裂隙流动，同时发生强烈的化学溶蚀和机械潜蚀作用。如果潜水面呈倾斜状态，溶洞主体多呈水平状态或略微倾斜状态，主要与潜水面的形态有关。平面上则往往是由多分支溶洞交织在一起，由一些大厅和通道组成，主要与岩石中裂隙的发育程度有关。多层溶洞则更为为复杂，从空间三维构成纵横交错的溶洞网。

多层溶洞的形成往往和潜水面的变化有关，北京石花洞已发现的 7 层溶洞与流经该地区的大石河的阶地位置基本一致，实际是反映了溶洞的形成位置与古潜水面是基本一致的，而古潜水面的变化则与地壳的抬升密切相关。有些溶洞中存在地下暗河，暗河的河面也往往是潜水面(图 8-21)。

图 8-21　贵州龙宫水溶洞地下暗河

过饱和沉积地貌　地下水的过饱和沉积地貌是地下岩溶地貌的主要类型，且常常形成各种奇异的景观。根据地下水的渗流状况不同可以形成各种不同的堆积地貌。

滴水是溶洞中地下水渗流最常见的一种形式。从地下岩石中渗流出的地下水都富含碳酸钙，在滴水垂挂和落地过程中，都会由大量的水气蒸发或 CO_2 逸出，从而使 $CaCO_3$ 沉淀下来，形成过饱和沉积。滴水形成的过饱和沉积除了形成钟乳石、石笋、石柱外，还会形成圆形中空的鹅管。鹅管的直径与一滴水的直径大小相近，水滴在鹅管的下端不断沉积使鹅管不断地生长(图 8-22)。

图 8-22　北京石花洞中的鹅管群

面状渗流水也是溶洞中地下水常见的渗流水，以连续的片流形式渗流的地下水沉积最常见的是石幔、岩溶瀑布等(图 8-23)。

溶洞中的滞留水、毛细渗流水，甚至是飞溅水都会形成一些特殊的过饱和沉积地貌，如石盾、石瘤、石垅、月奶石、卷曲石等。

除了碳酸盐过饱和沉积外，溶洞中还存在一些其他成因类型的沉积物：

残积钙质红土，是一种富含氧化铁和氧化铝的红色黏土沉积物，是碳酸盐中不易溶解的组分残留在碳酸盐岩表面而形成的(在地表溶斗中也可见到)。

溶洞河流堆积物，由地下暗河的沉积作用形成，沉积物种类较多。

溶洞崩塌堆积物，溶洞顶板崩落的产物，以碳酸盐岩角砾为主，无分选、无磨圆的堆积物。

图 8-23 北京石花洞中的各种连续水流的过饱和沉积

石幔(左上)、岩溶瀑布(左下)、石旗(右上)

有些岩溶层还可以发育溶洞冰或裂隙冰,这主要与包气带的空气循环条件和溶洞所处的高程有关,并可形成冰层、冰钟乳石、冰石笋、冰柱等。

8.6 地下水研究的意义

地下水在人类生活和国民经济发展中都具有十分重要的意义。

地下水首先是居民生活用水的主要来源,也是工农业用水的主要来源。解决居民和工农业使用地下淡水资源问题是世界性的最重要的问题之一,因此查明地下水的资源量及其分布活动规律的需求已经超过或等同于对查明其他矿床资源的需求。

研究地下水及其活动规律也是现代工程建设一项重要的工作。如水库建设必须了解库区地下水分布及活动规律以及岩石的容水、透水性能,并根据不同情况采取不同的施工方案;油田开发需要查明地下水的流动方向,在地下水的上游地区注水,利用地下水的驱动增加采收率;垃圾填埋场研究地下水的流动规律和隔水层的分布特征,把污染控制在一定范围以内,减少二次污染。

高温地下水还是一种清洁的能源,可以直接用于供暖、发电等,节约其他形式的能源,还可用于医疗、娱乐等方面。

进一步阅读书目

时梦熊，车用太．漫谈地下水．北京：科学出版社，1985

R. A. 弗里泽，J. A. 彻里[加]著．地下水．吴静芳译．北京：地震出版社，1987

籍传茂，王兆馨．地下水资源的可持续利用．北京：地质出版社，1999

陈梦熊，蔡祖煌．中国地下水资源与有关的问题．北京：地震出版社，2000

车用太，鱼金子．中国的喀斯特．北京：科学出版社，1985

朱学稳．桂林岩溶地貌与洞穴研究．北京：地质出版社，1988

袁道先．中国岩溶学，北京：地质出版社，1994

卢耀如．岩溶、奇峰异洞的世界．北京：清华大学出版社，广州：暨南大学出版社，2001

陈梧生．世界奇观 乐业天坑群．南宁：广西人民出版社，2002

胡达克[美]著．水文地质学原理．郭清海，王知悦译．北京：高等教育出版社，2010

Sweeting M M, Stroudsburg P. Karst geomorphology. New York: Distributed world wide by Academic Press, 1981

第九章　冰和冰水流的地质作用

冰及其融化后的冰水流是水圈的重要组成部分，冰川是陆地上终年以缓慢的速度流动的巨大冰体。现代冰川面积为 1.63×10^8 km²，约占陆地面积的 11%，体积为 3×10^7 km³。冰川主要分布在高纬度地区和低纬度的高山地区，在冰川覆盖的地区，冰川刨蚀着地面岩石，形成各种独特的冰川地貌，同时又把破坏的产物搬运到特定的地段，形成冰川堆积物。

9.1　冰川的形成

冰川冰是由降落到地面的雪转变而来的。形成冰川冰的必要条件是空气的温度低，降雪量大，因此只有高纬度地区或者低纬度的高山区才具备这样的条件。当大气在高纬度地区或者低纬度高山区降水时，水通常以固体的形式保留下来，形成积雪。如果降雪不能在一年之内全部融化或升华，久而久之便在高纬度地区或者低纬度高山区形成终年积雪区，称为雪原(图 9-1，图 9-2)。

图 9-1　低纬度高山区的雪原

图 9-2　南极中山站附近的大陆冰原与冰山

终年积雪区的下部界限称为雪线(图 9-3),雪线附近的年降雪量与年消融量大致相当。雪线的位置会随降水、气温、雪量、地形等因素变化。赤道地区的雪线一般在 4500～5000 m,到中纬度地区的阿尔卑斯山则降低为 2400～3200 m,到北极地区则几乎就是海平面。气候直接影响了降雪量,通常在纬度 20°～30°由于降雪量少,蒸发量大,有时反而比赤道地区的雪线位置高,如青藏高原的雪线一般在 5800～5900 m,安第斯山脉在 30°附近的雪线大约为 6400 m。

图 9-3　晴朗的天山雪线格外明显

由积雪转化成冰川是一个长期和复杂的过程,这个过程需要积雪的增厚使雪原底部的雪所受的压力不断加大,同时在日照下部分雪融化、升华又重新冻结形成具有晶体形态的颗粒,疏松的积雪逐渐演变成粒雪,这一过程在温度接近融点和存在液态水时进行得最快。雪的密度为 0.085 g/cm^3,粒雪的密度则在 0.2～0.4 g/cm^3 左右,密度增加了 3～4 倍。升华在粒雪的形成过程中具有重要的作用,雪或冰晶通过升华后成为气体,然后重新凝结,形成更多的粒雪。随着粒雪的增多,粒雪越积越厚,底部粒雪所受的压力越来越大,孤立的粒雪逐渐被冻结在一起,当集合体的密度达到约 0.84 g/cm^3 时,颗粒之间便没有空隙,而变得不可渗透,这标志着从粒雪到冰川冰的转化。

冰川冰形成之后,在自身重力的作用下,沿斜坡缓慢地向雪线以下运动或在冰层压力下缓缓流动,冰川即告形成。冰川实际上是由冰、空气、水和岩屑等组成的。冰川移动速度很缓慢,每年移动距离为从几十米至几千米不等。冰川是个开放的系统,冰川前后可以分为两部分,在后者或上游部分称为冰川堆积带;在前者或下游部分称为冰川消融带,其分界线是雪线,在雪线处雪的累积量与消融量处于平衡状态。雪以堆积的方式进入到冰川系统,而且转变形成冰川冰,冰川冰在其本身重量的压力之下由堆积带向外流动,而冰在消融带以蒸发和融化的方式离开系统。在堆积速度与消融速度之间的平衡决定了冰川系统的规模。

9.2　冰川的类型

现代冰川区约占全球地表 10%,其中以南极洲和格陵兰最为重要,南极洲冰川面积占 85%,而且全球冰川总体积约有 91%在南极洲;格陵兰则占有全球冰川地区面积之 12%,冰川体积则为总量 8%。冰川可以像大陆一般大,如覆盖整个南极大陆的大冰原;也可以填塞于两山之间的峡谷,形成山岳冰川。这就是冰川两种最基本的类型:大陆冰川和山岳冰川。

大陆冰川

覆盖整个大陆或大岛的冰川称为大陆冰川,大陆冰川仅分布于高纬度地区,其特征是:

- 冰的厚度大;
- 地形对冰川的发育影响不大;
- 主要的补给区位于冰盾的中部;
- 冰川从中部向边缘呈辐射状向外流动。

大陆冰川为规模广大的冰川,覆盖在大陆或高原区所有的高山、低谷以及平原的全部。大陆冰川中央部位较高,冰自中央向周围任何方向移动,不经融化而直接入海,因其覆盖整个陆地再由陆地边缘直接入海,故称大陆冰川。大陆冰川的厚度通常可以达到 3000 m,呈圆形或椭圆形。宽广的大陆冰川有很厚的冰体,其本身在强大的重量压力下,从冰川中心不断呈放射状向外延伸扩展,面积不断加大,局部可形成小范围的舌状体向外伸入海洋。大陆冰盖发育的冰川流入海洋之中,庞大的冰体崩塌入海,因为冰体比海水轻,就成为冰山漂浮在大洋水面。北冰洋里的冰山大多呈尖塔状,是北极圈内各个岛上的冰川崩落海中所造成的;南极附近的冰山大多呈平顶桌状(图 9-4),是由巨厚的大陆冰川从大陆中央向四周伸延到海上,形成陆缘冰,陆缘冰破裂后,漂浮在海面上成为冰山。

图 9-4 南极附近漂浮的巨大的桌状冰山

山岳冰川发生于高山或雪线以上的雪原中,由冰川主流和它的分支流组成整个高山冰川系统。当冰层沿山岳向下移动,越过雪线继续向下时,其流动情形与河流相似,故亦称为冰河,我国青藏高原分布有众多的山岳冰川(图 9-5)。山岳冰川以雪线为界,有明显的冰雪累积区和冰雪消融区。山岳冰川长可由数千米至数十千米,厚数百米。如果单独存在的一条冰川,叫单式山岳冰川;由几条冰川汇合一起的叫复合式山岳冰川。表 9-1 是世界著名的山岳冰川。

图 9-5　发育于青藏高原的山岳冰川

表 9-1　世界著名的山岳冰川

名称	地点	面积/km^2	长度/km
马拉斯皮那冰川	阿拉斯加	5,000	100
费茨成柯冰川	帕米尔高原	1,350	77
约斯达布连冰川	挪威	855	70
大阿莱奇冰川	瑞士	115	26

根据山岳冰川的形态还可以将山岳冰川分为一些不同的类型：

拱形冰川　拱形冰川是由一个冰源地向不同方向流出的冰川，通常形成于山脊的鞍部，或者是山脊不同雪源地的冰雪汇集区，因其冰源地通常呈拱形，故称拱形冰川(图 9-6)。

悬冰川　悬冰川是位于陡峭的山坡上，充填在相对较浅的盆地，从盆地中伸出舌状的悬挂在峭壁上的冰川(图 9-7)。

图 9-6　从同一源地向多个方向流出的拱形冰川

图 9-7　峭壁上的舌状悬冰川

冰窝冰川 形成于安乐椅状的山凹中，称为“冰窝”(图 9-8)。冰窝位于山坡的上部，是一类较小或未发育成熟的冰川，也可以是残留的冰川。有些学者把“冰窝”的概念用得更为广泛一些，用于所有山岳冰川的冰源区。

除了大陆冰川和山岳冰川外，还有一类介于二者之间的过渡类型，称为过渡型冰川。

图 9-8 形成于安乐椅状山窝中冰窝冰川

9.3 冰川的运动

当冰层堆积越来越厚，由于冰体本身的重量所形成的压力，再加上重力的影响，可以使冰川底部沿着坡度向下发生流动。冰川运动的速度比河流的流速要小很多，一年只前进数十米到数百米。而影响冰川运动的因素有：① 地面坡度。坡度越大则移动越快。② 冰川厚度与温度。冰层越厚则压力越大，动能越大，运动速度越快。温度较高时则冰的活动力较强，移动较快。③ 地面的光滑度。地表越光滑则冰川移动阻力越小，移动越快；相反，若地表面粗糙不平，则阻力较大，移动较慢。④ 融冰含量。若温度升高，一部分的冰融化成水，则融冰含量增加，流动性增加，冰川运动较快。⑤ 冰川携带岩石碎块得影响。冰川所携带岩石碎块越多，则压力越大，动能越大，移动越快。

大陆冰川因重量大会下压地壳，因此中央部分的基盘岩石会成为不规则的碟状，并非成块状，而是像许多平面般移动。山岳冰川滑动最快的部分是在冰川的顶部，底部因为受到基盘岩石的摩擦力而移动甚慢。冰川移动的速度，在同一冰川内各部位也有差异，即冰川的不同部位有不同形式的运动(图 9-9)。冰川的运动由内部流动和底部滑动两部分组成，在每一冰川的横切面，其表面速度中央大于两侧，是因为冰川两侧受到两侧岩壁的阻力。同样的道理，冰川的表面冰移动也较其内部为快。一般而言，中间流动的速度较两侧为快，顶部较底部为快。

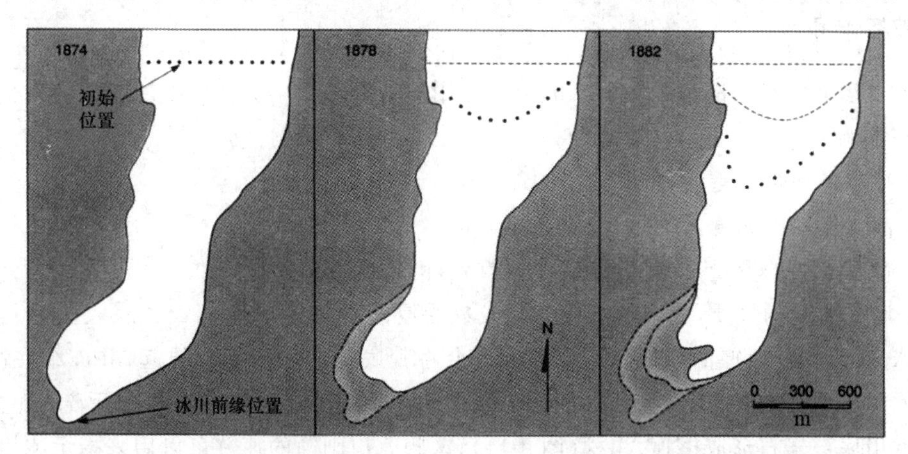

图 9-9 瑞士 Rhone 冰川 1874—1882 年的流动状况与冰川前缘的消融变化

冰川的运动主要是由两个部分组成,一部分的运动是冰川内部的运动,其速度由下到上递增;另一部分的运动是冰川底部的滑动,称为“底滑”,是冰川底部因为融冰的滑润而在底部岩石上的滑动。在冰川的流动中,底滑的运动速度是大于冰川自己的内部运动的。所以,冰川的运动主要是靠“底滑”。对每一冰川而言,均有一堆积区和消融区,由雪线分隔,在雪线上冰雪的堆积和消融作用相等。如果冰川的增补量和耗损量大致相当,则冰川就基本停留不再前进;如果增补量超过耗损量,则冰川向前移进;但如果耗损量超过增补量,则冰川向后退却。所谓退却,并不是指冰川真正的向后退,因为冰川是固定向下移动,所以退却是指冰川分布范围缩小了。

图 9-10　天山一号冰川中的裂隙

由于冰川下部的流体各处快慢不同,上层坚脆的冰体强度很低,加上山岳两侧谷壁的摩擦力和冰川底下山岳地面的高低起伏地形,所以冰川表面发生许多冰隙(图9-10)。冰隙是冰川中最明显、最丰富的构造。

大陆冰川与山岳冰川的运动方式有较大的差异,冰川的中心是堆积源区,冰盖下部的冰在上覆压力的作用下呈塑性,并从源区向外四处流动。大陆冰川在流动过程中由于融化、蒸发、机械破坏等作用,厚度逐渐减薄。

9.4　冰和冰水流的地质作用

冰川在运动中对底部和两侧的岩石具有很强的破坏作用,同时对冰川所破坏的产物进行搬运和沉积。冰川消融所形成的冰融水也有很强的地质作用能力。冰和冰水流地质作用的结果就是形成一些特殊的地貌,尤其是第四纪冰川,所形成的冰川地貌有许多都保留了下来。

冰川的破坏作用

冰川在运动中对底部和两侧岩石的破坏作用称为刨蚀作用。冰川刨蚀能力的大小受到下列因素的影响:

(1) 冰层的厚度和重量,重厚者刨蚀能力强;

(2) 冰层移动的速度,速度大者刨蚀能力强;

(3) 携带石块的数量,携带数量越多越重者,刨蚀能力越强;

(4) 底部岩石的性质,底部岩石松软者较易受侵蚀。

当冰川运动时,巨厚的冰层所产生的压力会将其底部的岩石压碎拔起,并冻结在冰川中。固体的冰川冰与冻结的岩石混合在一起,增强了冰川对底部及两侧的岩石进行破坏能力,其结果是使冰川底部岩石形成擦痕、沟槽(图9-11),这些冰川刨蚀的痕迹可以用来指示冰川运动的方向。冰川擦痕的特点是冰川运动前方的擦痕浅而宽,后方深而窄,这是因为冰川冻结的砾石在刻划冰川底部岩石的同时,自己也被磨损。

冰川底部岩石的突出部分常常会被刨蚀成特征的长圆形突起，长轴与冰川运动方向一致。冰川消融后，暴露在地面的这类岩石常成群分布，远望如匍匐的羊群，故称为羊背石(图 9-12)。羊背石的纵剖面呈不对称状，迎冰面较缓而光滑，上面常布满了冰川擦痕；背冰面则较陡，并可能有部分冰碛物保留。由一系列的羊背石组合起来就构成了突起和凹地相间的波纹式地貌，这些都是曾经发生冰川作用的证据，也可以用来指示冰川运动的方向。

图 9-11 冰川刨蚀作用留下的擦痕

图 9-12 羊背石及其背上的擦痕

山岳冰川在刨蚀作用中常形成一些特殊的地貌，如围谷、冰斗、刃脊、角峰、U 型谷等。

围谷 冰川刨蚀所形成的洼地(图 9-13)。

U 型谷 冰川流动过程中对底部地形的改造所形成的特殊地貌，因为冰川谷的横剖面形状如 U 字形，故称 U 型谷。U 型谷两侧有明显的谷肩，谷肩以下的谷壁较平直，底部宽而平(图 9-13)。

冰斗 是山岳冰川重要冰蚀地貌之一，形成于雪线附近，在平缓的山地或低洼处积雪最多，由于积雪的反复冻融，造成岩石的崩解，在重力和融雪水的共同作用下，将岩石侵蚀成半碗状或马蹄形的洼地。冰斗的三面是陡峭岩壁(图 9-14)。

刃脊 冰斗在冰川的刨蚀作用下不断地扩大，冰斗壁向山峰退却，相邻冰斗间的山脊逐渐被削薄而形成刀刃状，称为刃脊(图 9-14)。

角峰 刃脊交会的山峰称为角峰(图 9-14)。

图 9-13 围谷和 U 形谷

图 9-14 冰斗、刃脊和角峰

峡湾 在高纬度地区,冰川常能伸入海洋,在岸边刨蚀出一些很深的U型谷,当冰川退却以后,海水可以深入冰谷很远的地方,原来的冰谷便成峡湾(图9-15)。

悬谷 悬谷的形成是因为冰川侵蚀力的差异。主冰川因冰层厚,下蚀力强,形成较深的冰谷;而支冰川因为冰层薄,下蚀力弱,所形成的U型谷较浅。所以在支冰川和主冰川的交汇处,常有高低悬殊的谷底,当支冰川汇入主冰川时呈悬挂下坠的瀑布状(图9-15),称之为悬谷。

图9-15 冰川后退时海水进入U型谷形成峡湾和支流冰川的悬谷

大陆冰川的冰盖厚度巨大,其刨蚀能力也非常的强,往往将大面积的陆地表面刨蚀得平坦、光滑,同时留下众多的擦痕(图9-16)。

图9-16 被冰川刨蚀的大陆

冰川的搬运作用

由于冰川的破坏作用所产生的大量松散岩块和碎屑物或从山坡崩落的岩石碎屑，会进入冰川系统，随冰川一起运动，所有被冰川搬运和沉积的岩石碎屑统称为冰碛物，依据其在冰川内的不同位置，可分为不同的搬运类型(图 9-17)：

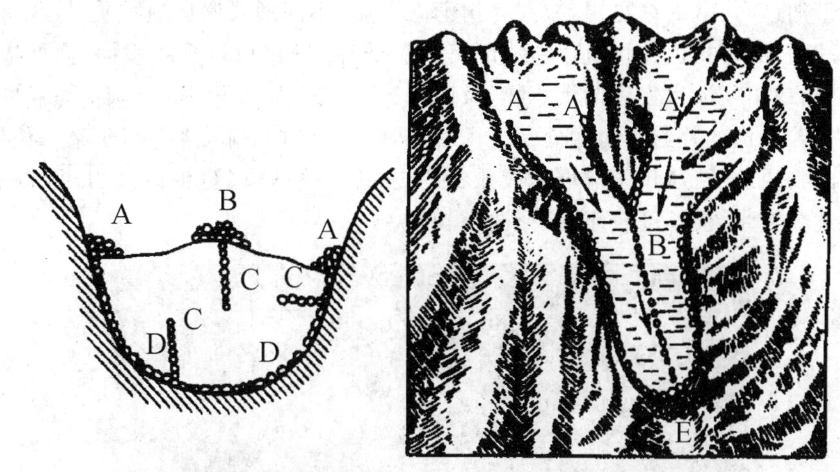

图 9-17　冰川中的各种冰碛物位置示意图

A—侧碛，B—中碛，C—内碛，D—底碛，E—终碛

(1) 内碛：夹在冰川内的冰碛物；

(2) 底碛：堆积在冰川谷底的冰碛物；

(3) 侧碛：在冰川两侧堆积的冰碛物；

(4) 中碛：两条冰川汇合后，相邻的侧碛即合而为一，位于会合后冰川的内部称为中碛；

(5) 终碛：冰川末端消融后冰川所携带的碎屑物的沉积称为终碛。

冰川末端的消融过程中，冰川的表碛物(或内碛物)由于阻挡了其下部冰川冰对阳光的吸收，而较晚消融，往往会形成一些冰塔、冰牙和头顶巨石的冰蘑菇(图 9-18)。

图 9-18　冰川消融过程中形成的冰蘑菇

冰川的搬运作用,不仅能将冰碛物搬运到很远的地方,也能将巨大的岩石搬运到很高的位置。这些被搬运的岩块称为冰川漂砾或冰川漂石,其岩性与该地附近基岩可能完全不同。冰川的搬运能力很强,但冰川的分选能力很差。

冰川的堆积作用

冰川携带的砂石,常沿途抛出,故在冰川消融以后,不同形式搬运的物质,堆积下来便形成相应的各种冰碛物,是指由冰川直接造成的不成层的冰川堆积物;而冰积物,就是指直接由冰川沉积的物质,或由于冰水作用的沉积物,及因为冰川作用而沉积在河流湖泊海洋中的物质。

终碛堤　若冰川的补给和消融处于平衡状态,则冰川的末端长期停留于某一位置,这时由冰川搬运來的物质,会在冰川末端堆积成弧状的堤,称为终碛堤(图 9-19)。山岳冰川的终碛堤高度有时可达数百米,但长度较小,弧形曲率较大。

图 9-19　天山 3 号冰川的终碛堤

后退碛　由於冰川在后退的过程中,会发生局部的短暂停留,而每一次的停留就会造成一个后退碛。当地球由冰期转向间冰期时,气温不断升高,如果冰川后退的速度保持稳定,冰川的终碛作用就会形成沿冰川后退方向延伸的冰砾堤。

侧碛堤　是由侧碛和表碛在冰川后退处共同堆积而成的,位于冰谷两侧,成堤状向冰川上游可一直延伸至雪线附近,而向下游常可和终碛堤相连。

鼓丘　鼓丘是由冰碛物所组成的一种丘陵,呈椭圆形,长轴与冰川方向一致,迎冰面是陡坡,背冰面是一缓坡,其纵剖面为不对称的上凸形。一般认为鼓丘是由于冰川的搬运能力减弱,底碛遇到阻碍所堆积而成的,其主要分布在大陆冰川终碛堤以内的几千米到几十千米,常成群出现。

冰水流的沉积作用

冰水流是冰川冰融化时形成的,与冰川的作用是密切相关的。在冰川的表面、两侧和底部都可能出现冰川融化形成的冰水流。山岳冰川随着高度的下降和气温的升高,末端因为冰的融化也会形成冰水流,有时还包含尚未融化的冰块。大型的冰川由于冰川冰的压力,冰川底部的冰在运动中与冰床的摩擦使部分冰川冰融化，在冰川的底部形成冰水流，并逐渐扩展成冰隧道(图 9-20)。

图 9-20 珠穆朗玛峰下绒布冰川底部的冰隧道

由冰川消融所形成的冰水流必然会发生侵蚀、搬运和沉积过程，其作用方式与河流的作用方式相似，又和冰川的作用相关，因为冰水流所经过的是冰川作用过的地区，因此冰水流主要的地质作用是对冰碛物的改造。

冰水流的沉积作用是冰川与冰水共同沉积的结果，冰川所携带的物质受到融化后的冰水搬运和分选，会依照颗粒的大小，堆积成层，形成冰水沉积物和各种地貌，称为冰水堆积地貌。主要有下列几种类型：

冰水沉积、冰水扇 、冰水冲积平原 在冰川末端的冰融水所携带的大量砂砾，堆积在冰川前面的山岳或平原中，就形成冰水沉积；若是在大陆冰川的末端，这类的沉积物可绵延数公里，在终碛堤的外围堆积成扇形地，就叫冰水扇；数个冰水扇相连，就形成广大的冰水冲积平原。在这些地形上，冰积物呈缓坡倾向下游，粒度亦向下游逐渐变小。

冰水湖、季候泥 冰水湖是由冰融水形成的，因为冰川后退时，冰川的冰碛物经常会阻塞冰水流的通路而积水成湖，天山上的天池就是典型的冰碛物堰塞湖。冰水湖有明显的季节变化，夏季的冰融水较多，大量物质进入湖泊，一些较粗的颗粒就快速沉积，而细的颗粒还悬浮在水中，颜色较淡；而冬季的冰融水减少，一些长期悬浮的细颗粒黏土才开始沉积，颜色较深。这样一来，在湖泊中就造成了粗-细很容易辨认的两层沉积物，叫做季候泥。

锅穴 冰水平原上常有一种圆形洼地，称为锅穴。其形成是由于冰川耗损时，有些孤立大的残冰块被埋入冰水沉积物中，冰块融化后便引起塌陷形成锅穴。

9.5 地质历史中的冰川

地质历史中曾经发生过很多次全球范围的大陆冰川作用，冰碛物、冰水沉积物以及冰川作用所形成的地貌都是重要的地质证据，根据它们可以恢复地质历史中冰川发育和演化历史，特别是第四纪的冰川发育历史。

第四纪冰川

还在 19 世纪，人们就注意到了广泛分布于北欧诸国的、表面有擦痕的漂砾，这些漂砾有些直接出露地表，有些被埋在各种沉积物中，而且构成漂砾的岩石与当地岩石不同。构成漂砾的岩石主要是那些发育在斯堪的纳维亚半岛的结晶岩石，如花岗岩、片麻岩等。在 19 世纪 70 年代，瑞典和俄国学者就得出结论，认为欧洲的北部曾发育了大陆冰川，这些漂砾是大陆冰川搬运来的。

现在已有无可争辩的事实，说明第四纪时期，在北半球曾发育了面积广大、冰层很厚的大陆冰川，山岳冰川的发育也较广。第四纪冰川的总面积在 4.5×10^7 km^2 左右，约占陆地总面积的 30%，也就是说相当于现代冰川面积的 3 倍(图 9-21)。大量事实还表明，冰期与间冰期是交替的，这在地质剖面中表现为有若干层冰碛物(主要为含漂砾的泥-亚砂土)和分开它们的各种间冰期沉积物，如含有暖水动物、植物的河、湖、沼泽等沉积物，局部还有古土壤。

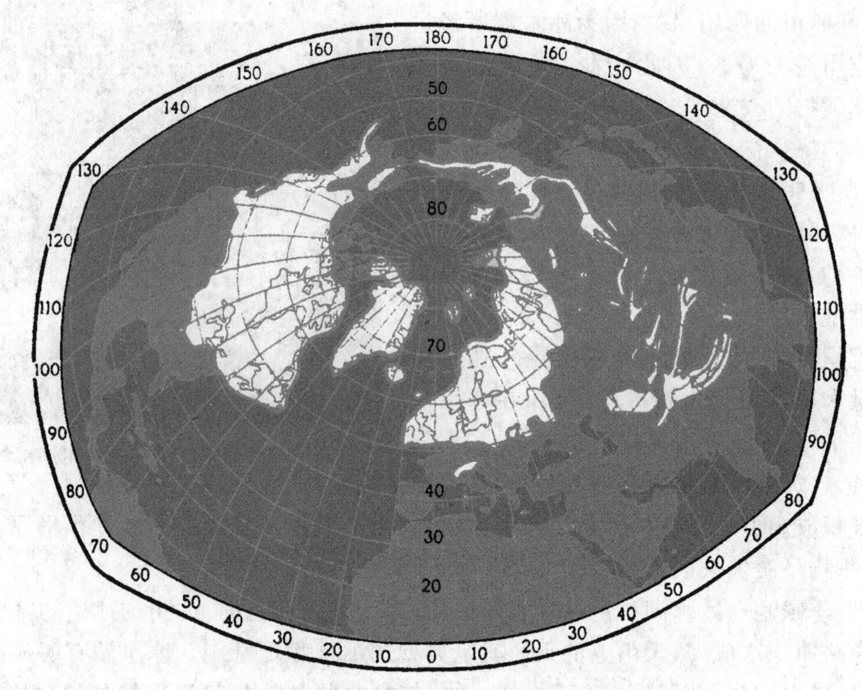

图 9-21　北半球第四纪大陆冰川的主要分布区(图中白色区域)

剖面中沉积物的交替证明，第四纪冷气候和暖气候也是交替出现的。冷气候时期，大陆冰川广泛发育，冰碛物和冰水沉积物遍布；暖气候时期，在冰川消融了的地方形成湖泊、沼泽和河流，生长了阔叶林或混生林。对阿尔卑斯山区的山岳冰川进行系统研究发现，新生代由老到新可以区分出 4 个冰川活动期：群智冰期(新第三纪末期)、民德冰期(第四纪早期)、里斯冰期(第四纪中期)和玉木冰期(第四纪晚期)。相应地有群智-民德间冰期、民德-里斯间冰期、里斯-玉木间冰期等，后来又建立了一个更老的多脑冰期和多脑-群智间冰期。

各地区第四纪冰川的层序与阿尔卑斯地区的情况并不完全一致，所建立的剖面只适用于一定区域的划分，而且由于各地第四纪剖面的不完整，对冰期和间冰期的划分也难于统一，对第四纪延续的时限也难以有一致的认识。更新世冰期虽然已在大约一万年前结束，但是地球陆地地表的一半以上至今仍保留着与冰期气候的条件直接或间接有关的各种地形，只有对当时的地貌过程有所了解，才有可能认识地形与当时气候之间的关系。

古生代和前寒武纪冰川

从古老沉积物的组合和结构中人们认识到，冰川不只是在第四纪有，在地球历史中也不止一次发生过，既占据过北半球，也占据过南半球。证据是那些已经固结成岩的，有些还遭受变质作用的古老冰碛物——冰碛岩。

石炭-二叠纪冰川

石炭-二叠纪冰川占据了当时曾连成一体的南半球超级大陆，即冈瓦纳古陆，它包括着南极洲、澳洲、印度次大陆、非洲和南美洲(图9-22)。晚古生代冰碛岩首先在印度中部被发现，这里的冰碛岩是由无层理的、分选不好的砾石和有擦痕的漂砾所构成的砾岩，与现代的和第四纪的冰碛物中所见到的情况类似。由砾岩所覆盖的基岩表面被刨光，有擦痕并有光滑的突起部分(羊背石)，这些现象可以证明砾岩是由冰川作用所形成的。

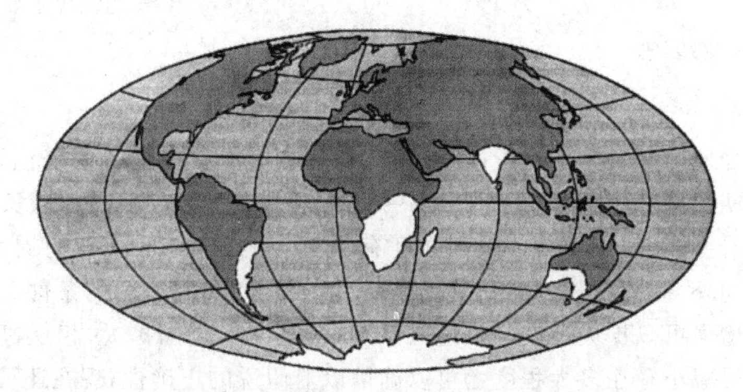

图9-22 晚古生代冈瓦纳大冰川的分布

与冰碛岩相连的还有冰湖沉积，冰湖沉积常以具有很细的纹层为特征，在层的表面可以见到二叠纪的舌羊齿植物的印痕。类似的含舌羊齿植物的冰碛岩在南非、澳大利亚、南美和南极洲也都有发现。这次冰川作用范围非常广泛，人们称之为晚古生代冈瓦纳大冰川。

晚奥陶世-志留纪冰川

有的学者在研究了周期性气候变化之后提出，冰期经过差不多150 Ma的间隔再现一次，可以推测在晚奥陶世时有另一次冰川。澳大利亚学者完成的古地磁研究表明，南极的位置在过去曾经移动过，如果恢复其原来的位置，那么从现代的南极经南非、巴西到北非，奥陶纪时它曾位于北非。在西非和撒哈拉沙漠，法国地质学家发现了含有发育冰川擦痕漂砾的地层，而在阿尔及利亚南部有大型刨蚀沟槽并带有冰川擦痕和从几百千米以外搬运来的漂砾，而且这些冰碛物都是与含晚奥陶世化石的沉积岩共生在一起。

有资料表明，在阿根廷和玻利维亚也找到时代可能为志留纪的冰碛岩。这样就有一种意见，认为在冈瓦纳大陆的一些地方，志留纪时也发育有冰川，晚奥陶世-志留纪的冰期延续了约50 Ma(410Ma—460 Ma之间)。

前寒武纪冰川

有些地方在老的前寒武纪沉积中也发现了明显的冰川遗迹。它们在前寒武纪剖面的最上部尤为广泛(同位素年代为570 Ma—680 Ma)。这个时代的含有冰川擦痕漂砾的冰碛岩在爱尔兰、苏格兰、挪威、乌拉尔北部、加拿大和美国都有发现，在白俄罗斯的钻孔中也发现了。可以说，在元古代晚期，大规模的冰川作用影响了欧洲和北美的大部分。我国新元古代震旦纪的冰碛物分布范围很广，最典型的是扬子地台三峡剖面的南陀组冰碛岩。

类似冰碛岩的东西在更老的地层(早元古代，同位素年代为2300 Ma)中也有发现，地点在加拿大、南非和西伯利亚，但比较确切的古老冰川有四期：晚元古代、晚奥陶世-志留纪、石炭-二叠纪和第四纪。

9.6 冰川发生的原因

在地球历史中不只一次发生过巨大冰川作用是不可置疑的事实,但关于它们形成的原因仍是尚未解决的问题。关于冰川周期性发生的原因有许多假说,这些假说大致可以分为强调地外因素的和强调内因的两类。

冰川发生原因的外部因素

天文假说

这类假说认为地球相对太阳位置的变化,太阳系在银河系中位置的变化等天文因素所导致的太阳辐射周期性的变化有重要意义。另一个因素是在太阳表面所能观察到的黑子活动,近100年以来的研究表明,黑子的数量和强度有以11年、22年和44年为周期的变化。有人推测除了这些周期外,尚有更长的周期变化,导致形成冰期和间冰期的条件。有这样的观点,认为太阳活动的增强可以扩大反气旋极地风系统,引起冰区范围扩大,相反,反气旋极地风系统和冰区范围都要减小。在多大程度上可以确信以上假说的正确性,现在还很难说,但至少太阳辐射和地球大气循环之间存在着联系是可以肯定的。

另一个减弱太阳辐射的因素是存在着宇宙尘。有人试图用太阳辐射线穿过宇宙尘时部分被吸收,解释周期性气候变冷和发生冰川的现象。按这种意见,宇宙尘的密度不均匀,因此有冰期和间冰期的交替。从太阳系在银河系运行的情况看,太阳系绕银河系运行的周期是稳定的,如果是宇宙尘的密度不均匀引起冰期和间冰期的交替变化,那么这种变化的周期性应该更加明显。

还有一些学者用太阳与地球之间的距离和黄道面倾角周期性变化,解释气候的周期变化。南斯拉夫学者米兰柯维奇的研究有重要意义,他认为气候和地表温度分布的变化与地球轨道要素周期性的变化有关。轨道要素包括:

(1) 黄道面的倾斜——地球公转轨道平面与地球赤道平面的夹角,其变化范围是21°51′到24°36′,变化周期是4×10^4年左右;

(2) 地球轨道偏心率的大小——椭圆的中心(地球轨道)和太阳所在位置(焦点)之间的距离;变化的周期为9.08×10^4年;

(3) 近日点周期性地移动,也就是地球与太阳距离的变化。地球处于近日点,离太阳最近,有短暂而温暖的时期;而处于远日点时离太阳远,经历较长的寒冷时期,变化的周期大约261万年。米兰柯维奇在1976年公布了第四纪深海沉积物的研究结果,这些结果证实了有10×10^4年($4.2\sim4.3\times10^4$年和2.4×10^4年)的周期。然而,有些学者反对米兰柯维奇的假说,主要的反对意见是认为米氏忽略了大气环流的影响和对气候变化很有意义的内部地球动力学过程的表现。

大气成分的变化

有些学者认为气候变冷的原因是地球大气成分的变化,特别是其中CO_2含量的变化。众所周知的事实是空气中所含的碳酸气可以使太阳光自由通过而达到地表。但它能阻止反射的热辐射线,因此碳酸气是一种热绝缘体。所以CO_2含量的增加,导致温度升高和变暖;相反,则变冷。火山作用是大气中CO_2的来源之一,因此,强火山活动期对应于温暖气候。植物繁盛和火山活动减弱使大气中 CO_2 的含量渐减，随之温度下降，导致冰期来临。有人推测，如果大气中 CO_2 含量减少一半，就可以有发生冰川作用的条件。但另一些学者估计，大气中 CO_2 的含量减一半只能引起温度下降 3℃。

海平面的变化

大洋对地球气候有巨大影响，由赤道流向极区的洋流带去大量的热，而从高纬度区来的洋流则有相反的效应，使靠近的大陆变冷。海平面的变化，升高或降低，对洋流系统有实质性的影响。但这样的变化能否影响冰川的形成，很令人怀疑，海平面的变化可能是冰期和间冰期交替的结果，而不是原因。

冰川发生原因的内部因素

冰川形成的内部原因与地球内动力学过程相关。这类影响因素包括岩石圈板块的运动及其随时间而变化的外形（大陆解体和拼合时形成的轮廓），以及岩石圈板块相对于地极的位置变化。当一个大陆位于地球上的低温区时，由于接受了过多的降雪就可能在这里形成大陆冰盖。

以地表形态变化，诸如形成山系，大规模隆升，陆地面积大大增加或大洋面积大大减小等为气候变化主因的假说很值得人们的注意。新第三纪以来，地球表面形成了如下一些最雄伟的山系：阿尔卑斯、高加索、帕米尔、天山、喜马拉雅、科迪勒拉等，这必然改变了先前存在的洋陆关系，改造了地球的面貌，也改变了含水蒸气的风的运动路径。大概还改变了洋流体系，从而对气候有重大影响。新形成的山脉，有的部分大大高于雪线，造成了山岳冰川的形成条件，山岳冰川大发展之后使寒冷区变大，进而形成第四纪大陆冰川。据有些科学家的意见，只要有一个不大的推动，使气候平衡受到破坏，就可以引起气候的巨变。与构造运动相关的地貌和海陆关系的变化与冰川的关系不仅在第四纪中有，在地质历史时期也有。地质历史中的每一次冰川作用都与强烈构造运动、造山、海退和大陆面积扩大的时期相吻合，例如晚古生代（石炭-二叠纪）冰期与海西阶段的褶皱、造山作用；晚奥陶世-志留纪的冰期与加里东运动密切相关。

9.7 冻土带的地质作用

进入岩石孔隙或裂隙中的水在气温下降到零度或零度以下时便冻结成冰，这样的岩石被称为冰冻岩石（图 9-23）。在一些寒冷地区的冬季，地壳的最上层的温度都降到零度以下，其中所含的水转变成冰，将岩石或土壤的颗粒胶结起来，到了春夏季节冰又融化。不同的地区岩石或土层季节性被冰冻的程度，即所能达到的深度和持续时间的长短是不同的。例如，在西伯利亚的北部，零度以下的温度可深达 2～3 m，而且在一年的大部分时间中均能保持，而在西伯利亚的南部，这个深度只有最上面的几厘米，而且只能保持较短的时间。

图 9-23 青藏高原上地冰冻岩石

很早以前即已知道，西伯利亚和北美的大部分地区，在季节性冰冻层之下有多冰冻岩石和永久冻土，即便是夏季也不融化，有些地区可达很大深度。这些冰冻岩土似乎是在第四纪以来更严寒的气候条件下形成的。已绝灭的哺乳动物（猛犸象、披毛犀等）被很好地保存下来，足以证明当这些动物生活在西伯利亚的时候冻土已经存在了，并一直保存到现代。

长年冰冻岩土分布的地带被称为冻土带，冻土带往往会形成一些特殊地貌：

"鼓包"　冻土地区发育的一种被称为鼓包的地貌。它常见于冻土带边缘的沼泽区。这里土壤的湿度高于相邻地区，透热性也相对良好。这样，当冬季来临，首先在沼泽之下形成一透镜状冰层，并引起局部突起，这类突起有时成群出现，一般高 1.5～2 m，少数达 4 m。沼泽中局部洼地积水在冬季结冰，体积随着温度的降低而膨胀也会出现鼓包现象（图 9-24）。

图 9-24　绒布冰川前沿积水形成的鼓包

多角形石滩　它发育在冰冻和融化交替的松散沉积层中，第四系沉积不均匀，一般在巨石和岩块之下结冰较早，形成透镜状冰层。冰层使巨石和岩块拱起。当冰融化的季节到来以后，巨石和岩块下的冰层消融了，可是冰中所挟带的泥砂却留了下来。这样巨石和岩块虽然下沉，但是达不到原来的位置，年复一年，巨石和岩块位置越来越高，使巨石、岩块与砂、黏土之间发生了分异。露出地表的砂、黏土，因其中所含的水结冰、膨胀，而把分离到上面的巨石和岩块向外推，久而久之就形成了多角形石滩。

泥流阶地　在冻土区山坡上经常形成一种被称为泥流阶地的地貌景观（图 9-25），当含冰的冻土在夏季融化的时候，含水土层便发生顺坡而下的缓慢的塑-黏性流动。其结果是在相当大的范围内逐渐形成大小不等的泥流舌、泥流阶地、推覆体等多种形式的冻土地貌。

图 9-25　斜坡上的冻土融化后形成的泥流阶地

进一步阅读书目

李四光.中国第四纪冰川.北京：科学出版社,1975
费金深.冰川的故事.北京：科学普及出版社,1979
施雅风.中国东部第四纪冰川与环境问题.北京：科学出版社,1989
中国第四纪冰川与环境研究中心,中国第四纪研究委员会编.中国西部第四纪冰川与环境.北京：科学出版社,1991
秦大河.青藏高原的冰川与生态环境.北京：中国藏学出版社,1999
张文敬.大峡谷冰川考察记.福州：福建教育出版社,2001
施雅风,吴士嘉.冰川的召唤.南京：江苏人民出版社,2008

第十章 海洋的地质作用

海洋是地球水圈最重要的组成部分,水体体积占水圈总体积的97%以上;海洋水覆盖的面积是$3.61\times10^{8}\ km^{2}$,占地球表面积的70.8%。因此,只有对海洋及其覆盖部分的岩石圈的地质作用过程有比较深刻的认识,才能全面地认识地球及其演化规律。

地球表面分布有四大洋:太平洋、大西洋、印度洋和北冰洋。大洋是海洋及其水体最主要的部分。

与大洋保持了相对自由的沟通,但通常被岛弧、半岛或其他水下高地所隔开的称为边缘海,如东海、菲律宾海、加勒比海等;深入大陆内部,通过海峡与相邻的海洋、海湾进行有限沟通的称为内陆海(陆表海),如渤海、黑海、波罗的海等;一些虽然与大洋没有直接沟通,但在第四纪曾经与大洋保持沟通的大的水域,因为是第四纪的残余海盆,也可称为海,如里海、咸海等。所有海的面积的总和约占海洋总面积的10%。

人类对于海洋的探索可以追溯到上古时期,但在19世纪70年代以前,由于技术条件的限制,人类关于海洋的探索只是一般的探险和环球航行,其科学研究的成分很少,对于海洋地质、地球物理的研究在很长的一段历史中基本处于空白。1872年英国皇家舰队的挑战者号科学考察船的环球航行,奠定了近代海洋学研究的基础(图10-1)。在为期两年的考察中,获得了许多重大的科学发现。其中有大家所熟悉的海底锰结核、海底磷块岩等具有经济价值的海底矿产新种类发现。第二次世界大战结束以来,各国政府对海洋的研究加大了投入的力度,使海洋地质的研究发生了巨大的变化,并导致了海底扩张学说和板块构造学说的诞生。近20年来,对海洋的研究达到了空前的规模,在海洋地质、海洋地球物理、海底地貌等方面都取得了丰硕的成果,但可以说对大洋地质过程的研究到目前为止仍处于资料积累的阶段。

图10-1 首次进行环球科学考察的英国舰船"挑战者号"

图10-2 全球大洋洋底地貌图

10.1　海洋地貌

海洋地貌极为复杂，在海洋的不同区域也有明显的不同，根据海洋的不同构造位置，海洋地貌大致可以分为三大部分：洋底地貌、大陆边缘地貌和海岸地貌。

洋底地貌

由于大洋底被海水所覆盖，很难进行直接的测量，早先要获得一个海水的深度数据极为困难，需要收放几千米乃至上万米的重锤引线。声纳技术的出现使得探测海底的地形地貌成为可能。根据20世纪70年代以来的研究结果，洋底地貌可以分为两大单元，即大洋中脊和深海盆地。大洋中脊是位于大洋中间的规模巨大的正地形，他比陆地上的任何山系都要壮观得多(图10-2)。大洋中脊一般宽1500～2000 km，一般高出洋底1～3 km。各大洋的中脊首尾相连，连绵不断。总长度大约60 000 km。大洋中脊还可分出主要的次级地貌单元：中央裂谷和转换断层。

中央裂谷位于大洋中脊的中央部位，裂谷两侧由一系列的掀斜地块组成(图10-3B)，其剖面形态为一地堑(参见第十三章)；中间部位的下部被认为是地幔岩浆上升的地方，并在岩浆涌出的位置上形成凸起的脊堆。

大洋地壳岩石组合称为蛇绿岩(图10-3A)，构成蛇绿岩岩石组合的主要岩石成分由上往下依次为：

- 硅质岩　代表深海沉积的岩石
- 玄武岩　代表水下喷发过程的枕状构造
- 辉绿岩　代表浅成侵入的席状岩墙群
- 辉长岩　代表深成结晶分异的堆晶构造
- 超镁铁岩　代表上地幔岩石的残余

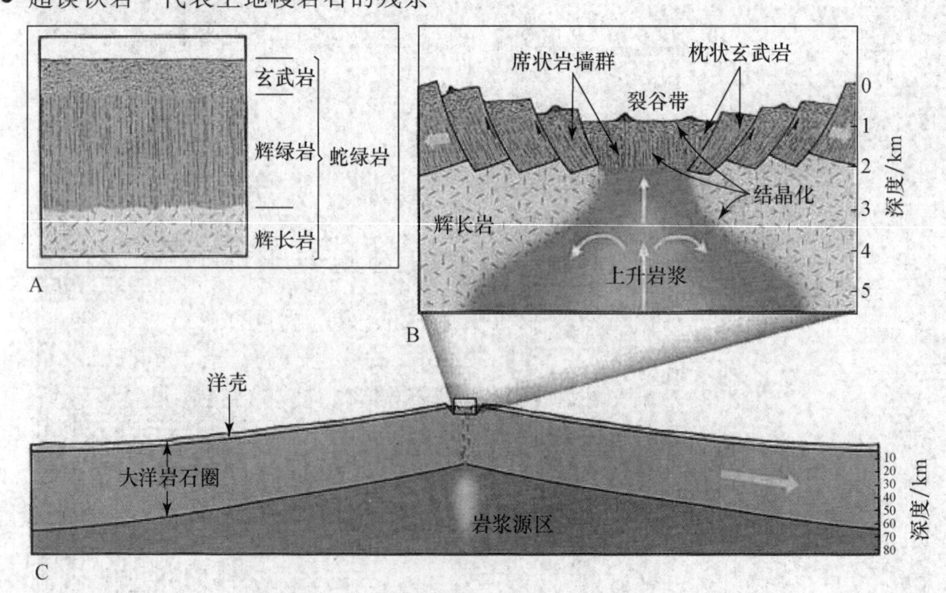

图10-3　大洋中脊及各种构造单元与岩石组成示意图

转换断层是横切大洋中脊的巨大的断裂体系(图 10-4)。转换断层是一种特殊的断层类型,由于断层横切大洋中脊,当大洋中脊扩张时,中脊两侧的板块相背离去,其运动方向如图所示(图 10-5),于是形成了大洋中脊中央裂谷之间的一段两侧的断块发生相对的错动,而中央裂谷以外的两侧断块没有明显的位移。

图 10-4 大西洋中脊的转换断层体系

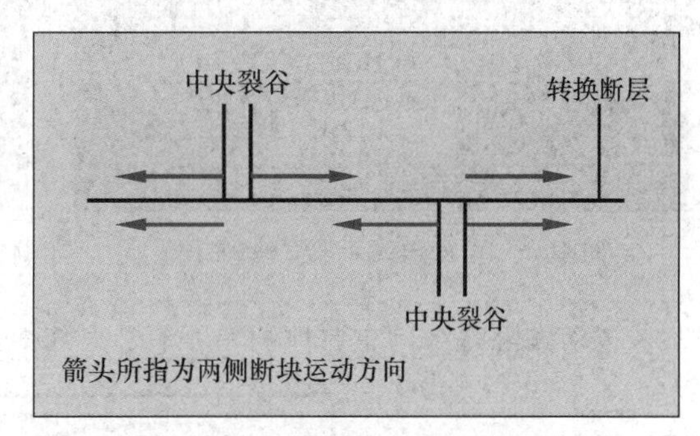

图 10-5 转换断层的运动形式示意图

转换断层的这种运动形式有其特殊的大地构造意义(参见第十七章)。

深海盆地是大洋盆地的主体部分,深海盆地一般在水深 4500～5000 m 之间。盆地中最为显著的地貌单元是深海平原,其坡度只有 1/1000 左右,面积可以达到数百万平方千米。深海盆地中还有许多正地形,如无震海岭、水下高地、海底平顶山等。

无震海岭是大洋中另一种巨大的海底山系,大洋中脊一般有强烈的地震活动,但位于太平洋西北部的皇帝-夏威夷海岭、印度洋的马尔代夫海岭、东经 90°海岭都没有现代地震,故成为无震海岭(图 10-6)。

水下高地或称海底高原,一般呈短轴状形态,可以高出周围海底数千米(图 10-7)。现在发现的海底高原已有 100 多个,其中较为著名的有南印度洋水下高地,百慕大高地。海底高原的成因还没有定论,一般认为是熔透式的火山形成的。

海底平顶山又称盖约特(Guyot,普林斯顿大学地质系第一任系主任,由赫斯命名。)是一种特殊类型的海底火山,其平顶是被波浪削平的,后来又下沉被海水覆盖。海底平顶山也有特殊的大地构造意义(参见第十七章)。

大陆边缘地貌

大陆边缘是大陆向大洋过渡的区域,根据大陆边缘的构造特征又可分为活动大陆边缘和被动大陆边缘。

图 10-6　印度洋的无震海岭(左图)

图 10-7　南印度洋的水下高地

被动大陆边缘的主要地貌单元有：大陆架、大陆坡和大陆坡脚(图 10-8)。

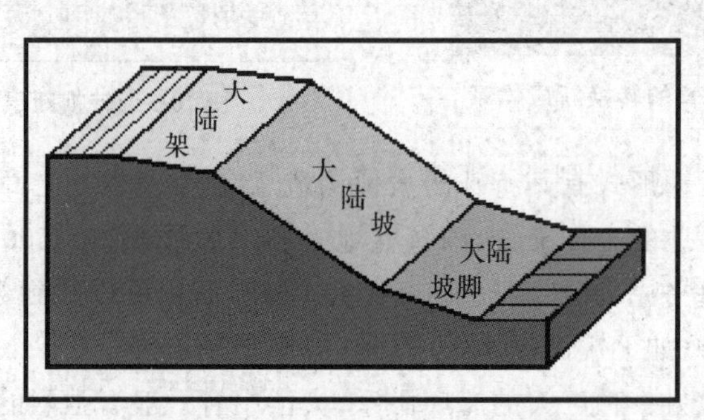

图 10-8　被动大陆边缘地貌示意图

大陆架　大陆架的各种地质、地球物理性质与大陆没有区别，是大陆向海洋的自然延伸部分，一般坡度小于 1°，水深到 200 m 左右。大陆架与大陆坡连接过渡的地方有明显的弯曲。

大陆坡　从大陆架转折处向下延伸，深度可达 3000 m，平均坡度约为 4°。大陆坡被众多的水下峡谷所切割，切割深度可达 1000 m，通常是海底浊流的通道。

大陆坡脚　位于大陆坡和大洋盆地之间，是非常平缓的水下平原。发端于大陆架或大陆坡的海底浊流把不稳定的沉积物携带到峡谷口，形成巨大的海底沉积扇。因此，大陆坡脚常有巨厚的沉积。

典型的活动陆缘是环太平洋带，又可分为西太平洋型和安第斯型。西太平洋型活动陆缘的主要地貌单元(构造单元)有海沟、岛弧和弧后盆地(图 10-9)。弧后盆地靠大陆的一侧也同时具备了大陆架、大陆坡和大陆坡脚等各种地貌单元。

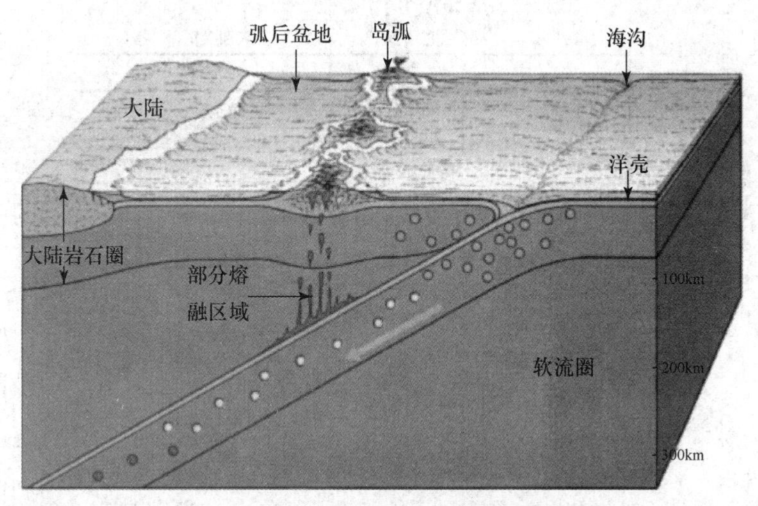

图 10-9 西太平洋型活动陆缘的地貌单元

海沟 平行于岛弧或大陆、窄而深的、呈线状延伸的海底低地，水深一般超过 6000 m，最深的马里亚纳海沟深达 11034 m。海沟在剖面上呈不对称的"V"字型，靠近大陆一侧坡度较陡(10°～15°)，靠近大洋一侧坡度较缓(2°～3°)，底部较为平坦，宽可达数千米。

岛弧 以高出海面的岛屿呈弧形分布的山系为特征。岛弧可以分为两种类型，一种是以火山岛构成的，如马里亚纳弧，另一种是含有前中生代陆块的，如日本弧，二者有成因上的差别。

弧后盆地 位于岛弧和岛弧或者岛弧和大陆之间的深水盆地，通常呈菱形或浑圆形，水深可达 5000 m，靠大陆一侧通常具被动陆缘的一些特征。

安第斯型活动陆缘也有海沟，但却没有岛弧和弧后盆地，不过也有和西太平洋陆缘类似的地貌单元(图 10-10)。如陆缘火山弧与岛弧相似，陆缘弧后的盆岭省可与弧后盆地类比。

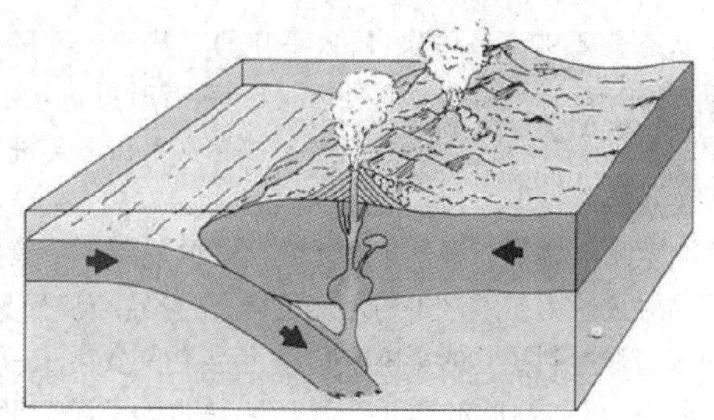

图 10-10 安第斯型活动陆缘示意

海岸地貌

海岸带的地貌非常复杂，但基本可以划分为河口海岸和非河口海岸。河口海岸类型主要有三角洲和河口湾(参见第七章)；非河口海岸可以分为基岩、海滩、潮坪、泻湖等许多不同类型(大部分的地貌类型将在本章的相关内容中介绍)。

海岸带的范围又称滨海，可分为后滨和前滨两部分(图 10-11)。前滨是现在海洋地质作用所及的范围，也是地质作用正在进行的地段；后滨是现代海洋营力已经作用不到的地段，但仍保留了第四纪以来未被改造的海洋地质作用的种种现象。低潮线以外的海洋部分称为浅海(对应的地貌单元为大陆架)。

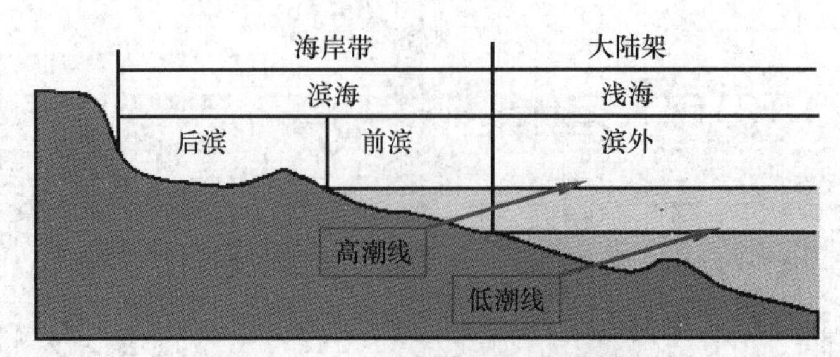

图 10-11　海岸带各单元的划分

10.2　海水的物理和化学性质

海水的温度

海水的表面温度分布与气候带有密切的关系，首先与太阳的辐射直接相关。太阳辐射的分布很不均匀，造成海水表面的水温相差很大。在高纬度地区可以到－1.8℃～－2℃或更低，在赤道附近的热带可以达到28℃或更高，中纬度地区海水温度的变化随季节的变化明显。

厄尔尼诺(El Nino)现象是指太平洋表层水温异常升高，造成鱼类大量死亡的现象。在一般情况下，热带太平洋西部的表层水较暖，而东部的水温很低。这种东西太平洋海面之间的水温梯度变化和东向的信风一起，构成了海洋-大气系统的动态平衡。大约每隔几年，这种准平衡状态就要被打破一次，西太平洋的暖热气流伴随雷暴东移，使得整个太平洋水域的水温变暖，气候出现异常，其时间可持续一年，有时更长，这就是厄尔尼诺现象。厄尔尼诺在西班牙语中的意思是"圣婴"。由于该现象首先发生在南美洲的厄瓜多尔和秘鲁沿太平洋海岸附近，多发生在年终圣诞节前后，因此得名。

厄尔尼诺是一种不规则重复出现的现象。一般每3～7年出现一次。1982～1983年发生了当时被认为是最严重的厄尔尼诺，全世界经济损失达130亿美元，并有数千人死亡，全世界的大陆都受到了它的影响。1986年接着又发生了一次较弱的厄尔尼诺现象，一直持续到整个1987年。通常，厄尔尼诺过后一年，热带太平洋会出现与上述情况相反的更冷的状态，称为拉尼娜(La Nina)现象。拉尼娜现象表现为东太平洋明显变冷，同时也伴随着全球性气候混乱。但最近几年厄尔尼诺现象变得更加频繁。进入20世纪90年代后，几乎每年都发生。1995年和1996年的厄尔尼诺刚过，1997年春季，热带太平洋以及亚热带北部又出现了海水表层变暖现象(图10-12)，东太平洋海面的温度比正常情况下的温度升高5℃。这次厄尔尼诺现象形成之后逐渐向西发展，次年到达太平洋西部，直接导致了1998年我国长江流域的特大洪水。

厄尔尼诺现象产生的影响是全球性的：澳大利亚和印尼会发生严重干旱，南亚的夏季季风降雨也会减弱，而南美洲太平洋沿岸则会发生水灾，渔业资源会受到严重损害，海洋生物分布发生变化。在厄尔尼诺直接侵害的地方，居民住房会被水淹没，森林受到毁坏，农作物和渔业受到摧残。随着厄尔尼诺的涨落，由洪水泛滥造成的水资源污染以及病菌传播而导致的各种疾病也会接连发生。

有关厄尔尼诺现象发生的原因至今尚不十分清楚。对于厄尔尼诺发生频率的加快，有些

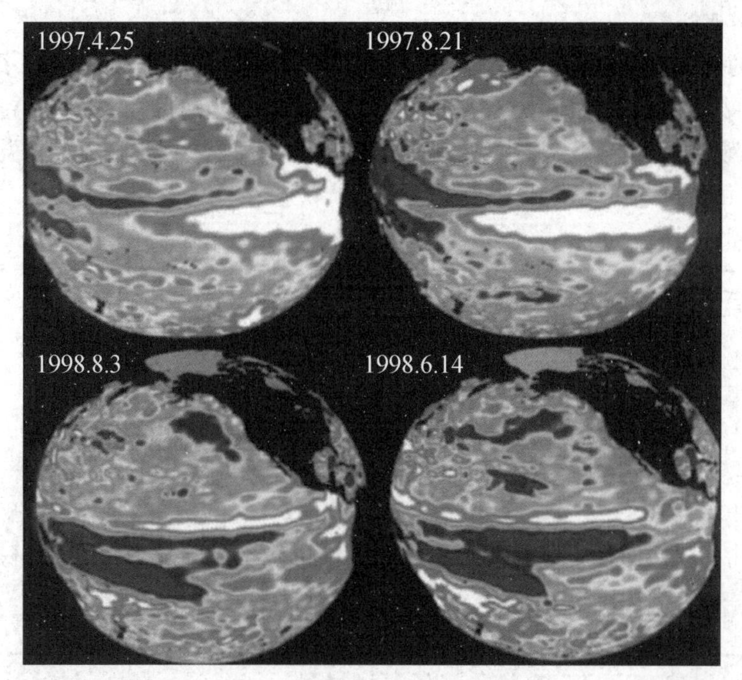

图 10-12　1997—1998 年的厄尔尼诺现象，白色部分为异常高温区

科学家认为与全球温室效应有关，但究竟是由全球变暖引起的，还是自然界本身的现象？目前仍是个谜。

海水的密度和压力

如果不是特殊需要，一般情况下可以认为海水的密度为 1。但实际上海水的密度是随着温度和含盐度的变化而有所改变的，含盐度增加密度也增加，温度增加则密度降低，赤道地区海水密度最小，近极区水温 4℃的海水密度最大。海水的压力随着深度的增加而增加，在深海沟处达到最大。

海水的化学组成

海水的盐度

海水中盐的含量称为海水的盐度，通常用千分含量(‰)表示。大洋的总盐度平均约为 35‰，即海水的含盐量为 35 g/L。这个数值很稳定，几乎所有大洋水的主体都是一致的。但对于近海海域和海洋的表层水(200 m 以上的范围内)，盐度的变化却比较大，范围在 32‰～37‰之间变化，其原因与气候的分带性有关。对于边缘海和陆表海，气候的对海水盐度的影响更加明显。半封闭的水域如果有河流淡水的注入或大量的降水，其盐度将大为降低；如果干旱炎热，且无淡水河流注入，大量的蒸发将使海水盐度升高，有些泻湖的含盐量甚至可以达到 300‰。大洋中脊和转换断层交会处，海水入渗到洋壳深部被加热后重新返回，由于温度的升高加大了海水的溶解能力，使其含盐量大为增加，如红海中央裂谷底部的热卤水的含盐量为 160‰～310‰。

海水的化学成分

几乎所有的化学元素都可以在海水里找到，但只有少数的几种元素，决定了海水的盐类组成和化学性质(表10-1)。从海水中各种离子的组成看，氯化物的含量占有主导位置，其次是硫酸盐类，然后是碳酸盐类。但是海水对各种盐类的溶解度也不一样，由于碳酸盐类的溶解度较低，大量的海洋化学沉积是碳酸盐类。

表10-1　海水含盐度为35‰时的离子组成

阳离子			阴离子		
离　子	海水中的含量 /($g\cdot kg^{-1}$)	占离子总量的百分比/(%)	离　子	海水中的含量 /($g\cdot kg^{-1}$)	占离子总量的百分比/(%)
Na^{+}	10.7596	38.64	Cl^{-}	19.3529	45.06
Mg^{2+}	1.2965	8.81	SO_4^{2-}	2.7124	4.66
Ca^{2+}	0.4119	1.69	HCO_3^{-}	0.1412	0.20
K^{+}	0.3991	0.84	Br^{-}	0.0674	0.07
Sr^{2+}	0.0078	0.01	F^{-}	0.0013	
			H_3BO_3	0.0255	
阳离子总量	12.8749	49.99	阴离子总量	22.3006	49.99

海水中的气体体系

海水中除了含有各种盐分外，还含有多种气体。

氧气　海水中氧气主要来源于大气氧和海洋浮游植物的光合作用。氧的含量变化很大，与海水的盐度、温度等因素的变化有关。温度升高，氧的含量降低，因此高纬地区的海水含氧量一般比低纬地区要少。同样季节的变化也会引起海水温度的变化，因此夏季的海洋水会向大气圈释放出多余的氧，冬季则从大气圈吸收氧。这种海洋的呼吸过程也是水圈和气圈之间一种物质交换的形式。由于洋流的作用，来自高纬度地区的高含氧海水可以更换深层海水，到低纬度地区时氧气释出，因此，几乎所有地段的海水都有自由氧的存在。

碳酸气　碳酸气在水中大部分以化合物的状态存在，部分以溶解的自由状态存在。CO_2在海水中的含量超过45 cm^3/L，其中大约有一半是自由气体，其余的为化合物。如同自由氧在海水中的状态一样，CO_2也与大气圈进行动态交换，CO_2不饱和时会导致碳酸盐的沉积。

硫化氢　硫化氢的分布有一定的局限性，通常只存在于那些以狭窄的浅水海峡与大洋保持有限沟通的半封闭海盆。这种海盆海水的流动性较差，尤其是上下层水不能自由沟通循环，在氧气供应不足的条件下，生活在底层水的厌氧生物促使硫化物还原成硫化氢气体。如黑海硫化氢的含量就非常高，随着海水深度的加大，在黑海底部硫化氢的含量达到5～6 cm^3/L。

10.3　海水的运动

海水在不停地运动着，海水的运动非常复杂，常见的运动方式有洋流、波浪、潮汐、海啸，等等。

洋流

大洋水发生大规模的远距离的运动称为洋流(图10-13)。洋流的运动与大洋水的温度、密度和盐度有关，也与大气环流所形成的优势风有关，同时还受到地球自转、海岸轮廓等因素的控制。从图10-13可以看出，全球洋流系统在赤道附近自东向西运动，到大洋西岸受到阻挡后向两极方向运动，然后在高纬度地区降温，洋流密度增加，再从大洋东岸折返赤道。这一循环系统与大气环流系统基本一致，也与地球的自转的控制作用密切相关。

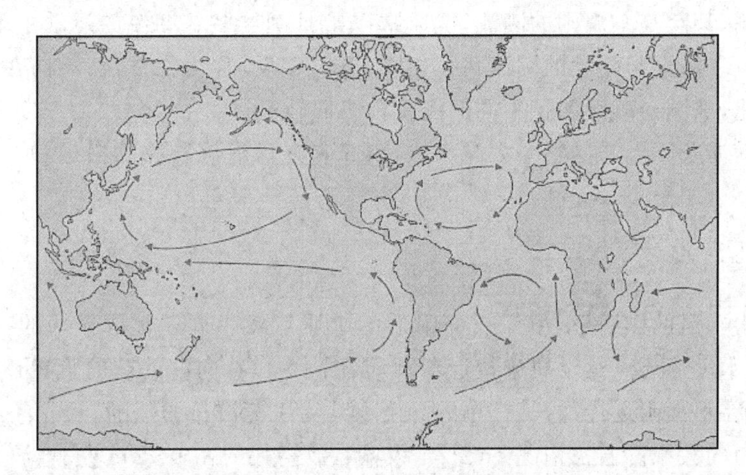

图10-13 全球洋流运动系统

洋流按深度可划分出表层、深层和底层洋流等；按温度可划分为冷流和暖流。

等深流 国际地球物理年的研究发现了完整的大洋底流体系，1966年由黑甄(Heezen)首先提出了等深流的概念。等深流是大洋盆地中沿等深线做水平运动的大洋底流，是流速缓慢，但持续时间很长、流程很远的底层洋流。主要分布在水深2000～5000 m的深海盆地中，密度梯度(温度或盐度所引起的密度梯度)是等深流的主要驱动力。大洋底流对洋底地质作用具有重要意义，底流所卷起的深海沉积物可以被搬运到很远的距离。

浊流 浊流是由碎屑物和水混合而成的在盆地底部流动的重力流。海底浊流一般发端于大陆坡上部或陆架，在地震、火山爆发或其他触发因素的作用下，浊流裹挟着泥沙顺着大陆坡的海底峡谷进入深海盆地，形成海底沉积扇。

黑潮暖流 是北太平洋副热带高压带的重要流系，也是影响中国沿海水文系统的重要流系。黑潮是一支高温、高盐度流系，其厚度大约800～1000 m，从空中看呈明显的暗色，故称"黑潮暖流"。

沿岸流 与海岸平行的近岸海流，主要受季风的影响，如中国东部的沿岸流在夏季由南向北运动，在冬季则由北向南运动。

潮汐

由日月的引潮力造成的海洋水面发生周期性涨落的现象称为潮汐。引潮力主要是万有引力和地球自转离心力的联合作用所形成的。由于月球比太阳离地球近，因此月球对潮汐的影响远大于太阳。潮差是指某一地区高潮位和低潮位的高程差，潮差取决于潮汐发生地的地形和日月与地球的位置关系。不同的地段潮差的幅度相差很大，开阔的大洋一般只有1 m左右的潮差，特殊的地段则可以达到相当的规模，如加拿大东北岸的藩迪湾，潮流的高度可以达到

18 m。对于同一地段而言,潮差取决于日月与地球的关系,朔望月(农历初一、十五)时潮汐达到最大幅度,此时太阳和月球或在地球同一侧,或分居地球的两侧,而且三者基本在一条直线上。

潮汐的运动比较复杂,往往受到地形地貌的控制。不同的地段有不同的潮流形式,既有半日潮又有全日潮,甚至是不规则的潮流,但通常以半日潮居多。潮流的运动主要有两种形式,往复流和回转流。涨潮与落潮的潮流路径相同,方向相反,称为往复流;流向在一个潮汐周期里有规律的变化,涨潮与落潮路径不同的潮流称为回转流。

潮汐的运动涉及了大洋的整个大洋水体,因此它在深海沉积物的搬运和沉积过程中具有重要的意义。

波浪

波浪是海水在风的作用下,海洋表面附近的水质点发生周期性的振荡的一种运动形式。波浪运动时,海水表面质点运动轨迹接近于圆周(图 10-14),向深处圆的直径逐渐减小。波浪是一种面波,只在水面附近传播,其作用的深度大约为 1/2 波长的范围。波浪的波长(波高)的大小取决于风力的大小。通常情况下(2~4 级风),波高大约在 1~2 m 左右,波长在 40 m 范围以内,因此正常浪的作用范围大致在 20 m 的水深范围内。风力增大时波浪的作用范围也增大,10 级风所形成的波浪波长可达 200 m,作用深度 100 m 左右,最大的风暴浪作用范围可达 200 m 的水深。

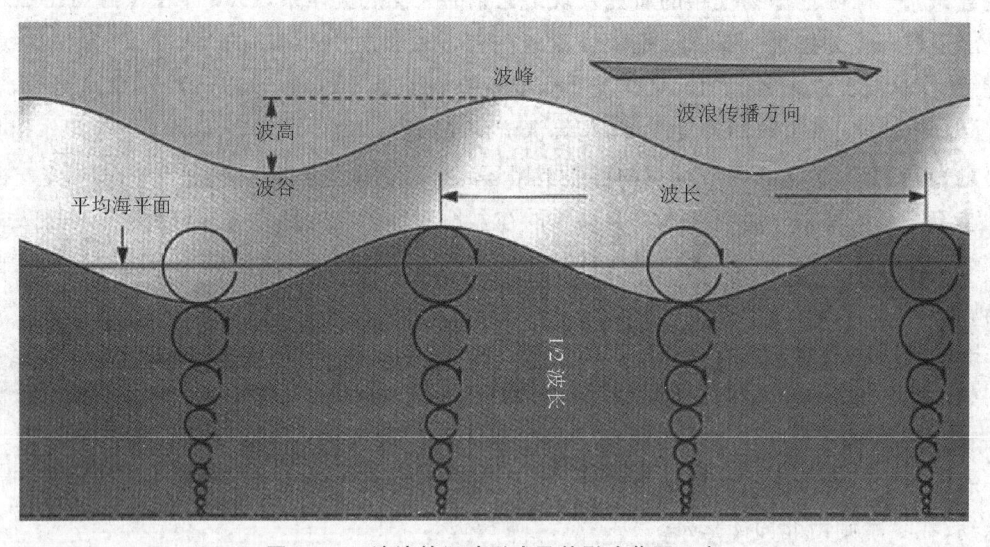

图 10-14 波浪的运动形式及其影响范围示意

波浪在向海岸方向传播时,由于海水的水深越来越小,水质点的运动将受到影响。当海水的深度小于 1/2 波长时,波浪的振动受到干扰,海水在波峰位置水质点向前运动,在波谷处水质点往回运动,此时水质点的运动将受到海底摩擦阻力的影响,波高逐渐加大,波长逐渐减小,圆周运动变成椭圆运动,逐渐形成不对称的波浪形态,并最终形成翻卷浪和拍岸浪(图 10-15)。

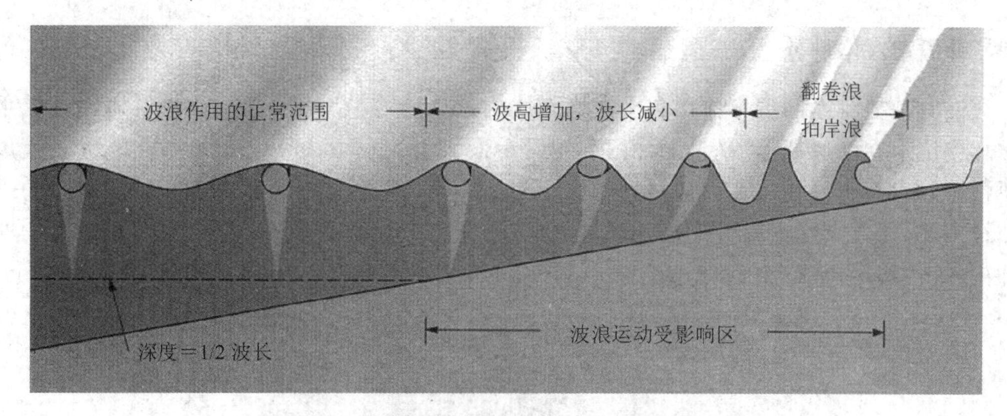

图 10-15 波浪在向海岸传播时形态的变化示意

海啸

海啸是海底强烈的地震或火山喷发所引起的巨浪,巨浪传播的速度可以超过 500 km/h。海啸现象虽然不常见,但其破坏作用却非常巨大,对浊流的形成、海岸的破坏、海底沉积物的搬运都具有重要意义。

人们记忆犹新的是 2004 年 12 月 26 日的印度洋海啸造成了印尼及周边国家约 30 万人丧生(图 10-16)。1960 年 5 月 22 日在智利发生的 8.9 级地震引发的海啸,浪高 25 m,死亡 2000 人。随后海啸波及了太平洋的广大地区,5 月 23 日海啸到达夏威夷时浪高约 10 m,死伤 200 多人。5 月 24 日到达日本时浪高还有6.5 m,伤亡 100 多人,沉船 100 多艘,给日本造成严重的破坏。还有两次破坏性巨大的海啸是,1883 年 8 月 27 日印尼巽他海峡因火山喷发引起海啸,最大波高 35 m,死亡 36 000 多人;另一次是 1896 年在日本本州的海啸,浪高25 m,死亡 28 000 多人。

图 10-16 印尼海啸的惨景

10.4 海洋的破坏作用

海洋的破坏作用集中表现在对海岸的塑造过程,其主要作用因素有:水浪对海岸的冲击,水浪所携带的碎屑物对海岸的破坏,海水与海岸岩石的化学反应等。海水对海岸的破坏作用称为海蚀作用,水深较大的海岸,海蚀作用更为强烈。

海浪对基岩海岸的破坏

海浪对基岩海岸的破坏作用集中在高潮线附近，涨潮过程所形成的波浪对海岸具有强大的破坏作用。在暴风期，风暴浪的冲击表现尤为强烈，其冲击力可达 30～40 t/m^2，尤其是风暴浪所携带的岩石碎块使破坏力成倍增长，这个过程使一些较为松软的或含有较多裂隙的岩石迅速被破坏，并在高潮线附近形成拍岸浪蚀洞(图 10-17)。即便是坚硬的岩石，在海浪长期的侵蚀破坏下，海岸也逐渐地被重新塑造。

图 10-17　拍岸浪蚀洞

随着海浪作用的不断进行，浪蚀洞进一步扩大，当浪蚀洞以上部分岩石的重量超过了岩石的结合力，这部分岩石就会坍塌，这一过程反复进行会使海岸向大陆方向退却(图 10-18)，并逐渐形成海蚀阶地(波切台，图 10-19)。

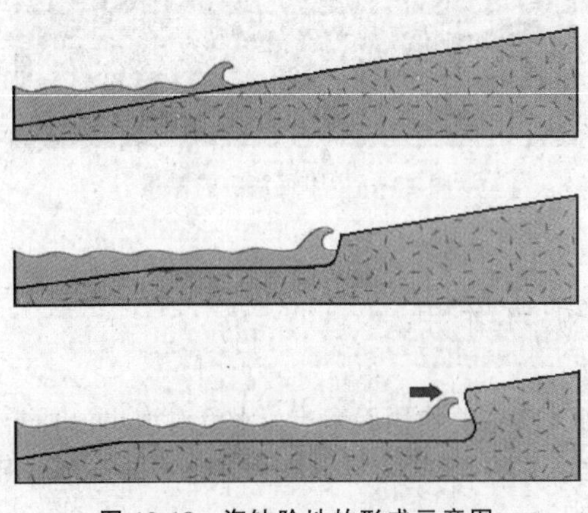

图 10-18　海蚀阶地的形成示意图

图 10-19　海蚀阶地(波切台)

在海浪对海岸进行破坏的同时，被海浪剥蚀下来的碎屑物被海浪带到滨海水中，形成水下堆积阶地(波筑台)。

海岸被破坏和后退的速度取决于以下的一些因素：海岸的岩石类型、海浪的破坏能力、岸线的形态特征、构造发育特征等，但其中最为重要的是海岸的岩石类型。北海的格尔格兰德岛是一个典型的例子，在1072年时该岛的面积达900 km^2，现在则仅有1.5 km^2，不到一千年的时间就几乎被海浪破坏殆尽，其面积则被宽阔的水下阶地所代替了。

海浪对沙滩海岸的塑造

当海浪向垂直海岸方向运动时，碎屑物也是以垂直海岸的形式运动。波浪向海岸运动时具有较大的能量，可以把砾石或粗砂带向海岸；退却时能量大为减弱，只能把较细的碎屑物带回海洋；而一些中等颗粒的碎屑物在往返运动中基本保持在原地，这一位置称为中线。随着波浪作用的不断进行，波浪的水动力条件也发生改变，其结果是使中线不断向大洋方向移动，并最终达到平衡，形成海岸平衡剖面(图10-20)。

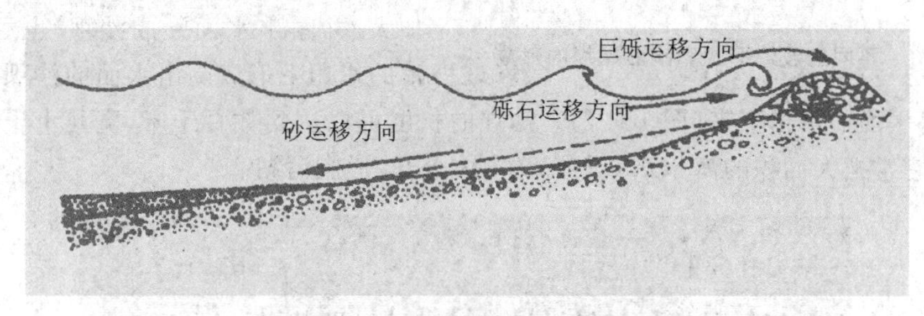

图10-20　海滩平衡剖面形成示意图

如果条件发生了改变，如地壳或海平面的升降，海洋的水动力条件也随之发生改变，原有的平衡被打破，海浪将重新塑造海岸，碎屑物重新被搬运，直至达到新的平衡。

近岸堆积物的主要特点是：碎屑物的颗粒从大陆向大海的方向逐渐变细，具有良好的磨圆度和分选性。

10.5　海洋的沉积作用

海洋是地球表面最主要的沉积环境，根据海水深度的不同，可以将海洋沉积作用划分为滨海沉积、浅海沉积和深海沉积三种大的沉积环境，每一种环境还可以划分出若干种不同的沉积类型。

滨海沉积

滨海是指海岸带范围的海域，由于海岸的类型多种多样，水动力条件也各不相同，因此滨海沉积也具有多样性。

海滩沉积

海滩是指以波浪为主要水动力的滨海环境，以较粗的硅质碎屑物组成的松散堆积物组成(碎屑物颗粒直径通常大于0.05 mm)，是滨海环境中最常见的类型。海滩在波浪的作用下逐渐形成平衡剖面(参见10.4节)，碎屑物以石英、长石居多，具有良好的磨圆度和分选性。最常见层面的构造是波纹，波峰呈尖峰状，粒度较大；波谷呈圆滑状，粒度较小。如果有水流的作用，则形成不对称的波纹，陡坡指向水流的下游方向。

在不同的水动力条件下，海滩沉积作用会形成很多特殊的地形。

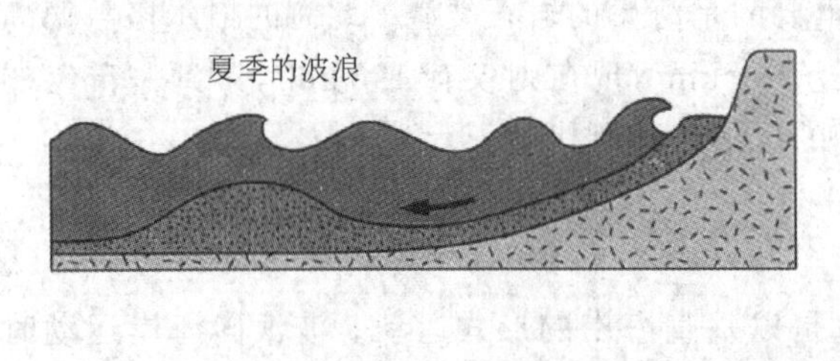

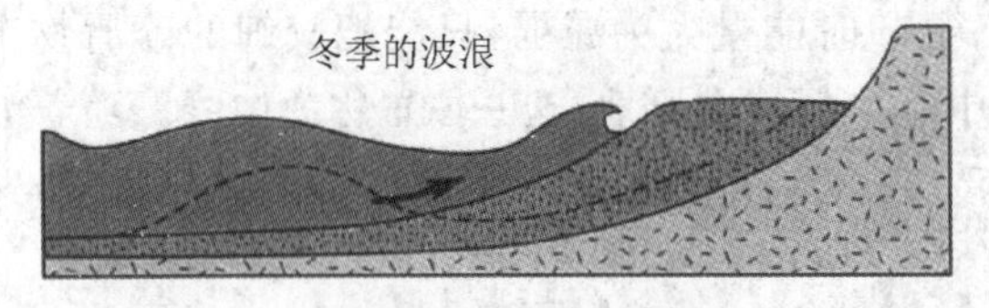

图 10-21　不同的波浪形式影响沿岸堤的形成

沿岸堤　与海岸平行的水下沙坝，沿岸堤的形成通常与平均潮位有关，如平均大潮高潮位、平均小潮高潮位、平均大潮低潮位、平均小潮低潮位，等等，因此在海滩海岸可以形成多道沿岸堤。沿岸堤的形成还和水动力条件有关，盛行风所引起的波浪形式变化也会影响沿岸堤的发育(图 10-21)。沿岸堤通常是不稳定的，可以在数月内堆积形成，也可以在一夜之间化为乌有。在水动力长期稳定的情况下，沿岸堤有可能逐渐发育加大，并露出水面形成沙坝，也可能在风暴浪的作用下形成高出水面的沙坝，这些沙坝由于高出海平面而保留下来(图 10-22)。沙坝的长度可以达到数百千米，宽几十千米，高几十米的规模，它常把大面积的海水水域与海洋主体分开，形成泻湖。

图 10-22　美国佛罗里达州的沙坝

滩角　海滩海岸的一种韵律地形。当波浪垂直海岸运动时，上冲海水和回流水的作用会在海滩留下一些近似三角形的沉积地貌，称为滩角(图 10-22)。

沙咀　在有较强沿岸流的地段，当海岸向大陆方向弯曲时，沿岸流运动的前方水域突然变宽，水流速度也骤然降低，由沿岸流所携带的碎屑物也在海岸拐弯处沉积下来，形成沙咀。由于海岸向大陆方向弯曲，沿岸流也会向大陆方向偏转，因此沙咀也会向大陆方向弯曲(图 10-23)。当波浪或潮流不是以垂直的方式，而是以一定的角度冲向海岸时(通常与海岸的夹角小于 45°)，会分解出一股平行海岸的潮流，形成与沿岸流相似的条件，也会形成沙咀。

图 10-23 在海湾处形成的沙咀明显向大陆方向弯曲

离岸坝与连陆岛 当波浪向海岸方向运功时,如果受到岛屿的阻隔,水流绕过岛屿时会在岛屿的后部形成低压的浪影区,同时接受沉积。当波浪达到海岸以后折返,岛屿后方海岸的浪影区在水流的顶托作用下也会接受沉积,形成向海洋方向发展的离岸沙坝(图 10-24)。离岸坝经过长时间的发展,最终将到达岛屿,把岛屿和大陆连为一体,形成连陆岛(图 10-25)。

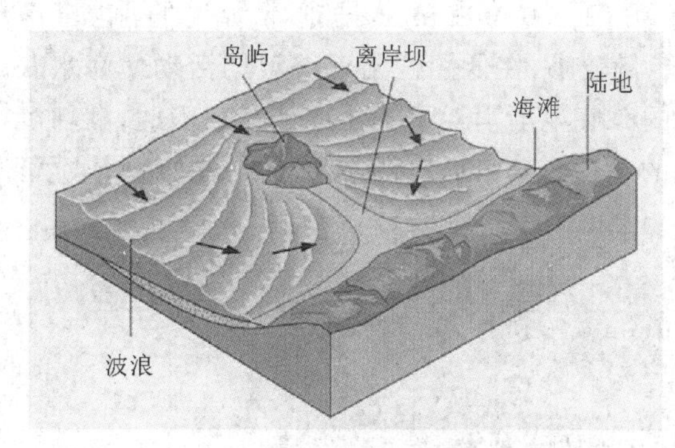

图 10-24 连陆岛形成示意图

图 10-25 辽宁锦县大笔架山连陆岛

泻湖沉积

泻湖是发育于大陆与障壁沙岛之间的,保持与海洋有限沟通的半封闭水域。障壁沙岛可以由沙坝或沙咀发育形成,其上发育了泻湖与海洋沟通的潮道口(图 10-26)。泻湖一般呈长条形,其长轴方向与海岸平行,长数千米到数百千米不等。湖水一般都很浅,通常小于 10 m。

泻湖的特点就是与相邻海域的海水含盐度不一样。如果泻湖有淡水河流注入,或是温暖潮湿、降雨量大的地区,泻湖水的含盐度将大为降低,成为半咸水;如果没有淡水的补给,泻湖在持续的蒸发作用下,水体的含盐度将大为提高,甚至成为卤水。

泻湖的湖底通常为还原环境,适合厌氧生物的生长;湖水表面常有大量的浮游植物,动物则较少,经常繁殖单个种属的生物类型。

泻湖的沉积物可以分为三类:陆缘碎屑物、生物沉积物和化学沉积物。陆缘碎屑物主要分布在湖岸,粗碎屑分布在沙岛附近,细碎屑主要分布在大陆湖岸;生物沉积主要是发育在陆

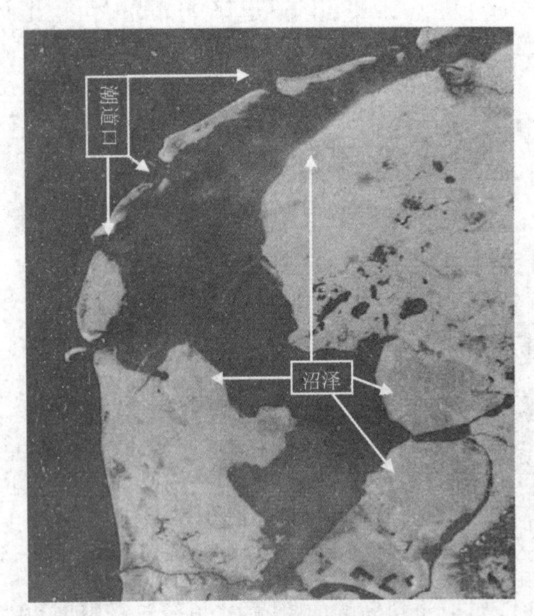

图 10-26　障壁沙岛——泻湖体系航空照片

岸的沼泽沉积（参见第十一章）和湖底的生物遗体为主的有机沉积；化学沉积与气候条件密切相关，在干旱炎热的气候条件下，形成石盐、芒硝、石膏等蒸发岩类，在潮湿的气候条件下形成钙质沉积。

典型的障壁沙岛-泻湖沉积系列自大陆向海洋方向为：草沼相、泻湖泥相、障壁砂相和浅海砂相。

潮坪沉积

潮坪是指以潮汐为主要水动力条件的滨海环境，是坡度极缓的海岸带。潮坪的坡度只有 3′～17′之间，潮差在 2 m 以上，宽度直接受潮差的影响，一般为 1～20 km，波浪的作用力很小。潮坪的沉积环境可以分为：

潮上坪——位于特大高潮位和平均高潮位之间；

潮间坪——位于平均高潮位和平均低潮位之间；

环潮坪——位于平均低潮位和天文低潮位之间。

潮坪沉积物以细碎屑为主，平均粒径只有 0.01～0.001 mm，即通常所说的滩涂（图 10-27）。由于潮坪主要以潮汐为水动力，海水的能量较小，在低潮位附近波浪的活动使海水获得较大的能量。但随着潮水向海岸的推进，宽缓的海底逐渐消耗了潮汐的能量。因此，潮坪沉积物的粒径由大陆向海洋方向逐渐变粗（与海滩的粒序正好相反），从大陆向海洋方向依次可以划分出泥坪、混合坪和沙坪。

图 10-27　潮坪沉积地貌

潮坪的水能较小，且含有丰富的有机质，很适合底栖生物的繁殖，也是海产养殖业的理想场所，腹足类、瓣鳃类是潮坪的主要动物群。

湿热的气候条件潮坪可以沉积碳酸盐岩,主要是蓝藻的光合作用促进了 $CaCO_3$ 泥晶的析出;干旱的气候条件则形成蒸发盐类,尤其在潮上坪低洼地海水蒸发和地下毛细水所溶解的盐分在蒸发后保留在地表,并伴有龟裂现象。

潮坪的潮间带经常纵横交错地分布着一些潮水沟,沟头在高潮线附近,下游延伸至潮下带。它们是潮水进出的通道,涨潮时海水首先通过这些潮水沟向岸流动,落潮时潮水沟里的海水最后流干。

礁与礁坪沉积

礁是发育在水面附近的正地形,通常由附着在基岩上的特殊生物群落组成的,珊瑚-藻礁是分布最广的一类(图 10-28)。

图 10-28 主要造礁生物——珊瑚

岸礁 是发育在海岸附近的一类生物礁,当珊瑚等生物在基岩海岸附着生长时,其死亡后的骨骼即成为礁的主体,通过蓝藻的胶结作用即成为稳定的岸礁。

环礁 环礁的形成与岸礁相似,环礁最初是发育在火山岛上的岸礁(图 10-29a),造礁生物以珊瑚为主;随着火山岛的下沉,适应于水面附近繁殖生长的珊瑚迅速向上生长,在火山岛周围形成障礁(图 10-29b,图 10-30a),澳大利亚东岸珊瑚海中的大堡礁就是由岸礁在地面不断沉降的同时发育而成的障礁;火山岛继续下沉并最终被海水淹没,环礁即告形成,环礁中部自然形成了海水半封闭状态的泻湖(图 10-29c,图 10-30b)。

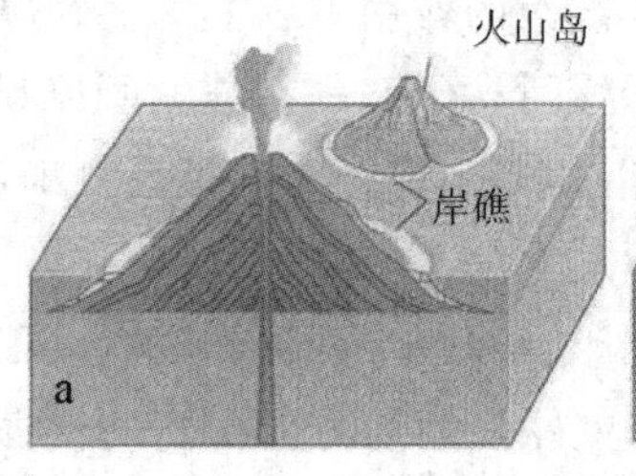

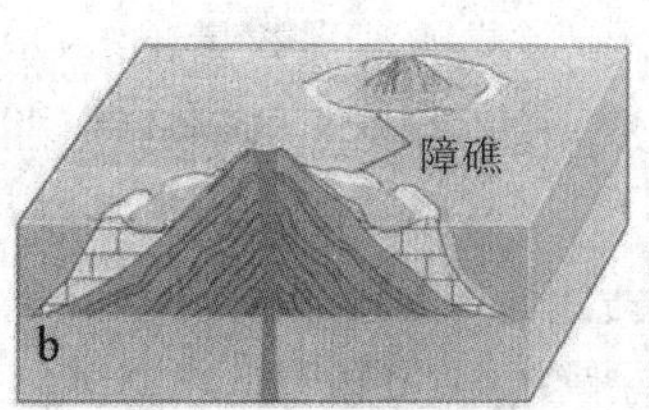

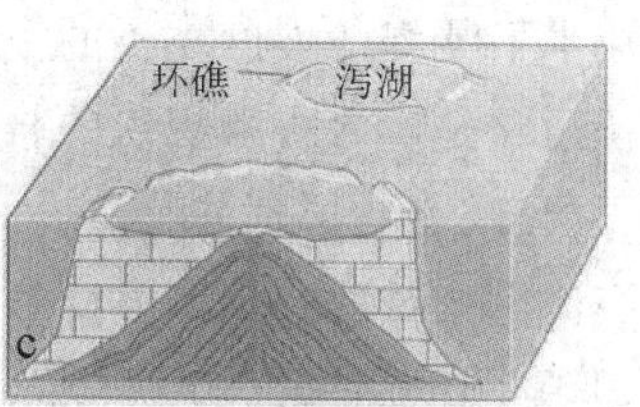

图 10-29 环礁的生长发育过程

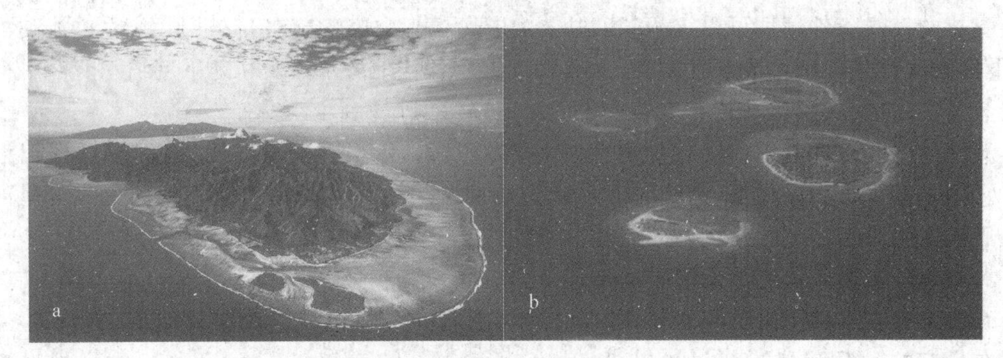

图 10-30 障礁(a)与环礁(b)

岸礁礁坪沉积 礁坪是在岸礁的基础上发育起来的一种滨海类型，当珊瑚在基岩海岸生长繁衍时，由于珊瑚的新陈代谢，老的珊瑚逐渐死亡，新一代的珊瑚重新开始发育，珊瑚礁也就在水面附近不断地向海洋方向推进，形成坡度极缓的岸礁礁坪。礁坪的沉积物主要来自造礁生物的骨骼，包括由骨骼碎屑组成的碳酸钙生物碎屑沉积和海水溶解骨骼形成碳酸钙化学沉积，还有少量的陆源碎屑沉积(通常少于5%)。环礁中的泻湖沉积与礁坪沉积相似，但几乎没有陆源碎屑物沉积。

陆架浅海沉积

浅海沉积主要涉及大陆架浅海地区，其沉积作用受到的影响因素极其复杂，主要因素有：物源补给、碎屑物粒度、气候条件、水动力特征、生物作用、化学因素、海平面变动、地形地貌、构造背景，等等。根据水动力条件可以将浅海沉积分为若干类型。

冲淡水沉积

冲淡水是指河流径流水排出河口受到海洋水的混合所形成的低盐度水。河水以低密度浮流的形式向口外浅海扩散，浮流所携带的陆源碎屑物也随之沉积在浅海位置。由于河流径流水的惯性作用，冲淡水多呈舌状深入浅海。

冲淡水沉积物称为悬积物。含有陆源碎屑物的冲淡水将碎屑物直接搬运到冲淡水所及的区域，并随着冲淡水运动速度的减缓依密度、粒径的大小而逐渐沉积下来。因此冲淡水的沉积物通常呈舌状分布，其粒度由中心向外缘逐渐减小。由于河流所携带的大粒径碎屑物基本上都沉积在滨海三角洲，冲淡水的沉积物通常都是粒度很小的黏土级到粉砂级的陆源碎屑。

浪控沉积

在弱潮大陆架上，波浪对浅海沉积物的控制作用表现较为明显。正常浪的作用范围从低潮线到水深20 m作用的范围，波能随着深度的加大而减小。波浪的作用可以使水下碎屑物堆积形成水下沙堤。坡度越小的浅海，形成的沙堤数量越多，最多可达十几列。波浪所控制的浅海区域通常是滨海海滩沉积的自然延伸，所沉积的碎屑物颗粒也是向海洋方向逐渐变细，经常发育斜层理、交错层理或纹层。

当浅海区域的气压明显降低或出现大风时可以形成风暴浪。风暴浪使海面发生大幅度的升降，其影响的深度远远大于正常浪，最大可达200 m。风暴浪的强劲动力会猛烈的侵蚀海滩和搅动滨海、浅海的沉积物，使风暴流中裹挟了大量的碎屑物，风暴过后碎屑物重新沉积下来。

风暴沉积在剖面层序上具有一定的规律性,反映了风暴过程能量的演变。风暴沉积系列从上往下依次是:

风暴后的正常浅海沉积,具水平层理(4)

细沙层、粒序层或块状层理(3)

侵蚀面以上的底部滞留沉积,由贝壳、砾石、岩屑等组成(2)

风暴前的正常浅海沉积,具水平层理(1)

层(2)反映了风暴搅动后在海底造成侵蚀,以及侵蚀后所保留的粗碎屑颗粒;层(3)反映风暴所搅动的碎屑物在风暴过后按密度、粒径先后沉积下来。层(2)和层(3)构成了一对风暴偶。

潮控沉积

潮控沉积通常发育在一些开敞性较差的大陆架浅海或地形狭窄的海峡,以及潮差大于3 m,流速大于1节的开敞陆架。这些地区潮流的能量较大,能够搬运大陆架的碎屑物,形成潮控沉积。潮流的流速、流向和途径直接控制了沉积物的类型和分布。

潮流有时会造成侵蚀,但主要以沉积作用为主,其沉积物会在海底形成沙垄、沙坡、沙纹和潮沙脊等地形。潮流的沉积物主要有砾、沙、泥三种成分,分别在浅海海底形成砾石席、砂席和泥区,三者顺着潮流的流向展部,砾石席位于上游,泥区位于下游。在狭窄的海峡地区,潮流的中间部分通常流速较快,两侧的流速较慢,因此形成轴部碎屑物较粗、两侧碎屑物较细的沉积物分布特征。

环流沉积

环流在大陆架浅海中较为常见,对沉积物的分布格局也起着重要的作用。按照涡流理论,环流的特点是中心点的流速为零,向外流速逐渐加大,到一定值后由于外围受到阻力,流速又逐渐减小。因此进入环流区的沉积物处于半封闭状态,细粒的沉积物就逐渐地沉积下来,呈补丁状分布于浅海陆架,沉积物由中间向外逐渐变粗。环流沉积主要分布于外陆架,内陆架由于波浪、潮汐、海流等诸多因素的影响,很难形成环流沉积。

深海沉积

水深超过200 m的海洋水域都称为深海,包括了大陆坡、大陆坡脚和大洋盆地等。由于现代海洋勘探技术的限制,深海沉积物的观测研究尚处于探索阶段。深海沉积物的分类主要依据沉积物的物源及成分,各种沉积物在全球大洋中有自己优势的分布范围。大洋沉积物主要有以下一些类型。

陆源碎屑沉积

陆源碎屑沉积的沉积物主要来自大陆,依靠浊流或等深流的搬运,沉积在大陆坡和大陆坡脚处。浊流是深海陆源碎屑物最主要的搬运和沉积载体,发育在大陆坡的海底峡谷是浊流的主要通道,浊流沿海底峡谷冲入深海盆地,在峡谷口处形成深海扇,填平了海底起伏的地形,形成巨大的海底平原。20世纪60年代美国人鲍马对浊流进行了研究,并建立了浊流的沉积层序(鲍马系列):

E层　间浊流沉积(两次浊流之间的深海沉积作用,黏土级到粉砂级的碎屑物);

D层　上水平层(反映浊流到达海底后逐渐平静下来的较为稳定的水流);

C层　包卷层(具斜层理、波纹或包卷构造,反映浊流到达海底后紊乱的水动力状态);

B层　下水平层(冲进深海盆地时的正常水流状态)；

A层　粒序层(块状,浊流到达深海盆地后碎屑物按粒径迅速沉积下来)(图10-31)。

图10-31　浊积岩中的鲍马系列

深海冰川沉积

深海冰川沉积是大陆冰川进入大洋之后,随着海水的漂流融化,冰川所携带的碎屑物沉入海底而形成的冰海沉积物,实际上深海冰川沉积属于陆源碎屑物沉积的一种特殊类型。深海冰川沉积主要分布在高纬度地区(图10-32),主要有三种类型:

近源块状底碛　位于冰川进入海洋附近的海底,主要是冰川所携带的底碛物在大陆冰川末端直接释放在海底形成的冰海沉积物。这种沉积物分布范围小,无分选、无层理、无生物碎屑是这类沉积物的特点。

冰海混杂层状沉积　是深海冰川沉积的主要类型,北半球分布范围达北纬50°,南半球分布在南纬60°以上的范围。这类沉积物分布在块状沉积物的前方,形成一个较为宽广的沉积带。含黏土成分、粗碎屑较少,具层理。

含冰碛坠石沉积　是深海冰川沉积与正常深海沉积的过渡类型,以海相纹泥夹冰川坠石为特征。

深海生物源沉积

深海生物源沉积包括钙质软泥沉积、硅质软泥沉积、珊瑚碎屑沉积和有机沉积。

钙质软泥沉积　是深海沉积中最常见的类型,约占大洋总面积的47.7%,各大洋均有分布,但分布并不均匀(图10-32)。钙质软泥的形成与钙质介壳的产量和溶解效应等因素的影响有很大的关系。

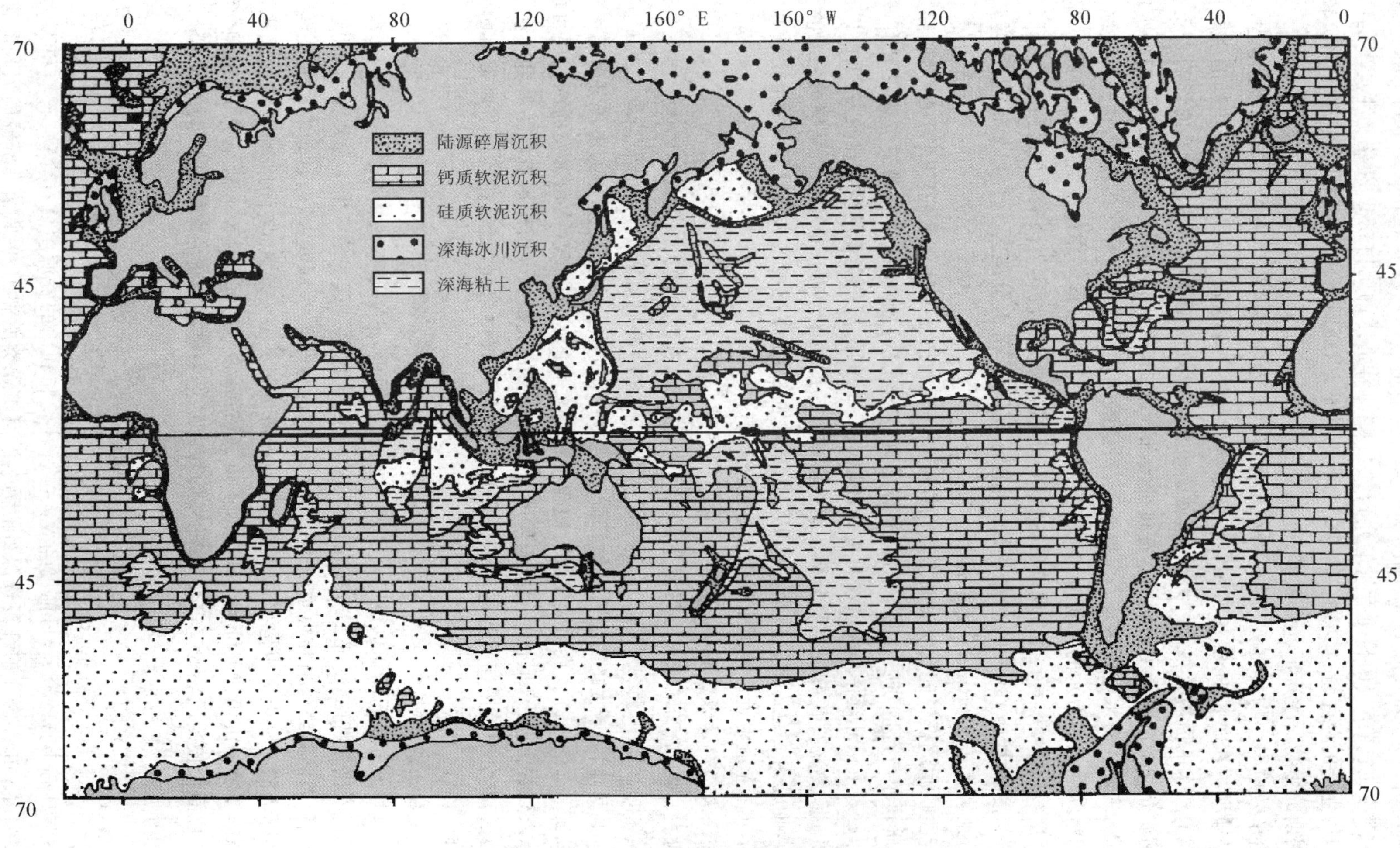

图10-32 全球深海沉积物分布图

海水的肥力和介壳的生命周期对介壳的产量影响很大。一般地讲，近海海水的肥力高，生物的生产率也高，单位面积所产生的介壳量也大；远洋海水的肥力较低，生物的生产率也低，单位面积所生产的介壳量也少。在同等肥力的条件下，生命周期长的生物所产生的介壳量较少，而短周期的生物所生产的介壳就多。

溶解效应与生物种类所产生的介壳的耐溶性以及海水的深度有关。介壳的耐溶程度高，就容易被埋葬在海底，介壳易溶则容易被分解。有时会形成海底钙质软泥沉积物的生物面貌与海洋上层水的面貌有很大的差异，这就是差异溶解效应的影响。海水深度的影响表现在海水对钙质介壳的溶解能力随着海水深度的增加而增加，因此钙质软泥沉积在不同的海水深度有不同的表现。海水在到达某一深度线时，对碳酸钙的溶解能力会突然增加，这一界面称为碳酸盐的溶跃面。当海水的深度达到某一界面时，海水的溶解能力超过了钙质介壳的供应量，则在此深度线以下，海洋不再出现碳酸盐沉积，此时的海水深度称为碳酸盐的补偿深度。碳酸盐的补偿深度各大洋并不一致。太平洋的补偿深度较浅，大部分地区小于 4500 m；大西洋较深，大部分地区大于 5000 m；印度洋居中。

硅质软泥沉积　硅质软泥的形成同样受到介壳的产量和溶解效应等因素的影响，除此之外，硅质软泥与产生硅质介壳的生物分布由直接的关系。形成硅质软泥的生物主要有两种：硅藻和放射虫。硅藻一般生活在低温的环境中，寒冷的海域中硅藻的数量比较多，因此以硅藻为主要沉积物的硅质软泥主要分布在南大洋的高纬度地区。硅藻软泥通常呈棕黄色或淡灰绿色，干燥时呈乳白色。放射虫则喜欢生活在高温地区，在赤道地区大量繁殖，因此放射虫软泥主要分布在赤道附近。放射虫软泥多呈暗灰色。

深海火山碎屑源沉积

海底、火山岛和陆缘火山喷发是常见的地质现象，这些地区火山爆发的固体产物大部分将沉积在深海盆地中，形成深海火山碎屑源沉积。在火山碎屑沉积中，火山灰是最常见的、分布最广的类型，因为较大的火山碎屑物都降落在火山周围不大的范围里，而火山灰可以随大气环流飘落到很远的地方。火山喷发具有短暂性和间歇性的特点，每次火山爆发的沉积层可能只有数厘米到数十厘米，但长时间的积累可以形成很厚的沉积。火山碎屑沉积主要分布在大陆边缘地区，其分布范围与优势风向有很大关系，在信风带由东向西飘，在盛行西风带由西向东飘，形成与风向一致的沉积带。

深海黏土沉积

深海黏土分布的面积也很广，仅次于钙质软泥沉积，主要分布在北太平洋地区。深海黏土的沉积环境比较特殊，一般都分布在远离陆缘的深水地区。这些地区由于远离大陆，且通常有海沟阻隔，因此陆缘碎屑物很难到达这些地区；同时由于海水深度大，超过碳酸盐的补偿深度线。实际上深海黏土沉积是在难于接受其他深海沉积类型的地区进行的非常缓慢的沉积。通常陆源碎屑物的沉积速率可达 100 mm/千年，而深海黏土的沉积速率一般小于 5 mm/千年，因此在单位面积接受同等的宇宙物质条件下，深海黏土中宇宙物质的丰度就显得较为突出。

10.6　海洋矿产资源

海洋具有丰富的资源，目前已经被人类所开发和利用的资源主要有食物、石油和天然气、近岸砂矿等。虽然海洋的许多资源目前仍然没有被人类所利用，但其潜在资源的巨大诱惑力，吸引了各国政府的广泛关注,并纷纷向海洋的科学研究和试验开发投入了大量的资金,以争取海洋开发利用领域的主动性。

水资源

海洋的水资源量占地球水资源总量的97%,在大陆淡水资源逐渐枯竭的情况下,海洋水资源的利用已经被列为议事日程。在阿拉伯地区一些缺水严重的国家,利用海水淡化技术提供生活用水已不新鲜。随着海水淡化技术的进步和成本的降低,海水资源在不远的将来就会得到广泛的利用。

能源

海洋蕴藏着丰富的能源。据统计,全世界水深在300 m以上的浅海面积为2.6×10^7 km^2,其中沉积盆地的面积为1.6×10^7 km^2,具有商业价值的油气远景区面积为5.01×10^6 km^2。随着陆上石油资源的日渐枯竭,世界油气开发已开始大规模地向海洋转移,海上石油产量占石油总产量地比例逐年上升,因此海上油气开发依然是世界各国在海洋争夺的主要原因。

从目前海洋石油勘探地情况看,海底油气藏主要分布在被动大陆边缘,活动大陆边缘则较少。印度洋和大西洋陆缘约占总数的7/8,太平洋只占总数的1/8。其主要原因是被动陆缘是稳定的构造单元,适合各种海洋生物的生存,这些生物死亡后被浅海陆架巨厚的沉积物所埋藏,有利于油气田形成。活动陆缘的构造运动较为频繁,不利于大型油气藏的形成。印度洋的海湾地区是目前世界石油储量最大的地区,相当于世界石油储量的一半。加勒比海和墨西哥湾则是大西洋油气资源最丰富的地区。我国的边缘海盆地也都分布有中新生代的沉积地层,沉积物的厚度在千米以上,是良好的找油远景区。

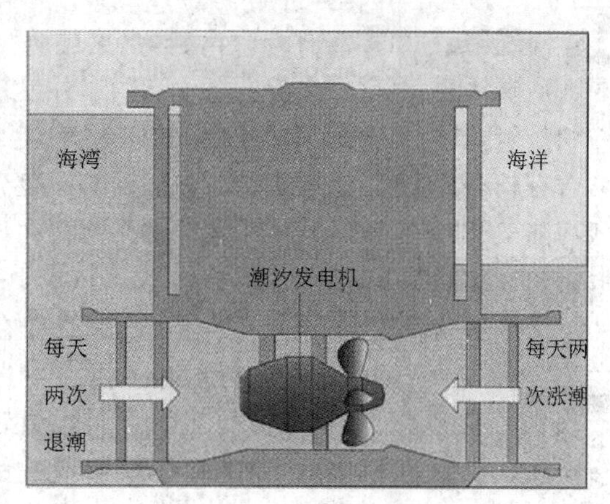

图 10-33 潮汐发电原理示意图

除了目前已被利用的石油和天然气外,海洋的能源主要来自两个方面。一方面是利用海水运动得到的能源,如潮汐、洋流等等(图10-33)。另一方面,如果受控核聚变技术一旦成熟,海水中的氘和氚将为人类提供取之不尽的能源。

矿产资源

海洋的矿产资源同样非常丰富,目前受到广泛重视的有海底锰结核、海底磷块岩和海底多金属硫化物矿床。

海底锰结核 是海底的一种多金属结核,具有工业价值的金属元素主要有锰、铁、镍、钴、铜等,其含量超出地壳正常丰度的100倍以上,总储量达1.5×10^{13} kg,主要分布在中太平洋和东北太平洋,印度洋和大西洋虽也有发现,但其品位和储量都很低。锰结核的形状和大小变化很大,有长条状、板状、球状或不规则状(图10-34)。就锰结核个体而言,内部成分比较均一,外表和成分在不同的部位却有差异。通常暴露在海水中的部分表面比较光滑,成分以Fe、Co

的化合物占优；埋藏在海底的部分表面比较粗糙，成分以 Mn、Ni、Cu 占优。

图 10-34　海底锰结核

海底磷矿　1872—1876 年英国皇家舰队“挑战者”号在海洋调查中首次在南非岸外发现了海底磷块岩，之后又先后在各大洲的岸外发现了海底磷块岩。海底磷矿通常呈结核状或颗粒状产出，其内部多为鲕状或层状构造。密度 2.6～2.8 g/cm³，硬度 5，平均直径约为 5 cm，通常含有较多的杂质，呈暗灰色。海底磷矿一般分布在水深小于 1000 m 的海底，包括滨外浅滩、浅海陆架、陆坡上部、海山等，大洋的东部往往比西部更为富集。海底磷矿的主要矿物成分是胶磷矿和细晶磷灰石，化学成分为 $Ca_3(PO_4)_2 \cdot 2H_2O$。

海底多金属软泥　1948 年瑞典的调查船在红海海底发现了高温、高盐度的卤水区，之后美、英、法等国先后对该区进行了调研、勘测，在红海大约 2000 m 水深的大洋中脊先后发现 24 个卤水区和含多种金属软泥的沉积区。这些卤水区通常位于转换断层与大洋中脊的交会处。多金属软泥中的沉积物主要是氧化物、硫化物、硫酸盐、碳酸盐和硅酸盐，Zn、Cu、Ag 三种元素的含量非常高。海洋调查的结果认为，红海这些高盐度卤水和多金属软泥是正常的海水在转换断层与大洋中脊的交会处向下淋滤，海水受到加热，其活动性增强，通过基岩或蒸发岩而获得的。

图 10-35　正在喷出的海底黑烟

海底硫化物矿床　与多金属软泥的形成条件相似，海底硫化物矿床的形成也主要发育在洋壳破碎的转换断层与大洋中脊的交会处，当海水沿洋壳破碎带下渗到 5000～6000 m 深度时，水温通常升高至 300℃～400℃，并从大洋地壳中淋滤出黄铁矿、闪锌矿为主的硫化物。当海水被加热后重新返回海底时，暗色的硫化物呈黑烟状喷出，称为“黑烟筒”（图 10-35）。

在太平洋中脊北纬21°的位置上发现有停止生长的金属硫化物堆积丘，其规模为15 m×30 m×2 m，样品分析表明，硫化物中含Zn 5%、Cu 6%、Ag 0.05%。大西洋和印度洋中脊也有类似的发现。

10.7 成岩作用与沉积岩

沉积物的成岩作用

构成地壳表层的沉积岩主要是古海洋的沉积物经历长期的、复杂的地质作用过程的结果，由各种松软的沉积物变成固结的岩石的过程称为成岩作用。

成岩作用的最初阶段包括发生在泥质沉积物最上层的各种过程。沉积物中的高湿度对物质的再分配具有重要意义。它造成了物质在水平和垂直方向的扩散和转移，同时促进了新矿物的形成。在细菌对有机质的分解过程中，会发生一些新的化学反应，有些情况下会发生氧化反应、而另一些情况下则发生还原反应。含氧量的增减对铁的化合物会产生特别重要的影响，在氧化环境中形成的是氧化铁，中性环境或弱还原环境中形成菱铁矿($FeCO_3$)，在还原环境中形成硫化铁。对于均匀的碎屑沉积物，通常具有良好的渗透性，如果生物的含量较多，则氧化环境不仅存在于表层，而且存在于较深层的位置。

成岩作用的重要过程是压实、胶结和重结晶作用。压实过程使松软的沉积物的多余孔隙减少，沉积物的体积变小(图10-36)。一般情况下，从松散的碎屑物压实成为固结的岩石，体积可以减少50%以上，细小的泥质碎屑物压缩量就更大，压缩量可以超过70%。沉积物的压缩过程所受的力主要来自上覆沉积物的静压力，因此埋葬越深的沉积物所受的压力越大，压缩量也越大。当然，压缩量达到一定程度后沉积物便不能再被压缩。胶结作用也是成岩作用中非常重要的一环，胶结作用是胶结物以不同的形式充填于沉积颗粒之间，使沉积物(尤其是碎屑物)颗粒彼此联结在一起，形成坚固的岩石的过程(图10-36)。最常见的胶结物有SiO_2(硅质胶结)、氧化铁(铁质胶结)、碳酸钙(钙质胶结)等。

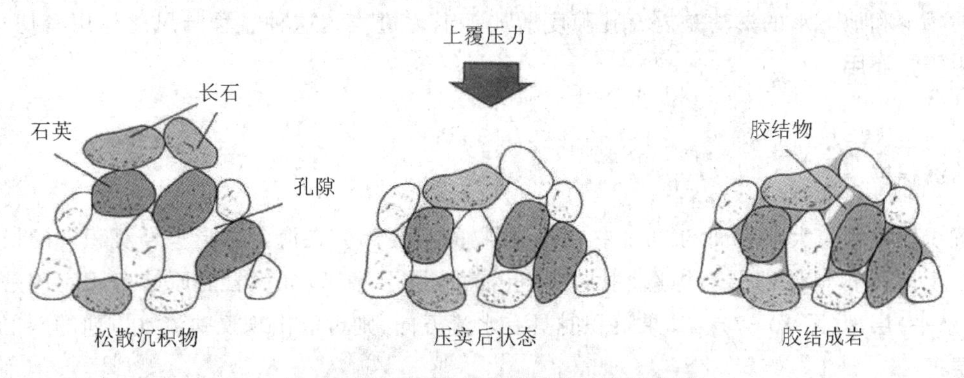

图10-36 碎屑物胶结成岩的过程示意图

海洋的生物源沉积(钙质软泥沉积和硅质硅质沉积)很容易发生重结晶作用，构成生物软泥的介壳沉积以后很容易被海水溶解，然后重新沉积并发生重结晶形成岩石。较为典型的是珊瑚礁，在沉积岩层中通常会转变为结晶灰岩。

成岩作用是一个长期且复杂的过程，在这一过程中还可能形成一系列的矿床，因此研究成岩作用过程具有重要的实际意义。虽然成岩过程中许多地质作用都是同时进行的，但在某种过程中，可能发生某种物质在空间上的不均匀，可能形成一些新的矿物、结核，甚至富集成矿。研究沉积作用及其成岩过程的学科称为沉积岩石学。

沉积成岩期后作用

沉积岩形成之后还要继续经受改造，决定这种改变的方向、性质和程度的主要因素是构造运动。构造运动使沉积岩抬升或下降，从而改变沉积岩环境的温压条件，使沉积岩向新条件下的平衡方向转化。如沉积岩在形成之后由于沉积盆地继续接受沉积物，上覆压力使已经压实成岩的沉积物继续下降，在这种条件下沉积岩将进一步被压实，其体积也会产生很大的变化。泥岩是这种条件下的典型例子，泥岩孔隙度从最开始成岩时的50%多，经压实作用一直下降到5%左右或更小。

成岩期后作用的最后阶段，沉积岩的改造已经不在成岩带中进行，但尚未达到变质带的温压条件，有的学者将这种较高温度、压力及矿化地下水的条件下岩石的改造称为**后成作用**。对后成作用比较敏感的是生物沉积物，或生物沉积物转化而成的有机岩。如泥炭转化成为褐煤。许多学者还认为，石油与天然气就是生物质在后成阶段转变而成的。

含有矿化物的地下水对沉积岩的改造也是很重要的一个过程，地下水可以携带各种元素，并且沉积在岩石孔隙中，或者扩散到岩石的矿物结构中，甚至与岩石中的元素进行交换，最终使岩石的物质成分发生了变化。其过程与化学活动性流体的变质作用已经极为相似，已经发生了物质的带入与带出，有的学者称之为**变成作用**。

因此沉积岩在形成及随后的地壳沉降条件下所发生的各种作用可以归结如下：

当沉积岩在构造隆起中抬升，上覆岩层被剥蚀而逐渐接近地表，则发生另外的一系列不同的现象。在各种地表因素的作用下，岩石发生氧化、溶解、水化等，伴有物质成分的交换，上覆压力的减少和地下水的淋滤是岩石孔隙度增加等退化过程。这种过程与风化作用密切相关，被称为**表生作用**。

常见的沉积岩

沉积岩覆盖着大陆表面的75%左右，沉积物的主要部分在海盆中形成。沉积岩的最主要特征是反映沉积条件的层理构造，根据斯坦诺的地层层序律，沉积岩的原始产状应该是水平（或近水平）层理（图10-37）。如果沉积时具有水流方向，则可能出现反映流水方向的斜层理或交错层理。

图 10-37 沉积岩的层理(左图)和斜层理(右图)

沉积岩的另一个重要特征是具有层面构造和层内构造,通过这些构造可以确定沉积岩的顶底,即沉积岩的上层面和下层面,以此确定沉积岩层的顺序关系。

波纹 最常见的一种层面构造,在波动的或流动的水作用下形成的(图 10-38)。静止水的波动形成对称的波纹,流动水的作用形成不对称波纹,波纹的缓坡指示水流的上游方向。需要注意的是波纹常常有印模出现,即出现在沉积岩层底部的印有波浪的痕迹。一般的,在重力与波浪的共同作用下,波纹的波谷呈圆滑的形态,波峰则呈尖棱状,波谷的沉积物粒度较大,波峰的粒度较小,依此可以判别是否为波纹的印模。

图 10-38 图中不对称波纹显示水自右向左流动

泥裂 也是一种常见的层面构造(图 10-39),通常出现在湖成沉积或河流漫滩冲积物中,是河水或湖水干涸龟裂后又接受沉积并保留在岩层中形成的,因此海洋沉积中较少出现泥裂。

图 10-39 岩石中的泥裂现象

在沉积层理中还可能发现一些雨(雹)痕、动物脚印、虫迹、冲刷痕迹、水流渠迹等痕迹,也可以作为判别层面的标志(图 10-40)。

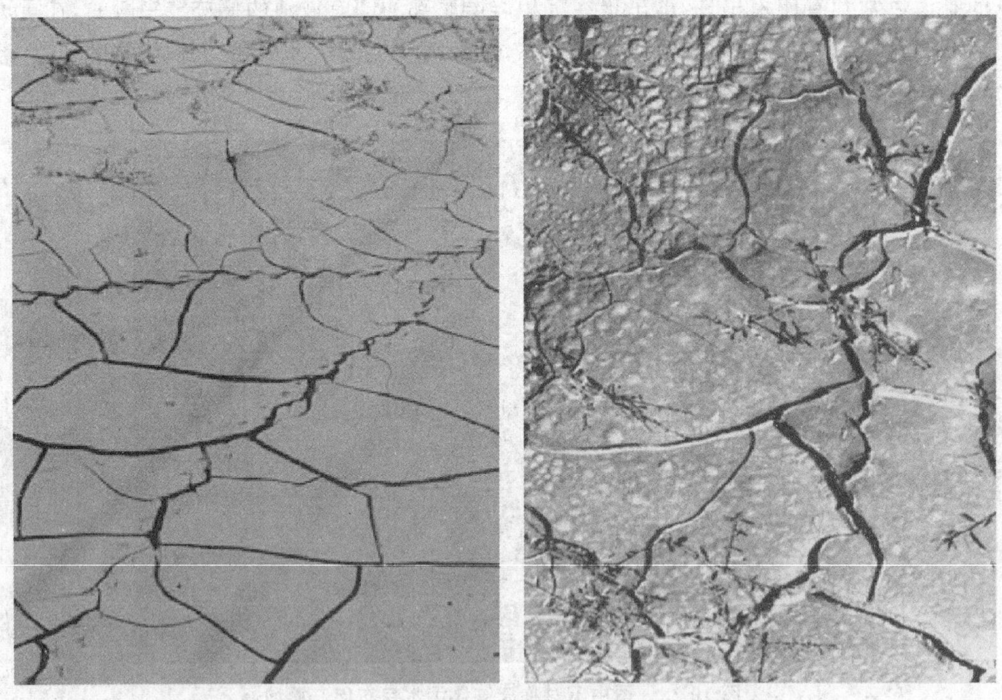

图 10-40 现代沉积中的泥裂、动物脚印(左图)和雨痕(右图)

沉积岩的岩层内部同样也存在一些判断岩层层序的构造现象,如前面所说的斜层理、交错层理等。另一种常见的层内构造是粒序层,是碎屑岩中常见的构造,浊积岩中经常发育这种构造。当一次洪水或浊流过后,流水所携带的碎屑物会按粒度大小依次沉积下来,构成底部较粗顶部较细的粒序层。季节性的碎屑物沉积也会出现粒度的变化。形成韵律层。季节性韵律层的变化从夏季到冬季是由粗变细,从冬季到夏季则是由细到粗的变化。有时很难区分粒度的变化发生在什么季节,作为顶底判别的标志要寻找每一个韵律层都是由粗变细的粒序层。河流沉积物中经常见到的是砾石的有序排列和粒级的变化,通过砾石的排列和粒级的变化分析,同样可以判别岩层的顶底和水流方向。大规模的海进和海退也会造成沉积物粒度的变化,同样可以用来进行岩层层序判别(参见 10.8 节)。层内的古生物生长结构,如叠层石的生长纹、珊瑚的分叉等,都可以作为判别顶底的标志。

根据沉积岩的不同成因,可以把沉积岩分为三种主要类型:

由岩石遭受机械破坏所形成的碎屑沉积而形成的碎屑岩;

由岩石机械破坏所形成的极细的碎屑物和化学破坏的产物所形成的泥岩;

由化学和生物作用,并通过盐类在水中的过饱和沉积和生物遗体沉积所形成的岩石。

每一种成因的岩石还可以根据不同的特征分成不同的亚组,每一个亚组中还有不同的岩石。有些学者并不把泥岩单独分成一个类型,而是归属到碎屑岩中,但泥岩的双重成因特点是显而易见的。

碎屑岩

碎屑岩主要根据碎屑物的成分和粒度的大小命名,对碎屑岩的描述通常包括以下几个方面:碎屑岩的颜色、碎屑物的成分及所占的比例、碎屑物的结构特征、胶结物和胶结方式等。

碎屑岩的颜色主要取决于沉积物的矿物和胶结物的成分,同时还与沉积物来源和沉积环境相关。暗色矿物含量多的岩石颜色较深,反之颜色则较浅。铁质胶结物的沉积岩多为红色或褐色,钙质或硅质胶结物则多为白色。在干燥炎热的气候条件下通常为氧化环境,有机质容易分解,低价铁容易进一步氧化成高价铁,因此沉积岩通常显示为红色;在潮湿低温的环境下通常为还原环境,有机质不易被分解,铁仍为二价,沉积岩通常为蓝色、深灰色、灰绿色、黑色等。

碎屑物的成分主要是构成碎屑岩的矿物组成,如石英、长石、云母、重矿物或者是岩屑及各种组分在岩石中所占的比例。

碎屑物的结构特征主要指碎屑物的颗粒形态,如粒级的大小、磨圆度的情况、分选性、表面特征(粗糙度、划痕、氧化程度或其他特征)等。

成岩作用中碎屑物以不同的胶结物和胶结方式固结成岩,胶结物和胶结方式可以反映碎屑物的成岩环境。碎屑岩常见的胶结物有钙质胶结、硅质胶结、铁质胶结和泥质胶结。常见的胶结方式有基底式胶结、孔隙式胶结、接触式胶结和无胶结物(图 10-41)。

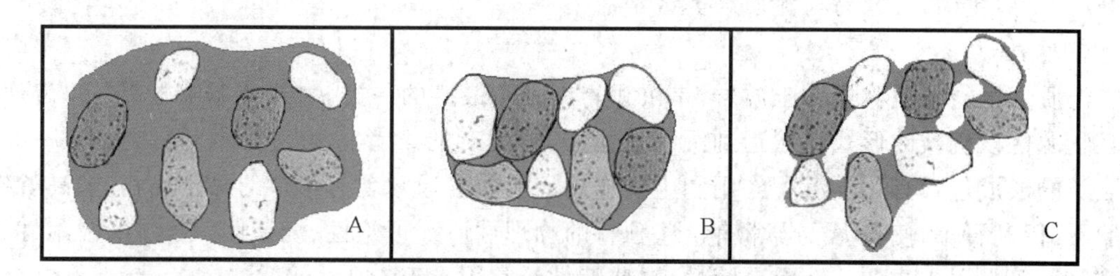

图 10-41 碎屑岩的主要胶结方式 A—基底式胶结 B—孔隙式胶结 C—接触式胶结

砾岩 由直径大于 2 mm 的碎屑和胶结物组成,砾岩中 2 mm 以上的碎屑物通常在 50%以上(图 10-42)。砾石的成分通常为坚硬的岩石或矿物,如花岗岩、石英岩等,不同的砾岩有不同的胶结物,钙质、硅质、铁质、泥质均有。如果砾石磨圆度很差,有明显的棱角,则称为角砾岩。

图 10-42　砾岩

砂岩　由直径 2～0.1 mm 的碎屑物和胶结物组成，该粒级范围的碎屑物含量在 50%以上（图 10-43）。砂岩的碎屑物成分以石英、长石为主，有时有白云母、暗色矿物、重矿物和岩屑。胶结物主要是钙质、硅质、铁质和黏土。以岩屑为主的砂岩称为杂砂岩或硬砂岩（以前曾称为灰瓦岩）。

图 10-43　石英砂岩（左图）和杂砂岩（右图）

粉砂岩　由直径在 0.1～0.01 mm 的碎屑物和胶结物组成，且该粒级的碎屑物含量在 50%以上。粉砂岩的碎屑物成分多为石英，部分为长石，岩屑很少见。胶结物为钙质、铁质、硅质和黏土。粉砂岩的碎屑物颗粒较细，肉眼难于鉴别，在放大镜下可以识别。粉砂岩表面（新鲜断面）手感粗糙，很容易与泥质岩类区别。

泥质岩

泥质岩也经常被称为黏土质岩，是沉积岩中分布最广的一类，大部分泥质岩都是以碎屑状态从物源区以机械的形式被搬运到沉积盆地的，因此有的学者将其列入碎屑岩类。但一些泥质岩类的形成包含有化学沉积作用和生物作用。泥质岩通常含有很多的黏土矿物，如高岭石、蒙脱石、伊利石等，使得泥质岩常有一些独特的物理性质。可塑性、烧结性、耐火性、吸附性、吸水膨胀性等是泥质岩的一些重要特性，这些特性经常用于工农业生产。

由于泥质岩类通常含有丰富的有机质，因此是重要的生油岩层，在生油过程中，黏土矿物起到吸附和催化作用。固结压实后的泥质岩孔隙度通常很小，也是油气田的良好盖层。

由于泥质岩的矿物颗粒很细，肉眼无法辨别，因此泥质岩结构、构造和颜色是肉眼鉴别泥质岩的主要依据。

泥质岩的结构　按所含碎屑物颗粒大小和含量可以分为以下几种类型(表 10-2)：

表 10-2　按粒级划分的泥质岩结构类型

结构类型＼粒度及含量	各粒级含量		
	黏土	粉砂	砂
泥质结构	＞95％	＜5％	—
含粉砂泥质结构	＞70％	5％～25％	＜5％
粉砂泥质结构	＞50％	25％～50％	＜5％
含砂泥质结构	＞70％	＜5％	5％～25％
砂泥质结构	＞50％	＜5％	25％～50％

按黏土矿物的集合体形态可分为：

胶状结构　岩石由凝胶作用形成，在成岩脱水过程中形成一些裂隙，贝壳状纹等；

豆状结构　豆粒由黏土矿物组成，直径大于 2 mm，无同心圆结构；

鲕状结构　常与豆状结构共存，鲕粒直径小于 2 mm，多具同心圆结构，鲕粒可以是黏土矿物，也可以是氧化铁、有机质等；

碎屑状结构　通常是泥质岩尚未完全固结的情况下遭破坏，所形成的碎屑又被黏土物质胶结而成，也有在成岩脱水收缩中形成的。

泥质岩的构造　常见的是层状构造和波纹、泥裂等层面构造，良好的薄层状构造是泥质岩最常见的构造，薄层构造发育的泥质岩称为页岩。由于成分的差异泥质岩还经常出现斑点构造、条带状构造、网状构造等。另外泥质岩还有一些显微构造，如鳞片构造、毡状构造、定向构造、格子状构造等。

泥质岩的颜色　多种多样，主要取决于黏土矿物的成分和染色的成分。白色和灰白色的岩石表明泥质岩缺少有机质或染色元素；红色、红褐色、棕色、黄色等颜色反映了成岩环境的强氧化作用；绿色、蓝色反映了弱的还原条件；灰黑色、黑色则反映的是强还原条件。

页岩　最常见的泥质岩(图 10-44)，有各种各样的颜色，具薄层状页理构造，主要由高岭石、水云母等黏土矿物组成，岩石所含成分不一样则有不同的名称，如炭质页岩、钙质页岩、铁质页岩等。致密厚层的泥质岩称为泥岩。

图 10-44　最常见的泥质岩——页岩

碳酸盐岩

碳酸盐岩主要由沉积的碳酸盐矿物(方解石、白云石、文石等)组成,主要岩石类型是灰岩和白云岩。碳酸盐岩在地壳中的分布仅次于泥质岩和砂岩,是主要的沉积岩类型,约占20%左右。在我国碳酸盐岩则是主要的沉积岩类型,约占总面积的55%,我国西南地区分布有大面积的碳酸盐岩,形成世界著名的喀斯特地貌。

碳酸盐岩的结构可以在一定程度上反映岩石的成因,也是岩石鉴定的重要标志和命名的主要依据。

粒屑结构　由波浪和流水作用形成的碳酸盐岩具有和碎屑岩相似的结构特征,可分为粒屑、泥晶基质、亮晶胶结物和孔隙等几部分,并依此为碳酸盐岩命名。

生物骨架结构　由原地固着生长的造礁生物群体形成的礁灰岩通常具有生物骨架结构,在骨架之间可能还有泥晶、亮晶物质。

碳酸盐岩的构造也比较复杂,它与沉积环境和成岩中的改造过程有关。大部分沉积岩的构造在碳酸盐岩中都能见到。除此之外,碳酸盐岩还有自己一些特殊的构造。

叠层构造　它是由蓝绿藻细胞丝状体或球状体分泌的黏液,将细屑物质粘结后固结成岩所形成的构造,叠层石就是蓝绿藻生长受到季节性变化而形成的。

鸟眼构造　在碳酸盐岩中一些大致平行的、类似鸟眼的孔隙,被方解石或硬石膏等物充填,称为鸟眼构造。

缝合线　是碳酸盐岩中最常见的构造,一般认为是期后阶段由压溶作用形成的,多见于薄层灰岩、泥质灰岩中。

灰岩　一般为灰白色、灰色,杂质较多时呈深灰色,主要矿物成分为方解石,遇盐酸起泡。除了前述的各种常见构造外,还经常出现鲕状、竹叶状、豹皮状等构造(图10-45)。纯灰岩是石灰、水泥的原料,但大多数的灰岩含有白云质、泥质、燧石等其他杂质。

图10-45　紫红色竹叶状灰岩

白云岩　一般为灰白色,主要矿物成分是白云石和方解石,遇盐酸微弱起泡。由于构成白云岩的矿物白云石和方解石物质成分和化学性质极为相似,因此灰岩和白云岩可以以任何比例构成二者的过渡类型岩石,如果白云质的含量多就称其为灰质白云岩,反之称为白云质灰岩。

10.8 岩相的概念

岩相是影响岩石形成因素的综合，反映了岩石形成时的环境条件。因此不同的岩石类型(三大岩类)有不同的岩相，其他岩类的相将在相关的章节中介绍。

自然界的沉积作用与环境之间存在密切的联系，沉积物的组成、空间分布规律、所含的化石种类，等等，可以用来恢复沉积岩形成的环境。早在19世纪，瑞典的地质学家格雷斯利(A. Gressley)已经注意到，同一时期形成于地表不同位置的沉积岩，其沉积物也有明显的不同，这种区别与其沉积环境的不同有关，为此他提出了"相"的概念。相(沉积相)是指在一定的自然地理环境中形成的沉积岩，根据岩石中一系列的成因标志(岩石的物质组成、结构构造、化石种类等)可以判断其形成环境。

地表的沉积环境可以分为两大类的沉积区，大陆和海洋。海洋中的每一个沉积带都有自己的沉积特征，环境决定了沉积物的总体面貌，形成不同的沉积相。如在潮坪地区主要沉积黏土质碎屑物，在大陆边缘的深海地区主要沉积陆源碎屑物，在远离陆地的大洋区主要是生物源沉积等(参见10.5节)。大陆的沉积情况也类似，不同的地理条件有不同的植物分带，气候因素决定了沉积环境的氧化还原条件，甚至是地貌的差异，也会引起沉积物的变化。根据沉积岩的形成环境，可以将沉积相划分为海相、陆相和过渡相三大类和若干的小类：

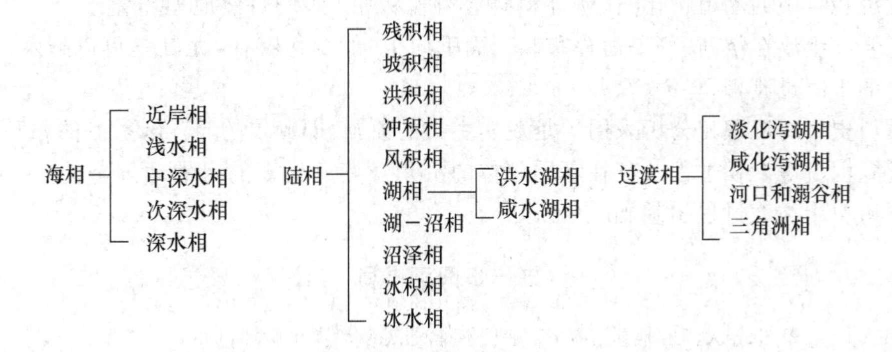

小类下面还可以再划分为若干微相，如冲积相还可以再分为河床相、河漫滩相、牛轭湖相等。相分析不仅可以用来研究地质历史中沉积物形成的自然地理环境，还可以用来进行大地构造分析，通过沉积相的变化，恢复地壳的隆升和沉降变迁，研究古构造的演化历史，是大地构造演化研究的主要手段之一。

海平面的变迁和地壳运动可以造成相对海平面的升降，即沉积盆地海水深度的变化，对盆地中沉积相的分布产生影响。地质历史中经常可以发现海陆分布的变化和海岸线的迁移，引起这种变化的原因是海平面发生变化，或者地壳的垂直升降运动。这些作用的效果是造成海进(海水向大陆方向推进)或海退(海水向海洋方向退去)。海进时，岸线向大陆方向推进，海水深度加大，在原来较粗的沉积物上将堆积较细的沉积物，以适应新的沉积环境；海退时，岸线向大洋方向退却，海水深度变小，沉积物的粒度逐渐变粗。如图(图10-46)所示，海进-海退过程中沉积物的变化，并构成了一个海进-海退沉积系列剖面。

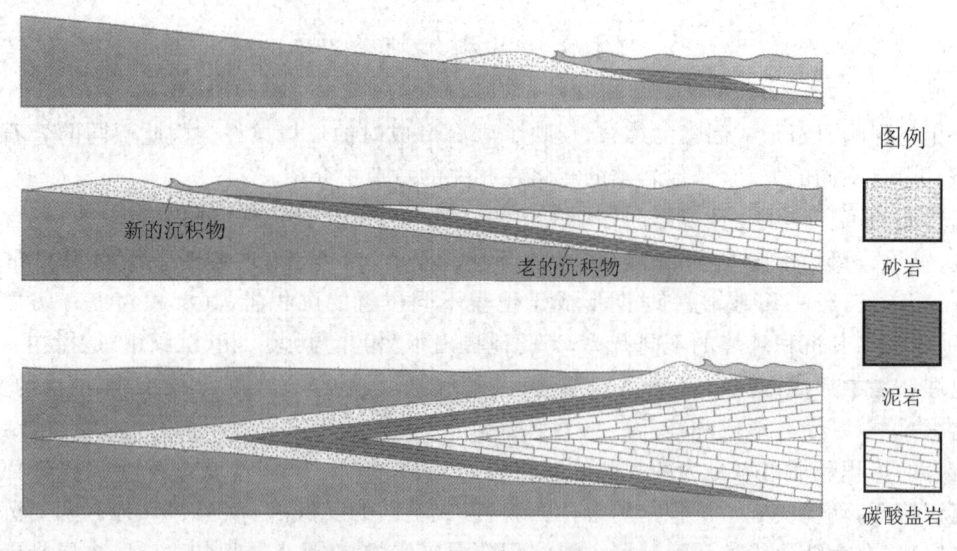

图 10-46　一个海进-海退沉积系列

沉积相的分析研究通常包括以下一些主要内容：

研究岩石的物质组成、结构和构造等方面的特征；

研究沉积岩中的动植物化石、遗迹和群落构成及所代表的自然地理环境；

研究岩石组成在空间上(平面分布和剖面垂向上)的变化特征，尤其是可以指示沉积环境发生变迁的中间过渡带。

地质历史中的沉积相分析采用的是现实主义的原则，即赖尔的"将今论古"的原则，从现代海洋、湖泊、河流等沉积过程及其在不同部位的沉积环境所代表的自然地理条件，并依此作为研究地质历史中类似过程的基础。

进一步阅读书目

维利奇科 EA [苏]著. 世界大洋的地质和矿产. 王长恭译. 北京：海洋出版社，1983

王琦，朱而勤. 海洋沉积学. 北京：科学出版社，1989

J·肯尼特[美]. 海洋地质学. 成国栋，等译. 北京：海洋出版社，1992

沈锡昌，郭步英. 海洋地质学. 北京：中国地质大学出版社，1993

孟祥化，等. 沉积盆地与建造层序. 北京：地质出版社，1993

王英华，鲍志东，朱筱敏. 沉积学及岩相古地理学新进展. 北京：石油工业出版社，1995

Glantz MH[美]著. 变化的洋流 厄尔尼诺对气候与社会的影. 王绍武，周天军，等译. 北京：气象出版社，1998

徐茂泉，陈友飞. 海洋地质学. 厦门：厦门大学出版社，1999

万九如. 深蓝的世界. 上海：上海科技教育出版社，2000

范元炳. 海洋与全球环境. 济南：山东人民出版社，2001

塞尔维亚·厄尔勒，艾伦·普拉格尔[美]著. 海洋的故事. 王桂芝译. 海口：海南出版社，2002

吕炳全. 海洋地质学概论. 上海：同济大学出版社，2008

Anderson R N. Marine geology：a planet earth perspective. New York：Wiley，1986

E. Seibold，W. H. Berger. The sea floor：an introduction to marine geology. Berlin：Springer-Verlag，1993

第十一章　湖泊和沼泽的地质作用

被静止或弱流动水所充填，而且不与海洋直接沟通的盆地称为湖泊。湖泊主要发育在潮湿气候区的低地和盆地，占大陆面积的2%以上。发育在北美的苏必利尔湖是世界上面积最大的湖(8.24×10^4 km^2)；海拔最低的湖是位于阿拉伯半岛的死海，湖面高程为－396 m(中国海拔最低的是艾丁湖，湖面高程为－154 m)；海拔最高的大湖是西藏的纳木错，湖面高程为4718 m，面积1940 km^2(图11-1)。

图11-1　位于青藏高原的纳木错是世界上海拔最高的大湖

湖泊在陆地表面的分布也是很不均匀的，在第四纪冰川发育区湖泊的分布最广，例如芬兰的国土面积不大(3.37×10^5 km^2)，却有6万多个湖泊，北美湖区的湖泊面积达到2.45×10^5 km^2。我国也是湖泊众多的国家之一，著名的有青海湖、鄱阳湖、洞庭湖、太湖、兴凯湖、纳木错等，仅湖北省就有大小湖泊1000多个，湖泊面积7000多平方千米，也是世界著名的湖区之一(图11-2)。

湖水的深度也变化很大，水深从数米到数百米不等。世界上最深的湖泊是俄罗斯的贝加尔湖，最深处达1741 m，水体体积为2.3×10^4 km^3，占世界淡水储量的1/5；而我国五大湖泊之一的太湖，平均水深不到4 m。

湖泊的形态各异，有等轴状的、卵形的、狭长形的、新月形的，湖岸的轮廓线更是异常复杂，其形态与湖泊的成因有关。

图 11-2　晨曦中的洞庭湖

11.1　湖泊的成因与水动力

湖泊的成因

湖泊形成于不同的地质作用，有外动力地质作用形成的，也有内动力地质作用形成的，甚至是人类活动形成的(人工湖泊可归属于外动力的一种特殊形式)。表 11-1 是湖泊的成因分类。

表 11-1　湖泊的成因分类

类别	组	类　型
内动力作用湖	火山湖	火山口湖、破火山口湖、火山喷气湖、熔岩堰塞湖
	地震湖	塌陷湖、崩塌堰塞湖
	构造湖	地堑湖、断裂湖、向斜湖
外动力作用湖	重力湖	重力滑塌湖、岩溶崩塌湖、潜蚀崩塌湖、崩塌堰塞湖
	河流侵蚀湖	河床湖、河漫滩湖、三角洲湖
	风成湖	风蚀湖
	冰川湖	冰川刨蚀湖、冰窝湖、冰融湖、冰碛物堰塞湖
	海成湖	近海湖、残留海湖
	生物成湖	环状珊瑚礁湖、生物成坝湖
	陨石成湖	撞击湖、爆炸湖
	人工湖	水库

表11-1中湖泊所属的组和类型的命名，只是反映了湖泊的成因和地质作用的主要因素，实际上一个湖泊的形成往往不止一种因素，而是几种因素共同作用形成的。例如河谷中的堰塞湖，其两侧的岸坡和湖底是地表水流的地质作用形成的，而堰塞的第三个湖岸则是由滑坡、崩塌和熔岩等地质作用形成的，反映了内外地质作用在地球这个统一体中共同作用的一种表现形式。

内动力地质作用的湖泊主要由火山、地震或构造运动形成的，世界上许多著名的大湖是由构造运动形成的，如贝加尔湖、维多利亚湖等，我国的滇池、洱海也是由断裂构造作用形成的(图11-3)。另一类构造湖是由沉积物的压实作用或沉积载荷引起的区域性的地面沉降所引起的，此类湖泊可归属于向斜湖，但却与外动力的沉积作用有较大的关系，如太湖。

图11-3 直立的滇池断层湖岸

火山口湖是最常见的一种内动力地质作用湖，通常呈圆形湖盆，直径数百米，水深数十米不等，长白山天池即为典型的火山口湖(图11-4)。对于周期性活动的火山，在火山喷发的过程中，火山口湖中的水可能逸失。另一类火山口湖的形成和火山活动期后的喷气有关，主要由火山喷出的水蒸汽或热水形成。火山喷出的熔岩流可以堰塞河道，形成火山熔岩堰塞湖(图11-5)。

图11-4 长白山天池是一个火山口湖

图11-5 熔岩的堰塞作用形成了镜泊湖

外动力地质作用形成的湖泊更是丰富多彩(图11-6，图11-7，图11-8，图11-9)，其成因不再赘述。

图 11-6　风蚀作用形成的艾丁湖

图 11-7　冰川终碛物堰塞形成的天山天池

图 11-8　冰川刨蚀作用形成的新疆喀纳斯湖

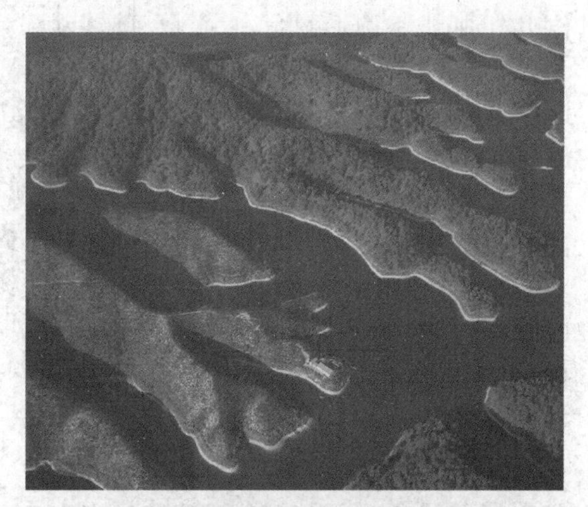

图 11-9　人类活动形成的浙江千岛湖

湖泊的水动力

湖水的补给

常见的湖水补给主要来自大气降水、地表水和地下水，少部分来自冰雪消融、海洋残留水和岩浆原生水。湖水的补给源受气候和地形条件所限制，如位于高山之巅的火山口湖，其补给源只有大气降水；低地的湖泊补给源则来自多方面，大气降水、地表水、地下水都可以称为补给源；而气候干旱地区湖水的补给源则主要来自冰雪的消融水或地下水。以地下水为补给源的湖泊多以潜水的形式补给，个别的以泉水的形式补给。

湖水的排泄

湖泊主要以地表径流、地下渗流和蒸发的形式排泄湖水。不同的气候条件和地理环境同样会有不同的排泄形式，如高山的火山口湖主要以蒸发和渗流的形式排泄湖水，干旱气候地区的湖泊多以蒸发为主要排泄方式，而潮湿地区的湖泊大多数都以地表径流的方式排泄湖水。湖泊可以按排泄方式划分：有出口的湖泊称为泄水湖，无出口的湖泊称为不泄水湖。有些湖泊受季节或气候的影响，时而补给量大于排泄量形成湖泊，时而补给量小于排泄量而干涸，被称为间歇湖或季节湖。

湖水的运动

湖水的运动形式有两种，流动的和静止的。有流动水的湖泊常为河流的一段，其流向受河流控制。湖水由于受热不均也可引起运动。湖水与海水一样，处于不断的运动中。湖水也有波浪、潮汐、湖流、浊流等运动形式，尤其是一些大型湖泊，湖水的各种动力作用更为明显。由于湖泊不管是面积还是水深，其规模都远小于海洋，因此湖水的运动规模和能量也远小于海洋。如北美的密歇根湖最大的湖浪波高不过4.5 m，波长不足30 m；我国的最大淡水湖鄱阳湖，波高不过1.5 m，波长不足15 m。因此即使是大湖，水深20 m以下也极少再受到波浪的扰动。湖流也是湖水的主要运动形式，但同样远不及大洋，湖流的速度通常只有几厘米/秒，大湖略大一些，像里海表面的湖流速度可达70 cm/s，水深在150 m处的湖流速度约为25 cm/s。湖泊的浊流因为没有大量的不稳定沉积和风暴浪的搅动，规模也比较小。湖泊的潮汐作用也非常微弱。

湖水的化学成分

世界各地湖水的化学成分很不一致，其主要影响因素是气候条件。潮湿气候区的泄水湖，由于湖水经常交换，含盐量往往较低；气候干旱的不泄水湖，由于蒸发量很大，湖水的含盐度越来越高。湖水的成分前者以 $Ca(HCO_3)_2$ 为主，有机质较多；后者以 NaCl 和 Na_2SO_4 为主，有机质较少。

根据湖水的盐度可以把湖泊分为四种类型：湖水的盐度＜0.3‰的称为淡水湖，盐度为0.3‰～1‰的称为微咸湖，盐度为1‰～24.7‰的称为咸水湖，盐度＞24.7‰的称为盐湖。我国青海省的柴达木盆地分布着众多的世界著名的盐湖(图11-10)。一般地说，潮湿气候区的泄水湖是淡水湖，干旱气候区的不泄水湖是咸水湖或者盐湖。

图 11-10 青海省柴达木盆地中的茶卡盐湖

湖水的化学成分也不是一成不变的,它受到气候、地表水流、地壳运动等因素的影响。如果湖泊面积扩大,湖水体积增加,则湖水的盐度下降,反之则湖水的盐度增加。

11.2 湖泊的地质作用

湖泊的地质作用包括湖水及其携带的碎屑物对湖岸的磨蚀作用,湖内物质的再分配作用以及湖水的沉积作用等。湖泊地质作用的性质和强度取决于湖盆的大小及成因类型、湖水的成分及动力学特征以及湖中的生物特征。

湖泊的磨蚀作用

湖泊的磨蚀作用与湖水的运动有直接关系,首先是与风浪有关,湖水水体越大,所能形成的风浪也越高,对湖岸的破坏作用也越强。湖水对湖岸的磨蚀作用同样会对湖岸进行塑造,在早期阶段,尤其是堤坝型湖岸,湖水处于积蓄阶段,其破坏力具有相当的强度。湖水在侵蚀湖岸的过程中迫使湖岸不断后退,并最终在较缓的岸坡形成平衡剖面,在基岩湖岸同样会形成湖蚀洞穴、波切台和波筑台等地貌。如果湖岸不能抵挡住湖水的磨蚀,则湖岸在湖水的磨蚀下最终将垮塌,湖泊也就消失了。对于一些水体不大的小湖,岸坡的平衡剖面很容易形成,此时湖水对湖岸的磨蚀作用已经非常微弱,不再塑造湖岸,湖水的运动只对湖中的沉积物进一步的磨细。

一般地说,湖水的磨蚀能力远小于海洋的磨蚀能力,对湖岸的破坏力也较小,湖岸边容易生长地各种植物也对湖岸起到了保护作用,减少了湖水对湖岸的破坏。

湖泊的沉积作用

湖泊的沉积作用是湖泊地质作用的最主要内容,由湖水自身的破坏作用,河流、雨水携带而产生的碎屑物可以在湖盆中沉积下来。湖泊沉积物按成因类型可以大致分为三类:碎屑沉积物、生物沉积物和化学沉积物。

湖成沉积的主要特点是:① 以细组分的泥质沉积物为主,并含有丰富的生物物质和化学沉淀物。② 沉积物常有细而平直的层理(层厚 1~10 mm),有时是微层理(纹层),这是由于湖水较为平静的沉积条件所决定的。这些微层理还经常反映了季节性的变化,即碎屑物的粗细韵律性变化,如夏季雨水充沛、冰雪消融,河流所携带的碎屑物变粗,形成粒级较大的沉积层,冬季则形成较细的沉积层。③ 由于湖泊是相对较为平静的沉积环境,且湖中及湖岸会生长大量的植物,这些植物在秋冬季会大量死亡,在湖中形成生物沉积物,并保留较为完整的生物形态,因此湖成沉积物中常可以见到保存完好的生物化石。④ 湖水由于季节的变化,水面高程也会随之发生变化,当湖滩露出水面后,就会形成泥裂、雨痕、冲刷面、印模等(图 11-11),因此在湖成沉积物中经常可以见到上述各种层面构造。

湖水的机械沉积作用

湖水的机械沉积作用以形成碎屑沉积物为主,其沉积物的来源主要是注入湖泊的河流所携带的碎屑物,湖水侵蚀作用由湖岸崩落的碎屑物,风和冰川所携带的碎屑物等。不管是河流、还是湖泊本身的波浪、潮汐、沿岸流、浊流等不同的水流形式,在向湖泊中心流动时都会受到静止湖水的阻滞,此时沉积物便依照粒度和密度的大小顺序沉积下来。由此可见,湖水的机

图 11-11 湖滩上的泥裂现象

械沉积作用所形成的碎屑物具有很好的磨圆度分选性，碎屑物的粒度在湖盆的平面上呈同心圆状分布(图 11-12)。通常情况下由于湖水的反复作用，湖泊的机械沉积物很少见到大粒级的碎屑物，只有崩落时间不长的基岩湖岸才可见到粗碎屑和砾石。

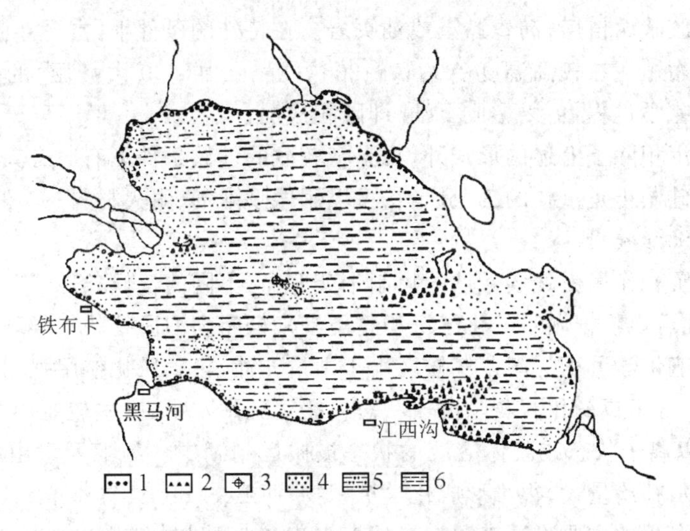

图 11-12 青海湖湖底沉积物分布

1—砾石 2—沙砾 3—暗礁 4—沙 5—沙-淤泥 6—淤泥

潮湿气候地区的湖泊，入湖的河流较多，水量也比较大，它们所携带的碎屑物会淤积在河流入湖口处，形成三角洲。如果河流所携带的泥沙较多，由于湖泊的深度通常较浅，三角洲的生长速度非常快,湖泊的面积迅速缩小,直至消亡,此时出现湖积三角洲平原或沼泽。如注入洞庭湖的河流众多,大河就有湘、资、源、澧四水和长江的四口,它们每年带入的大量泥沙使洞庭湖迅速缩小,东至武汉、西达江陵、南临益阳、北及汉水的古云梦大泽变成了如今面积只有约 3000 km^2 的洞庭湖(1998 年约为 2691 km^2,退耕还湖后增加约 554 km^2)。干旱气候地区的湖泊,入湖河流少、水量小、所携带的泥沙少,因而三角洲的增长缓慢。

湖泊的演化趋势总是在不断的变小、变浅,直至消亡,除非形成湖泊的因素始终在起作用,但这种情况在地质历史中是不常见的,即使存在对于地质历史也是短暂的。因此湖泊的生命在地质历史中是短暂的,它们的生命周期取决于气候条件、自然地理因素和构造作用的活动程度。

湖水的生物沉积作用

湖水的生物沉积主要发生在潮湿气候区,干旱气候区的生物沉积则较少。平静的湖水和有充足水源的湖岸为生物在湖泊中和湖岸的繁殖提供了良好的环境,潮湿气候区的湖泊中生长着各种生物,尤其是植物极为茂盛。植物在湖岸和湖水中的生长随水深的变化具有分带的现象,湖水中不同深度层次也生长着不一样的植物,这些植物绝大部分都在秋天死亡,并在湖底形成一层毡状生物遗体。湖水表面还生长着大量的浮游动物或其他小型动物,这些动物死后沉于湖底,与其他生物沉积物和碎屑物一起构成了湖底的有机质泥层。湖底缺氧的环境使厌氧细菌繁殖,并对有机质泥层发生作用,使其沥青化,其基本组分如下:

C	H	O	N
40%～50%	6%～7%	34%～44%	<6%

这种有机泥可以用于医疗或饲料的添加物,还可以从中获得甲烷、汽油、凡士林、石蜡等提取物。沥青质有机泥一般不太厚,通常只有 1～10 m,但厚时可达 40 m。在成岩过程中,这些有机泥会转变成胶状腐植煤、沥青黏土或油页岩。在特殊的条件下,富含浮游动物或其他小型动物遗体的厚层腐植泥在较高温度(100℃～200℃)和压力(300 大气压)的作用下,经细菌和其他复杂的物理化学过程,可以形成石油,即陆相成油。

湖泊的生物沉积除了上述的形式外,在温带较冷的气候条件下有时会繁殖大量的硅藻,由硅藻转化而成的硅藻土是重要的工业原料,可以用做吸附剂、耐火材料、充填材料等。

湖水的化学沉积作用

湖水的化学沉积作用受气候条件的控制十分明显,不同的气候条件,湖水的化学沉积物有很大的区别,因此可以根据湖水的化学沉积物类型来推断湖泊所处的气候环境。

潮湿气候区的化学沉积　潮湿气候区由于雨量充沛,化学风化作用强烈,不仅易溶的元素如 K、Na、Ca、Mg 等组成的化合物呈离子状态被搬运到湖水中,一些较难溶的元素如 Fe、Mn、Al、Si、P 等也可以离子状态或胶体溶液的状态被搬运到湖中。易溶元素由于溶解度大,加上潮湿气候区的湖水补给量大,很难形成化学沉积物;而 Fe、Mn、Al 等难溶元素组成的化合物是潮湿区湖泊化学沉积的主要物质来源。当地表水流和地下水携带着 Fe、Mn、Al 等低价盐类或胶体溶液进入湖中,在各种物理化学过程中或者生物的参与作用中转变成高价的难溶盐类沉积下来,构成了潮湿气候区的主要化学沉积物,如 $Fe(HCO_3)_2$ 或 $FeSO_4$ 的二价铁转化成高价铁沉积下来。但在不同的环境条件下,沉积作用的铁的化学组成还会有所不同。如温热潮湿气候下:

$$4Fe(HCO_3)_2 + O_2 + 2H_2O \longrightarrow 4Fe(OH)_3 + 8CO_2$$

在冷湿气候下：

$$Fe(HCO_3)_2 \longrightarrow FeCO_3 + H_2O + CO_2$$

在缺氧的条件下：

$$Fe(HCO_3)_2 + 2H_2S \longrightarrow FeS_2 + 3H_2O + CO_2 + CO$$

干旱气候区的化学沉积 干旱气候区的湖泊，湖水很少向外流泄，湖水的主要排泄方式是蒸发。因此，由地表水和地下水所带来的盐分年复一年地滞留在湖中，随着湖水的不断蒸发，湖水的盐度也逐渐增加，由淡水湖逐渐转变成咸水湖直至盐湖，当湖水中的盐度超过了饱和度后，各种盐类便逐步沉积下来。强烈地蒸发和盐类的沉积，会使湖水水面不断下降，最终湖水将会干涸、消失(图 11-13)。湖水在干涸过程中，盐类会按照其溶解度的大小依次沉淀下来。

图 11-13 罗布泊干涸后的卫星影像

湖水在咸化的过程中，首先沉淀的是溶解度最小的碳酸盐类，其中以钙的碳酸盐最先沉淀，其次是镁、钠的碳酸盐。这些碳酸盐沉积物有些可以形成具有经济价值的苏打($Na_2CO_3 \cdot 10H_2O$)、天然碱($NaCO_3 \cdot NaHCO_2 \cdot 2H_2O$)等，因此称之为碱湖。碳酸盐类沉淀之后湖水进一步咸化，溶解度较高的硫酸盐类也开始沉淀，形成石膏($CaSO_4 \cdot 2H_2O$)、芒硝($Na_2SO_4 \cdot 10H_2O$)等硫酸盐沉淀，这类盐湖称之为苦湖。硫酸盐析出沉淀后，湖水即变成卤水，如果湖水继续蒸发，将沉淀溶解度最大的氯化物，青海柴达木盆地分布了众多的盐湖，如茶卡盐湖(图 11-10)、可可盐湖、察尔汗盐湖等。

盐湖的盐类沉积顺序在大的盐湖中可以反映在沉积剖面上，即由下往上依次为碳酸盐类、硫酸盐类和氯化物；在平面上则表现为从边缘向中心由碳酸盐类向氯化物的演变。但自然界中并不是所有的盐湖都有相似的特征，盐湖中的盐分还与物质来源、气候变化等地质因素有关。在一些盐分来源丰富的现代湖泊中，也有极高的卤水浓度，从湖底捞出沉淀物后几天有可以析出新的沉淀物。

盐湖除了化学沉积外，通常还会发生机械沉积，有时机械沉积量比化学沉积量还大，构成了机械沉积与化学沉积互层的现象。当盐湖完全干涸后，湖泊的地质作用即告结束，其他地质作用代替了湖泊的地质作用，如风化、风的作用等。湖底中沉淀的盐层可重新遭受风化、剥蚀，盐层再次遭到破坏与碎屑物共同构成了盐土荒漠；或被其他沉积物所掩埋，并保留在地层中，形成蒸发岩类。

湖泊的化学沉积是重要的成矿作用之一，其化学沉积物是重要的工业原料，其中最常见的Na、K、Br、I、Li、Rb、Cs 等二十多种元素是制药、冶金甚至是一些尖端工业的重要原料。

11.3 沼泽的形成及其分类

陆地上湿度过剩、生长着特殊类型的植物并有泥炭形成的地段称为沼泽。沼泽占有相当大的面积(约有 200×10^4 km²),是湿地的主要类型,对地球环境的调节能起到很大的作用,被称为地球的"肾"。保护湿地已成为保护自然环境的一项主要任务(图 11-14)。

图 11-14 新疆巴音布鲁克天鹅湖自然保护区

沼泽的形成

沼泽通常在潮湿、温和的气候区形成,因为这样的气候带地下水位高,且适合植物的生长。沼泽通常形成于湖区、河漫滩、近海低地、潮湿的丛林和低洼的草地,在一些降水量大的地区,也可在高缓的山坡等处形成。

通常沼泽的形成是由于湖中长满了沼泽水生植物,当这些植物死亡后,遗体堆积在湖底,并逐渐形成泥炭。湖中植物的生长具有分带性,通常从湖岸开始在水深 1m 内生长着薹属植物,稍深一些 1~2 m 的范围内生长着香蒲属和芦苇植物,在水深 4~5 m 处生长睡莲属植物。随着植物死亡遗体的逐渐累积,湖底的泥炭和植物碎片也逐渐增多,并使湖底变浅,各种植物的领地也逐渐向湖中扩展,也就是植物带逐渐向湖心迁移,并最终汇合在一起,沼泽即告形成(图 11-15)。

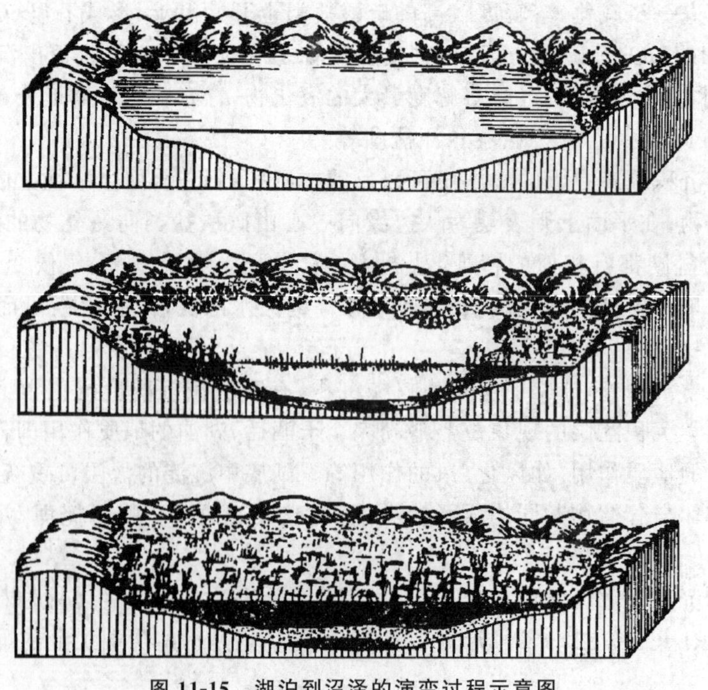

图 11-15 湖泊到沼泽的演变过程示意图

不仅是底生植物对湖泊底沼泽化起到作用，一些生长在湖面的漂浮植物同样对湖泊底部沼泽化起到重要的作用。漂浮植物可以互相连接在一起，形成毛毯状的植物层覆盖在湖面。漂浮植物层从湖岸开始生长，并向湖心扩张。因此，对于浅水湖来说，植物的沼泽化作用通常由单一的底生植物完成；而对于深水湖来说，植物的沼泽化作用通常由两个植物层来完成，即深层的底生植物和表面的漂浮植物，中间由水层隔开。随着沼泽化的发展，两个层次的植物最终也将汇合在一起。

丛林和草地的低洼处经常处于水过剩的状态，过剩的水将土壤中的营养成分淋滤出来，致使树木和草缺少正常发育所需的养分和氧气，导致死亡。取而代之的是对养分要求不多的地衣等苔藓类植物，苔藓的根部经常处于饱水状态，阻隔了氧气到达腐植层的通道，使腐植层得以泥炭化，形成丛林沼泽。

沼泽的分类

按照沼泽所处的位置和过剩水的补给方式，可以将沼泽分为：高地沼泽、过渡型沼泽、低地沼泽和近海沼泽四种类型。

高地沼泽　位于隆起不大的分水岭、河流阶地、高地地缓坡等处，过剩水主要由大气降水补给。植物的组合比较单一，以白色泥炭藓为主，这种苔藓在沼泽中部生长较快，沼泽的表面因此呈中部向上凸起的特征。

过渡型沼泽　由大气降水和地下水双重补给。

低地沼泽　分布于洼地，通常由湖泊的沼泽化形成，过剩水的补给主要通过地下水和地表水。植物的组合较为丰富，通常有苔藓、芦苇、灌木甚至是乔木组成(图 11-16)。

图 11-16　低地沼泽——诺尔盖草地

近海沼泽　位于潮湿气候区的海岸带，占有广大的面积，主要由大气降水和海水补给，涨潮的时候可能被海水淹没。近海沼泽的植物组合也很特别，主要是一些木本植物，其根系常年处于水下。热带区的近海沼泽主要是红树林沼泽(图 11-17),这是一种根系出露于地表的植物。

图 11-17　近海低地的红树林沼泽

11.4　沼泽的地质作用

沼泽的地质作用最重要的是泥炭的形成。泥炭是一种生物岩,是沼泽中的植物遗体由于氧的供应不足而不能充分分解堆积所形成的。当植物遗体沉积在湖泊或沼泽的底部被泥沙掩埋后,处于氧气缺乏的环境中,氧化作用和细菌的分解作用都极为缓慢,同时释放出 CO_2 和 CH_4 等气体。随着水中氧气的消耗和腐植质的增加,细菌无法继续生存,氧化作用也逐渐停顿下来,在湖泊或沼泽底部形成一种半分解状态的、富含碳氢化合物的、质地疏松的物质,即泥炭。根据植物的组合情况可以将泥炭分为木本植物、草本植物和地衣类植物三种类型。

泥炭的堆积过程中通常还会有碎屑物的堆积,因此泥炭内往往会夹杂着不少的泥沙。泥炭的堆积速度较慢,一般不超过 4～5 cm/年,少数可达 10 cm/年。泥炭常以透镜体或层状的形式存在,厚度可达 20 m 或更多,在泥炭的堆积过程中,若发生地壳的缓慢沉降,则可形成巨厚的堆积层。泥炭的颜色通常为褐色、灰色到黑色,在正常的情况下,沼泽中泥炭的水含量可以达到 85%～95%。

泥炭层在受到上覆沉积物的压力和地热的作用下,腐植质会继续分解,气体进一步析出,水分被逐渐挤出,有机质中碳的含量逐渐增加,体积不断缩小而密度加大,形成褐煤(含碳量 60%～70%)。这种作用继续下去,褐煤便慢慢地转化成烟煤(含碳量 70%～90%)和无烟煤(含碳量 90%～95%)。我国是世界上煤炭资源最为丰富的国家之一,煤炭在全国各地均有分布,其中山西、辽宁和内蒙古是我国主要的产煤基地。

沼泽中还有少量的化学沉积,在以地下水为主要补给方式的低地沼泽中,有时可以见到沼泽石灰岩、沼泽菱铁矿的透镜体。菱铁矿遭受风化时会转化成褐铁矿,在酸性的条件下则转化成蓝铁矿[$Fe_3(PO_4)_2 \cdot H_2O$]。

11.5 湖泊和沼泽地质作用的研究意义

对湖泊和沼泽地质作用的研究,有助于提高我们对湖泊、沼泽成矿作用的认识,诸如蒸发岩类、铁矿、泥炭、油页岩、石油、煤炭等成矿作用及其规律。我国许多矿产资源都与湖泊和沼泽的地质作用有关,如青海的众多盐湖,为我国的钾盐及其资源的综合利用提供了可靠的保障。

湖泊和沼泽的形成和演化与气候的变化有直接的联系,通过对湖沼沉积物的研究,可以恢复沉积物形成的古环境。如通过蒸发岩类或红色地层,可以了解到当时的沉积环境是处于干旱的条件,而通过煤层和暗色地层的存在则可以推断当时的形成环境应为温暖潮湿的气候。对不同层次的湖沼沉积物的深入研究还可以获得研究区气候变迁规律,为环境变迁的研究提供依据。

湖沼是湿地的主要类型,对人类生存环境会产生巨大的影响。研究湖沼的形成与演化规律对保护湿地也有很重要的意义,尤其是对湖水和沼泽的过剩水的补给方式进行研究,合理的利用与湖沼相关水源,使湖沼不会因人类的活动而干涸,甚至使已经干涸的湖沼恢复生态平衡,都需要系统地研究湖沼及其周围的水资源及其动力特征,才能有效地保护自然环境。

进一步阅读书目

王洪道.我国的湖泊.北京:商务印书馆,1984

马学慧,牛焕光.中国的沼泽.北京:科学出版社,1991

金相灿.中国湖泊环境.北京:海洋出版社,1995

于革.中国湖泊演变与古气候动力学研究.北京:气象出版社,2001

刘子刚,马学慧.中国湿地概览.北京:中国林业出版社,2008

第十二章　构造运动及其形迹

人们在很早以前就已经认识到沧海桑田的变换，在中国和西方国家都有这样一些记载。西方哲学家皮法戈尔在二千五百年前就已经认识到："坚硬的陆地变成海洋，海洋变成陆地，海生贝壳出现在离大洋很远的地方……"

意大利那不勒斯附近的地狱神庙的大理石圆柱清楚地记录了地壳运动与海平面变化留下的痕迹。研究表明，这些大理石柱的海平面记录是地壳运动的结果。我国沿海地区如辽宁旅大地区、山东荣成地区、福建漳州地区都有许多古海滩，如今已上升到海平面以上 40～80 m 处。这与古海滩形成以来全球海平面上升总趋势应有的结果恰恰相反，说明我国上述沿海陆地，因构造运动而抬升了。更多的构造运动形迹被记录在岩石中(图 12-1)，这些岩石中的构造形迹是研究地壳运动最直接的依据。

图 12-1　山体由地壳运动而强烈变形的岩层组成

12.1　构造运动的一般特征

构造运动是由于地球的内部平衡遭到破坏所引起的地壳或岩石圈的运动，其能量主要来自于地球内部，是内动力地质作用的主要形式之一。事实上，地壳的任何一个地区，或者是上升、或者是下降、或者受到挤压、或者正在伸展，总是在不停地发生着运动。

构造运动的方向性

构造运动的方向总可以归结为垂直运动和水平运动两种基本形式，垂直运动是指岩石圈发生垂直于地表的上升或下降的运动，水平运动则是平行于地表方向的运动。

垂直运动所留下来的"记录"比较直观、容易识别，如山脉的形成很容易让人联想到地壳的垂直运动。前面所说的意大利那不勒斯地狱神庙(图 12-2)在 1742 年从火山灰中被挖掘出来，据考证是罗马帝国时代的建筑(公元前 105 年)。庙前的三根大理石柱保留了地壳升降运动留下的痕迹。柱子下部一段被 1538 年爆发的火山灰所掩埋；中间 2.7 m 长的一段，在地面沉降时被海水所覆盖，上面长满了各种海生附着动物的贝壳；上部则是从未被掩埋或海水覆盖的部分。在 18 世纪中期，三根石柱全柱露出海平面，到 20 世纪初又开始下沉，反映了垂直运动的频繁发生。

图 12-2 意大利那不勒斯附近的地狱神庙大理石柱

现今地壳的垂直运动可以通过重复的大地测量来识别，精确的测量方法是采用激光测量仪。大地测量虽然比较精确，实施起来却比较麻烦，具有实时性和直观性的高新技术正在开发中。地质历史中的垂直运动则依靠地质学家对岩石中的地质记录的分析完成，如研究地层剖面、鉴别不整合面、测量断层位移、确定沉积相与古水深的关系等，不过这种分析更多的是定性的。

水平运动的实际观测要难一些，在地质历史中对大规模的水平运动的分析通常采用古地磁方法或生物群落与古地理之间的关系等方法进行；小规模的水平运动则是通过走滑断层、推覆构造等反映近水平运动的构造形迹加以判别。现今的水平运动同样可以通过大地测量来完成，美国就在圣安德裂斯断层上布设了三角测量网，并定期进行了测量。当今全球卫星定位系统的技术对水平分量的观测已经达到 0.5 cm 的精度，可以满足大部分科研工作的需要，因此，对水平运动的观测已经基本采用全球卫星定位技术。

垂直运动和水平运动是地球三维空间运动的两个分量，二者有着密切的关系。水平运动可以引发垂直运动，如以水平运动为主的推覆作用可以引发推覆体的垂直运动，水平方向的拉张和挤压过程使地堑、地垒中断块发生升降运动；垂直运动也可以引发水平运动，如地壳的均衡调整可以引发岩石圈地幔的水平运动等。实际上地壳运动更多的是介于二者之间的各种方向的运动。

构造运动的方向常具有周期性的反向，可有各种长度的周期，这是构造运动的重要特征之一。

构造运动的速率和幅度

构造运动的速率有快有慢，快的时候人们可以感觉到，如地震（构造运动的一种特殊形式），慢的时候人们很难察觉，许多构造运动的速率都在每年几个厘米幅度以下。但这种人类难以察觉的构造运动却是岩石圈运动的主流，正是这种缓慢的构造运动，在数百万年乃至上亿年的累积作用中，使地球表面发生了翻天覆地的变化。如喜马拉雅山在距今 4 亿年之前还处于一片汪洋大海，到 2.5 亿年前才开始升出海面，如今已成了世界最雄伟的山脉。水平运动，如印度大陆向欧亚大陆方向运动的速度大致为 1～2 cm/年，大洋中脊附近的洋壳运动速度大约为 2～4 cm/年。构造运动的速率往往也有长短不同的周期性变化。

构造运动的幅度也有大有小，如果一个地区的构造运动方向保持长时间不变，则构造运动的幅度就会相当大。如珠穆朗玛峰的上升幅度已经超过万米，如今依然在上升；我国东部的郯庐断裂错动距离在 150～200 km 左右，美国西部圣安德列斯断层的相对错动距离已达480 km，大西洋两侧的大陆漂移距离则在数千千米以上。

构造运动的空间分布特征

构造运动在不同的地区有不同的表现形式，活动性也有很大的不同。根据构造活动性的不同，岩石圈可以划分为稳定区和活动带两种不同类型。

活动带在形态上呈在一个方向上延伸的带状。在现今的地球上，具有全球规模的活动带有三条：

环太平洋构造带　由环太平洋周边的山系、海沟、岛弧和弧后盆地等组成，是岩石圈构造活动最为活跃的地带。我国东部地区属于这一构造带范围，火山、地震和构造运动十分活跃；

特提斯构造带　西起美洲东部的加勒比地区，向东跨过大西洋到地中海及阿尔卑斯山，再往东经喜马拉雅山到横断山，然后转向东南，通过东南亚后与环太平洋带汇合。这是一个巨大的构造活动带，以地壳的缩短构造运动和火山、地震活动为主要特征；

大洋中脊带　全球最大规模的活动带，以火山和地震活动为主要特征，因被海水所覆盖，研究程度相对较低。

除此之外，地球上还有很多构造活动带，如北美东部的阿帕拉契亚带、乌拉尔—蒙古带、昆仑—祁连—秦岭带，等等。这些带主要的构造活动发生在地质历史中，它们通常被称为某某时代的造山带或褶皱带，其最重要的特征是，这里地层厚度巨大、岩层变形、变质强烈，岩浆活动及伴生的内生矿产丰富（图 12-3）。造山带记录了地质历史中曾经发生过的，丰富多彩的各种地质作用过程。我国是一个造山带非常发育的国家，是造山带研究最理想的野外实验室之一。

图 12-3 造山带中岩石强烈的破碎和变形

稳定区一般呈面状展布，被活动带所围限；在地形上呈广阔的平原、高地或盆地。根据稳定区特征或研究视角的不同，学者们用不同的名称予以表征，如岩石圈板块、地块、克拉通、地台、地盾等。根据板块构造学说，地球上层的岩石圈可以划分为七大板块(参见12.3节)。稳定区的构造活动相对不活跃，火山、地震等作用微弱。

构造运动的周期性

全球构造运动在地质历史中并不是均匀的，而是表现为时而激烈、时而平静的周期性变化。早在19世纪欧洲学者就已经发现了造山作用表现出强弱不同的变形历史，并建立了构造旋回的概念，并且证明了每次构造运动旋回都经历了拗陷、沉积、褶皱、变形，最后形成山脉的周期性演化。随着地质学研究的深入，从造山带地层之间的接触关系中又发现，每一次构造旋回还可以划分出若干次的构造事件，施蒂勒将这些事件称之为褶皱幕。

周期性的构造运动规模的大小不同，所影响的范围也不同。大的构造运动具有全球性，而且周期很长，如超大陆旋回，影响范围遍及整个地球，其周期可达6～10亿年；小的构造运动则表现为区域性的，周期较短，如褶皱幕可能只分布在局部的造山带中，周期只有几个百万年。

关于构造旋回的划分，由于每次构造运动在世界各地的强弱不同，表现方式也有所区别。尤其是太古宙和元古宙，由于地质记录保存不全，研究程度较低，世界各地的划分方式有比较大的差异。

构造旋回和褶皱幕的概念起源于地槽学说，但对于构造运动周期性的研究却不因为某个学说的兴衰而改变，因为构造运动的周期性是客观存在的，如板块构造学说中对威尔逊旋回的研究，幔柱构造理论中对超大陆旋回的研究，等等。

12.2 构造变动

地壳岩石在构造运动力的作用下，发生位移、变形、破坏的过程称为构造变动。构造变动是构造运动所保留的形迹，也是构造运动的主要证据。构造变动主要分为两大类：褶皱变动和断裂变动。

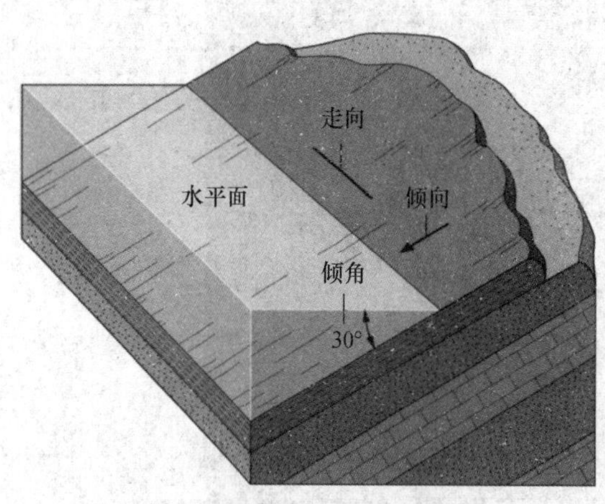

图 12-4　岩层的产状要素示意图

根据斯坦诺关于地层层序律可知，如果地层并非水平、连续或由老到新顺序沉积，则一定发生了什么地质事件，而这些地质事件大多是由构造运动造成的，并留下了构造运动的形迹——地壳变形。岩层变形后，其出露的空间方位发生了变化，表征岩层(或其他地质体)空间方位的要素称为产状，由走向、倾向和倾角构成(图 12-4)。

走向　是岩层和水平面交线的延伸方向，因此岩层的走向有两个延伸方向，反映的是岩层在空间上的延伸方向。从走向的定义看，岩层的走向实际上是岩层在平面地质图上的延伸方向。

倾向　是岩层向下倾斜的方向。岩层的倾向与走向相互垂直，但倾向直接描述了岩层的倾斜方向。通常如果只描述地质体的空间方位，则用倾向来描述；若强调地质体的延伸方向(如断层面)，则用走向来描述。

倾角　是岩层与水平面的夹角，反映的是岩层的倾斜程度。

地壳变形可以分为两大类：褶皱和断裂。

褶皱变动

岩层发生连续的弯曲变形称为褶皱。褶皱可以分为三种基本类型：向斜、背斜和挠曲。从褶皱的形态看，两侧岩层向上弯曲的褶皱称为**向斜**，两侧岩层向下弯曲的岩层称为**背斜**(图 12-5)，岩层急剧弯曲且连续地连结了近平行的两侧岩层部分称为**挠曲**(图 12-6)。一般地，可以把单斜岩层作为褶皱的一种特殊类型。

图 12-5　向斜(右)和背斜(左)的组合

图 12-6　岩层中的挠曲

褶皱的产状要素通常用以下一些术语来描述(图 12-7)：

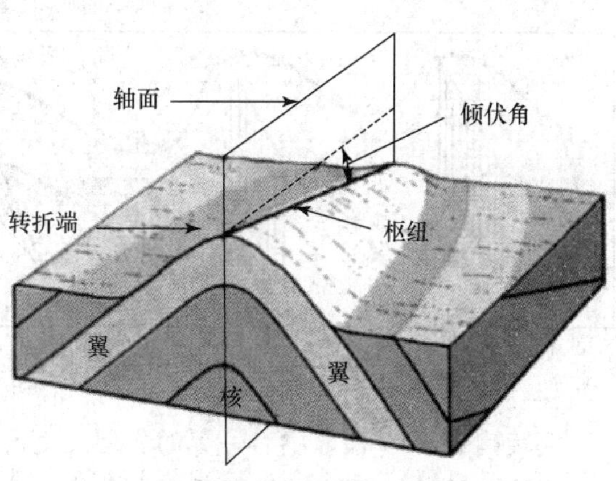

图 12-7 褶皱要素示意图

翼部 分布于褶皱两侧的岩层；

核部 褶皱出露的中间部位；

转折端 泛指褶皱岩层两翼互相过渡的弯曲部分；

枢纽 转折端弯曲的最大曲率处称为枢纽；

轴面 褶皱中各岩层的枢纽通常位于同一个平面,称为轴面。

如果褶皱的枢纽线与水平面有一定的夹角,称此角为倾伏角,称这种褶皱称为**倾伏褶皱**。

实际上野外观测中有时只能看到褶皱的剖面形态,有时则只能看到褶皱的平面形态,有时不论在平面上还是在剖面上都很难看到褶皱的全貌,这时需要对褶皱的产状要素进行分析,尤其是对褶皱两翼岩层新老顺序的鉴别,成为区分褶皱类型的主要依据。如图 12-8 所示,剖面上的背斜,在平面上表现为两侧的岩层较新,而中间的岩层较老。因此从本质上看,不管是在平面上还是在剖面上,新、老顺序呈对称分布的岩层,都构成褶皱;两侧新中间老的为背斜,两侧老中间新的为向斜。

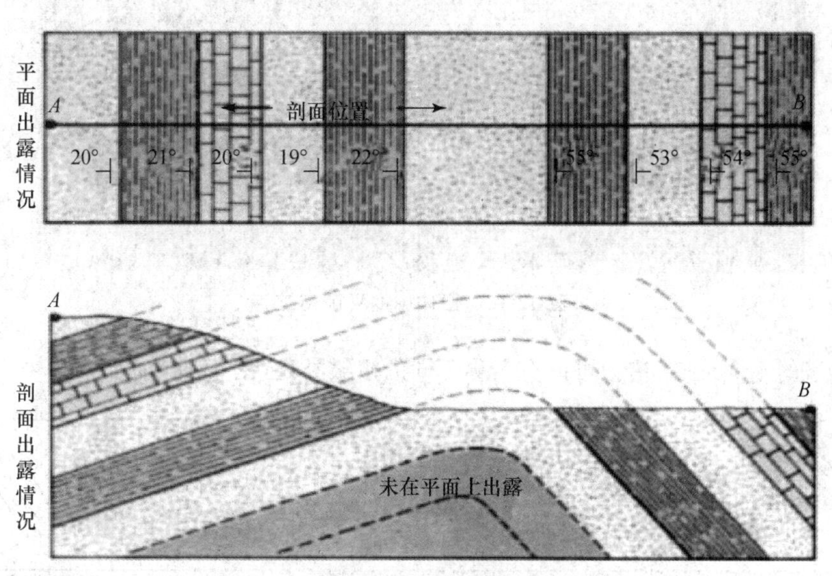

图 12-8 褶皱剖面形态及其平面投影示意图

褶皱的分类存在多种方案,以下是主要根据褶皱要素的形态分类。

根据褶皱轴面的产状变化可以将褶皱分为(图 12-9)：

对称褶皱(a)：褶皱轴面直立,两翼岩层的形态呈对称分布；

不对称褶皱(b)：褶皱轴面直立,两翼岩层的形态呈不对称分布；

倾斜褶皱(c)：褶皱轴面倾斜(注意和倾伏褶皱的区别)；

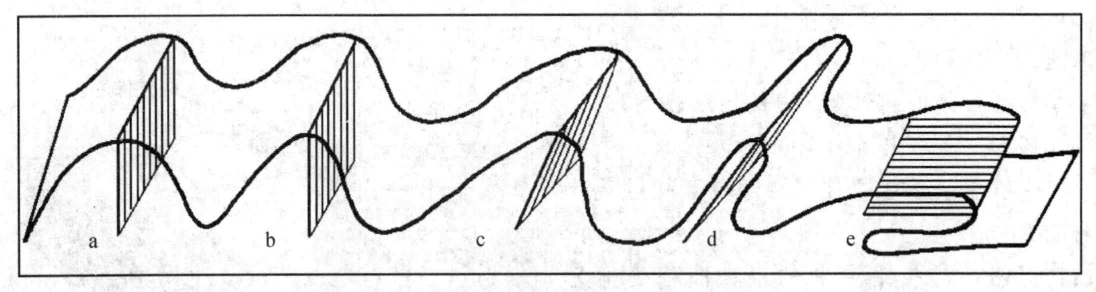

图 12-9　褶皱中轴面位置的变化及褶皱类型

倒转褶皱(d)：褶皱中有一翼的岩层发生倒转；

平卧褶皱(e)：褶皱的轴面呈近水平状态(图 12-10)。

图 12-10　山体中的平卧褶皱

根据褶皱的不同形态，褶皱可以有名称不同的褶皱类型(图 12-11)：

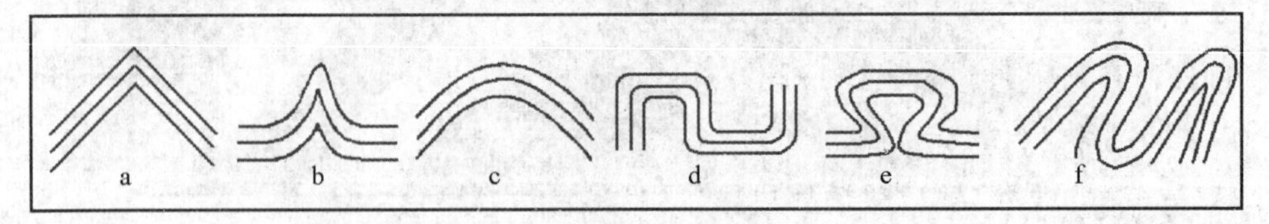

图 12-11　不同的褶皱形态及名称

尖棱褶皱(a)：转折端呈尖棱状；

梳状褶皱(b)：形态如同梳子一齿，通常由一系列的褶皱组成，总体上就成了梳状；

拱状褶皱(c)：转折端呈圆滑的弯拱形；

箱状褶皱(d)：具有两个轴面的褶皱，即褶皱有两处大的转折端，使褶皱具有箱子的形状；

扇状褶皱(e)：形态如同打开的扇子，确定扇状褶皱的类型(向斜或背斜)时需要特别注意，有时可能造成错误。

等斜褶皱(f)：褶皱两翼的岩层产状近于平行，通常表现为一系列的紧密褶皱。

褶皱还可以按照平面上出露的长度和宽度之比进行分类：出露的长度远远超过宽度的褶皱称为线性褶皱，这种褶皱的两翼岩层往往在很长的范围内平行延伸；长度和宽度小于3∶1的褶皱称为短轴褶皱；长度和宽度大致相当的短轴背斜被称为**穹隆**(图12-12)。线性褶皱往往是褶皱带最重要的组成成分，构成造山带的主体。由一系列相互平行的线性褶皱共同组成向上弯曲的褶皱群被称为复向斜；向下弯曲的褶皱群则被称为复背斜。短轴褶皱一般出现在褶皱带的边缘部分，有时会形成一系列呈雁行排列的短轴背斜组合。穹隆往往发育在稳定的地块或大型的盆地之中。

图12-12 一个穹隆的航空照片

断裂变动

断裂变动是指岩石发生破裂、断开等不连续的变形。断裂变动是地壳构造变动中最主要的变形形式之一。实际上，地壳岩石中到处都可以见到断裂变动，尤其是在造山带，几乎所有的岩石都遭受过强烈的断裂变动。根据岩石破裂的情况可以把断裂变动分为以下两种基本形式：节理和断层。

节理

节理是断裂两侧岩块没有发生明显位移的断裂形式，有时也称之为裂隙。根据节理形成的力学机制，又可以分为张节理和剪节理。

图12-13 不同期次的张节理

白色部分是前期的被充填的雁行张节理
黑色的节理是后期再拉张条件下形成的

张节理是岩石受到的拉张应力超过岩石的抗张能力时所产生的破裂，因此，张节理的延伸方向通常与主张应力方向垂直。在剪应力的作用下，岩石中也会出现张节理，此种张节理大多呈雁列状成群出现(图12-13)。

剪节理是岩石受到的剪切应力超过岩石的抗剪能力时所产生的破裂。一般情况下，岩石抗剪切的能力远远小于它的抗压能力，因此岩石在承受压应力的情况下往往先形成两组互相交叉的剪节理，也称为共轭剪切节理(图12-14)。实验表明，共轭剪节理的锐角指示主压应力的方向(图12-15)。

图 12-14　岩石在压应力作用下发生的两组共轭剪切节理

图 12-15　锐角指示主压应力方向

断层

断层是被切割岩层的两侧发生了明显的相对位移情况下的断裂。断层通常也常被称为断裂，尤其是规模大的断层。

如图 12-16 所示，断层面是岩石的破裂面，两侧岩石沿此面发生了相对位移，位于断层面之上的岩块称为上盘，位于断层面之下的岩块则称为下盘。断层根据断层面两侧岩石的相对移动方向可以分为不同的类型。

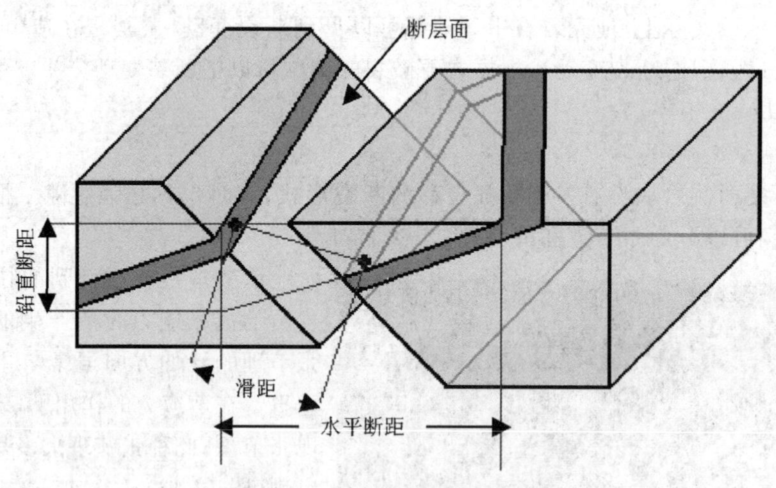

图 12-16　断层位移要素示意图

断层两侧断盘发生的相对运动是非常复杂的，可以有直线的、旋转的、折线的(多期的)等不同的运动方式。要详细描述断层的实际位移情况是很困难的，实际工作中通常采用断盘的相对错动距离来刻画断层运动。

滑距　是指断层两盘错动前的一点在错动后对应点之间的直线距离(图 12-16)。

断距　是指断层两盘对应岩层之间的相对距离。因此，对于同一条断层，在不同的观测剖面上得到的断距是不一样的(图 12-16)。根据测定的剖面方位不同还可以分为水平断距、铅直断距、地层断距等，不再赘述。

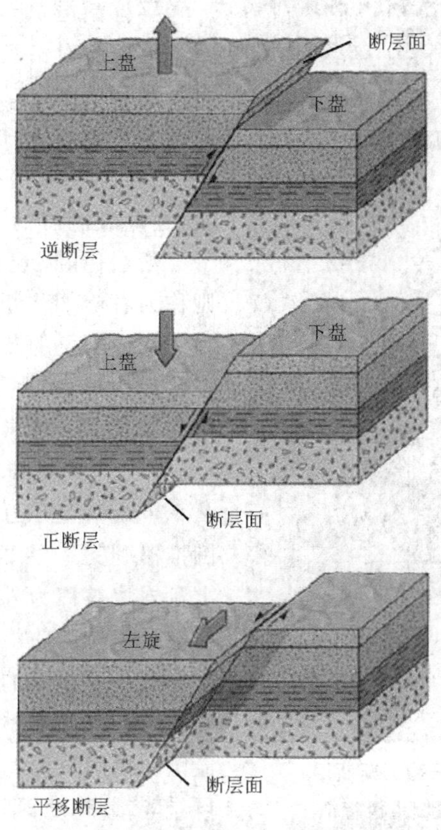

图 12-17 断层要素及类型示意图

逆断层 上盘上升,下盘相对下降的断层称为逆断层(图 12-17,图 12-18)。断层面倾角大于 45°的称为冲断层,倾角小于 30°的则称为逆掩断层。逆断层通常是在挤压条件下形成的,也是造山带最常见的断层类型。

正断层 上盘下降,下盘相对上升的断层称为正断层(图 12-17,图 12-19)。正断层通常在拉张条件下形成,是一些拉张盆地边缘常见的构造。

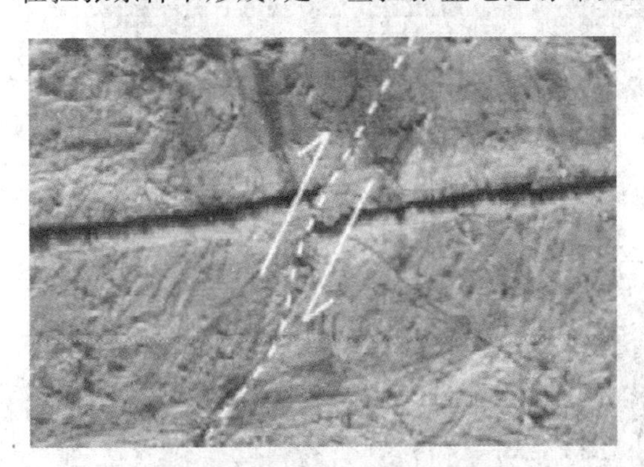
图 12-18 岩石中的逆断层

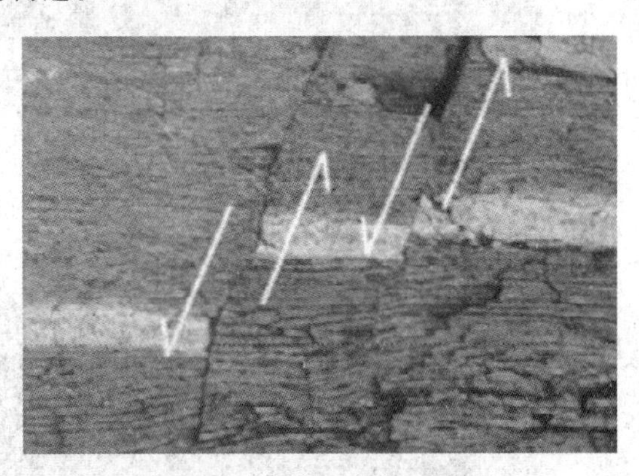
图 12-19 岩石中的正断层

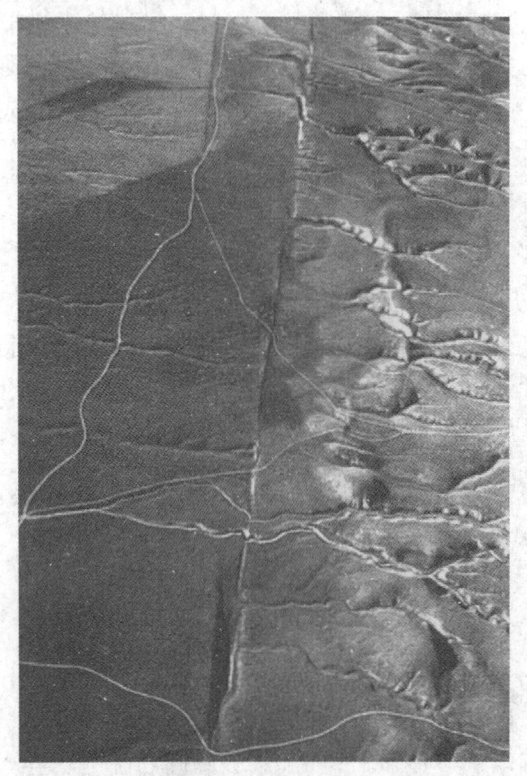

图 12-20　美国西部圣安德列斯断层
图中可以明显地看出右旋走滑特征

平移断层(走滑断层)　断层两侧岩块沿水平方向相对错动的断层称为平移断层,发生水平错动的岩层实际上是沿着断层的走向相对滑动,因此也叫走滑断层(图 12-17,图 12-20)。对于平移断层,如果观测者对面的岩块(远离观测者的岩块)向左运动,则称为左旋平移断层;如果观测者对面的岩块向右运动,则称为右旋平移断层。

当逆断层的断层面几乎近于水平(有时呈波状起伏),且断层上盘的位移量较大时,被称为**推覆构造**,断层的上盘被称为**推覆体**(图 12-21)。有些推覆体的水平推覆距离可以达到几十千米甚至几百千米,使得推覆体可以大范围推覆到另一些岩层之上,此时,推覆构造的上盘岩块被称为外来体,下盘岩块则称为原地体。推覆体的前沿部分经常容易被风化剥蚀,而形成一些孤立的岩块或小山峰,称之为飞来峰;在一些切割较深的地形处,有时会在推覆体中间露出下部的部分原地体,类似一个小窗口,称之为构造窗。

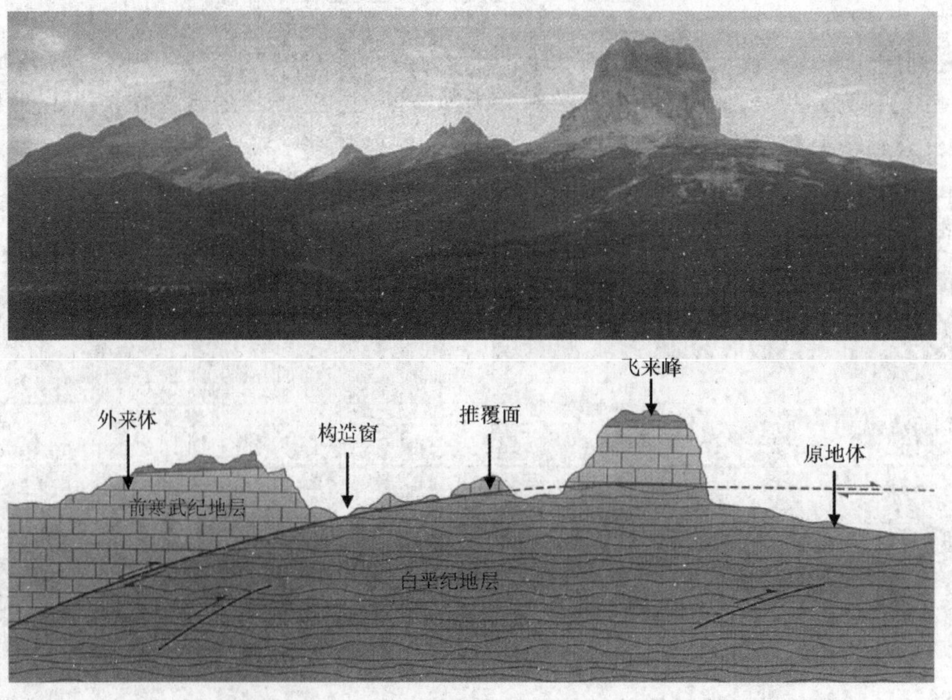

图 12-21　推覆到白垩纪之上的前寒武纪灰岩及其形成的构造窗和飞来峰

显然,推覆体的水平位移量不小于飞来峰的最前沿到最后一个构造窗(或者外来体上钻孔钻遇的原地体)处的距离。

冲断层和推覆构造的形成与水平方向的挤压作用有关,通常在褶皱山系中较为发育,如阿尔卑斯山、喜马拉雅山、天山等造山带都发育了大量的推覆构造,许多推覆构造是在水平挤压条件下与褶皱同时形成的,有些推覆构造形成的前期就是褶皱作用。推覆构造经常与平移断层相伴出现,即推覆构造的前沿显示为逆冲推覆作用,而在推覆体的两侧则发育平移走滑断层。

转换断层是横切大洋中脊的巨大的断裂体系(图 12-22)。转换断层是一种特殊的断层类型,由于断层横切大洋中脊,当大洋中脊扩张时,中脊两侧的板块相背离去,其运动方向如图所示(图 12-23),于是形成了大洋中脊中央裂谷之间一段断层两侧的断块发生相对的错动,而中央裂谷以外的两侧断块则没有明显的位移。转换断层的这种运动方式,使得大洋中脊附近的地震大多集中在转换断层两侧中央裂谷之间的一段。

图 12-22 大西洋中脊的转换断层体系

转换断层是加拿大地质学家威尔逊在 1965 年提出的一种新的断层类型,在板块构造学说中具有重要的意义。转换断层既是板块边界的一种重要类型,又可以用来恢复板块的运动特征(参看 12.3 节)。

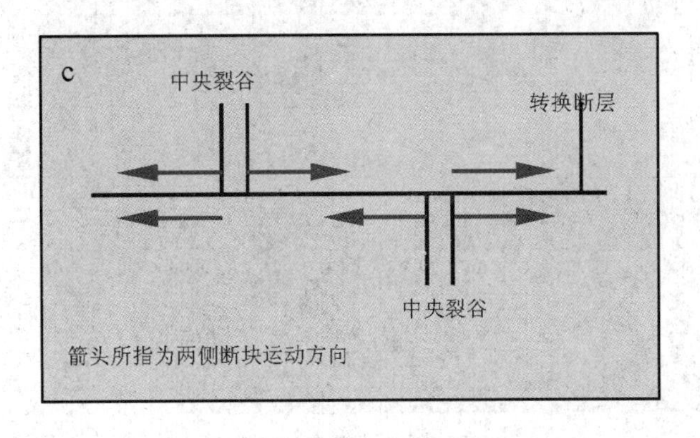

图 12-23 转换断层的运动形式示意图

大型断裂的判断

断裂构造往往不是由单一的断层构成的,尤其是造山带中,通常发育一组大致平行的断裂,成组的断裂被称为断裂带。断裂带的断距有时在数百千米以上,宽度数千米到几十千米,很难在野外观测中找到断面两侧的标志物。大型断裂带的存在可以通过以下一些方法判断:

地层或其他地质现象的不连续　大型断裂带由于两侧断块的相对位移量大,因此断裂带两侧的岩石类型通常会有较大的差别,造成地层的不连续。同样,其他地质现象在断裂带的两侧也会出现不连续(图 12-24)。

图 12-24　地层顶牛显示断层的存在

破碎带发育　大型断裂带的形成往往经过多次的反复的错动,造成断裂附近的岩石破碎形成破碎带(图 12-25),尤其是由多个断层组成的断裂带,中间部分的岩块一般都会在断层的活动中被碾压成破碎程度不同的角砾,被断层活动磨碎的泥质成分称为断层泥。地质历史中的断层角砾有时会重新固结成岩,形成**断层角砾岩**。

图 12-25　断层破碎带

断裂活动的痕迹　许多大型断裂带由于风化作用或其他堆积物的覆盖,在地表往往是断续出露。一些地段可能出现断层一侧的岩石被剥蚀而出露断层面,在断层面上往往会留下断层活动的痕迹,如摩擦镜面、擦痕等。摩擦镜面是压性断层常见的现象,是由紧闭的断块相互错动时产生的较为光滑的岩石表面(图 12-26)。擦痕同样是断层两侧岩块相对错动时留下的痕迹,断面上擦痕的指向与另一侧断块的运动方向一致,可以用来判断断层两侧岩块的相对运动方向。断层擦痕与冰川的擦痕有相似性，一般情况下，擦痕通常是沿运动方向较窄较浅(试与冰川擦痕对比)，图 12-26 中的擦痕显示了另一侧岩块在此断面上自右向左方向运动。由于断裂的活动控制了断裂带中各种地质作用的进行，因此断裂带中各种与断裂带延伸方向一致的线性构造极为发育，许多地质体也呈长轴状沿断裂带延伸，是识别断裂带的重要标志。

图 12-26　断面上的擦痕显示另一侧断块在此断面上自右向左运动

断层三角面　在盆山组合中，造山带的隆起抬升和盆地的沉降一般是通过断层进行转换，许多造山带与盆地接触的山前经常发育断裂带，这种断裂带经常把山梁切断，山梁抬升后就在山前形成一系列的三角面(图 12-27)。

图 12-27　山前的断层切断山梁形成一系列的断层三角面

断层组合

大型断裂带中经常出现一系列的正断层组合，偶尔也有高角度逆断层参与形成特殊的构造类型：地垒和地堑。如果两个相背倾斜的正断层拥有共同的上升盘，则称之为地垒(图12-28a)；如果两个相向倾斜的正断层拥有共同的下降盘，则称之为地堑(图12-28b)。贝加尔地堑、莱茵地堑都是地堑研究的经典地区，强烈的下陷使贝加尔湖的水深达到了1731 m。我国的汾渭地堑与贝加尔湖形态极为相似，且地理位置(经度)也有类似之处。

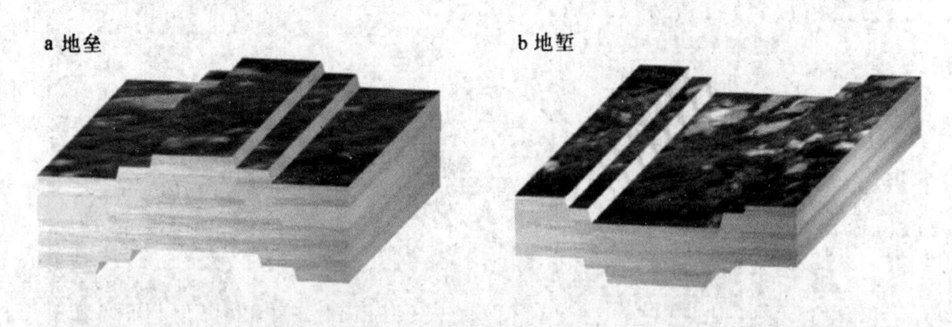

图 12-28　正断层组合形成的地垒和地堑

长数百千米到数千千米，宽数十千米，深数千米的巨大地堑被称为裂谷或裂谷系，裂谷不仅发育在大陆，还发育在大洋，如东非裂谷和大洋中脊上的中央裂谷。所有的裂谷都是岩石圈在拉张作用下发生减薄破裂而形成的，下部地幔的热物质上升，造成裂谷的高热流值，火山、地震作用较为频繁。

12.3　板块构造学说要点

早在魏格纳的大陆漂移学说之前，“固定论”与“活动论”的学者就已经展开了激烈的论战，大陆漂移在当时未被接受的主要原因是来自地球物理学界的反对。岩石物理的研究表明，要使大陆地壳在地幔上发生水平运动，需要克服地壳与地幔之间的摩擦力，而不论是魏格纳还是其他指出活动论的学者，都无法给出这种力的来源。因为长距离漂移的大陆，其轮廓保持不变表明大陆是在近于刚性的条件下发生漂移的，而刚性岩石之间的摩擦力之大是难于克服的。因此可以说板块构造学说的创立是基于以下的基本事实和假说之上的。

基本事实与假设

第一个基本事实是软流圈的确认。板块构造学说建立之前，地质学家对地球的圈层结构有了一些新的认识，在大约200 km深度的位置上有一个S波的低速层，科学家们因此推测该层物质的塑性程度较高，在动力的作用下可以发生缓慢的流动，并称之为软流圈。在软流圈之上的地壳和上地幔的坚硬部分则称之为岩石圈。这一认识重新划定了固体地球上部的两个圈层，也使得大陆以岩石圈板块的形式在软流圈上的漂移得到认同。

第二个基本事实是通过地球上一些星球规模的构造带可以把岩石圈划分为若干个板块。如果把环太平洋构造带、特提斯构造带、大洋中脊带这些全球规模的、也是地球上最活跃的火山、地震带表示到地图上，再辅以合适的转换断层，就可以清楚地看到，地球表面被自然地划分为若干块体，即板块。

第三个基本事实是岩石圈板块可以发生大规模水平运动。不管是大陆漂移学说还是海底扩张学说，所要说明的很重要的一个问题是岩石圈的水平运动是客观存在的，这一事实在20世纪60年代已经得到了地质学家的普遍认同。

为了更好的解释板块的运动方式和基本特征，板块构造学说提出时还提出了两个基本假说，但对于板块构造学说的理论体系来讲，这两个假说并不是必须的。

第一个基本假说就是岩石圈板块是刚性的。这个假说主要用来解释板块的地质作用主要发生在边界上，反映了板块之间的相互作用主要集中在板块边界上，而板块内部则比较稳定。同时刚性板块可以进行长距离的应力传递，为板块驱动机制中力的来源问题和传递问题提供了一个解决方案。

第二个基本假设是地球的表面积基本保持不变。这样在地球的某个地方如果发生板块的增生，就会在另一个地方发生消减。

板块的边界类型

板块的边界有三种类型：离散型边界、汇聚型边界和转换型边界(图12-29)。

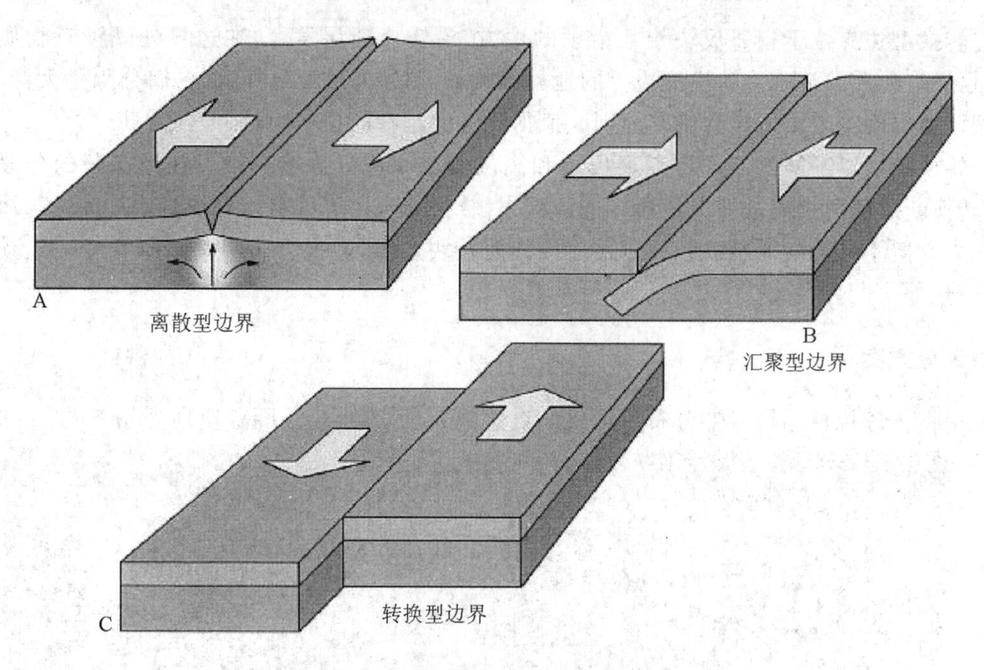

图12-29 板块边界的三种不同类型

离散型边界

除非洲和北美西部的几个裂谷带之外，现存的所有离散型边界几乎全被海水淹没，使得我们难以观察这些区域的特征。板块沿着洋中脊分开，并相背运动。高温的地幔物质从地幔深部上涌充填板块运动后留下的空隙，部分物质喷发到地表形成玄武岩，从而在板块的后部边缘出现新生的岩石圈。大洋中脊地形较高，因为组成它的物质温度较高，而密度较低，所以洋脊中央裂谷部位的热流比洋脊两侧老洋壳的热流要高出6倍左右。当古板块破裂并漂移时，新板块也同时形成，例如东非裂谷被认为是沿初期离散型板块边界形成的，以裂谷及火山活动为特点，进一步发展成为红海裂谷，几乎使沙特阿拉伯完全从非洲分离出去。

离散型边界以拉张作用为特征，张应力产生断裂，地幔部分熔融产生的玄武质岩浆沿着这些裂隙侵入或喷出。这些岩浆冷却之后成为板块的一部分，地表面积的一半以上是由沿离散型边界的火山作用产生的。

汇聚型边界

汇聚型边界两侧的板块相向运动，是一个地质作用复杂的地区，它以岩浆作用和构造变形变质作用为特征，又可以分成两种基本类型：俯冲型边界和碰撞型边界。

俯冲型边界有一侧的板块俯冲到软流圈，并受热熔融并最终成为地幔的一部分，由于陆壳物质的密度较小，洋壳的密度较大，发生俯冲的板块通常是大洋板块，俯冲作用通常会形成海沟、岛弧、弧后盆地的地貌组合，称为沟-弧-盆体系，环太平洋构造带是俯冲型边界的典型代表。

碰撞型边界两侧通常都是大陆板块，二者不再发生俯冲而进入地幔，而是以地壳的变形缩短和岩浆作用为主，并最终“焊接”在一起，在板块的结合处形成一系列的山脉，以喜马拉雅山为代表的特提斯构造带是碰撞型边界的代表。

转换型边界

转换型边界位于相邻板块相互错动的地方，沿转换断层发育，在边界处既没有物质的增生，也没有物质的消减。转换型边界的地震影响如图(图 12-29C)所示，它们分隔了大洋洋脊。断裂两边出现的地质体年龄略有差别。值得注意的是在断裂带附近，地壳减薄。

转换断层以不同的形式将汇聚板块和离散型板块边界连接起来。在被错断的各段洋脊处，转换断层将两个离散型板块边界连接起来，转换断层也可以将山脊与海沟或海沟与海沟连接起来。但不管转换断层以何种方式连接其他板块边界，转换型边界都与板块相对运动的方向平行。

板块划分方案

根据全球规模的构造带分布所构成的自然边界，可以将岩石圈板块划分如下(图 12-30)：

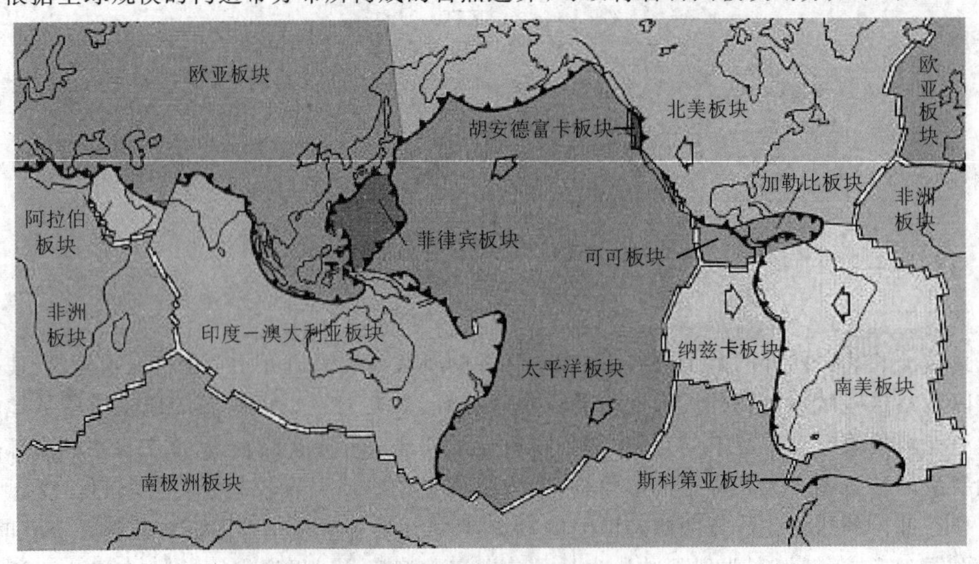

图 12-30　全球板块划分方案

7 大板块　欧亚板块、非洲板块、印度—澳洲板块、北美板块、南美板块、南极洲板块、太平洋板块；

7 小板块　菲律宾板块、阿拉伯板块、加勒比板块、纳兹卡板块、胡安德富卡板块、可可板块、斯科第亚板块。

板块划分的主要依据是全球规模的构造带，但不同的学者对板块的划分可能有一些小的差别，主要是小板块的划分上有所不同。实际上大部分的小板块是古板块未完全被俯冲消减的残余部分，如太平洋东岸的几个小板块，可能是原东太平洋板块的组成部分，绝大部分现在已经被俯冲到美洲板块之下。

板块的运动形式

岩石圈板块的运动遵守空间几何学球面运动的欧拉定律。这是因为岩石圈板块是在地球的球面上的运动，即在地球表面运动的板块必定是绕某个极点的旋转运动(图 12-31)。当板块从球面的 A 位置移动到 B 位置时，Q、P、R 各点所运动的轨迹如图所示，各自画出不同半径的圆弧，与这些圆弧相适应的大小不同的圆必定构成一个统一的旋转轴，旋转轴与地球表面的交点称为旋转极，也称为欧拉极。

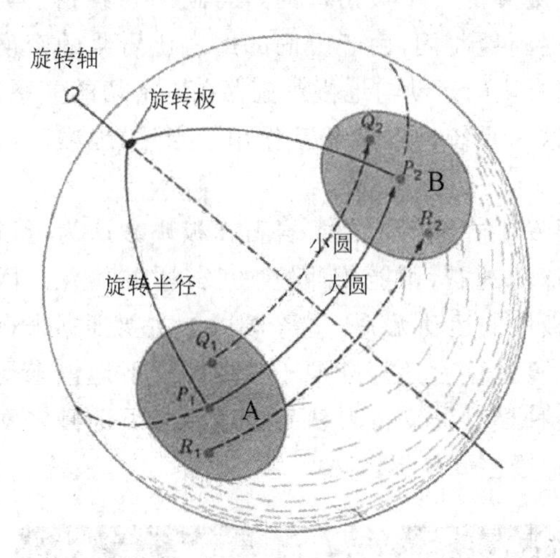

图 12-31　板块的球面运动方式

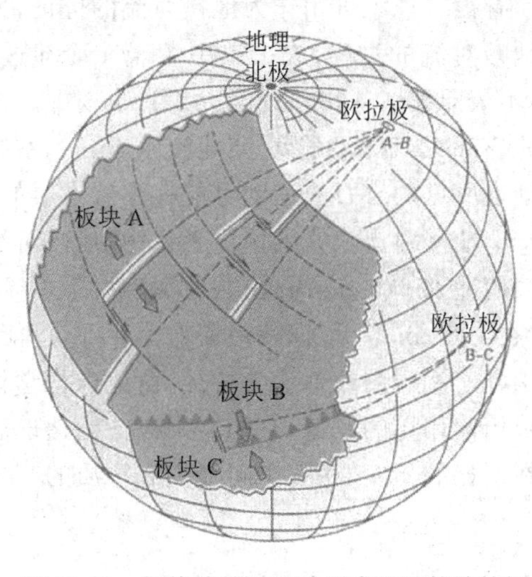

图 12-32　板块的相对运动形成不同的欧拉极

需要指出的是，欧拉极与地球的自转轴和磁极并不重合。如图(图 12-32)所示，板块 A、B 之间相对运动的欧拉极与板块 B、C 之间相对运动的欧拉极在地球表面有不同的位置，与地理北极也有较大差异。

通过板块运动的这种方式，可以利用板块运动留下的痕迹(主要为转换断层)来恢复板块相对运动的方向与欧拉极。我们还应注意到相对于转动极点而言，转换断层恰好位于纬度线上。从大西洋的海底地貌图中可以看出，大多数转换断层都是这样的。这一现象说明，大西洋两岸板块的相对运动可能受到地球自转的影响。

板块的驱动机制

板块构造的基本内容在 20 世纪 70 年代就已经形成，但地球科学家至今对板块的驱动力问题仍未达成共识，这是因为大部分的板块驱动力理论都处于假设阶段，检验各种驱动力是否确实存在是十分困难的。比较让学者相信的板块驱动力学说主要有：俯冲板块由于相变所产生的重力拖曳力、洋脊扩张产生的侧向推挤力和地幔对流产生的底部托举力。在20世纪80年代，许多科学家认为板块的主要驱动力主要来自是俯冲板块的重力拖曳力，洋脊的侧向推挤力被认为仅次于重力拖曳力，但仍是板块运动很重要的驱动力。90年代以后，绝大部分的学者又倾向于地幔对流是板块运动的主要驱动力。

尽管板块构造中仍有许多未解决的问题，大多数学者认为板块运动的基本能量来自于地球内部，能量以对流的方式传递。地幔内的高温物质上升到岩石圈底部，并开始水平运动，而后冷却下沉到地幔深处再加热上升，形成一个物质循环，这一循环周而复始。与这种对流类似的例子见于水壶的加热，壶底受热升温，随后膨胀并且密度降低，高温的流体上升到顶部，然后被迫水平运动，随后冷却，因密度增大而下沉(图12-33)。大多数地质学家认为地幔对流是引起板块运动的根本原因，但对地幔对流的形式仍有不同的见解，即上地幔对流模式和全地幔对流模式。

地幔对流引起岩石圈裂解，并且随着对流环顶部的托举和传送作用把岩石圈带到俯冲带附近，下沉的对流环位于海沟处，它有可能将岩石圈带入地幔。

有很多现象可用作为地幔对流的佐证，如在夏威夷的一个火山口的熔岩湖中观察到了类似地幔对流的过程，火山口中熔岩在冷却过程中逐渐地凝固，由于凝固的熔岩比岩浆的密度高，不久即裂成几块并逐渐沉入岩浆湖中。岩石圈板块的运动与地幔对流存在着密切的关系，因此，有的学者认为板块和地幔组成一个系统，在这一系统内二者相互作用。当然，地幔对流与地表所见的岩石圈运动可能存在着本质的区别。

上地幔对流模式的倡导者认为，地幔对流主要发生在地幔上部。岩石圈板块被认为可以直接俯冲到670 km深处，在此深度以下由于没有深源地震，可能俯冲板块已经重新熔化。因此，在700 km以下，即使地幔对流存在，可能也与板块的运动无关。这个模式的主要证据来自洋中脊玄武岩的地球化学特征，由地球化学特征推算这些玄武岩来源于上地幔。下地幔未受板块俯冲作用的改造，它的岩浆极少到达地表。这种模型的支持者认为上地幔与下地幔之间存在明显的界线，相互之间很少有物质的交换，下地幔主要是提供热源。

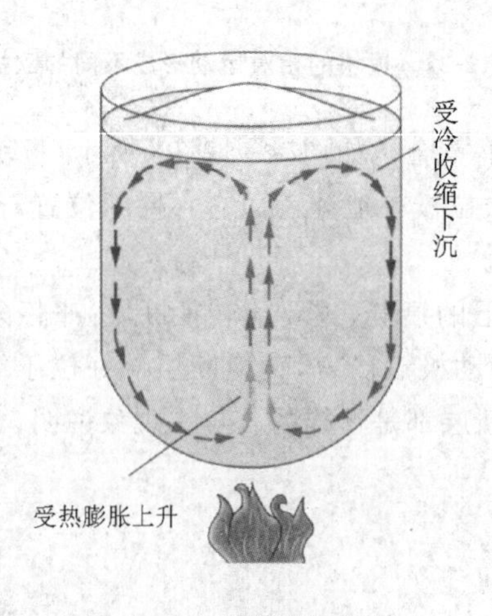

图12-33　蜡的对流模型

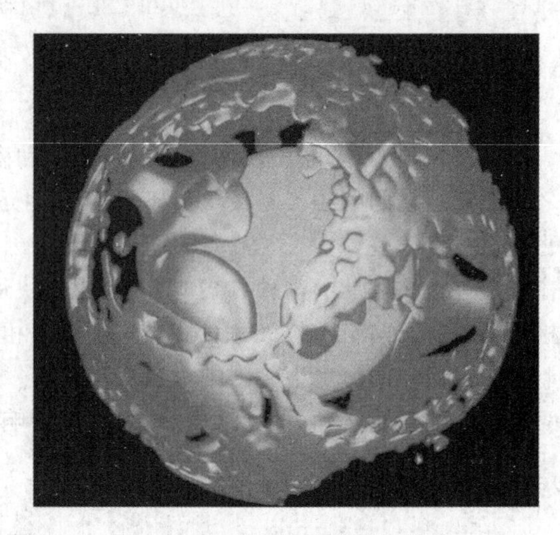

图12-34　地幔的三维对流模型

全地幔对流的支持者认为，地幔对流涉及整个地幔，其热源来自外核（图 12-34）。这两种模型的最显著的区别在于对流环的规模，根据瑞利理论，对流环的长短轴应该大致相当，长短轴之比超过一定的数值，大的对流环将分解成一些小的对流环。从大洋中脊到俯冲带的距离看，构成驱动板块运动的对流环应该有足够的大，只有全地幔对流才能满足条件。

威尔逊旋回

板块学说的创立，对一些全球构造问题给予了合理的解释。加拿大人威尔逊按照大洋盆的生命周期顺序，把大洋形成、发展和演化分成六个阶段，形象的概括了大洋从张开到闭合的整个过程。杜威和伯克将这一发展过程称为威尔逊旋回。

裂谷作用是大洋形成的第一阶段（胚胎期），以东非大裂谷系统为代表（图 12-35，图 12-37a）。大陆板块在下部地幔对流的作用下发生解体，形成一个长轴状的线性裂谷，其中央部分多发育河流，两侧部分通常是由拉张应力产生的巨大下降断块。目前大部分的学者认为，在大陆解体的原因可能是源于地幔柱。来自地幔深处的超级幔柱上升的热流或岩浆，使岩石圈受热膨胀，形成大规模的穹隆（图 12-36），膨胀的进一步扩大导致岩石圈破裂，并形成三支夹角 120°裂谷，称为**三连点**。三连点的其中两支逐渐与其他三连点会合，形成线性洋盆（图 12-37b），另一只则逐渐夭亡，形成**拗拉槽**。

图 12-35 东非裂谷系与红海、亚丁湾构成了三连点

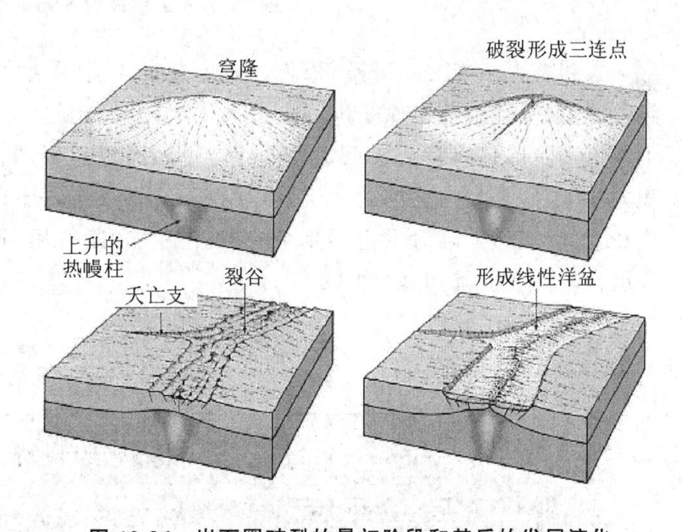

图 12-36 岩石圈破裂的最初阶段和其后的发展演化

红海、亚丁湾代表裂谷作用的进一步发展阶段（幼年期）。现在的阿拉伯半岛已经完全与非洲分离，并且正在产生一个新的线性洋盆。其特征是具有典型增生边界的大洋中脊的存在，中脊发育有中央裂谷和转换断层。红海中脊发现的高温卤水区就是在中央裂谷和转换断层交会处发现的，显示了这一构造单元的高热流值。

大西洋代表北大陆漂移和海底扩张更为高级的阶段(成年期)。大洋形成最初大洋中脊附近并没有壳幔的分异,来自上地幔的增生物质使大洋中脊不断扩大,并把中脊两侧的新生岩石推挤开,慢慢远离扩张中心,新生岩石也逐步冷却下来。大洋表面的岩石由于温度压力的下降开始发生相变,从而产生了壳幔分异。此时大洋已经发育成熟,形成包括中脊和洋盆的完整大洋(图 12-37c),但仍以洋壳增生为主,未出现俯冲消减作用。

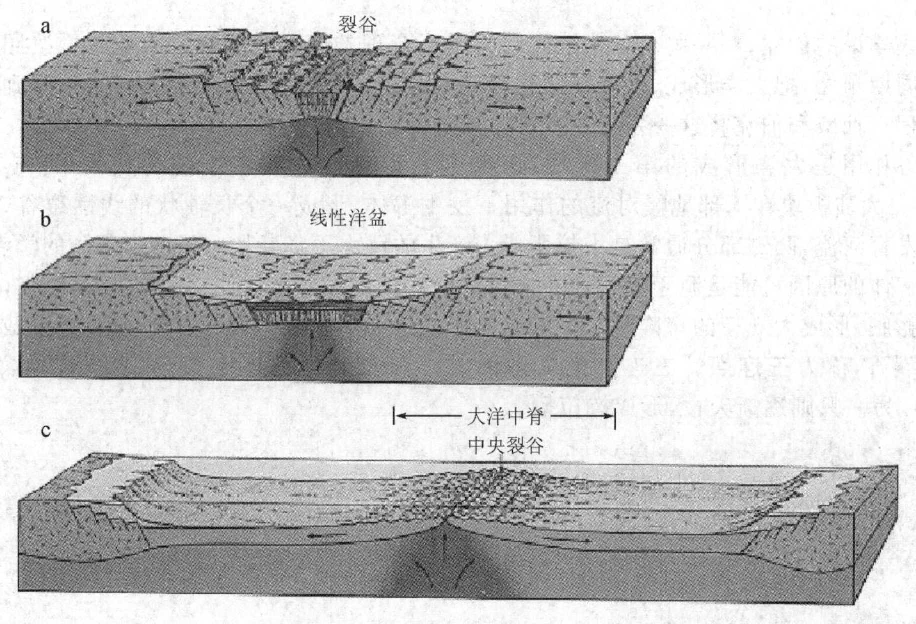

图 12-37　大洋发育成熟的过程

大洋发育成熟之后就逐渐地走向它的末日(衰退期)。太平洋就是处于衰退期的典型大洋,虽然太平洋目前仍然是世界上最大的大洋,但比起中生代它所具有的规模来已经小得很多了。这一阶段最典型的特点是大洋的增生和消减并存,但俯冲消减的速度要大于增生的速度。在大洋中脊,来自地幔深处的岩浆作用依然存在,洋壳还在增生;在大陆边缘,由于俯冲作用的存在,大洋周边的陆缘发生了复杂的构造——岩浆作用,形成了以海沟-火山弧-弧后盆地为典型组合的活动大陆边缘(图 12-38)。

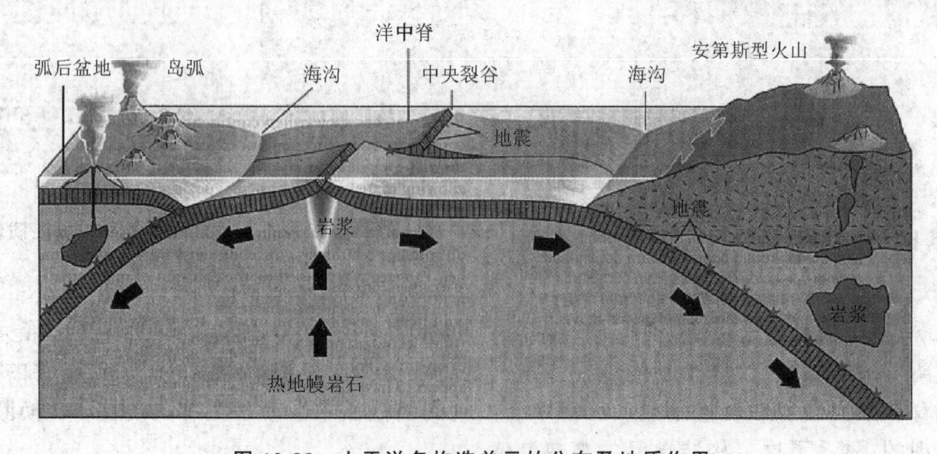

图 12-38　太平洋各构造单元的分布及地质作用

地中海是大洋演化另一个阶段(终了期)的典型。这一阶段大洋已不再增生,在俯冲作用下,大洋的规模急剧缩小。今天的地中海只有很少的古特提斯大洋壳的残余,不久将要完全闭合(图 12-39a)。

大洋演化的最后阶段就是完全闭合,留下一条古大洋的遗迹,结束了大洋的演化。喜马拉雅北侧的雅鲁藏布江蛇绿岩带,代表印度次大陆块与亚洲大陆块之间的碰撞缝合带,它也是古特提斯洋的遗迹(图 12-39b)。

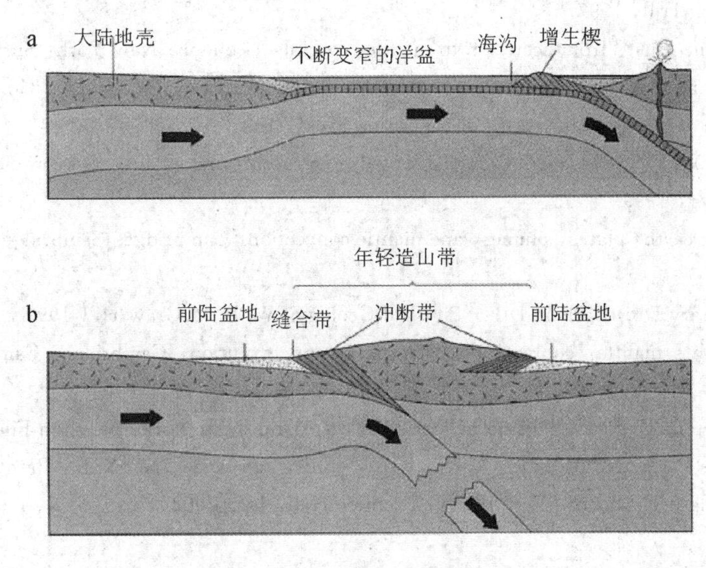

图 12-39 大洋演化的最后阶段

进一步阅读书目

上田诚也[日]著. 新地球观. 常子文译. 北京: 科学出版社, 1973

魏格纳 A L 著. 海陆的起源. 李旭旦译. 北京: 商务印书馆, 1977

Wyllie P J[美]著. 地球是怎样活动的 新全球地质学导论及其变革性的发展. 张崇寿, 等译. 北京: 地质出版社, 1980

徐开礼, 朱志澄. 构造地质学. 北京: 地质出版社, 1989

谢仁海. 大地构造学派概观徐州. 北京: 中国矿业大学出版社, 1989

陈国能, 张珂. 大地构造学原理简明教程. 广州: 中山大学出版社, 1994

雅库绍娃, 等著. 普通地质学. 何国琦, 等译. 北京: 北京大学出版社, 1995

Davies P A and Runcorn S K. Mechanisms of continental drift and plate tectonics. London; New York: Academic Press, 1980

Brown S, Wilson C. Scientific revolutions. Milton Keynes: Open University Press, 1981

Montgomery C W. Physical Geology. Wm. C. Publishers, 1988

Peltier W R. Mantle convection. New York: Gordon and Breach Science Publishers, 1989

Sychanthavong S P H. Crustal evolution and orogeny. Rotterdam: A. A. Balkema, 1990

Menzies M A. Continental mantle. Oxford [England]: Clarendon Press, 1990

Tarbuck E J. Lutgens FK, Earth. Merrill Publishing Company, 1990

Jacobs J A. Deep interior of the earth. London: Chapman & Hall, 1992

Teisseyre R. Czechowski L，and Kopysty J L，Amsterdam，Dynamics of the earth's evolution. New York：Elsevier：Warszawa：PWN-Polish Scientific Publishers，1993

Eldridge M M，Robert J T. Tectonics . New York：W. H. Freeman & Co.，1995

Hatcher R D，Cliffs E. Structural geology：principles，concepts，and problems. N. J.：Prentice Hall，1995

Davidson J P，Reed W E & Davis P M. Exploring Earth. Prentice Hall Upper Saddle River，1997

Condie K C. Plate tectonics and crustal evolution. . Oxford；Boston：Butterworth Heinemann，1997

BA van der Pluijm，S Marshak. Earth structure：an introduction to structural geology and tectonics. Dubuque：WCB/McGraw-Hill，1997

Thierry J. The oceanic crust：from accretion to mantle recycling。London；New York：Springer，1999

Collier M. A land in motion：California's San Andreas Fault. . San Francisco，Calif.：Golden Gate National Parks Association；Berkeley：University of California Press，1999

R. D. van der Hilst，W. F. McDonough Composition，deep structure and evolution of continents. Amsterdam；New York：Elsevier，1999

Davies G F. Dynamic earth：plates，plumes，and mantle convection. Cambridge：Cambridge University Press，1999

Plummer C C，McGeary D & Carlson D H. Physical Geology. WCB/McGraw-Hill，1999

Jackson I. The Earth's mantle：composition，structure，and evolution. Cambridge：Cambridge University Press，2000

Erickson J. Plate tectonics：unraveling the mysteries of the earth. New York：Facts on File，2001

Keller E A，Nicholas P. Active tectonics：earthquakes，uplift，and landscape. N. J.：Prentice Hall，2002

Tarbuck E J. Lutgens F K. Earth. New Jersey：Prentice Hall，Inc. 2002

第十三章　地 震 作 用

地震是构造运动的一种特殊形式，也是地球内部存在巨大能量的证明。换句话说，当地球内部能量积累到一定程度时，就会以地震、火山等形式向外释放能量。据不完全统计，全世界每年发生的地震约500万次，其中绝大部分不被人类所察觉，大约只有5万次人类能够感觉到，称为有感地震，而造成破坏的强烈地震每年则只有十几次(图13-1)，造成人类巨大伤亡的地震则更少。

图13-1　一组地震造成破坏的图片

虽然造成人类巨大伤亡的地震次数很少，但地震的破坏力和造成的伤亡仍然是无法估量的，地震是对人类最具威胁的自然现象。史料记载：1556年发生在陕西华县的地震造成约83万人死亡，八百里秦川哀鸿遍野，这次地震灾害可能是造成人类史上死亡人数最多的自然灾害；1920年宁夏海原发生8.5级地震，造成的死亡总人数为23.4万人，其中以震中海原县最严重，达7万人，占县总人数的一半以上；1923年的日本关东大地震造成14.3万人死亡，对日本的经济造成了巨大的破坏；1976年7月28日唐山大地震把唐山市夷为平地，大约有24万人死亡，给唐山人民带来了巨大的灾难；1985年发生在墨西哥城的地震造成了9500多人死亡，由于地震发生在墨西哥首都，引起世界的极大震动；1999年土耳其地震造成1.7万人死亡，

4.4万人受伤,25万人无家可归;2008年5月12日汶川地震死亡和失踪人数约10万人,给川西社会及经济发展造成了巨大的损失(图13-2);2010年1月12日海地地震造成包括我维和部队8名战士在内的21.2万人死亡,为美洲地震史上死亡人数最多的一次地震灾难。

图13-2　5・12汶川地震后的北川废墟

13.1　地震的成因

地震的成因是相当复杂的,各种成因假说也很多,但不管何种成因假说,几乎所有科学家都认为,地震是由于震源区物质发生瞬时位移所形成的弹性波到达地表所引起的震动。

一般认为,地震的成因是因为地球内部岩石所承受的应力超过了岩石的强度发生破裂而产生的。地壳上部的岩石是一种弹性物质,容易发生各种弹性变形(图13-3)。原始状态中的岩石在应力作用下不断发生变形,在岩石的弹性应变范围内,这种变形并没有释放能量,而是转化成应变的形式,并随着能量的积累使应力和应变不断加大。每一种岩石都有自己的强度,也有一定的弹性变形范围,当地球内部岩石所承受的应力超过了岩石所能承受的弹性变形范围时,岩石便发生破裂,同时由于弹性回跳而发生震动,地震就此发生了。地震过后,地球内部的能量得到了释放,但岩石的断裂变形却无法再恢复。

地震往往沿一些断裂带发生,因为断裂带是地球内部的薄弱环节,岩石的联结性差,容易发生位移变形。另外,由于断裂带的存在使应力的传递发生障碍,应力场不连续,在断裂带的两端容易产生应力集中而发生地震。这些断裂带被称为发震断裂或地震活动断裂。如美国西部的圣安德列斯断层就是一条发震断裂,沿此断裂带已经发生了多次破坏性很强的地震,造成了旧金山、洛杉矶等城市的破坏。

在地壳的下部到上地幔670 km深处仍有很多地震发生,这种地震的成因很难用岩石断裂的弹性回跳来解释,因为在地球内部深处,岩石的塑性程度已经大为提高,岩石的变形主要以塑性为主。因此,有的科学家认为,中深源地震可能有另外的成因。一种看法是深部岩石在高温高压的作用下从一种结晶状态变成另一种状态,即相变使岩石的体积突然变化而发生地震。

另一种看法是板块在俯冲过程中,俯冲的板块与上地幔摩擦而发生地震,俯冲带的震源分布特征(和达-贝尼奥夫带)也为这种观点提供了依据。

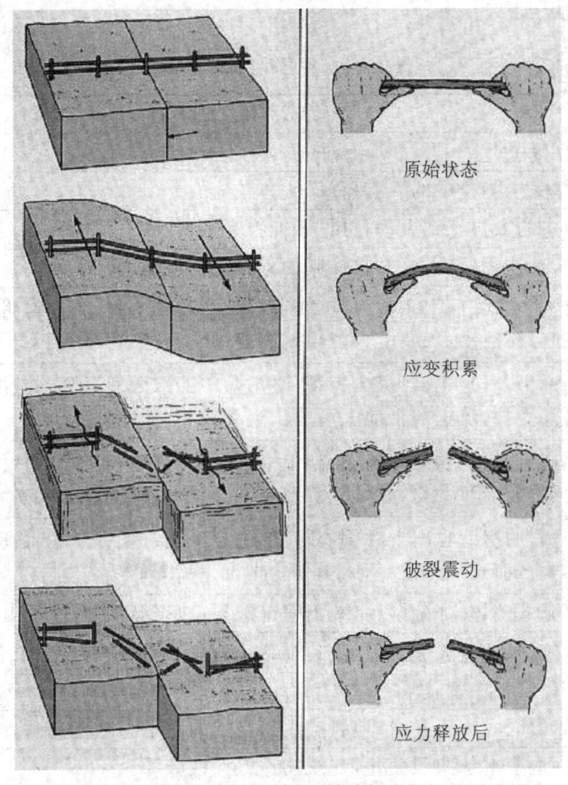

图 13-3 地震成因示意图

13.2 地震的研究方法

我国对地震的研究由来已久,早在两千年前的汉代,我国的古代著名科学家张衡便发明了候风地动仪(图 13-4),巧妙地利用重锤原理和地震波的传递特征来确定地震发生的方位,开创了世界地震研究之先河。随着科学技术的发展,对地震地质的研究也在不断地深入,各种地震的研究方法、理论也不断地取得进展。

图 13-4 根据古书记载复制的候风地动仪模型

一般概念

震源 地震研究中最常使用的概念是震源,即地震发生的地点。震源实际上并不是地球内部发生地震的一个点,通常是一定范围内遭到破坏的岩石。

震中 震中则是地震震源在地表的垂直投影点,也是震源与地表最近的距离,通常在震中附近地区地震的破坏程度最大。

地震烈度级　地震烈度级是用来刻画地震对地表设施破坏的程度，目前中国、俄罗斯和美国均采用12级地震烈度划分，日本则采用8级地震烈度划分。我国的12级地震烈度划分的破坏程度如表13-1所示。

表13-1　中国地震烈度表

烈度级	破坏程度
一　级	无感，仪器可记录
二　级	个别非常敏感，完全静止中的人有感
三　级	室内少数静止中的人可感到震动，可见悬挂物有些摇动
四　级	大多数人有感，悬挂物摇动，紧靠在一起的不稳定器皿作响
五　级	室内几乎所有人和室外的大多数人有感，一些人从梦中惊醒，悬挂物明显摇动，不稳定器物翻倒或落下，开着的门窗摇动，灰墙上可能出现裂缝
六　级	很多人从室内逃出，立足不稳，家禽家畜外逃，盆中的水激烈振荡并溅出，轻家具发生移动，有些破旧建筑物可能受损，疏松的土地上可能出现裂纹
七　级	人从室内惊惶逃出，悬挂物强烈摇晃，架上书籍、器皿落地，砖木结构民房损坏，坚固的房屋亦有损坏，地下水位可能会有变化，并可能从地裂缝中冒水、喷沙等
八　级	人很难站立，坚固的房屋也出现倾倒，孤立的纪念性建筑物有损坏、移动、倾倒等现象，地面出现10 cm的裂缝，山区有山崩发生，有人员伤亡情况
九　级	坚固房屋大部分遭破坏、部分倾倒，地下管道破裂，地裂缝很多，发生山崩、滑坡
十　级	坚固房屋许多倾倒，地裂缝成带出现、长度可达数千米，铁轨弯曲，河、湖产生拍岸浪，山区发生大量山崩、滑坡
十一级	房屋普遍毁坏，山区大规模崩滑，地表产生相当大的水平和垂直错动，地下水位激烈变化
十二级	地表强烈变形，地下水位激烈变化，建筑物遭毁灭性破坏

地震震级　地震震级是用来表示地震所释放的能量大小的度量。震级最初的含义是标准地震仪在距离震中100 km处所记录的最大振幅的对数值，振幅以微米（μm）为单位。震级能量E与振幅M的关系为：$\lg E=11+1.6M$

不同震级所释放的能量如表13-2所示，地震每相差一个能量级，其释放的能量相差约31.6倍。

表13-2　震级与能量关系表

震级	能量/尔格	震级	能量/尔格
1	2.0×10^{13}	6	6.3×10^{20}
2	6.3×10^{14}	7	2.0×10^{22}
3	2.0×10^{16}	8	6.3×10^{23}
4	6.3×10^{17}	9	2.0×10^{25}
5	2.0×10^{19}	10	6.3×10^{26}

地震产生的震动以波的形式传递能量，地震波具有波的各种特点，地震波有3种形式：纵波、横波和面波。地震发生时在震源处同时产生纵波和横波，由于纵波的传播速度比横波快，因此最先到达地表的是纵波。地震波到达地表时会引起地表发生另一种形式的振动——面波，面波只沿着不同介质之间的界面传播，但面波的波长较长，振幅大，会对地表建筑物造成很大的破坏。地震波在传递过程中通过不同的介质会时会发生折射，并且在界面处形成新的纵

波、横波和面波。

一次地震过程通常并不只是一次震动,实际过程是相当复杂的。在主震发生之前通常会有一些前震,主震发生之后还会发生一些余震。这一特征反映了震源区岩石从局部遭受破坏,到整体破坏,再到破坏后能量逐渐释放的过程。但有时一次地震过程却不容易区分出哪一次地震是主震,而是通过多次震级相近的地震释放的。如 1997 年发生在新疆伽师的地震就发生了 6 次强度相当的地震,很难区分哪一次是主震(称为震群型地震)。

地震的类型

地震按其发生的原因可以分为三大类:陷落地震、火山地震和构造地震。

陷落地震 是由地面塌陷、山崩等作用引起的。陷落地震多发生于石灰岩地区或矿区,由于石灰岩地区的岩溶作用、矿区采掘的巷道使地下出现空洞,洞顶失去支撑力而发生陷落引起地表振动而形成地震。高山地区的悬岩崩落也可以引起地震,但这种地震的规模比较小,影响的范围也很小。

火山地震 是由火山活动所引起的,其特点是仅局限于火山活动带,影响范围也不大。在火山爆发之前由于岩浆在地下运移,会使地壳应力发生改变引起地震,1959 年夏威夷基拉维厄火山爆发之前几个月就发生了一连串的地震。

构造地震 是由岩石圈的构造运动所引起的,也是地球上数量最多、规模最大的地震类型。其特点是活动频繁、持续时间长、分布范围广。破坏性极强的地震是自然灾害中危害最为严重的一种。全世界发生的所有地震中,构造地震的数量在 90%以上。

另外人工爆破、水库蓄水等人为因素也会引起地震,有些水库诱发地震甚至达到相当大的规模,造成强烈的破坏,但这类地震不属于自然的范畴。

根据地震的震源深度,还可以把地震分为浅源地震、中源地震和深源地震。

浅源地震——震源深度为<70 km;

中源地震——震源深度为 70～300 km;

深源地震——震源深度为>300 km。

破坏性地震的震源深度一般都不超过 100 km。1999 年 9 月 21 日我国台湾地区发生的浅源地震是一种特殊类型的地震,震源深度只有 1.5 km,5 级以上余震达 37 次之多,其形成机制还有待研究。

地震的地理分布

大约有 95%的地震主要发生在构造活动带,全球地震主要分布在三个带上,即环太平洋构造带、特提斯构造带和大洋中脊带(图 13-5),其中环太平洋构造带是全球规模最大的地震带。大陆内部造山带也常有地震发生。中国被环太平洋构造带、特提斯构造带所包围,是个地震多发的国家。

环太平洋地震带

分布于濒临太平洋的大陆边缘与岛屿。从南美西海岸安第斯山开始,向南经南美洲南端、马尔维纳斯群岛(福克兰群岛)到南乔治亚岛;向北经墨西哥、北美洲西岸、阿留申群岛、堪察加半岛、千岛群岛到日本群岛;然后分成两支,一支向东南经马里亚纳群岛、关岛到雅浦岛,另一

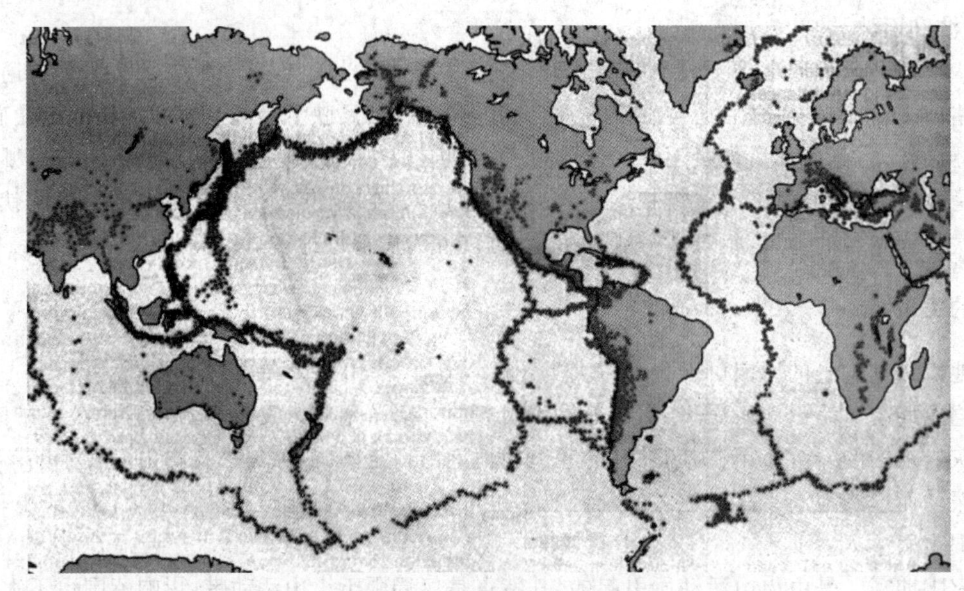

图 13-5　全球地震带分布图

支向西南经琉球群岛、我国台湾、菲律宾到苏拉威西岛，与地中海-印尼地震带汇合后，经所罗门群岛、新赫布里底群岛、斐济岛到新西兰。这条地震带集中了世界上 80%的地震，包括大量的浅源地震、90%的中源地震、几乎所有深源地震和全球大部分的特大地震。在环太平洋地震带中超深断裂带特别引人注意，西太平洋地震带的分布从深海沟的轴部开始向岛弧之下倾斜，东太平洋地震带则是向美洲大陆之下倾斜。一般情况下，震源带的上部具有相对平缓的(15°～45°)倾角，并一直延伸到约 100 km 深处，下部则具有较陡的倾角(60°或>60°)。日本地球物理学家上田诚也(S. Uyeda)根据震源带的倾角和相伴的一些现象，划分出两种不同的震源带：具有陡倾角的马里亚纳型，不仅发育中源地震，还发育深源地震；具有缓倾角的智利型，实际上缺乏深源地震。

除了太平洋的边缘之外，超深的震源带也出现在印度洋里。在印度洋，伴随着在桑德海沟旁出露于海平面以上的马来岛，震源带的深度超过 600 km。展布在大西洋中的加勒比和南桑德维奇震源带，可以认为是环太平洋带的伸出部分，巽他带也具有环太平洋带的一些属性，所以环太平洋带是地球主要的地震活动带。

特提斯地震带

西起大西洋亚速尔群岛，向东经地中海、土耳其、伊朗、阿富汗、巴基斯坦、印度北部、中国西部和西南部边境、经过缅甸到印度尼西亚，与环太平洋地震带相接。它横越欧亚非三洲，全长 2 万多千米，基本上与东西向火山带位置相同，但带状特性更加鲜明。该带集中了世界 15%的地震，主要是浅源地震和中源地震，缺乏深源地震。在非洲-欧亚之间的地震带中以浅源地震为主，一般没有深源地震(>300 km)。该带的卡拉布里地区(亚平宁半岛的南端)和克里特岛等地段具有中源地震，可以勾画出倾斜的震源带。再向东去，沿着阿拉伯海北岸的马克兰，西兴都库什和喜马拉雅山也有向北倾斜的震源带。在帕米尔则有方向相反的，也就是向南倾的震源带。喜马拉雅带在布拉马普特拉河谷与巽他(马来)带的北延部分相合。该带在直布罗陀弧区有深度达 650 km 的震源；在第勒尼安海(地中海之一部分)有达 450 km 震源；在罗马尼亚喀尔巴阡山剧烈转弯的伏兰恰地区有 150 km 的震源；大高加索的东段有深度达 150 km 的震源。有充足的理由推测，所有上述震源带都是以前存在过的、类似于环太平洋带那样的延伸更长、深度更大的震源带的残留段。大约在 40 Ma 之前，该带展布的区域曾存在过与大西洋、印度洋和太平洋相通的开阔大洋。

非洲-欧亚之间的地震带与太平洋地震带相比还有另一个特征，这里的地震活动散布在更大的范围内，在有些地段分布的宽度可达 4000 km。如果更仔细地分析震中的分布则可以发现，它们的分布是不均匀的：在一些带中很集中，而在另一些地段（如在阿富汗的中部和南部）实际上缺少地震。这是因为该带由地块的镶嵌所构成，或者说是像河流或海洋中的冰块那样聚集成微板块群。微板块的聚集发生在大的岩石圈板块即北方的欧亚板块，南方的非洲、阿拉伯、印度-澳大利亚板块，东方的太平洋板块相互碰撞的过程中，相应的地震活动带就集中在这些板块的边界附近。

其他地震区带

除了沿着大陆边缘或贯穿大陆的全球两个主要地震带之外，在大洋中还有延伸非常长的地震带，沿着大洋中脊分布。这里经常发生地震，但其特征是强度不大，震源深度浅，一般不超过 10 km，基本上发生在地壳范围之内。按地震的发生机制来说这主要是拉张作用引起的地震。在一些连接裂谷带的转换断层上也发现有剪切位移引起的地震。

大陆裂谷系的地震活动也与张应力有关，如贝加尔（属于中欧亚带）、东非、西欧、北美、中国东部等裂谷系，有时这里也有着强烈的、甚至是毁灭性的地震（图 13-6）。

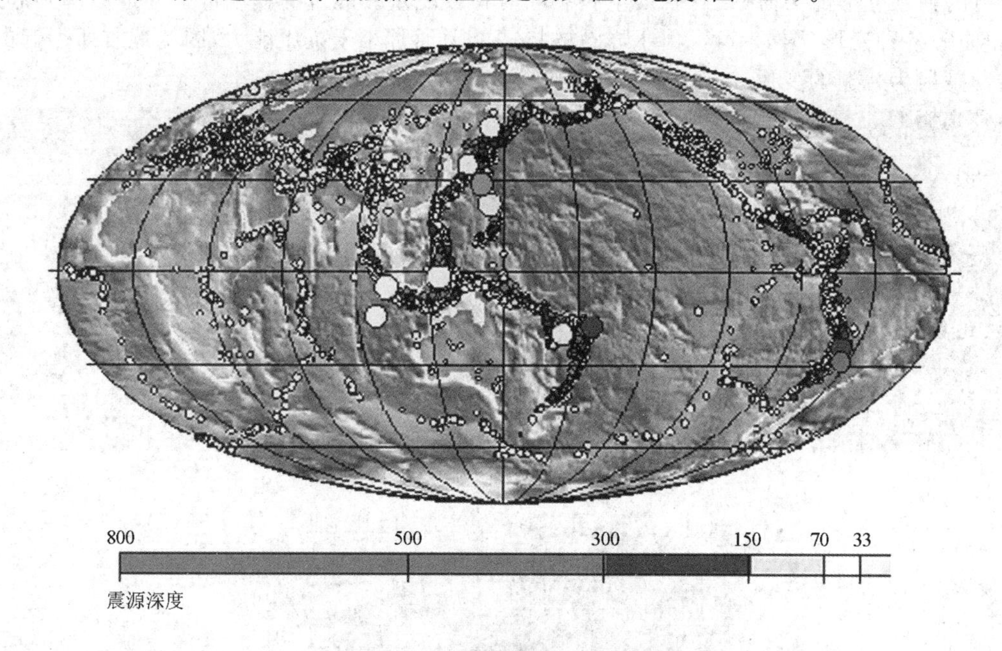

图 13-6 2000 年世界地震分布图

在活动构造带之外也有一定数量的地震，一部分在被动陆缘区的纵向或横向断裂上，如 1755 年的里斯本地震，1960 年摩洛哥的艾加迪尔、1982 年也门和 1983 年几内亚的地震。

很显然，地震曾发生在地球的全部历史过程中，然而古地震却没有完整地保存它们的记录，只能从一些地震痕迹加以研究。在保存良好的条件下，地震痕迹也是可以发现的。这些痕迹主要表现为贯穿各种地貌单元——河谷、小溪、分水岭、冰川地貌等的断裂和裂隙，这些断裂和裂隙具有各种方向。最特征的标志是陡坎，它们发生在横过水流方向的断层隆起的坡处，崩塌物、泥石流、塌陷、水成岩脉等也都是地震的特征。在卫星和航空照片上常可以清楚地看到地震断裂，但仍然需要在当地进行验证。

古地震断裂的研究在确定某一地区的地震危险程度方面有实际意义，因为这样的研究可以大大扩展研究区域的观测记录，并常常可以指出比近期记录要早得多的地震现象。

我国邻近环太平洋地震带和特提斯地震带的交接地区，地震频繁。历史上以及近期都发生过破坏性地震。如 1966 年邢台地震，1973 年甘孜地震，1975 年海城地震，1975 年溧阳地震，1976 年唐山地震和云南昭通地震，1977 年溧阳地震。这些地震除发生在溧阳的两次地震略低于 7 级外，其余均在 7 级以上。这两个地震带又位于我国经济比较发达的地区，频繁的地震对我国的经济建设和社会发展造成了很大的影响。

13.3　地 震 作 用

地震作用形式

能量的积累和释放是地震过程中最重要的作用形式。地球内部的多余能量经常转化成岩石中的应力，并在岩石的节理、断裂等缺陷处造成应力集中，使岩石产生应变。当应变量超过了岩石的弹性变形能力时，岩石就发生破裂同时释放能量。能量的释放常引起地面的隆起、错动、扭曲等各种变形(图 13-7)。由于岩石的抗剪能力通常小于抗压能力，因此地震所引起的水平错动是最为普遍的变形。

图 13-7　一组地震引起的地面变形现象

由于地震发生前后地壳中的应力场发生较大的变化，一些矿物产生压电效应和压磁效应，导致大地电磁场的变化。岩石中最常见的矿物——石英就有非常明显的压电效应，致使岩石在应力的作用下发生电阻率的变化，并可能引起大地放电的现象，产生地光。岩石的磁化率在应力作用下也会发生变化，通常岩石在主压应力的方向上磁化程度降低，在垂直主压应力的方向上磁化程度增加。

物质成分的变化也是地震作用的一种表现，在不同的温压条件下化学平衡会向不同的方向移动，特殊的应力场可以产生特殊的应力矿物，同时使地震区的物质成分发生变化。另外，由于地壳应力增大，岩石破裂所形成的微裂隙使岩石的孔隙连通性增大，地壳中的某些物质可能会释放出来。例如地震前经常出现的氡异常，就是因为存在于岩石孔隙中的氡大量释放的原因。

地震作用结果

地震作用的结果有许多不同的表现形式，形成许多地质现象。

地面变形是地震作用最常见的结果，除了隆起、错动、旋扭等各种变形外，还可能引起地裂缝、地面陷落等变形。1976 年的唐山地震曾出现了许多地裂缝带，横切围墙、房屋和道路、水渠(图 13-8)。震区及其周围地区，出现大量的裂缝带、重力崩塌、滚石、边坡崩塌、地滑、地基沉陷、岩溶洞陷落以及采空区坍塌等。由地震引发的山崩和滑坡规模往往很大，造成次生灾害。地震中由于山崩或滑坡所形成的垮塌物经常会堵塞河道，形成湖泊。

图 13-8　唐山地震形成的地裂缝

1920 年 12 月 16 日，宁夏南部和甘肃东部发生 8.5 级地震。这次地震闻名中外，近百个地震台记录到了这次能量巨大的地震。据当时的《中国民报》记载了震后的悲惨场面："清江驿以东，山崩土裂，村庄压没，数十里内，人烟断绝，鸡犬绝迹。"地震造成的山崩滑坡掩埋了村庄，海原县房屋和窑洞倒塌近 6 万间，会宁县房屋倒塌达 8 万间。地震造成自甘肃景泰兴泉堡至宁夏固原县硝口长达 215 km 的巨大破裂带，至今仍清晰可辨。海原、固原和西吉县滑坡数量多到无法统计的地步。在西吉南夏大路至兴平间 65 km^2 内，滑坡面积竟达 31 km^2。滑坡堵塞河道，形成众多的串珠状堰塞湖。这些自然灾害造成的湖泊，成为黄土高原上独特的地震地貌景观。

地震作用往往导致地下的含水层受到强烈的挤压，使地下岩层的孔隙度变小，地下水被挤出而发生喷水，地下水与松散沉积物一起喷出地表而形成冒沙现象(图 13-9)。地震过程的振动还可以使松散沉积物与地下水混合发生液化现象，使建筑物的地基松动，造成建筑物倒塌，甚至连根拔起(图 13-10)。

图 13-9　地震时出现的冒沙现象

图 13-10　由于地基液化房屋被连根拔起

海啸是海底地震经常引发的一种灾难性结果。1960 年 5 月 22 日在智利发生的 9.6 级地震(可能是世界上有记录的最大地震)所引发的海啸波及了太平洋的广大地区，5 月 23 日海啸到达夏威夷时浪高约 10 m，死伤 200 多人，5 月 24 日海啸到达日本时浪高还有 6.5 m，伤亡 100 多人，沉船 100 多艘，给日本造成严重的破坏。2004 年 12 月印尼地震所引发的海啸造成了约 30 万人死亡，给印度洋周边国家带来了巨大灾难。

13.4　地震预报与抗震建筑

地震发生之前，地球内部会发生各种各样的变化，这些变化必然会反应到地表，并引起自然界的各种异常反应。研究自然界的异常反应及其与地震的成因联系，是地震预报的依据。虽然地震学家还没有完全了解地震的发震过程及其成因机制，尤其在临震预报方面还没有成熟的方法，但目前已经有了不少临震预报成功例子，相信在不远的将来，地震预报会取得重大的突破。

20 世纪 90 年代为国际减灾 10 年，10 年间，我国地震部门先后对 20 余次中强以上地震作出了不同程度的短期和临震预测预报。对多数显著地震事件作出了与实际基本相符的震后趋势判定，有效地保护了人民的生命和财产安全，发挥了重要作用。如 1995 年 7 月，云南孟连发生 7.3 级地震，地震部门作出了中、短、临预报，及时向当地政府报告，并采取了必要的防范措施，极大地减少了地震造成的损失。1996 年底，国家地震局对 1997 年地震趋势预测时，曾将新疆伽师地区划为重点危险监视区，3 月初地震专家们根据欧亚地震带中西段 7 级地震活跃、1997 年以来我国西部中强地震频度之高为多年来所罕见、伽师地区地震序列衰减过猛、各项前兆异常指标突出并参考当地以往地震活动特点等，预测伽师震群仍将持续，有可能再次发生5至6级、甚至6级左右地震，特别是3月20日至4月13日的时间段尤为严峻。当4月1—4日接连发生3次4级以上地震后异常平静，5日晚地震分析专家提出1周内伽师震区将发生5至6级地震，并随即向当地县委紧急汇报，立即采取减灾措施，通知各乡检查防震工作，要求群众切不可住入危房，从而大大减轻了4月6日两次地震袭击造成的灾情，取得显著的减灾实效。

我国已相继建设和改进了数字地震观测、地震前兆观测系统及一批重点实验室；初步建立起了由47个国家基本台、30个区域台和20个遥测台网组成的中国数字地震观测系统；完成了对155个国家级和区域基本地震前兆台站的综合化、数字化改造；建立起由102台数字强震仪组成的强震数字地震观测系统。此外，我国地震应急指挥技术系统和地震观测系统、数据传输系统也都得到了较大程度的改善。

根据我国1999年发布的《地震预报管理条例》，地震预报分为四类：

长期预报——指对未来10年内可能发生破坏性地震的地域的预报。

中期预报——指对未来一二年内可能发生破坏性地震的地域和强度的预报。

短期预报——指对未来3个月内将要发生地震的时间、地点、震级的预报。

临震预报——指对10日内将要发生地震的时间、地点、震级的预报。

地震预报包括以下三个要素：时间、地点和震级，合称地震预报三要素。一个完整的地震预报(主要指短临预报)，必须包括三要素，同时还要包括对震害的预测(即地震烈度)。

地震预报方法

地震预报主要通过地震的前兆进行，常见的地震前兆现象有：前震、地壳形变、地下水、地下气体和地球电场、磁场、地应力场、重力场等各种微观测量的变化。在临近地震前还可以观测到地下水位、水质的突变和地声、地光、电磁干扰、动物行为异常等一系列宏观异常变化。这些前兆都与地震孕育过程中所引起的地球内部物理化学平衡的转变有关。

实际上，地震发生的实质是因为地球内部岩石所承受的应力超过了岩石的强度发生破裂而产生的。因此地震发生之前的地壳必然有各种异常反应，通过这种变化来进行地震预报是可行的。前震频发是主震即将到来的先兆，在地震能量积累过程中，震区部分薄弱的岩石首先发生破裂，形成前震。前震通常震级较低，主要靠拾震仪记录(图13-11)。地壳的变形也是能量积累过程中岩石发生应变的反应，通过地壳的变形测量可以作为地震预报的一个主要因素。以预测地震活动，同时兼顾大地测量、电离层监测、海平面监测、气象预报、导航的国家重大科学工程——中国地壳运动观测网络，于2000年12月通过由国家验收，并投入使用，标志我国在大陆地震研究领域进入了世界领先水平。该工程主要包括基准网、基本网、区域网和数据传输与分析处理系统四大部分，分别由25个GPS连续观测站、56个定期复测GPS站、1000个不定期复测GPS站和数据中心与3个共享子系统组成整个网络工程。该工程可对基准站之间年变化2毫米的位移进行高精度监测，同时也可对网络覆盖区域内1000千米内3毫米的距离变化实时监测，从而通过对地表位移的监测，科学地判断地震活动趋势。

地下水位的变化也是地震的前兆，其原因与地下含水层受到挤压和拉张作用有关。如唐山地震前，滦县高坎公社有一口水井，这口井并不深，平时用扁担就可以提水，可是在7月27日这天，有人忽然发现扁担挂着的桶已经够不到水面，他转身回家取来井绳，谁知下降的水又忽然回升了，不但不用井绳，而且直接提着水桶就能打满水。那些天，唐山附近的一些村子里，有些池塘莫名其妙地干了，有些地方又腾起水柱。

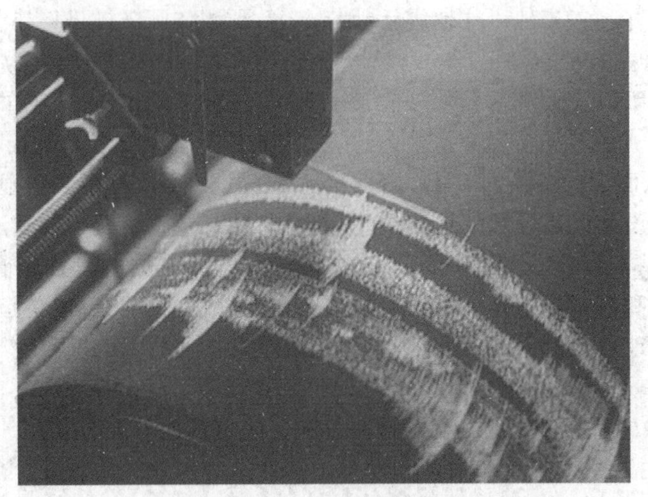

图 13-11　记录地震的拾震仪

氡是一种惰性气体,因不易发生化学反应而被封闭在岩石孔隙中,当岩石产生微破裂时,氡立即从孔隙中逸出,产生氡的异常现象。

由于地震前地壳应力的变化会引起大地电磁场和地球化学场的变化,观测和研究震区的地球物理场和地球化学场的变化,并研究震区的发震规律,可以较好地预测地震的发生(图13-12)。实际上地震发生之前,地壳内部的物理化学场都有明显的变化,但确定临震前震区的各种地球物理、地球化学指标的阈值却是非常困难的,这还需要经过科学工作者的努力。

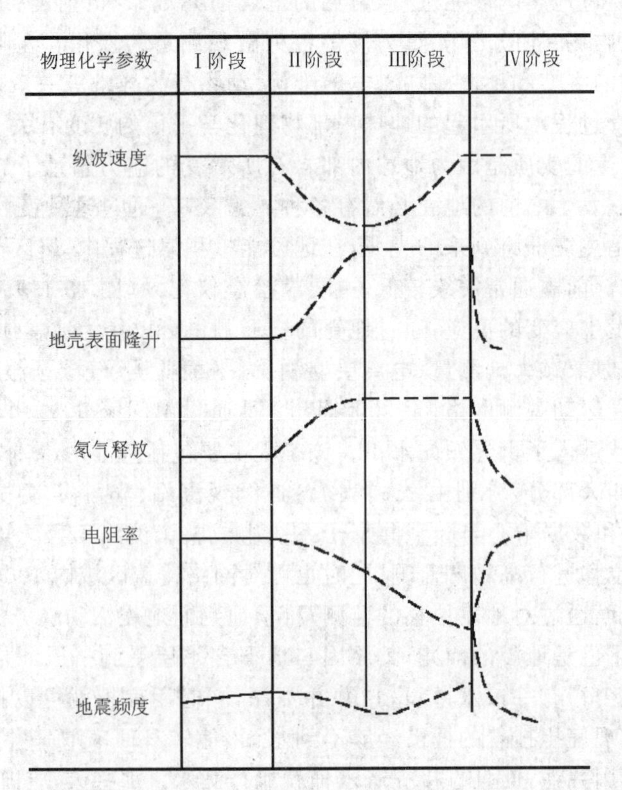

图 13-12　常用的物理化学参数在地震孕育过程中的变化

动物震前的异常反应实际上是源于地震前地下的各种物理、化学条件的变化，如温度、压力、地下水状态变化等。这些变化会使穴居动物的生存环境发生改变，尤其使一些低级动物，对这种变化尤为敏感。虽然，人类对这种变化尚未察觉，但却会引起动物的异常表现。唐山地震前的7月25日上午，抚宁县有人看到一百多只黄鼠狼，大的背着或叼着小的挤挤挨挨地从古墙洞钻出，向村外大转移。天黑时分，有十多只在一棵核桃树下乱转，当场被打死五只，其余的则在不停地哀嚎，有面临死期的恐慌感。26日、27日，这群黄鼠狼继续向村外转移，一片惊慌气氛（图13-13）。还有一些动物对某些特定的地球物理异常，如电磁异常、小振幅的地震等有敏感反应，使动物本能地作出异常反应。这些异常反应往往是大震的前兆。

图13-13 唐山地震前黄鼠狼成群向外逃窜

抗震建筑

减少地震的灾害，更可行的办法是提高建筑物的抗震能力。日本阪神地震充分反映了抗震建筑的重要性，地震中按20世纪60年代抗震标准设计的建筑物大量损毁，而按20世纪80年代抗震标准设计的建筑物却大多完好无损。1999年土耳其地震也是检验建筑物抗震能力的试金石，大批倒塌的房屋都是没有按照抗震规范设计的建筑，造成人员的大量伤亡，激起土耳其民众的强烈不满。1999年台湾南投发生的地震也表明了抗震建筑的意义，图中（图13-14）的建筑物因为抗震能力低而一塌到底，而周围的建筑却完好无损。因此提高建筑物的抗震能力对减少地震的灾害有着至关重要的作用，采取积极的抗震方法已经成为各国政府对付地震灾害的主要措施。

图13-14 1999年我国台湾地区地震中一塌到底的建筑物

进一步阅读书目

《唐山地震前兆》编写小组. 唐山地震前兆. 北京：地震出版社，1977
殷维翰. 地震问答 知识·预测·防范. 北京：地质出版社，1997
王德功. 北京地区的地震与防震. 北京：地质出版社，2000
薄万举. 地壳形变与地震预测研究. 北京：地震出版社，2001
Coburn A and Spence R. Earthquake protection. Chichester：Wiley，1992
黄培华，等. 地震地质学基础. 北京：地震出版社，2009
于峰，孙杰著. 汶川大地震. 成都：四川文艺出版社，2009

第十四章 岩浆作用

岩浆作用是地球内能向外释放的另一种表现形式。岩浆是包含各种气体、过热水及蒸汽的硅酸盐熔融体。由于岩浆是高温的硅酸盐熔融体，岩浆从地下深处上升到地壳或喷出地表的同时，也从地球内部携带出大量的热能。根据岩浆是溢出地表还是在地下冷凝，可以把岩浆作用分为火山作用和侵入作用，所形成的岩浆岩分别称为火山岩和侵入岩。

14.1 火山作用过程的阶段性

火山作用是岩浆喷出地表的一种岩浆作用过程，也是最壮观的自然现象之一(图 14-1)。自公元前一千五百年起，埃特纳火山的活动就有记载，它是被记录得最早，也是地球上最活跃的火山之一，间隔 2～20 年就会喷发一回。到 2021 年 10 月，已记载有 241 次，最近一次是在 2021 年 9 月 3 日喷发。火山作用包括地下岩浆的分异、运移、喷出直至冷凝的全过程及其相关构造和产物的特征，包括由此形成的岩石、矿物组合和成矿特征。

图 14-1 夜晚中的火山喷发如同节日的焰火

火山作用具有阶段性。根据火山作用的特点，可以将火山作用分为次火山阶段、火山作用主阶段和火山期后阶段。

次火山阶段

火山作用的岩浆形成于地球内部，岩浆的成因具有多样性。通常认为，上地幔软流圈是岩浆形成的最有利地段。根据地球内部地震波速结构分析，软流圈是 S 波的低速层，那里的岩石可能处于部分熔融状态。实验研究表明，与上地幔物质成分相似的超镁铁岩在 1200℃的温度下熔化，软流圈的温度已超出这一温度。软流圈中部分熔融的岩浆如同岩石中的地下水，并不能直接喷出地表，需要不断地向上运移，并汇集到**岩浆房**。由上地幔物质分异所形成的岩浆通常是玄武质的，在高温高压的作用下，水和许多气体以离子的形式存在于岩浆中。到达岩浆房后的岩浆在积蓄到一定的量之后开始沿地球内部的薄弱地带(断层、裂隙等)开始缓慢上升，同时吞噬着岩浆通道周围的岩石，形成筒状的通道或扩大了的裂隙。随着岩浆的不断上升，温度慢慢下降。当温度下降到1200℃时，气体和水蒸汽开始从岩浆中分异出来，从而加大了岩浆的活动性，并使岩浆不断向上运移。岩浆向上运动的同时，围岩对岩浆的压力也在不断减小，致使气体进一步膨胀，使岩浆产生一种力图向上的作用力。当岩浆到达地表以下2～3 km处，岩浆中分异出特别大量的气体，使硅酸盐混合体的体积进一步加大，压力急剧增加。力图向上的气体在巨大压力的作用下，以一股强劲的力量破坏岩浆通道上部的岩石，最终喷出地表。

岩浆在向上运移过程中，因其不断破坏地下岩石而产生地震，但这种地震的震级都很小，震源深度较浅，且随着岩浆的不断上升，震源深度也越来越浅。由火山作用造成的地震一般很少造成破坏，但可以作为火山喷发预测的依据之一。

火山作用发生之前往往在软流圈以上的地幔或地壳中形成一个火山源地或岩浆房，岩浆房中岩浆的成分可以随着时间的变化而发生改变，基性的岩浆可能被中性岩浆或酸性岩浆所代替。岩浆房中岩浆成分的变化与火山喷发的类型有关，即火山主阶段类型有关。

火山过程的主阶段

从岩浆喷出地表开始，火山作用即进入了主阶段。我国大陆较晚一次的大规模火山喷发发生在黑龙江的五大连池，此次火山喷发始于1719年，在1720—1721年间达到最大规模。台湾的大屯火山群是我国现存的活火山。

不同类型的火山，其作用过程有很大的差异，不同的学者对火山的分类也有较大的差别。根据火山喷发的形式，基本可以把火山喷发划分为熔透式、裂隙式和中心式三种。

熔透式　由岩浆直接熔透地壳，并大面积地出露地表的火山作用称为熔透式火山喷发。这种火山喷发的形式目前在大陆上已经没有，在大洋中可能一些台地属于这种类型，其原因是大洋地壳较薄，较大规模的地幔柱可以直接熔透大洋地壳。虽然现今大陆没有熔透式的火山喷发现象，但在地质历史中，尤其是太古宙，这种喷发方式可能是普遍存在的，因为当时的地壳可能比现在薄一些。从加拿大、苏格兰等地太古宙的岩石中火山岩与侵入岩呈渐变的接触关系看，用熔透式火山喷发过程来解释是比较合理的。

裂隙式　岩浆沿着地壳的巨大裂隙溢出地表的喷发方式称为裂隙式喷发，岩浆喷出口不是圆形，而是沿着数十千米的裂隙溢出或者由一系列火山口呈串珠状排列一起的喷发。这种喷发方式在陆地上目前只有冰岛可见(图14-2)，故又称为冰岛型火山，但在大洋中脊部位却是很普遍的一种喷发方式。1783年冰岛的火山爆发时岩浆从一个长7 km的裂缝和一些孤立的火山口中溢出，沿裂隙形成了34个大的和60个小的火山口，熔岩覆盖面积达565 km^2。大陆上裂隙式火山喷发通常为基性岩浆以平静的方式溢出地表，形成高原地貌，又称高原溢流玄武岩。裂隙式的火山喷发在古生代、中生代都很普遍，而且分布很广，中国大陆到第三纪仍有裂隙式的火山喷发。如二叠系的峨眉山玄武岩覆盖了我国西南三省的广大地区，第三系的汉诺坝玄武岩也覆盖了内蒙古、河北1000多平方千米的地区，熔岩厚度300多米。世界上最大规模的高原玄武岩出露在印度的德干地区，面积达50多万平方千米。一般认为，显生宙以后地壳的厚度已经比太古宙加大了很多，熔透式的火山喷发不再容易发生，进入古生代后火山喷发转变以裂隙式为主。

图 14-2 发生在冰岛的裂隙式火山喷发

中心式 岩浆由喉管状通道喷出地表的方式称为中心式喷发，这是现代火山喷发的主要方式。由于现代地壳已经大大加厚，尤其是大陆地壳，平均厚度达到了 35 km，大规模的岩浆溢出地表需要巨大的能量，限制了其他方式的火山喷发，岩浆大多从地壳的薄弱处(如裂隙的交叉处)喷出，形成中心式火山喷发。中心式火山喷发的固体、液体产物一般都集中在火山周围，并随着火山的不断喷发而生长成为锥状火山(图 14-3)。火山的顶部通常可以见到一个火山口(图 14-4)，它的底部有一个与岩浆源相连的火山通道，亦称火山喉管(图 14-5)，通常被管状熔岩所占据。

图 14-3 富士山是一个典型的火山锥

图 14-4 火山爆发后形成的火山口

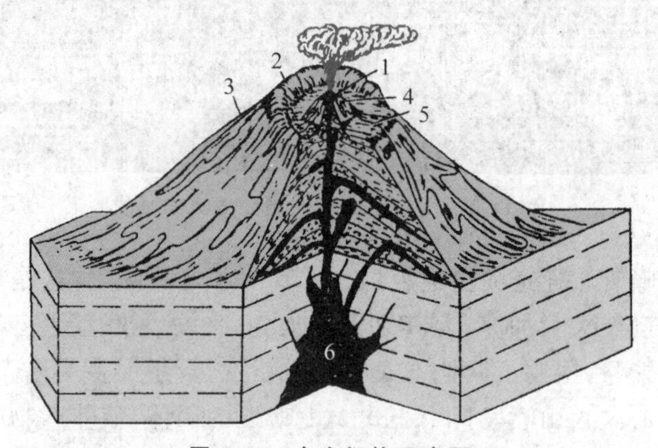

图 14-5 火山机构示意图

1——火山口 2——外轮山 3——火山锥

4——火山颈 5——破火山口 6——岩浆源

根据火山喷发的激烈程度又可将其分为：爆发式、宁静式和中间式。

图 14-6 1902 年喷发的培雷火山

爆发式火山喷发又称培雷型火山喷发。这类火山在爆发时产生猛烈的爆炸现象，喷出物多为黏滞性大、不易流动的、冷凝快的、富含挥发成分的酸性岩浆。火山锥多为较为陡峭的、火山碎屑物为主的堆积物。火山喷发过程中有时岩浆还未到达地表就已凝固，封闭了火山通道，有时则是前一次火山爆发的残余岩浆阻塞了喉管通道，阻塞了下部岩浆及其所携带的各种气体的继续上升。当受热气体的压力继续增大，冲破喉管中阻塞物后形成了爆发式火山喷发。1902 年发生在拉丁美洲马提尼克岛上的培雷火山爆发是爆发式火山喷发最为典型的一次(图 14-6)，火山喷发时火山灰、水蒸气、毒气笼罩着圣皮埃尔城，高达 450℃～600℃的温度使海水沸腾，圣皮埃尔城约 3 万居民全部遇难。

宁静式火山喷发又称夏威夷型火山喷发。火山喷发时,大量的岩浆从火山口涌出,但并不发生猛烈的爆炸(图 14-7)。这种类型的火山爆发多为黏滞性小的、易流动的、不易冷凝的基性岩浆,所形成的火山锥也较为平缓。火山口通常为岩浆收缩后陷落的大坑。

图 14-7 1983 年喷发的夏威夷基拉韦厄火山

中间式火山介于爆炸式和宁静式之间,有时会有较猛烈的喷发。有时则为较宁静的溢流。喷出的熔岩成分也有较大变化,有时是熔岩,有时则是火山灰,菲律宾的马荣火山就属于此种类型(图 14-8)。喷发时一般先喷出气体物质,然后是火山灰、最后是熔岩,但通常岩浆流动不会很远。

图 14-8 2001 年正在喷发的菲律宾马荣火山

火山喷发的种类很多,几乎是每个火山都有自己的特点,而且一个火山在喷发的过程中也会转变喷发方式。这主要是地下岩浆的形成和构造因素的变化是相当复杂的,而且随着喷发过程,地下岩浆房的各种地质环境也在不断变化,也就使火山喷发形式变得非常复杂。

火山期后阶段

火山喷发的后期,岩浆的活动性已经大为降低,能量的不断损耗使得岩浆不能再喷出地表,但内部依然存在能量还会在很长得一段时间里不断地以其他形式释放出来。如火山喷气、喷水等。

火山期后阶段早期温度较高,喷出的多为高温的干气体,温度通常在 500℃以上,水蒸气量很少,喷出物的成分主要为氯化钠、氯化钾和其他氟化物。

温度降低到100℃～300℃时，火山喷出物主要为硫化氢、氯化氢、自然硫等气体，并在喷气口附近留下黄色或红色的沉积物(图14-9)。

图14-9　火山喷硫现象

温度在略高于100℃时喷出的主要气体成分是硫化氢和碳酸氨，并有含碱的火山气体和高温水蒸气。当温度下降到100℃以下时喷出的主要是二氧化碳等气体。

火山喷气孔经常成群出现，有时也沿裂隙呈串珠状分布。当火山气体经过疏松的岩石时，气体和水蒸气会附着在岩石的孔隙和裂隙中。对火山喷出的气体成分的深入研究，可以了解地壳、上地幔等更多的地球内部的信息。

喷发水蒸气和热水也是火山期后的一种主要作用。由于地下温度和压力较高，地下热水和水蒸气也有较高的溶解能力，因此含有很多的矿物质，包括钠、钾、镁等多种碳酸盐、硫酸盐和硅酸盐，可以用来治疗多种皮肤病。同样由于压力的作用，地下的热水经常会以连续的或间歇的形式喷出。间歇喷泉的喷出周期并不是固定的，其原因是地下水在火山通道的底部热源区被加热到一定的温度，形成大量的水蒸气使压力不断增加，当压力达到一定的程度时连同地下水一起喷出地表(图14-10)。有些间歇喷泉的周期只有十几秒，有的长达几小时或更长。世界各地的许多地区都有火山期后作用形成的喷泉，著名的有冰岛、新西兰等，我国的云南省腾冲地区和西藏也是喷泉和地热极为发育的地区。

图14-10　美国黄石国家公园的老实泉

地下泥浆可以与火山气体和热水一起喷出形成泥火山。泥火山的火山锥不会很高，一般只有 1～2 m(图 14-11),但特殊情况下也可以较高。泥火山的火山口直径为几厘米到几米,喷出泥浆的温度可以达到 80℃～90℃。

图 14-11 不同类型的泥火山

泥火山的形成有时不一定与火山作用有关,它们可能形成于富含有机气体和地下水的黏土区,在高压的作用下不断喷发形成泥火山。

火山期后阶段可以持续几百年甚至更长的时间,直至火山底部岩浆源的能量全部耗尽,火山作用的整个演化阶段才告结束。

14.2 火山喷发的产物

火山喷出物包括气体的、液体的和固体的,喷出物与火山的活动形式有关。

火山喷出的液体产物

火山喷出的液体产物即岩浆(图 14-12),其成分主要为硅酸盐,极少情况下为碳酸盐。不同类型的火山喷出的岩浆的成分也有很大的不同。岩浆冷却固结后即成为火山岩(喷出岩),火山岩的分类主要依据其化学成分可分为四大类:酸性、中性、基性和超基性岩。

图 14-12 宁静溢流的基性岩浆

火山岩是由喷出的岩浆凝固所形成的,因此在火山岩的形成过程中必然会形成许多特殊的结构、构造。

由于岩浆形成的环境不同、岩浆的成分不同,固结成岩的过程也不同,岩石中的矿物结晶程度、颗粒大小、矿物形态和组合方式也不尽相同,这些反映岩石矿物之间相互关系的特征即岩浆岩的结构。火山岩中常见的结构有:

玻璃质结构　岩石没有结晶，断面光滑或呈贝壳状。这是因为岩浆喷出地表后迅速冷却，矿物来不及结晶所形成的，是火山岩的常见结构(图 14-13)。

隐晶质结构　岩石中的矿物颗粒非常细小，在肉眼和放大镜下都无法辨认，只有在显微镜下可以识别，断面粗糙。隐晶质结构也是岩浆迅速冷却，矿物晶体来不及生长呈较大的颗粒而形成的，也是火山岩常见的结构(图 14-13)。

斑状结构　斑状结构也是火山岩中常见的一种结构，大量的岩浆喷发延长了岩浆的冷却时间，使部分矿物可以生长成较大的晶体。构成火山岩斑状结构的晶体部分称为斑晶，未结晶的部分或隐晶质部分称为基质。有些火山岩可以见到巨大的斑晶，这可能是火山喷发前岩浆在岩浆房中停留的时间较长，使得适合岩浆房温度压力条件的矿物得以充分的生长，然后随着岩浆一起喷出地表(图 14-14)。

图 14-13　火山岩的玻璃质结构和隐晶质结构

图 14-14　火山岩中的斑状结构

岩浆岩的构造是反映岩石中矿物的不同排列方式、充填方式、成分的差异和固结过程中环境的差异等特征，即岩石的总体外貌特征。火山岩的主要构造有：

流纹构造是火山岩中不同颜色的条纹、拉长了的气孔、矿物的定向排列所显示的外观特征(图 14-15)，流纹构造反映的是岩浆喷出地表以后在流动过程中迅速冷却下来的特征。

图 14-15　火山岩流纹构造

气孔状构造和杏仁状构造 火山岩中经常分布着大大小小的各种气孔，是岩浆中所含气体占据的位置，在岩浆冷却后大部分气体逸出，保留了气孔形成气孔状构造；当火山岩中的气孔被其他矿物所充填时称为杏仁状构造(图 14-16)。

图 14-16 气孔状构造(左)和杏仁状构造(右)

绳状构造 流动性较强的熔岩在冷却过程中总是外部先冷却，而内部尚未冷却的岩浆仍旧向前运动，推动前缘冷却的但未完全固结的熔岩向前滚动，形成绳状构造(图 14-17)。

枕状构造 水下火山喷发时，熔岩在水中急剧冷却收缩，形成长短不一的不规则的椭球体熔岩，称为枕状构造(图 14-18)。枕状构造通常作为水下火山喷发的重要标志。

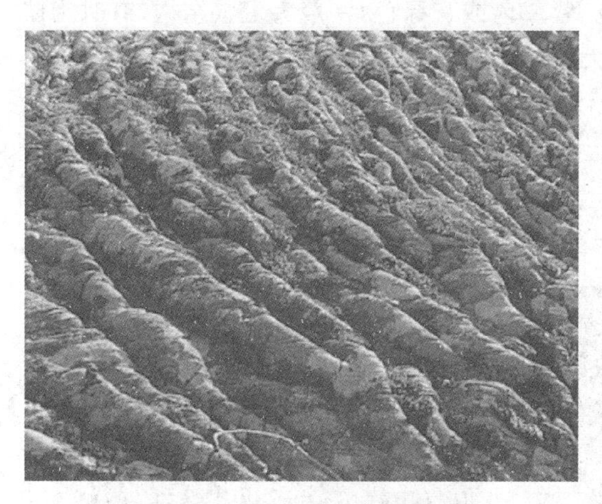

图 14-17 火山岩的绳状构造

图 14-18 火山岩的枕状构造

柱状节理 熔岩在冷却的过程中体积收缩形成节理，因为岩浆的冷却总是从地表开始的，因此理想状态的体积收缩应从地面开始形成裂纹，并逐渐向下发展形成垂直地面的六方柱，即柱状节理(图 14-19)。柱状节理多在基性火山岩中出现。

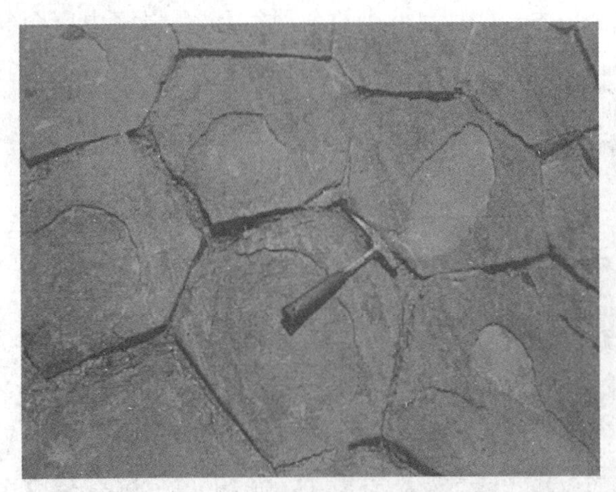

图 14-19 柱状节理的平面(左图)和剖面(右图)状态

常见的火山岩

火山的液态喷出物凝固以后即为火山岩，火山岩的分类主要是根据火山岩的化学成分，最主要的是根据火山岩中所含 SiO_2 的比例，通常：SiO_2 含量＞65%的称为酸性火山岩；SiO_2 含量在 53%～65%的为中性火山岩；SiO_2 含量在 45%～53%的为基性火山岩；SiO_2 含量＜45%的为超基性火山岩。

流纹岩是典型的酸性火山岩，通常呈灰白色、浅灰色或灰红色，隐晶质或斑状结构，斑晶多为石英或长石，流纹构造(图 14-20)。

安山岩是典型的中性火山岩，通常呈紫红色、紫灰色或灰绿色，一般为斑状结构，有时为隐晶质或细晶结构，主要矿物为斜长石和角闪石，无石英或较少石英，块状构造、气孔状构造或杏仁状构造(图 14-21)。

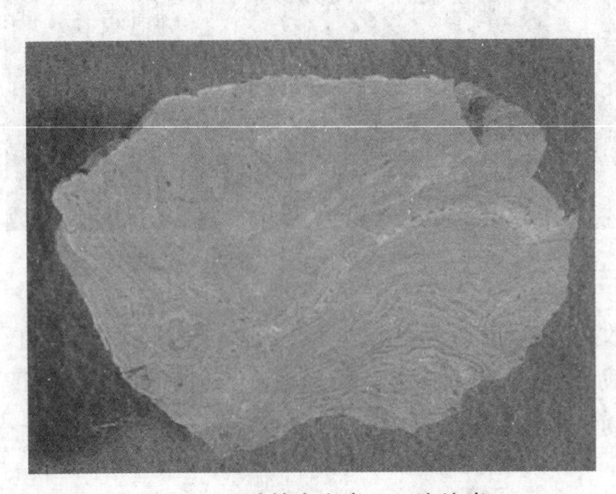

图 14-20 酸性火山岩——流纹岩

图 14-21 中性火山岩——安山玢岩

玄武岩是典型的基性火山岩，通常呈灰黑色或灰绿色，隐晶质结构或斑状结构，主要矿物成分为斜长石、辉石和少量橄榄石，常见气孔状构造和杏仁状构造(图 14-22)。

图 14-22 基性火山岩——玄武岩

超基性火山岩为苦橄岩，一般很少见。

火山的液体喷出物有时在喷发中会被抛到空中，有些熔岩块体在空中旋转形成纺锤状，并在空中冷却后落回地面，形成火山弹(图 14-23)。

图 14-23 不同成分和形态的火山弹

火山喷出的固体产物

大多数的陆上火山喷发都会有大量的固体喷出物，有时喷出的固体物质数 10 倍于液体喷出物。固体喷出物也称为火山碎屑物，是各种成分不一、大小不一的块体。小的直径不到 1 mm，大的可以达到数米。

火山碎屑物根据颗粒的大小分别称为火山灰(<0.01 mm)、火山砂(0.01~1 mm)、火山角砾(1~50 mm)和火山巨砾(>50 mm)。火山碎屑物颗粒大小的分布与火山口的距离密切相关,距离火山口越远,火山碎屑物的粒径越小。根据火山碎屑物的这种特征可以推测古火山口的位置。

图 14-24 火山角砾岩

火山碎屑物被抛入空中后,细小的火山灰随大气环流漂浮到很远的地方,但大多数还是重新降落到火山口附近,经沉积、压实、固结等成岩作用后成为火山碎屑岩。火山碎屑岩一般根据火山碎屑物的大小和成分来命名。如流纹质凝灰岩(酸性凝灰岩)、火山角砾岩、火山集块岩等(图 14-24)。

火山喷出的气体产物

火山的气体喷出物可以在火山活动的整个过程中出现,气体的成分也非常复杂。大量的气体喷出物出现在火山喷发的最初阶段,即火山作用主阶段早期,从火山锥的中心火口、侧面火口或裂隙喷发;其次是来自熔岩的析出气体,使熔岩表面出现“冒烟”现象,并在熔岩内部留下气孔;火山期后的喷气过程也是火山气体产物的主要作用阶段,有时可以延续很长的时间。

有些火山的气体喷出物量很大,如墨西哥帕里库廷火山喷发时,一昼夜的气体喷出量超过了 3000 t。火山喷出的气体成分也相当复杂,基拉韦厄火山喷发时所含的气体包含有:CO_2、CO、SO_2、SO_3、N_2、H_2、Cl_2 和水蒸气等多种气体。有时火山会喷出大量有毒气体,造成人员伤亡,如 1986 年喀麦隆尼尔斯火山喷出的有毒气体(主要是 CO)造成 1700 多人死亡,来不及疏散的大量牲畜陈尸荒野(图 14-25)。

图 14-25 尼尔斯火山喷发后陈尸荒野的大量牲畜

14.3 火山灾害及其防护

火山灾害

火山喷发也是一种常见的自然灾害。阿特兰蒂斯(Atlantis)——失落的文明,一直是最能引起人们幻想的故事。多少年来,无数的书籍和文章对这块带着全体多才多艺的优秀居民突然消失于海底的陆地作了神话般的描述和猜测。阿特兰蒂斯的故事,在各种传奇中流传下来,由埃及人留给了柏拉图。他在《克里特阿斯》和《泰米亚斯》中描绘了阿特兰蒂斯景象。《泰米亚斯》一书中写道:"这里发生了猛烈的地震和洪水,在不幸的一天一夜中,全体人一下子陷入地底,阿特兰蒂斯岛也以同样的方式消失在大海深处……"

公元前1500多年的圣多里尼火山爆发,使得西拉岛及其岛上高度发达的迈诺斯文明毁于一旦(图14-26)。许多学者推测,正是这次火山爆发引发的海啸,使圣多里尼岛的居民及其文明毁灭,也使亚特兰蒂斯国的传说成为千古之谜(图14-27)。

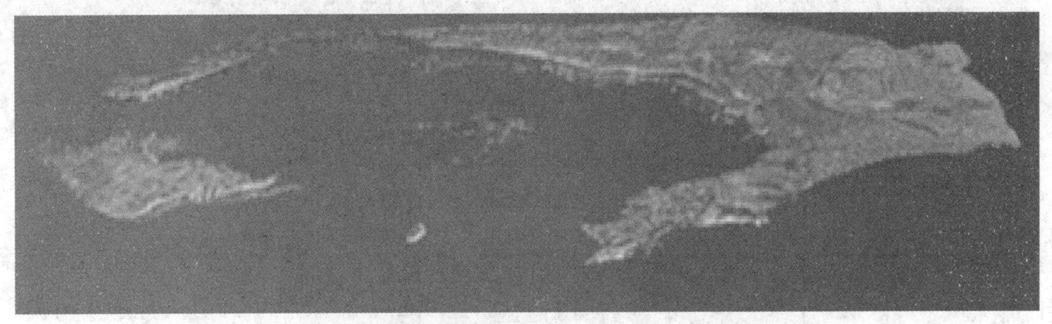

图14-26 位于爱琴海中的西拉岛是昔日圣多里尼岛的残余

图14-27 掩埋在火山灰下的迈诺斯文明

公元79年意大利那不勒斯附近的维苏威火山爆发,火山灰掩埋了附近的庞贝、希科拉尼、斯达卑三座城市(图14-28),是世界最著名的一次火山灾难。

图14-28 从火山灰中发掘出的庞贝古城废墟的一角

1902年培雷火山爆发,毒气和热浪夺去了3万多居民的生命;1915年印尼坦博拉火山爆发,毒气和热浪致使9万多人死亡。统计资料表明,近500年来有大约24万人死于火山灾害。火山熔岩流还会摧毁房屋、道路和其他建筑工程(图14-29),火山喷出物还可能造成大气污染或改变大气成分。

图14-29 熔岩流正在摧毁房屋

火山灾害的防护

火山灾害的防护首先要研究火山带的分布及火山活动的规律。实际上，火山带的分布和地震、构造活动一样，主要分布在环太平洋、特提斯和大洋中脊三个带上。环太平洋带目前约有340座活火山，约占地球陆地和岛屿活火山的2/3，这个带第三纪和第四纪的死火山主要分布在大陆边缘靠大陆的一侧，活火山则分布在靠大洋的一侧。特提斯带的火山大约120座的活火山或正在衰竭的火山（图14-30），如果加上与太平洋交会的部分，大约有150座，这个带的火山主要集中在印度尼西亚和地中海一带。大洋中脊带的火山主要分布在水下，部分在水面出露（如冰岛）。这三个带集中了地球表面大约90%的活火山，其余的10%分布在东非裂谷、印度洋和西太平洋的岛屿、大陆内部的局部地段。

图14-30　位于特提斯带的云南腾冲火山群(卫星照片)

虽然火山爆发并没有很强的规律性，不同的火山类型也有不同的特点。但研究不同火山的特点及活动规律，尤其是现代科学技术的发展，各种新技术的应用，还是可以对一些即将发生的火山爆发进行预报。火山爆发的根本原因是因为地下的岩浆活动，由于岩浆是液态的，S波不能通过岩浆，P波在岩浆中的传播速度也大为下降，利用这一原理可以测定火山下面岩浆源体积的大小，距地面的深度，及岩浆向上运移的速度，从而进行火山爆发的预报。据此测得意大利维苏威火山之下的岩浆源体积约为5×10^4 km^3，距离地面约5 km，暂时没有喷发的迹象。

岩浆向上运动时不断地破坏上覆岩石引发地震，根据地震发生的频度、强度和震源深度，同样可以预测火山爆发的时间和强度。

对火山的危害经常采用下面一些防护措施：

建筑堤坝或挖掘沟渠以改变熔岩流的流动方向。大部分火山的喷火口都是固定的，溢流的岩浆也有大致的方向，在熔岩流动的前方挖掘沟渠，把熔岩流引向不容易造成破坏的区域，减少火山的破坏作用是一种可行的办法。这种方法适合于喷发活动规律性较强的火山，如果不能准确的预测岩浆溢流的方向，则可能前功尽弃。

用水流冷却熔岩流的前端使之固化而停止前进（冰岛所采用的措施）。在熔岩流的前端喷水使岩浆冷却固结，阻挡后面岩浆的继续流动是简便易行的方法，尤其是对流动性的较差的酸性岩浆或火山碎屑流，这种方法能够得到较好的效果。

设法在火山通道处打钻，释放火山的能量，减小爆发的强度。

火山研究的意义

火山作用对人类生活的影响也是一分为二的。一方面，它是一种灾害；另一方面，它给人类带来矿产、热和其他形式的能量。火山研究的意义除了对火山灾害的防护外，还在于对火山所带来的各种益处的利用。

火山区拥有大量的热能储备，火山地区的地温梯度为10℃左右，所以这里在不很深的地方就积聚了大量可供利用的热能。在火山期后过程中（火山喷气孔、间歇喷泉），水蒸气和热水在很大压力下喷出地表。在中国、美国、意大利、墨西哥、新西兰和日本等国，现在都运行着地热电站；美国地热电站的发电量大于1000 MW的电，堪察加的巴乌热兹地热电站年发电量超过10 MW。

更宏伟的蓝图是利用火山通道、火山源地的热能，在不远的将来还可利用火山喷发本身的能量。在阿瓦恰火山斜坡上打算布置几个3～4 km的深入火山源地的钻孔，向钻孔内注水，使之在深处变为过热的蒸汽，通过另外的钻孔引出来。这样，10%的火山源地的热能就足够使能量为100 MW的地热电站持续运转200年。

除火山气、挥发分气流和热液外，火山还带出大量矿产。已经估计过，埃特纳火山一次喷发时，每天随火山气和水蒸气喷发到大气中的有9 kg白金、240 kg黄金和420 kt硫（图14-31）。确实，这些财富是那样分散，以致于没有多大实际意义，但沉降到水里，可以使水和沉积岩石中富含这些矿物。比较有意义的是火山挥发分气流中有用矿物在火山喷气孔的出口附近，特别是在附近的水体内的聚集，如在新赫布里底水下火山喷气孔带出的铜在沉积岩中能达到12%。在火山喷气孔周围和通道内的沉积中，最有意义的是硫、硼、、汞等。但对提供有用矿物最有意义的为火山热水-热液。在这里可以找到大量富集的铜、锌、铅、镍、钴、砷、锰、铁、金、钼、锶和一些稀有和放射性元素。温泉水常常是有益健康的，以温泉为基础修建了疗养院和水疗医院。

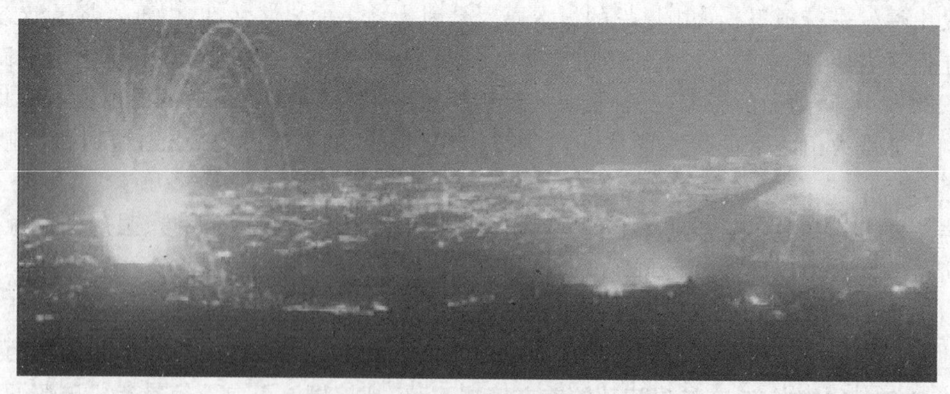

图14-31　正在喷发的埃特纳火山

熔岩常缺少矿石矿物，但有时溢流出的完全是有用矿产的熔岩流。如在日本北海道，硫磺山火山溢流出2000 t硫；在智利，拉科火山喷出了70000 t由磁铁矿、赤铁矿和磷灰石组成的熔岩；在意大利，与蒙特阿米塔火山活动相关形成了世界最大的水银矿。最近一些年研究海底和洋底的火山活动性，令人信服地说明了水下火山热液在积聚矿产方面具有特别重要的意义，含量丰富的工业矿产有：铜、铅、锌、银、金，还有硫、钴、镍、锰和铁。

火山岩常用于建筑材料。玄武岩、安山岩和其他岩石用于建筑装饰材料，还可用于道路建设；火山岩渣(浮岩)广泛用于制作混凝土，在造纸工业中作为填料；珍珠岩是可贵的建筑材料，这种岩石由球状火山玻璃组成，具有膨松、隔音的性能。

14.4 侵入作用与侵入岩

在许多情况下，岩浆向上运移并未到达地表，而是停留在地壳中的某个位置上，并逐渐冷却。岩浆在地表以下的各种地质作用过程称为侵入作用，由此形成的岩石称为侵入岩。

大规模的岩浆侵入作用在地下深处需要占据很大的空间，岩浆侵位时可使地层隆起，会对周围的岩石进行破坏，尤其是围岩的软弱地段(如裂隙、层面等)。

侵入作用顺着沉积岩层的层面进行，并形成与岩层产状基本一致的侵入体称为“协调的”侵入作用；比较多的情况下，岩浆的侵入作用是破坏性的，往往沿着岩层中的裂隙进行熔蚀、扩展，所形成的侵入体斜穿于沉积层中，与岩层的产状不一致，称为“不协调的”侵入作用。在许多情况下，侵入作用早期，岩浆的温度较高，破坏能力强，因此侵入体的下部多为不协调的侵入；到侵入作用的晚期。岩浆温度下降，接近地表时破坏能力以大为减弱，此时的侵入作用多为协调的。

深成侵入岩

形成于地表以下的数十千米深度，经过造山作用抬升和风化剥蚀后可在地表出露，深成岩一般体积都很大，出露于地表的面积有时也有相当大的规模。深成侵入岩的形成有可能是火山活动的岩浆源地，甚至是由地壳内部的重熔岩浆冷却而形成的。

根据深成岩的产状特征，可以将深成岩分为以下几种类型(图 14-32)：

图 14-32 岩体的形态名称

1—岩基 2—岩斗 3—岩栓 4—岩株 5—岩墙(岩脉) 6—岩盖(岩盘) 7—岩鞍 8—岩盆 9—岩床 10—岩枝 11—岩钟 12—岩浆源地 13—熔岩

岩基(图 14-32 之 1)　出露面积超过 100 km^2 的岩体。岩基的出露的长度有时可以达到几百上千千米，面积几十万平方千米，如阿拉斯加的花岗岩侵入体面积达到了 4×10^5 km^2，北美科迪勒拉山系中的岩基长度超过了 2000 km(图 14-33)。岩基周围的岩壁通常较陡，出露的形态通常是上部面积较小，往下逐渐加大，但近来采用地球物理方法得到的结果显示，岩基下面部分的面积在变小。岩基的上部表面通常是起伏不平的，上表面通常距地面 4～5 km，岩基较多的是酸性的花岗岩。

图 14-33　巨大的内华达岩基

岩斗(图 14-32 之 2)　不规则的形态，向上加大呈漏斗状，常由碱性岩组成。

岩栓(图 14-32 之 3)　一种外形像软木塞的侵入体。

岩株(图 14-32 之 4)　出露面积小于 100 km^2 的侵入体，平面上呈等轴状，沿铅直方向有一定的延伸，构成岩株的岩浆岩种类较多。

深部岩浆的冷却速度很缓慢，保留了比较多的流体和气体。因此构成岩浆岩的矿物在结晶过程中有比较充分的时间，形成中粒或粗粒的矿物。深成岩最常见的结构、构造是等粒结构和块状构造。等粒结构是岩石中结晶矿物的颗粒大小基本相当；块状构造是岩浆岩(包括火山岩和侵入岩)中最常见的构造，组成岩石的矿物无有定向排列，而是均匀地分布在岩石中，使岩石总体呈现均匀的块状。

深成侵入岩的分类与火山岩相似，主要是根据侵入岩中所含 SiO_2 的比例，通常：SiO_2 含量＞65％的称为酸性侵入岩；SiO_2 含量在 53％～65％的为中性侵入岩；SiO_2 含量在 45％～53％的为基性侵入岩；SiO_2 含量＜45％的为超基性侵入岩。除此之外，深成侵入岩还可以根据岩石中所含的矿物成分加以命名。

花岗岩　由石英(25％～35％)，钾长石(正长石)(20％～25％)，斜长石，黑云母(5％～10％)，有时有少量角闪石和辉石组成；岩石浅色调，灰色、粉红色、红色，是最典型的酸性侵入岩(图 14-34)。

花岗闪长岩　同花岗岩的矿物组成相似，只是角闪石的含量较多，常有酸性斜长石(钠长石、奥长石)，是中酸性侵入岩的代表。

闪长岩　岩石为亮灰色，由斜长石(中长石)，暗色矿物角闪石、黑云母和辉石等组成，暗色矿总量达 25％～35％，为典型的中性侵入岩(图 14-35)。

基性岩系列侵入岩分布最为广泛的是完全结晶、灰色到黑色的辉长岩，组成为基性斜长石、辉石或角闪石，在一些岩石中存在橄榄石(图 14-36)。辉长岩有时占据广大的空间，如在乌拉尔，这种岩石块体延伸达 1000 km。

图 14-34 花岗岩

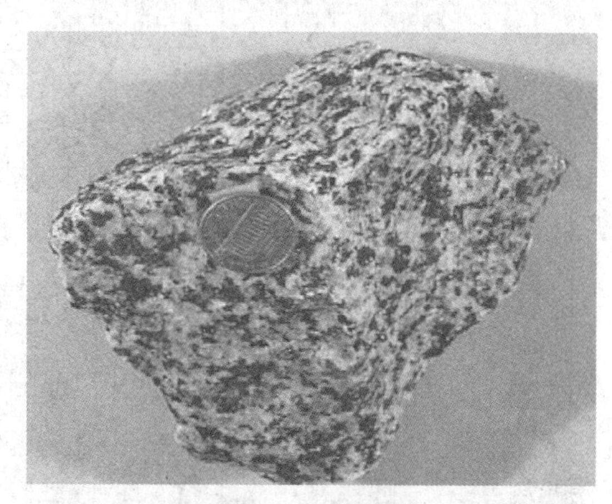

图 14-35 闪长岩

超基性的侵入岩在地壳中分布不多，但却是构成上地幔最主要的岩石类型。主要的造岩矿物为橄榄石和辉石，富镁和铁成分。超基性侵入岩主要有：纯橄岩，几乎全由橄榄石组成(90%～100%)；橄榄岩，由橄榄石(30%～70%)和辉石组成(图 14-37)。

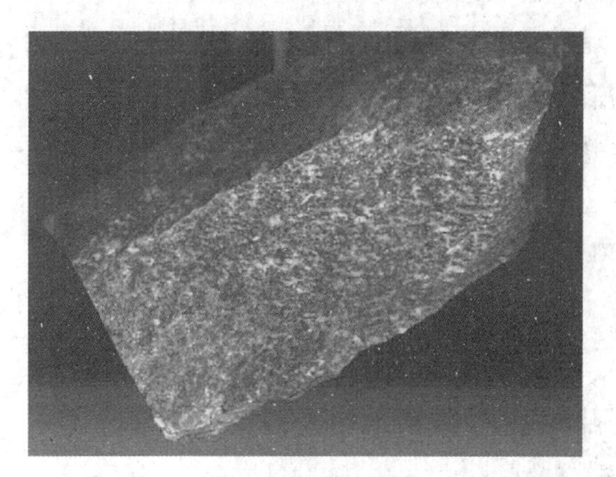

图 14-36 辉长岩

图 14-37 橄榄岩

浅成侵入岩

浅成侵入岩形成于相对较浅的部位，并常常沿着沉积地层的薄弱环节侵入，形成各种各样的形态，浅成侵入岩的各种形态见图 14-32。

岩墙(图 14-32 之 5) 岩浆沿上覆岩层的裂隙向上运动，并充满裂隙空间所形成的岩体称为岩墙或岩脉，通常把产状较为稳定的、延伸较长的不协调浅成侵入体称为岩墙(图 14-38)，有些岩墙的长度可以达到几百到数千米，但宽度仅有数米到数十米；产状不太稳定的不协调浅成侵入体称为岩脉(图 14-39)，岩脉常以一系列产状相近的群体出现。

图 14-38　产状稳定的岩墙

图 14-39　沿裂隙侵入的岩脉

岩床(图 14-32 之 9)　岩浆沿着沉积岩的层面顺层侵入所形成的协调侵入体称为岩床(图 14-40),形成于背斜部位的弯曲型岩体称为岩鞍,形成于向斜部位的弯曲型岩体称为岩盆,等等。

图 14-40　顺层侵入的岩床

浅成侵入岩的规模一般都比较小,离地表较近,因而也比较容易冷却,岩石中的矿物没有足够的时间结晶。所以,浅成侵入体的结构多以细晶结构、斑状结构为主;主要为块状构造、条带状构造等。

浅成侵入岩与火山岩、深成岩一样，也可以分为酸性、中性、基性，未见有浅成的超基性岩侵入岩中。浅成侵入岩的岩石类型主要有：花岗斑岩、闪长斑岩、辉绿岩等。

各类岩浆岩的特征比较如下(表 14-1)：

表 14-1 各类岩浆岩的矿物组成及主要特征

形成条件	产状	结构	构造	酸性		中性		基性	超基性
火山和次火山	岩被 岩流 穹隆	玻璃质 隐晶质 斑状	块状 枕状 气孔状 流纹状 杏仁状	流纹岩	英安岩	粗面岩	安山岩	玄武岩	苦橄岩 科马提岩
浅成	岩脉 岩枝 岩床 岩盖	斑状 细晶	条带状 块状	花斑岩 细晶岩 伟晶岩	花岗闪长斑岩	正长斑岩	闪长斑岩	辉长-辉绿岩	
深成	岩基 岩株 岩鞍 岩盆	中-粗 等粒 似斑状	块状 斑杂状	花岗岩	花岗闪长岩	正长岩	闪长岩	辉长岩	纯橄岩 橄榄岩
矿物组成				石英 钾长石 斜长石 (酸性) 黑云母	钠长石 石英 钾长石 角闪石	钾长石 斜长石 (中性) 角闪石 黑云母 辉石	斜长石 (中性) 角闪石 黑云母 辉石	斜长石 (基性) 辉石	橄榄石 辉石

侵入岩的特征

侵入作用进行时，岩浆的贯入、挤压、熔蚀等过程会对围岩造成破坏，因此在侵入体中往往可以见到围岩的残片，称为“捕掳体”(图 14-41)。

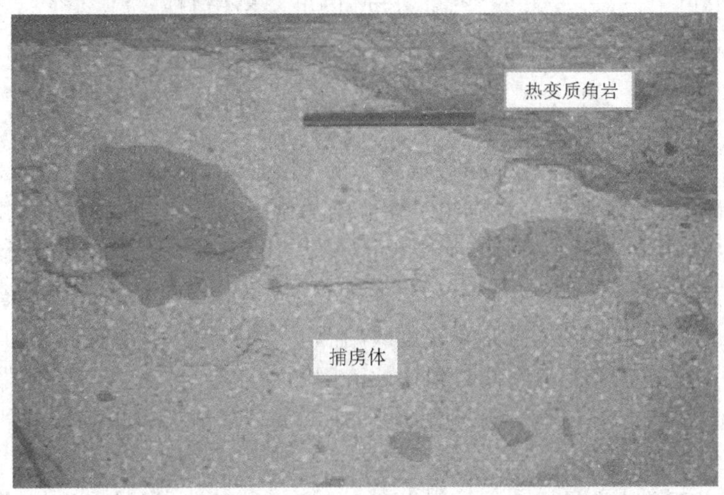

图 14-41 侵入体边缘的捕虏体和围岩的热变质角岩

在侵入体与围岩接触的地方可以看见岩浆侵入到围岩的裂隙中的穿插现象。还可以看见侵入体对围岩加热形成的烘烤边。大的侵入体可以使围岩发生热接触变质(图 14-41,参见第十五章)。

侵入岩往往有流面、流线等自己的原生构造,是矿物结晶过程中的定向排列所形成的(图 14-42)。岩浆中一些片状或板状矿物(如云母、长石等),在结晶过程中顺应岩浆的流动方向而达到稳定状态,从而形成平行的定向排列,称为**流面**;由针状、柱状矿物形成平行的定向排列,称为**流线**。

图 14-42　矿物定向排列的成因示意

侵入岩在冷却过程中体积不断收缩,并由此形成三组互相垂直的原生节理:

层节理(L 节理),大致平行于流面(与围岩的接触面也大致平行),与岩体垂直于接触面的收缩有关。

纵节理(S 节理),垂直于流面,平行于流线的节理。

横节理(Q 节理),与流面和流线垂直的节理。

14.5　岩浆成因的多样性

岩浆成因的多样性

岩浆大多起源于地幔或地壳物质部分熔融,软流圈显示的低波速表明该圈层具有较强的塑性,最可能发生熔融的区域应是软流圈。软流圈的熔融物质可能以包裹幔源岩石固体颗粒表面的薄膜形式存在(有点类似于岩石孔隙中的弱结合地下水),但这对于岩浆岩的形成来说还是不够的。岩浆岩的形成必须有大量的岩浆源,形成岩浆源可能有两种途径:依靠热对流过程中从更深的地幔带来的热从而提高软流圈的温度形成岩浆,或使软流圈的局部压力降低,使熔融温度降低产生岩浆。压力降低与到达软流圈的深断裂,或者是与大规模的地壳拉张减薄过程有关,温度提高与流体的上升和地幔被加热有关。可能还有极少部分的岩浆在地幔柱的作用下直接来源于地幔深处。

原始的地幔岩石被认为是由 3 份橄榄岩和 1 份玄武岩组成,称为地幔岩,其成分最接近于尖晶石二辉橄榄岩，它由橄榄石和两种辉石及很少尖晶石组成。这一认识主要依据高温高压条件下的岩石物性和球粒陨石的成分比较。然而，幔源物质部分熔融产生的岩浆主要是玄武质的，很少是更基性的，现在构成岩石圈地幔的岩石被认为是熔融形成岩浆后的残留物。

拉斑系列

拉斑玄武岩是在地球上最广泛分布的岩石，在类地行星和月球上也很发育。它们分布在大洋中脊裂谷带内，并在海底扩张的过程中逐渐形成现代大洋地壳的主体(在深海沉积盖层之下)，部分分布在边缘海底；部分沿板内断裂溢流出来，大陆的高原玄武岩多为溢流拉斑玄武岩。在玄武岩浆的分异过程中可形成一系列中性甚至酸性岩石，包括安山岩、英安岩、流纹岩和斜长花岗岩，但这些岩石的量(体积)相对于玄武岩来说只是微不足道的一部分。

在地球发展的早期(4600 Ma—3800 Ma)，大地热流值可能为现在的 4～6 倍，软流圈的位置比较高，熔融作用也比现在强烈，玄武质岩浆是大量的。特别是地球早期遭受陨石冲击的同时，岩石圈遭到了破坏，并附带加热了软流圈。这些最初的玄武岩可能构成了早期地壳。现存在着一种假设，认为曾存在过覆盖整个地球的初始“岩浆海”。在太古代(3800 Ma—2600 Ma)，除了玄武岩外，在地球上还溢流了科马提岩(得名于南非的科马提山，图 14-43)，其组成为较少的二氧化硅和很高(达 23%)的氧化镁。

图 14-43 超镁铁质的科马提岩

玄武质岩浆在深处固结，形成浅成的辉绿岩和深成的辉长岩和几乎全由基性斜长石组成的斜长岩侵入体。

钙碱系列

钙碱性岩构成另一大类的岩浆岩 其中包括一部分玄武岩、安山玄武岩、安山岩(本类中最典型的岩类)、英安岩、流纹岩；属于侵入岩的有大部分的花岗岩，包括“正常”的钾钠型花岗岩，还有闪长岩和正长岩。这些岩石的空间位置和构造位置是很清楚的：它们位于大洋周边的火山岛弧和边缘火山-深成岩带，在该带的深部有深源地震带，即俯冲带，也出现在大陆板块碰撞而形成的造山带中。显然，钙碱性岩浆的产生与发生在俯冲带内的地质过程有关，并导致火山-深成作用的形成。按现在的观点，俯冲下插的洋壳是深部岩浆作用流体和水的来源，流体和水的上升引起幔源物质熔融；没有流体的参与，“干燥”的地幔熔融体不能产生安山质岩浆。比安山岩更酸性的岩石(如流纹岩)的大量产生只有在除幔源以外还有陆壳底部岩石的重熔时才有可能形成。但大陆壳只在边缘火山-深成岩带和成熟的岛弧处存在。在直接产生于洋壳的年轻岛弧中,不能形成酸性火山岩和"正常"的钾钠质花岗岩,而是出现英安岩和与其同成分的侵入岩——石英闪长岩和花岗闪长岩。

拉斑系列岩石和钙碱系列岩石在化学成分上有较大的差异,通常可以采用一系列的判别图解加以区分(图 14-44)。

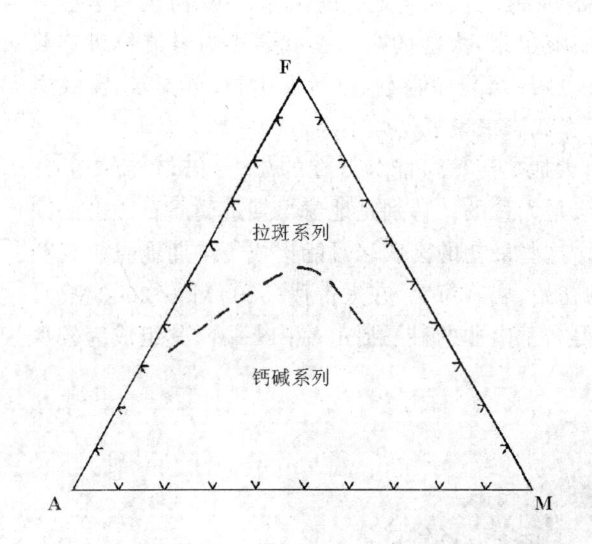

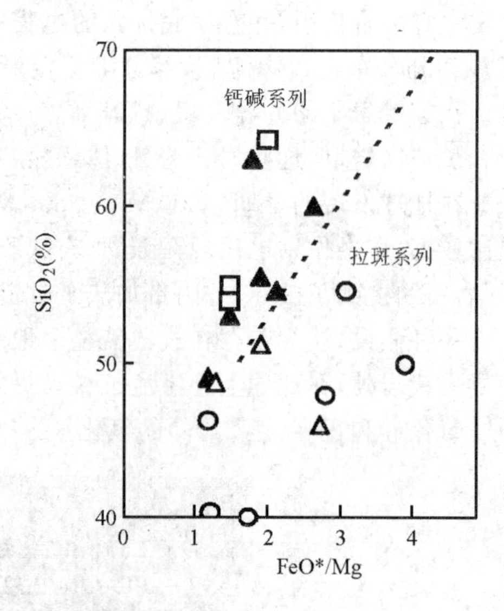

图 14-44　判别拉斑系列与钙碱系列的岩石化学图解

AFM 图解(左图)和 SiO_2 对 FeO * /Mg 变异图(右图)

碱性系列

除了特别广泛分布的正常的拉斑玄武岩和钙碱系列岩石外,还存在相对富碱的碱性玄武岩系列。碱性玄武岩实际上主要位于所有的洋岛和水下火山,并常见于大陆刚性板块内的裂谷带中。在金星表面的高处也发现有碱性玄武岩。

据实验的结果推测,碱性玄武岩浆的熔融发生在地幔很深的部分(60 km 以下),相对于拉斑玄武岩浆,其熔融温度更高,压力也更大。碱性玄武岩浆源与拉斑玄武岩浆源相比的特征是亏损较少,富含碱质。除此之外,还有理由设想,这种岩浆还受到从更深处来的流体的补给。

图 14-45　金伯利岩——金刚石的母岩

碱性玄武岩浆在自己的岩浆源分异出一整套基性、中性和酸性岩石,除了正长岩、霞石正长岩外,还有碱性花岗岩,等等。碱性玄武岩浆生成的环状侵入体非常特征,其成分是变化的,常常在一个侵入体范围内从碱质超基性成分到超碱质的中性、酸性成分均有。属于这个系列的还有金伯利岩,它是产出金刚石的主要岩石(图 14-45)。

花岗岩

准确地说是花岗质岩石的成因引起很大的争论。花岗质岩石可能有多种不同的成因：钙碱性岩浆或拉斑玄武岩浆分异的最后产物形成幔源的花岗岩质岩石，这些花岗岩中斜长石比碱性长石占优势，因而称为斜长花岗岩；幔源产生的花岗岩具有较低的$^{87}Sr/^{86}Sr$初始比值。

壳源花岗岩数量更大得多，它们是壳源物质在高热流和流体的参与下形成的。这类花岗岩是更古老的花岗岩类岩石、片麻岩、沉积岩、火山碎屑岩经超变质过程重熔形成的。实验表明砂-泥沉积岩在水的参与下，在700℃左右即已开始部分熔融。壳源花岗岩常含沉积岩和变质岩的捕虏体和变质岩特征矿物——石榴石、红柱石、堇青石等。这类花岗岩的化学和矿物组成与幔源的很相似，但壳源花岗岩具有比较高的$^{87}Sr/^{86}Sr$初始比值。

上述的不同岩浆源对应属性不同的花岗岩(花岗岩类等)，在一定程度上也适应其他类型岩浆岩。如按SiO_2含量属于英安岩或流纹岩的岩石，也可少量从拉斑玄武岩浆和碱性玄武岩浆演化而来；超基性岩可能与拉斑玄武岩浆或碱性玄武岩浆有成因关系，也可能是熔出玄武岩浆后的残余地幔。后一类岩石组成大洋岩石圈，并可能在冷的、固态情况下被带到地表，成为蛇绿岩的组成部分。岩石的蛇纹石化作用可促进这些岩石部分或完全转变为高塑性、低比重的蛇纹岩，为岩石沿裂隙向上侵位提供条件。

这样，各种主要深成岩的产生取决于岩浆源位于地幔还是位于地壳，它们的深度还决定了岩浆的组成、熔融程度和外来流体的参与形式。岩浆的熔融首先取决于熔融区的热力学条件，次要的组分变化则由地幔或地壳成分不均一性以及岩浆的分异和同化作用造成的。

岩浆的分异

不同成分的岩浆从同一个火山喷发出来，证明了岩浆演化过程中存在分异作用，即同一岩浆源分异成各种不同组分的熔体。

岩浆作用的一个分异过程称为分熔作用。即一种母岩在一定的物理化学条件下分熔成两种不同的熔体，其中一种熔体(熔体—溶液)富硅、碱、挥发分，一般较轻，通常位于火山口下岩浆房的顶部；另一种熔体缺少这些组分，聚集在岩浆房的下部。许多研究者用分熔作用来解释侵入体中基性岩和超基性岩交替层状出现的现象。

分熔作用可形成非常漂亮的、有经济意义的岩石，如伟晶岩。伟晶岩常与花岗岩关系密切，并以与母岩分离(异离体)的形式出现，或以花岗岩侵入体的岩脉形式出现。花岗伟晶岩表现为粗晶颗粒的长石、石英(有时互相连生)、云母，一般还有其他矿物参与，如绿柱石、黄玉、电气石等。另一种观点则认为，伟晶岩的水-盐-硅酸盐熔体是在结晶-重力分异过程中形成的。

岩浆冷却过程中，在结晶-重力分异作用下形成的矿物不是同时从岩浆中结晶的，而是按一定的顺序，最先从熔点高的矿物开始结晶。加拿大的岩石学者鲍文(N. L. Bowen)通过实验证明了矿物在岩浆中结晶分异的先后顺序，这个顺序称为鲍文反应系列(图14-46)。从岩浆中沉淀的矿物还可参与剩余岩浆的反应，并按以下顺序进行，如橄榄石反应成辉石、辉石反应成角闪石等等。如果矿物很快沉降到岩浆房底部保存下来，集合成比源岩浆更基性的岩石(如橄榄石和钙长石组成橄榄辉长岩)，剩余的熔岩浆则表现为富硅(或碱)和挥发分。

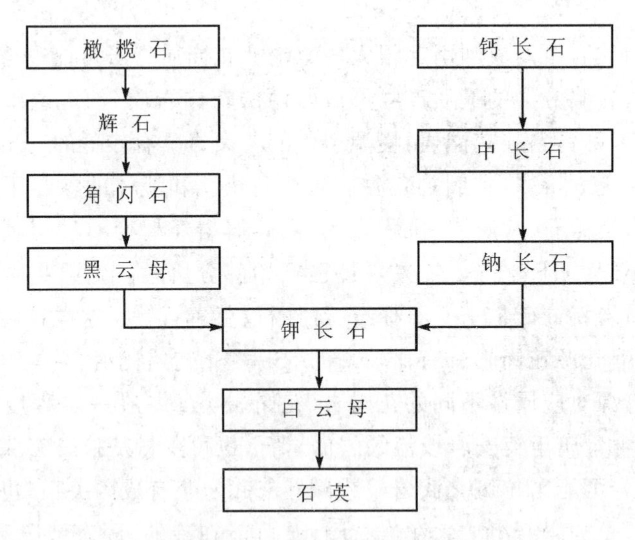

图 14-46　鲍文二元反应系列

岩浆是溢出到地表还是在深处固结，取决于上升岩浆的承受的压力及其穿过的岩石密度之间关系。熔岩柱所穿过岩石的密度越往上越小，熔岩向上运动时随着冷却并放出挥发分，岩浆内部的压力越来越小，密度越来越大。如果岩浆在尚未达到地表时，岩浆所受的围压与岩浆热膨胀产生的压力达到平衡，就会在地壳中逐渐冷却，以侵入体的形式固结和结晶。按现代放射性地质年代学资料，大的侵入体最后的固结与完全结晶要经历几百万至几千万年。这个过程中过热的水蒸气和挥发分通过裂隙进入到围岩之中，可形成热液矿床，如许多钨、锡、铍、钼、钽矿等。侵入体在更大的压力下进一步冷却，挥发分从侵入体中消失，岩浆温度降低，但此时岩浆仍为热的，岩浆中还可以沉淀热液矿石，主要有铜、铅、锌的硫化物和伴生的非金属矿石，如石英、重晶石、方解石等。

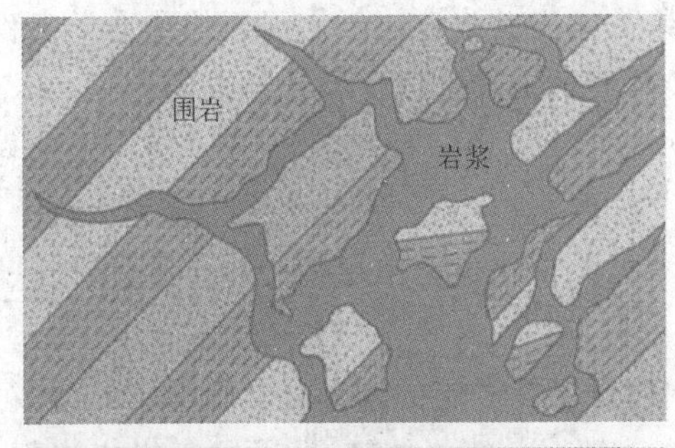

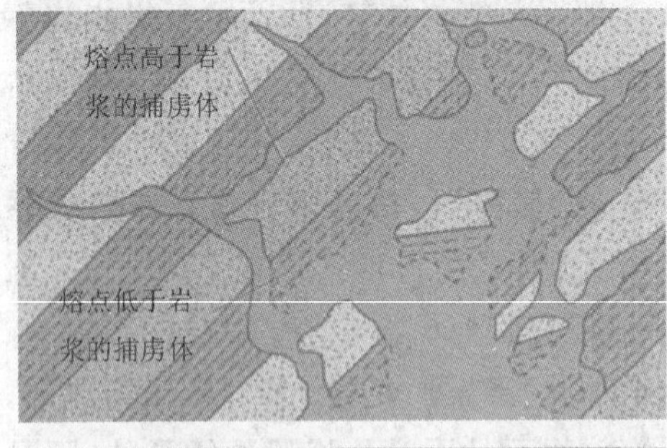

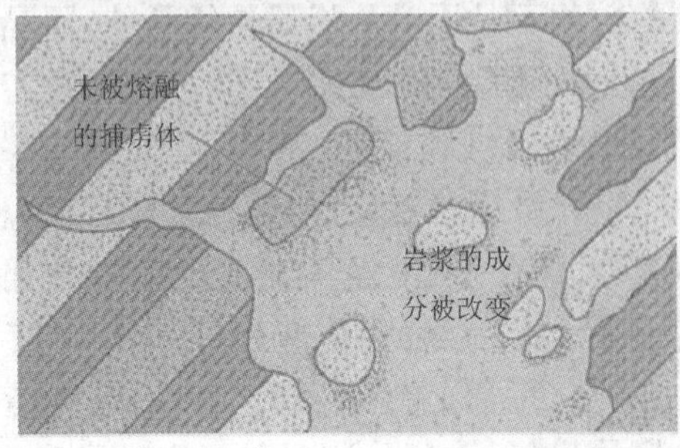

图 14-47　同化作用过程示意

同化作用和混染作用

岩浆向上运动过程中与围岩相互作用，常吸收并重熔围岩使之变成自己的组分，这种现象叫同化作用(图 14-47)。在花岗岩基形成中发生大规模的同化作用，其证据是岩体中有大量的围岩的捕虏体。同化作用可在一定程度上解释了岩基所占据的空间是怎么来的问题。由于同化作用影响，在岩体边缘直接与围岩接触的地方，岩石的化学成分变化最大。大洋拉斑玄武岩和大陆拉斑玄武岩的成分不同，也被认为是同化作用影响岩浆的结果。大洋拉斑玄武岩形成过程中没有其他物质的同化作用，因而贫碱，特别是贫钾；大陆拉斑玄武岩浆上升过程通过很厚的大陆壳并吸收了陆壳的物质，包括局部高的放射性同位素锶，造成了两种岩石在成分上的差异。确实，这些成分的差别也不一定全由同化作用造成，也可能是由于熔融出玄武岩的幔源物质组成的不同所引起的。

岩浆侵入过程中，先期侵入的岩浆在没有固结成岩之前，后期的岩浆再次侵入，有时可能发生两种不同组分岩浆的混合，称这种过程为混染作用(图 14-48)，所形成的岩石具有混杂的特征，可以区分出未“熔合”好的矿物组成，反映了源岩浆的不均一。

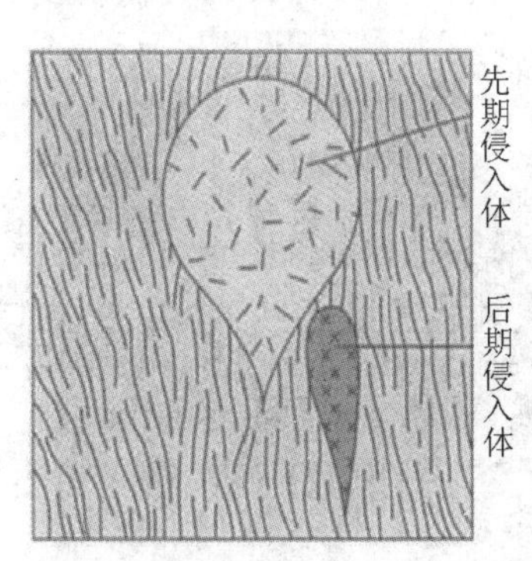

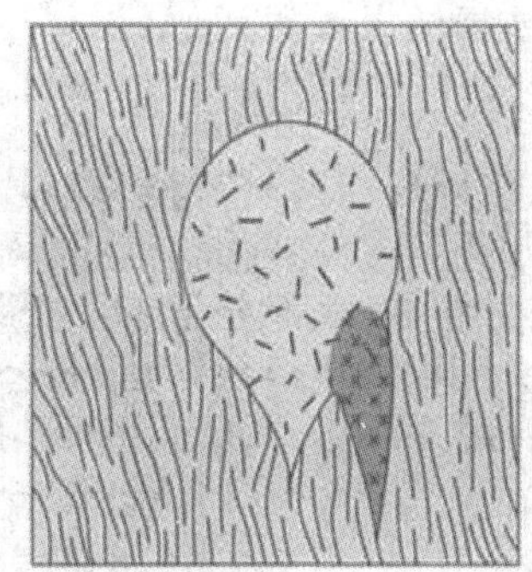
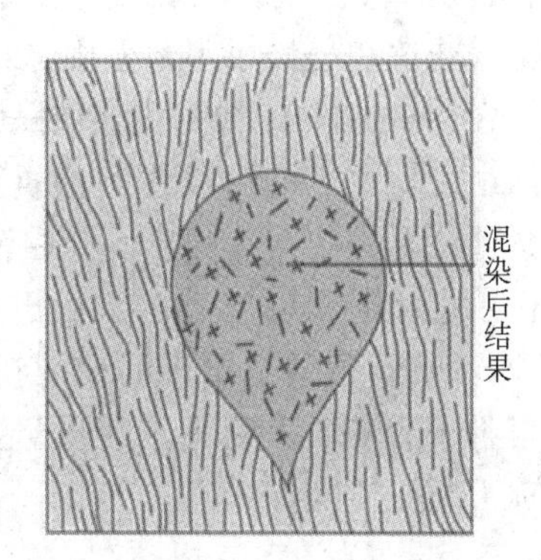

图 14-48　岩浆侵入中的混染过程示意

研究侵入岩浆作用的意义

由于侵入岩硬度大，坚固耐用，被广泛用作建筑材料，尤其是构造和颜色多种多样的花岗岩，许多建筑物都采用花岗岩做装饰材料，如天安门广场的地面就是采用花岗岩材料铺设的，大部分的楼堂馆所地面的板材都是侵入岩(小部分为片麻岩)的水磨石。

岩浆作用具有很强的成矿专属性，不同类型的岩浆作用具有不同的矿产类型，如与花岗岩相关的钨、锡、铋、钼矿，与超镁铁岩相关的铬铁矿，与金伯利岩相关的金刚石矿，等等。岩浆中的热液与围岩的交代作用所形成的矽卡岩型矿床是一种主要的成矿作用，铜矿产是我国紧缺的矿产种类之一，而与岩浆作用相关的斑岩型铜矿和矽卡岩型铜矿约占我国铜矿产储量的80%，因此，研究岩浆作用的规律直接关系到矿产资源的利用和国家的经济建设。

进一步阅读书目

久野久[日]著. 火山及火山岩. 刘德泉，常子文译. 北京：地质出版社，1978
王德滋，周新民. 火山岩岩石学. 北京：科学出版社，1982
约德(HS Yoder)著. 玄武岩浆成因. 翟淳，马绍周译. 北京：地质出版社，1982
刘作程. 岩石学. 北京：冶金工业出版社，1992
李晓东. 火山活动对全球气候的影响. 北京：中国科学技术出版社，1995
刘嘉麒. 中国火山. 北京：科学出版社，1999
刘若新. 中国的活火山. 北京：地震出版社，2000
Geological Survey (U. S.). Earthquakes & volcanoes. USA: U. S. Geological Survey; Washington, D. C., USA: For sale by the Supt. of Docs., U. S. G. P. O., 1986
Decker R, Decker B. Volcanoes. New York: W. H. Freeman, 1998
Eric A K. Magmas and magmatic rocks: an introduction to igneous petrology. London: Longman, 1985

第十五章 变质作用

岩石在深部受高温、高压和化学活动性流体等内动力因素的影响下发生变化和改造的过程称为变质作用。变质作用在已有的沉积岩或岩浆岩中进行(有时甚至是在变质岩中进行),使岩石发生变质,所形成的岩石称为变质岩。变质岩与岩浆岩和沉积岩构成了地壳中三种主要的岩石类型。

在许多情况下,变质作用对岩石的改造是沉积作用中固结成岩之后的后成作用的自然延伸,二者之间的温压条件没有一个截然的界线。在沉积压实成岩作用与变质作用之间通常以变质矿物的出现为标志,大部分学者认为,浊沸石是最早出现的变质矿物。地质学家把原岩是岩浆岩的变质岩称为正变质岩,原岩是沉积岩的变质岩称为副变质岩。

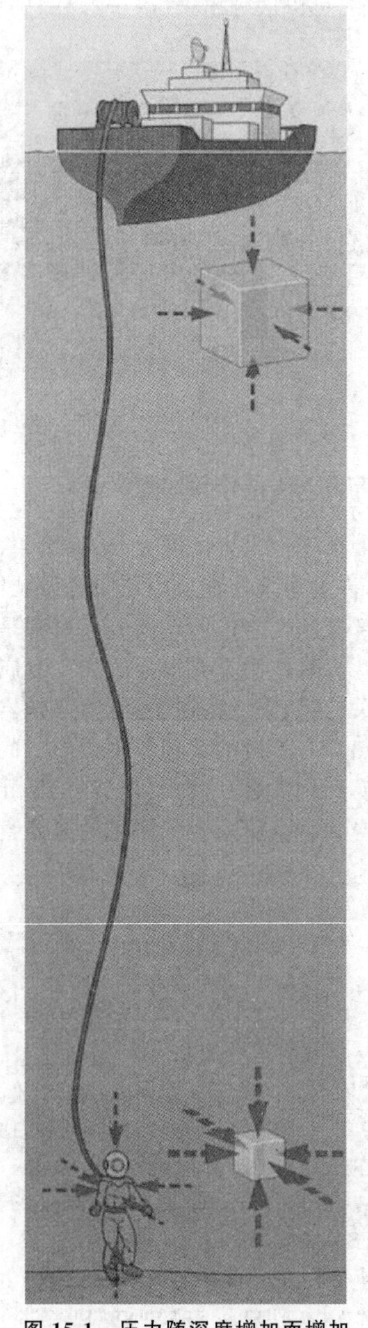

图 15-1 压力随深度增加而增加

15.1 变质作用的特点

变质作用的决定因素是环境中的温度、压力和流体,随着深度的加大,地壳中的温度和压力也逐渐加大,因此变质作用的强度也不断加大。温度的变化与地热梯度的变化有很大的关系,地热梯度则因地区的差别也有很大的不同(从 6℃/km 到 150℃/km 不等),因此在沉积盆地中的沉积岩发生变质作用的深度会有很大的变化。从一些石油钻孔的岩芯直接观察到 7~9 km 深度的岩石仍未发生变质,而在冰岛的一些地区,变质作用开始发生的深度只有 500 m。在地球内部,岩石所受的围压也随着深度的增加而增加,如同潜水员在水下所受的静水压力随着深度的加大而加大(图 15-1),地下岩石所受的则是静岩压力。

随着温度的增高,变质作用的程度也在加大,当温度超过某一数值时,岩石开始发生不均匀的熔融作用,称为部分重熔或分熔,此时形成了混合岩。温度进一步升高会使变质岩全部熔融,这种过程称为深熔作用,也称为超变质作用,其主要产物是花岗岩。

虽然绝大多数的前寒武纪地层都发生了变质作用,但地质时间的长短并不是影响变质作用的主要因素。像中国北方元古代的许多地层变质程度并不比古生代的高,而有些地区中生代的岩石却发生了强烈的变质。

变质改造的性质

岩石的变质改造主要引起岩石在结构、构造和矿物组成方面的变化。重结晶是变质作用的主要现象之一。岩石的重结晶作用使一些柱状、针状、片状矿物具有垂直主压应力方向生长的趋势,形成片理构造(图 15-2),这也是变质岩的显著特征,尤其是从泥质岩类变质而成的片岩,往往发育了良好的面理,使岩石分裂成平行的薄板状构造(图 15-3)。变质岩的片理是变质矿物的定向排列,与沉积作用形成的层理是不一样的,在野外实践中应当加以区别。在变质过程中原岩中的一些矿物消失,并在新的温度、压力条件下形成更加稳定的矿物组合。也就是说新的矿物组合的产生必须符合一定的热力学参数的矿物平衡,由此可以反推矿物组合形成时的温压条件。因此,变质矿物组合(有时可以利用单矿物)可以用作地质温度计和压力计。

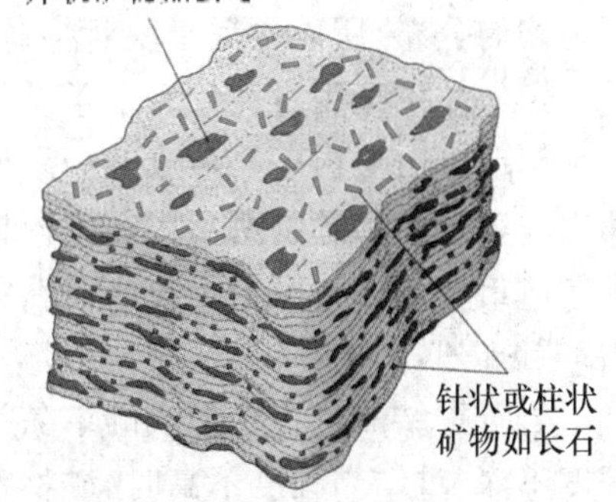

图 15-2 变质作用中片理形成原因

图 15-3 变质作用形成的片理

变质岩的结构构造

变质程度较低的岩石一般矿物的颗粒较细,有时肉眼难以鉴别;高级变质作用中,变质矿物往往形成较大的晶体颗粒,像石榴子石还可以形成晶形完好的变斑晶,称之为斑状变晶结构;如果变质矿物颗粒大致相当,且呈等轴状,则称之为粒状变晶结构;如果变质作用不彻底,留下了原岩的一些面貌,如沉积形成的砂砾岩,变质后还保留着砾石和砂粒的外形,有时虽然成分发生了变化,其轮廓仍然很清楚,则称为变余结构。

变质作用可以发生在封闭体系中,此时变质岩的矿物组成虽然发生了变化,但岩石的化学成分却没有大的改变,称为等化学变质作用。变质作用在化学活动性流体的作用下也会发生物质成分的带入和带出，这种开放体系下的变质作用称为异化学变质作用。如果变质作用中发生了物质的带入与带出，但岩石的体积没有改变，则称之为交代作用，形成交代结构。交代作用通常是变质岩石在化学活动性流体的作用下与围岩进行离子交换。

一般原岩是块状的岩石，如岩浆岩、砂岩、石灰岩变质后仍然保持块状构造。接触变质岩形成的角岩，常由于流体扩散造成局部富集形成斑点构造和瘤状构造，矿物颗粒也在一定程度上呈均匀分布，所以也属于块状构造。

定向性构造则是变质岩最常见的构造，由片状、柱状或者纤维状等矿物，平行排列形成的一种构造。由变质矿物形成的一系列近平行或弯曲的面的定向构造称为面状构造，也叫面理；而由一轴延长的矿物所形成的定向构造称为线状构造，也叫线理；在变质岩中，面理和线理常常同时出现。比如黑云母在纵向上看呈黑黑的一条线，表现为线状构造，但云母片在面上表现为平行排列，因此，又是面状构造。

岩石重结晶过程中形成的结晶片理是面状构造的一种类型，受重结晶程度控制。当变质程度不深、重结晶程度不高时，矿物颗粒细小，片理面呈绢丝光泽，叶片状矿物则定向排列的，称为千枚状构造；如果矿物重结晶比较好，片状、柱状矿物平行排列，粒状矿物也被拉长或压扁，就形成了片状构造；如果粒状矿物和片状、柱状矿物相间排列，因粒状、片状、柱状矿物的颜色和形态不同而呈现出条带，称为条带状构造。这种构造因在片麻岩中比较常见，所以也称片麻状构造。

变质作用的类型

自然界的变质作用可以分为两大类型，局部的和区域的。局部的变质作用还可以分为接触变质作用和动力变质作用。接触变质作用是指岩浆侵入时，岩浆和围岩的接触带受到岩浆的热烘烤而引起的变质作用，这种变质作用仅限于接触带附近。动力变质作用是岩石以机械变形占主导的一种变质作用，大部分发生在地壳活动地带，主要表现为岩石破裂、韧性变形和重结晶的过程。近几十年来的研究表明，地壳中还存在另一种局部的变质作用类型——冲击变质作用。这种变质作用发生在陨石冲击地球或其他星体表面所产生的冲击坑中，是一种瞬间高温、高压条件下发生的、特殊类型的变质作用。

变质作用最主要的类型是区域变质作用，其涉及的面积相当广阔，有时变质作用的面积可以达到数十万平方千米。这种变质作用是在温度、压力共同作用下形成的，有时化学活动性流体也起到很大的作用。

15.2　接触变质作用

接触变质作用与岩浆岩体的侵入作用有关，一般情况下，岩体的体积越大，所能提供给围岩的热源也越充足，因此形成的接触变质带也越宽。小的岩体、岩脉，其接触变质带不过几米到几十米，大岩基的接触变质带有时可以达到几千米。接触带的宽度还有赖于侵入体的深度，深成侵入作用中岩浆冷却较慢，所形成的接触变质带也较宽，反之则较窄。

接触变质作用的特点是靠近侵入体的变质作用较深，远离侵入体的变质程度较浅，这是因为靠近侵入体的围岩能够获得较高的温度。因此，接触变质作用常常形成以侵入体为中心，向外变质程度逐渐变小的同心圆带(图15-4)。

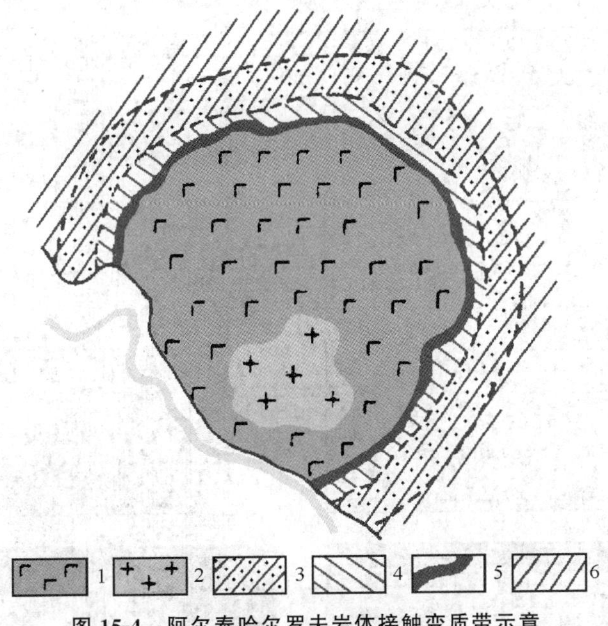

图 15-4 阿尔泰哈尔罗夫岩体接触变质带示意

1—辉长岩 2—花岗岩 3—接触带外部.斑点角岩
4—接触带中部的斑点角岩 5—接触带内部的正长石角岩 6—围岩

接触变质作用最典型的产物是角岩(图 15-5),在靠近接触带的部位往往含有在较高温度下形成的矿物,如红柱石、堇青石等;在离接触带较远的地方,则堇青石逐渐被黑云母所替代,然后是绿泥石,最后白云母。红柱石和堇青石通常呈变斑晶生长,而绿泥石和白云母则集中成斑点状,形成斑点角岩。

图 15-5 热接触变质作用形成的红柱石角岩

如果接触变质带中岩浆析出的热液和其他气体参与了作用,这时的接触变质作用即转变为接触交代变质作用,简称为交代作用。花岗岩侵入石灰岩中,交代作用的表现最为明显,这一过程通常使花岗岩中的 SiO_2、Al_2O_3、MgO、FeO 等成分进入灰岩中,形成矽卡岩化。矽卡岩往往包含有重要的工业矿产。

15.3 动力变质作用

动力变质作用基本上是岩石在挤压体制下形成的。在一些大规模的构造运动中,伴随着走滑、推覆等断层作用,同时也经常发生动力变质作用。动力变质作用主要是受到定向压力的影响(图 15-6),但在不同的温度条件下,动力变质作用的表现则不太相同。

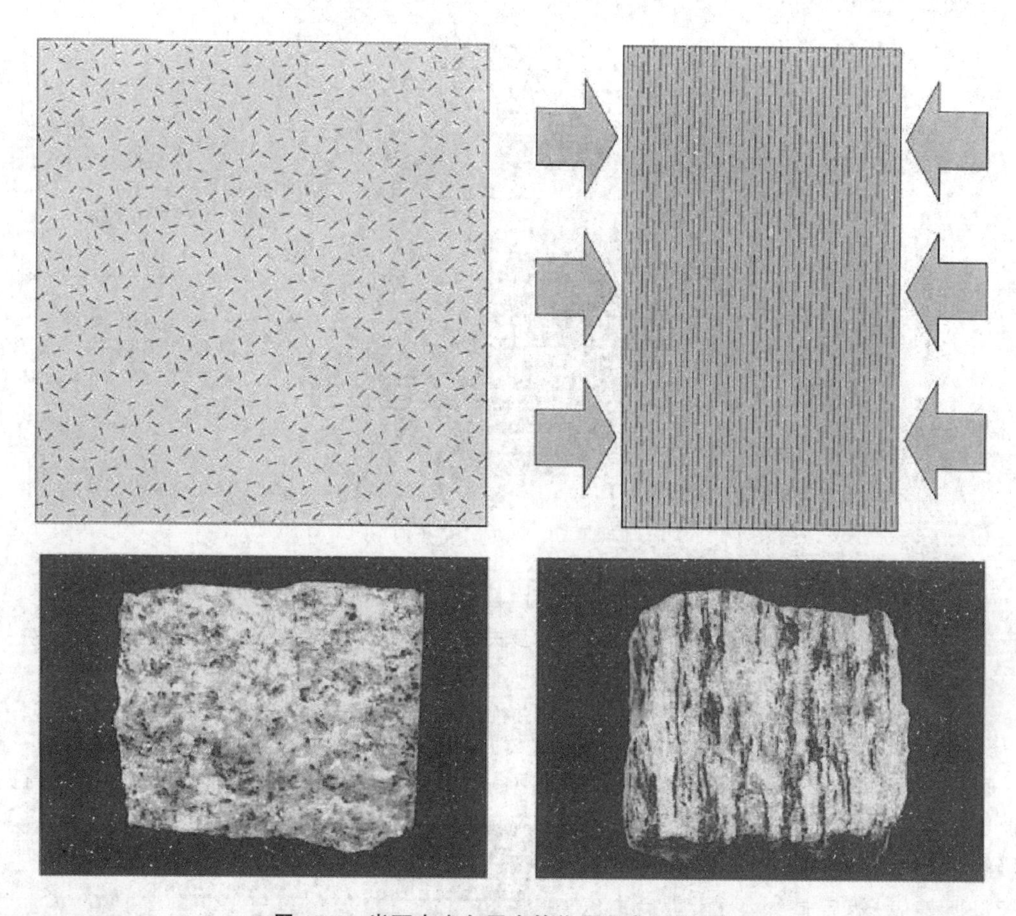

图 15-6　岩石在定向压力的作用下发生的变化

在地壳上部，岩石在动力作用下多发生脆性变形。透入性的动力变质作用是在岩石中发育劈理(图 15-7)，由于岩石的内摩擦系数不一样，因此劈理在不同的岩层中会有不一样的产状，称为“折射”。

图 15-7　不同岩层中的劈理折射现象

在地壳下部，岩石的塑性程度较高，在动力的作用下，岩石发生塑性变形，并伴随有重结晶事件发生，最终形成糜棱岩。岩石在不同的动力条件下会发生不同的变形，重结晶的形式也会有不同的表现（图 15-8），以此可以恢复岩石的古应力场。纯压应力的作用可以使岩石压扁，如果岩石中含有砾石、化石等，在压应力的作用下也会发生压扁（图 15-9），岩石在剪应力的作用下发生的变形常保留一些剪切运动的痕迹（图 15-10）。

在动力变质作用中，重结晶的参与使岩石的变质更加复杂。在挤压体制下，动力变质作用最初使岩石形成紧密褶皱及劈理（图 15-11a），岩石的塑性变形常使褶皱不完整而断续出现。第二阶段是在重结晶作用下，岩石中的劈理逐渐消失，形成糜棱岩，但由于岩石中矿物成分的差异，一些变形前的构造仍可在岩石中找到（图15-11b）。最后阶段是重结晶与挤压应力的共同作用，使变质岩石逐渐趋于均一，只有细微处可能留下一点痕迹（图 15-11c）。

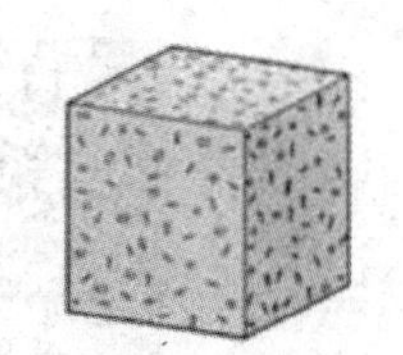

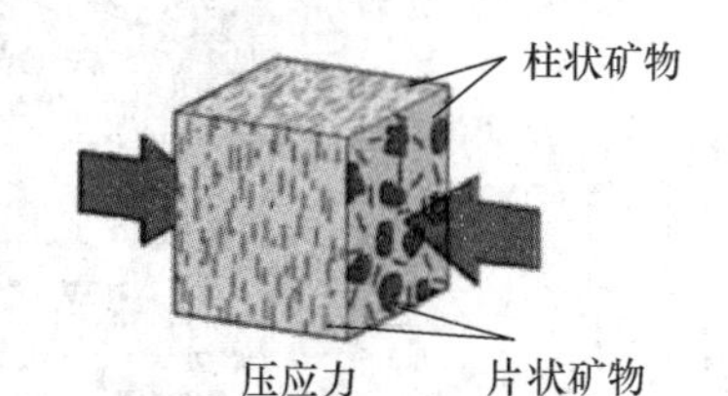

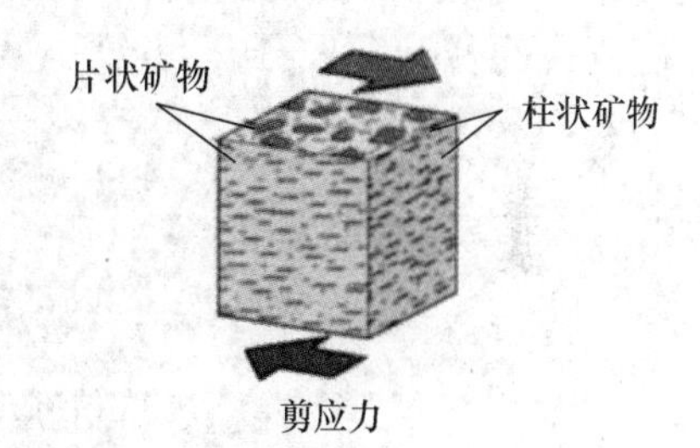

图 15-8 不同应力条件下的重结晶形式

关于糜棱岩的形成机制多数的学者认为，其主导作用是岩石在没有失去连续性的情况下发生粘性流动和重结晶。挤压作用使岩石中的矿物在垂直主压应力的方向上定向生长，尤其是一些片状矿物的定向排列，使岩石具有细条带状的构造。

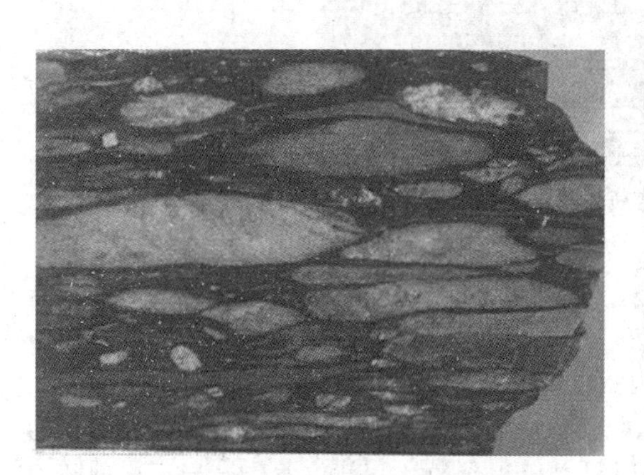

图 15-9 在压应力的作用下砾石被压扁

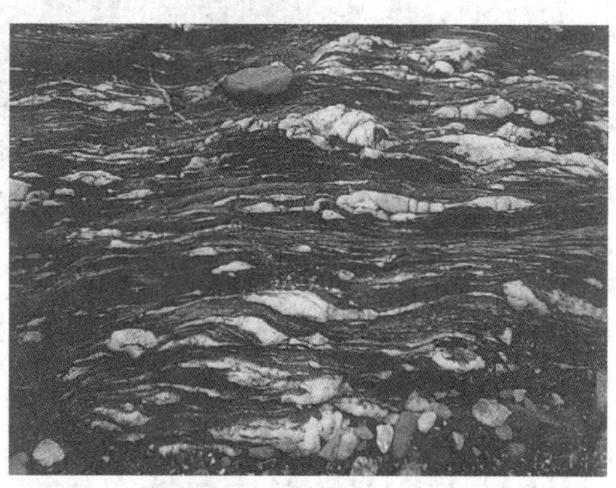

图 15-10 岩石在剪应力作用下的变形（眼球构造）

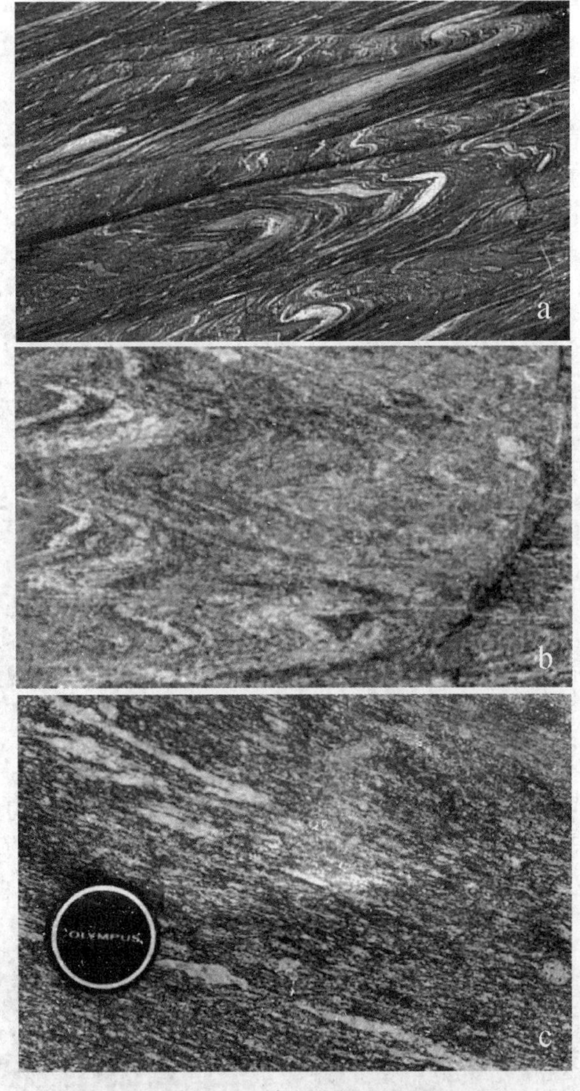

图 15-11　动力变质作用中岩石变化

15.4　区域变质作用

区域变质作用是涉及面积广阔的一种多因素共同作用的变质类型。岩石越古老，遭受变质区域变质作用的可能性越大，实际上太古宙的岩石都已经发生了足够强烈的变质，元古宙的岩石也有不同程度的变质，而显生宙的岩石一般只在褶皱带的核心部位发生。岩石这种随着地质时代越古老变质程度越深的现象只是一种表面现象，实际上应该是岩石经历的时间越长，遭受变质作用的机会越多，另一种可能是太古宙时地球的温度可能较现代高，因而岩石普遍发生了变质。

对于大多数遭受区域变质改造的岩石来说，区域变质的主要因素是温度的升高，而压力的增加主要是形成一些高压变质岩石(如蓝片岩、榴辉岩)，在区域变质作用中的作用没有温度的作用明显。太古宙岩石的变质通常是大面积的，反映了当时地壳的高热流状态；从元古宙开始,带状的区域变质作用逐渐占了主导地位,这种变质作用的特点是由一个变质作用较强的中心区域,向边缘部位变质作用逐渐减弱。变质带可以根据变质作用的程度不同,以标志性的变质矿物划出"等变质线"。

虽然随着深度的增加,地下岩石所受的温度和压力也越来越大,但温度和压力与埋葬深度并不是严格的相关,区域性的大地热流变化很大,局部的构造作用也可以形成很强的压应力,因此把区域变质作用与岩石的埋藏深度直接挂钩是不可靠的。芬兰地质学家艾斯科拉提出拉变质相的概念,即每一个变质相代表一套变质岩,更确切的说是代表一套形成于一定的温度、压力条件下的矿物共生组合。变质相通常以其中最为典型的、分布最广的岩石类型或矿物命名。每一种变质相一般包括几种岩石类型,组成变质岩的矿物不仅依赖于变质作用的热力学条件,更重要的是原岩(沉积岩或岩浆岩)的化学成分。对变质改造最为明显的是黏土岩,在不同的温压条件下会形成不同变质相岩石,构成一个完整的变质系列(图 15-12)。

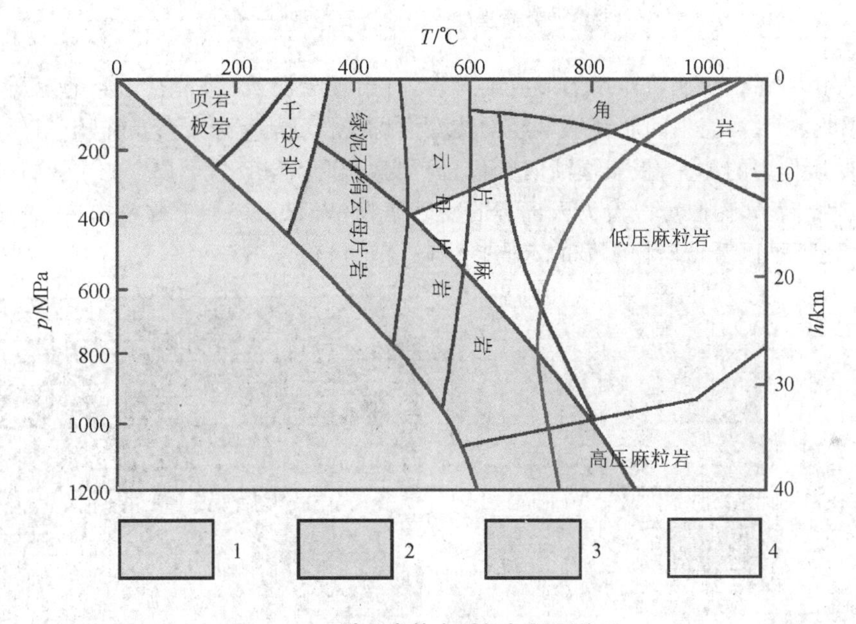

图 15-12 黏土岩的变质相与温压关系

1—成岩期后作用 2—红柱石区 3—蓝晶石区 4—矽线石区

变质相一般按变质程度归类划分为三个级别:低级、中级和高级,所对应的特征岩石命名为绿片岩相、角闪岩相和麻粒岩相。变质岩石在环境的温压条件发生变化时会向新的热力学平衡发展,从低级变质向高级变质的方向发展称为前进变质作用,从高级变质向低级变质转变的称为退变质作用。

低级区域变质作用

低级区域变质作用是变质程度很低的岩石变质现象。在泥质岩类中,泥质板岩是最低级的一种变质岩,表现为坚硬的细粒岩石(图 15-13),并容易沿劈理面破裂成薄板状。泥质板岩常呈黑色,这与原岩含有较多的有机质有关,在变质作用中有机质已基本转变成石墨。最低级的变质作用以沸石的出现为特征,也称为沸石相,沸石在变质砂岩中较为常见。

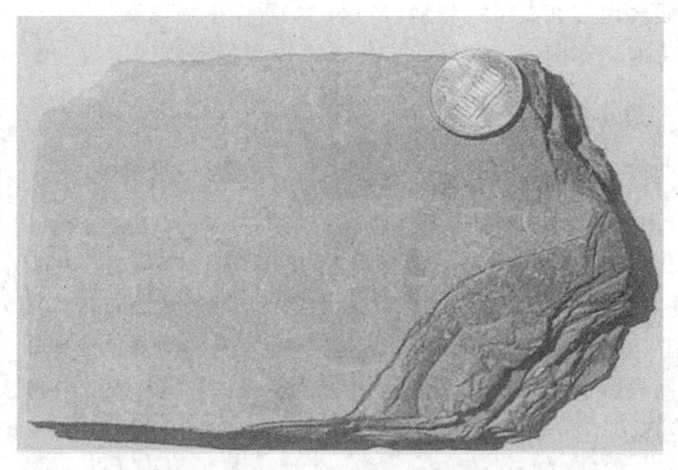

图 15-13　变质程度最低的岩石类型——板岩

基性火山岩在低级变质作用下形成细碧岩，可出现绿泥石、绿帘石一类的变质矿物，岩石以淡绿色为主。大洋壳中的超镁铁岩经常转变为蛇纹岩可能有海水参与作用。

随着变质作用的加深，板岩逐渐向千枚岩转变。与板岩相比，千枚岩的主要特征是岩石的重结晶程度提高了，肉眼可以看见云母类的变质矿物，岩石发育了千枚状构造，表面呈丝绢光泽，在显微镜下可以看见矿物明显的定向排列(图 15-14)。

图 15-14　千枚岩(左)及其显微镜下的特征(右)

低级变质作用更加成熟的产物是绿片岩相的岩石，这一变质相的岩石种类较多，如绿泥石-绢云母片岩、含石榴子石云母片岩、蓝片岩等。绿泥石-绢云母片岩是由石英、绿泥石、绢云母等矿物组成的，是泥质岩类进一步变质改造的结果。

绿片岩中最典型的岩石是由基性火山岩或成分相同的凝灰岩变质而成的，岩石中的绿泥石、绿帘石等矿物决定了岩石的绿颜色，因而称为绿片岩。绿片岩中一般含有钠长石，有时含有完好晶形的石榴子石(图 15-15)。

蓝片岩是绿片岩相变质中较为特殊的一类岩石，其变质作用属于很低级到低级的一类，最特征的变质矿物是蓝色角闪石(蓝闪石，图 15-16)。蓝片岩形成于很高的压力(1000～

1200 MPa)和较低的温度(一般不超过 400℃),这种高压低温的变质环境通常被认为与俯冲带的变质作用有关。

图 15-15 含石榴子石绿片岩

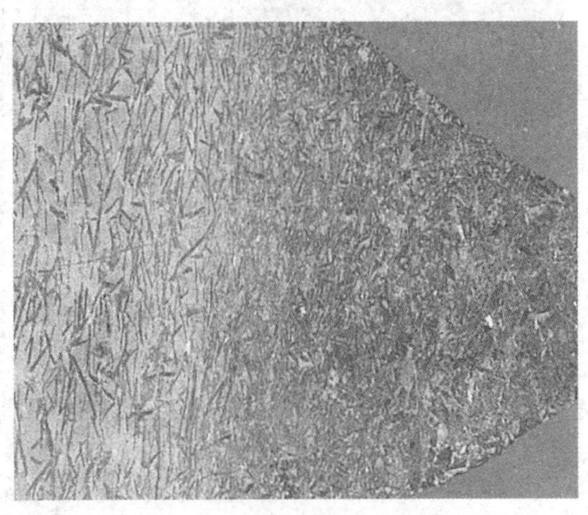

图 15-16 蓝闪石片岩

图 15-17 含石榴子石黑云母片岩

中级区域变质作用

中级区域变质作用最典型的岩石是结晶片岩、片麻岩、角闪岩等。结晶片岩是泥质岩类进一步的变质形成的,其最明显的特征是具有片理,通常也发育线理。富含层状硅酸盐是片岩的另一个特点,如黑云母、白云母、绿泥石等,除此以外还有长石、石英、石榴子石等矿物(图 15-17)。片麻岩则是以云母含量较少,矿物颗粒较粗为特征,岩石中的矿物基本上以长石、石英为主,含少量的暗色矿物。由于矿物的颗粒较粗,因此片理并不明显,呈不连续的条带状构造,称为片麻理(图 15-18)。片麻岩主要由泥质岩、砂岩、酸性火山岩、花岗岩等岩石变质而成。角闪岩是中级变质作用的另一种典型的岩石,主要矿物成分是角闪石和斜长石,有时含有石榴子石、绿帘石、黑云母等。

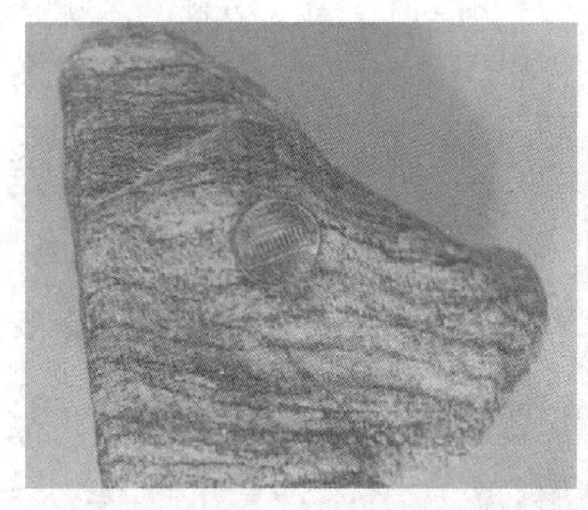

图 15-18　片麻岩(左)及其显微镜下的特征(右)

中级区域变质作用也称为角闪岩相，根据变质程度的不同还可以分出低角闪岩相和高角闪岩相。角闪岩相变质作用，尤其高角闪岩相变质，往往过渡为岩石的部分熔融，混合岩就是岩石部分熔融的产物。当变质作用进一步发展，尤其是温度的升高，岩石就会完全熔融(即深熔作用)，形成深熔花岗岩。

高级区域变质作用

高级区域变质作用的特征矿物是紫苏辉石的出现，而含水矿物(云母、角闪石等)则几乎完全消失。高级区域变质作用最典型的岩石是麻粒岩，由石英、正长石、斜长石、石榴子石、紫苏辉石等组成，有时含有蓝晶石或矽线石。基性麻粒岩不含石英和正长石，其成分与基性岩浆岩相当，通常由基性岩浆岩变质而成(图 15-19)；酸性麻粒岩一般由泥质岩类或泥质砂岩等变质而成，是处于变质岩与花岗岩之间一种特殊类型的岩石，有时称它为紫苏花岗岩，其矿物成分主要为石英、钾长石、紫苏辉石。

高级区域变质作用也称为麻粒岩相，此类岩石广泛分布于太古宙岩系中，部分元古宙岩系也分布有麻粒岩，而古生代以来的变质岩系中则很难见到麻粒岩。

除了麻粒岩相以外，榴辉岩相变质也属于高级变质的范围。榴辉岩是致密的、密度很大的岩石，主要矿物由石榴子石和绿辉石组成，是高压变质作用的产物(图 15-20)。

图 15-19　基性麻粒岩

图 15-20　高压变质作用形成的榴辉岩

区域变质岩的基本类型

如果把原始的泥质沉积物的成岩作用划分成标志性的演化系列，则变质作用的演进过程如下：

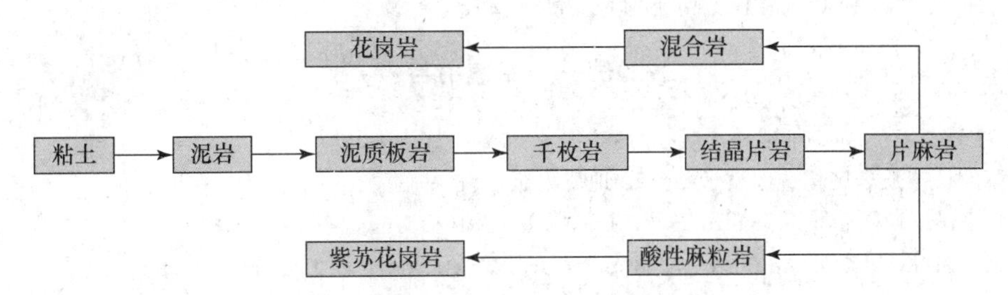

考虑到黏土可以认为是风化作用的产物，这样，自然界的成岩作用可以构成如下的循环(图 15-21)：

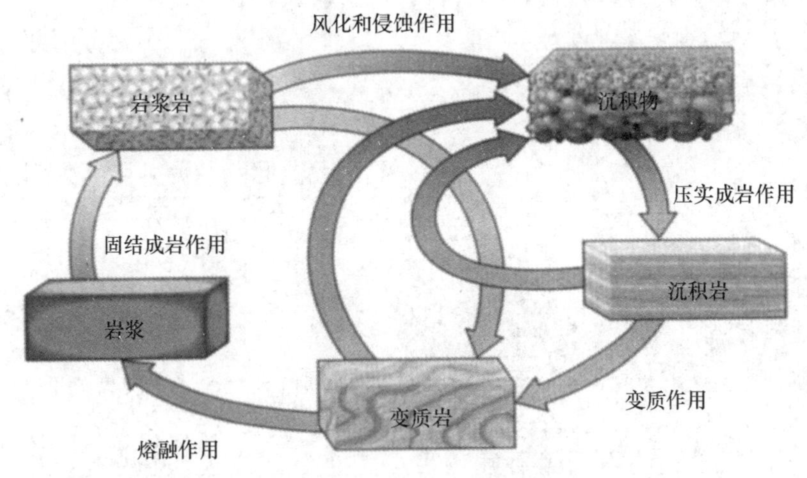

图 15-21 成岩作用与岩石的循环

15.5 冲击变质作用

冲击变质作用较为少见，是由巨大的陨石冲击地球所形成的。在地球的大陆表面(不包括南极大陆)，已经确定的陨石坑在 200 个以上，其中有一半确认有冲击变质作用。世界上最大的陨石坑在西伯利亚的帕皮卡依斯克，直径达 100 km，大多数的陨石坑直径为 2～50 km 不等。

陨石的冲击作用在短时间里释放出巨大的能量，这些能量以机械的(挤压、破碎)和热的(熔融、蒸发)形式改造被冲击岩石。从陨石冲击中心向外缘可以观测到依次更替的冲击变质带：

(1) 蒸发带，压力达到 10^5～10^6 MPa，温度 10^4℃；

(2) 熔融带，外缘界面处的压力大约为 6×10^4 MPa，温度为 1500℃；

(3) 多型过渡带，外缘界面处的压力大约为 10^4 MPa，温度为 100℃；

(4) 岩石强烈破碎带。

由冲击变质作用形成的变质岩(后三个带中的岩石)称为冲击岩。

对冲击成因的变质作用研究最重要的意义在于冲击变质作用可能形成一些新的矿物种类,因为冲击作用产生的超高压在地壳环境中是不存在的。如斯石英,其形成压力高于 10^4 MPa,温度超过 1000℃,仅见于陨石坑的岩石中。

进一步阅读书目

王仁民等.变质岩石学.北京：地质出版社,1989

傅昭仁,蔡学林.变质岩区构造地质学.北京：地质出版社,1996

Akiho Miyashiro. Metamorphic petrology. New York：Oxford University Press，1994

Winter J D. An introduction to igneous and metamorphic petrology. N. J.：Prentice Hall，2001

第十六章　地质灾害与环境

16.1　重力作用及其灾害防治

重力是地质作用中最特殊的一种形式，重力在所有地质作用中（包括了内外动力地质作用）都扮演了重要的角色，并且贯穿了整个地质历史。在地球的统一体中，重力的作用反映了内外动力地质作用是相辅相成、互相关联的，有着内在联系的作用过程。重力作用的形式是使地球的物质在重力场中运动，其结果是使地球的物质势能减少、释放能量。

重力作用的表现形式非常复杂，在其他各种动力的参与下有各种各样的作用结果。这里主要讲述在斜坡条件下有水参与的重力作用及其灾害防治，也是以重力为主要动力的地质作用形式。这种重力作用通常发生在山坡、海岸、河岸、海底峡谷的岸坡等，因此又称为“斜坡作用”。地表的岩石处于斜坡位置时，其平衡状态并不稳定，一旦岩石底部的支撑脱落，或者水的加入使岩石与斜坡的摩擦力变小，或者地震的触发因素使岩石失去平衡，重力作用便发生了（图16-1）。

图 16-1　滑坡——一种重力作用形式及其造成的破坏

岩石在重力作用下的运动速度有时是相当快的，如岩石的崩落、塌陷等，几乎是瞬时完成；有时又是非常缓慢的，如蠕动，在相当长的一段时间里很难观测到岩石的运动。重力作用形成的产物通常堆积于斜坡的底部，形成崩积层。崩积层由各种不同成分和不同粒级的块体组成，有块石、碎石、砂、粉砂、黏土等成分，一般分选性和磨圆度都很差，成层性也很差。地下水在重力作用中扮演着重要的角色，它可以造成岩石底部的空洞，减少岩石与斜坡的摩擦力，起到润滑作用，使岩石块体更易于运动；地表水的浸湿作用使岩石之间的结合力减弱，在斜坡下部的侵蚀作用使岩石失去支撑等也会导致重力作用的发生；风化作用使岩石变得松软，破坏岩石的内部联结；构造运动、变质作用等内动力作用使岩石形成裂隙，也使岩石的结构发生变化，导致重力作用更容易发生。因此重力作用也是一种多因素共同参与的地质作用形式。

重力作用的类型

根据重力作用的主要参与因素可以将重力作用分为四种主要类型：重力作用、水-重力作用、重力-水作用和水下重力作用。

重力作用

基本以纯重力为主要因素的重力作用形式，可以分为塌陷、崩落和蠕动三大类。

塌陷　塌陷作用的先决条件是地下存在空洞或空穴。悬在地下空洞上方的岩石在重力的作用下发生塌陷，造成地面陷落(图 16-2)。塌陷作用多发生在岩溶地区、矿山的地下采空区、有竖井巷道的工程区等，其规模的大小取决于地下空洞的大小。塌陷造成的破坏往往是突然的、快速的、有时甚至是灾难性的。

图 16-2　地下溶洞造成的塌陷

图 16-3　汶川地震中崩落作用造成的破坏

崩落　崩落作用是指岩石块体与基岩脱离，沿斜坡崩落、滑滚并在斜坡底部形成崩积物的整个过程。崩落作用是一种最为常见的重力地质作用，主要发育在陡峭的山坡、断裂的斜坡带等。物理风化作用，尤其是冻结风化使岩石的裂隙不断加大，当岩块与斜坡之间的摩擦力无法与重力抗衡时即产生崩落作用。崩落作用的规模可以很大，尤其是地震引起的崩落，可以达到相当大的规模，造成巨大的破坏(图 16-3)；崩落作用也可以很小，有时只是小到一小块落石。崩落作用产生的岩石块体、碎石、砂泥等堆积在斜坡底部，物理风化作用形成的倒石堆实际上也是崩落堆积物。

蠕动　蠕动是指斜坡表面的土石层在重力的作用下发生缓慢位移变形的作用过程。蠕动作用的特点是：

(1) 位移量很小，每年大致只有数毫米到数厘米的位移量，运动速率很低，但长时间的累积位移量可以较大，并造成破坏。

(2) 位移量和运动速率受蠕动体的性质和坡度大小所控制，松散的物质和较大的坡度可产生较大的位移量，反之则位移量较小。

(3) 位移体和下部的不动体之间没有截然的界线，二者之间呈连续的渐变过渡关系。

斜坡上部的岩土，在重力的作用下会沿斜坡向下方缓慢移动，由于岩土的运动速度很慢，在短时间里很难观测到，但时间长了积累效应就能显现出来，并造成斜坡表面各种物体的变形破坏，如电线杆、土墙倾倒，铁路、公路扭曲，树木歪斜等(图 16-4)。

塑性程度较强的岩层在重力的作用也会发生缓慢的蠕动变形，造成岩层顶部向斜坡下方弯曲，形成重力褶皱。这一现象在很多薄层沉积岩和变质片岩都可以见到(图 16-5)。

图 16-4 斜坡地表岩土的蠕动造成铁路的变形

图 16-5 岩层在蠕动作用下发生了弯曲变形

斜坡上冻土层的冻结与解冻所形成的泥流阶地也是重力作用参与的一种地质作用(参见第九章)。

水-重力作用

水-重力作用是以重力为主要因素，水为次要因素的一种重力作用形式。滑坡是水-重力作用中最主要的形式。滑坡是广泛发育于斜坡上的岩土混合体的移动，参与滑坡的有土体中夹杂的巨大岩石块体、不太坚硬的层状沉积岩、崩塌堆积物和松散的坡积物等。滑坡体的规模也有很大的区别，滑坡作用所涉及的范围可能是整个斜坡，也可能是斜坡的一部分。

与崩落和塌陷相比，滑坡体运动的速度非常缓慢，但运动的速度并非均匀的，时快时慢，有时还有很长的平静期，但在快速运动时也会造成强烈的破坏(图 16-6)。

图 16-6 造成破坏的一个滑坡体

一个发育完整的典型滑坡构造通常有以下一些单元组成(图 16-7)：滑坡体、滑坡床、滑坡壁、滑坡台地、滑坡鼓丘、滑坡裂隙等。

滑坡体即发生滑动的岩土混合体，是滑坡作用的主体。滑坡体体积可以差别很大，小的只有数立方米，大的可以达到数亿立方米。滑坡床是滑坡体沿其运动的一段斜坡。滑坡壁是未被卷入滑坡作用的斜坡与滑坡体的边界，通常呈较为陡峭的岩壁。

滑坡作用通常要经过潜移变形、滑移破坏和趋向稳定三个演化阶段。

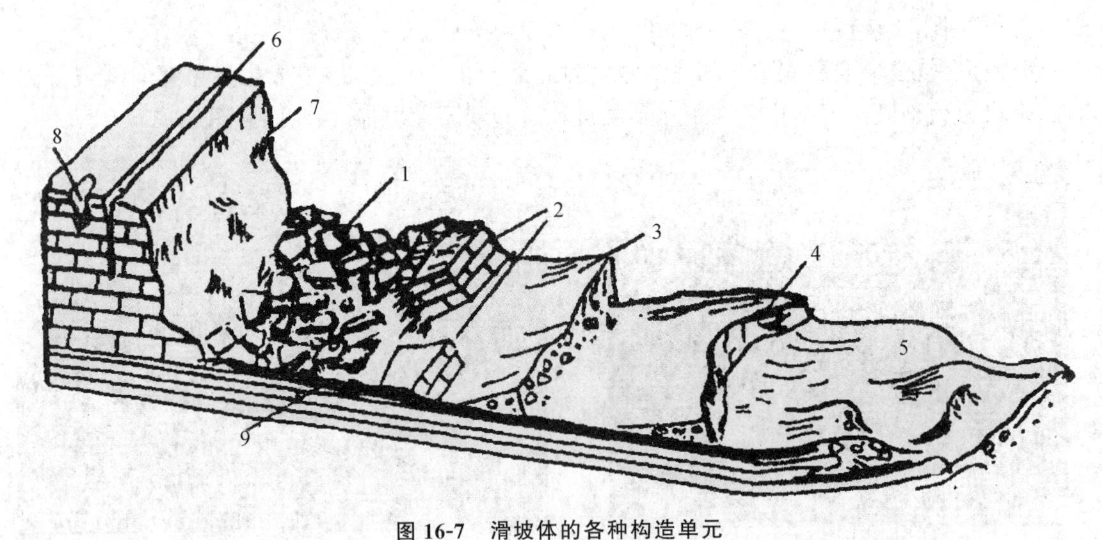

图 16-7 滑坡体的各种构造单元

1—坍塌类堆积 2—块体类堆积 3—阶梯状滑坡体 4—环状滑坡体
5—隆起丘 6—顶部裂隙 7—断壁 8—塌陷 9—滑坡床

潜移变形阶段类似于蠕动作用，主要是重力的作用导致滑坡体的缓慢下移，滑坡体的后部与滑坡壁逐渐分开，形成滑坡裂隙。潜移变形阶段时间可短可长，短的仅有几天，长的可以数年甚至更长。如 1967 年雅砻江发生的滑坡灾害事件，早在 1960 年山体已经开始变形，经过长达 7 年的缓慢变形才发生大规模的滑坡。

滑移破坏阶段是滑坡体快速运动并造成破坏的阶段。潜移作用使滑坡体与滑坡壁之间的裂隙越来越大，水的加入则破坏了滑坡体与滑坡床之间的联结力。当滑坡体与滑坡床之间的摩擦力小于滑坡体重力的下滑分力时，滑坡就发生了，所以滑坡作用被认为是水-重力作用的典型。

滑坡体向下运动到一定的位置受到地形的限制，如平缓的地形或河谷的阻隔等，滑坡体将不再运动，并逐渐趋于稳定。

滑坡作用并不一定都经过以上三个阶段，像地震触发引起的滑坡作用通常没有潜移变形阶段。

重力-水作用

在重力-水作用中，不论是地表水还是地下水都起到了非常重要的作用，在重力-水作用中，水夹杂着固体碎屑物呈重力流的形式运动，而不像滑坡以块体的运动形式进行。重力-水作用又可以有滑坡流、泥石流、泥流等不同类型(图 16-8)。重力-水作用最常发生在降雨或融雪季节，此时水浸透了不稳定的固体碎屑堆积物，破坏了碎屑物颗粒之间的联结，并使其液化，在重力的作用下开始向斜坡下方运动。

泥石流是重力-水作用中最常见的形式，也是较为常见的地质灾害，在欧洲也被称为冲刷性山洪。根据泥石流所携带的碎屑物颗粒大小还可以分为不同的类型。泥石流的发生较为突然、流动速度快容易造成较大的破坏(图 16-9)。

泥石流容易在大陆性气候的条件下发生，暴雨期或暴雨期后，泥石流的冲出物可以淤满山前盆地和山间盆地形成数米厚粗碎屑岩沉积层。泥石流堆积物是未经分选的各种粒径的碎屑

图 16-8 重力流的一种形式——泥流

图 16-9 甘肃舟曲泥石流造成的破坏

岩，有时经过流水的作用可以进行第二次分选，流水把细碎屑带走，留下粗碎屑。

水下重力作用

水下重力作用是发生在海底或湖底的一种密度流，浊流是水下重力作用最常见的形式。浊流是水下不稳定的堆积物在一些触发因素作用下，依靠自身的重力向水底运动所形成的(关于浊流的地质作用请参看第十章)。

重力作用的灾害及其防治

重力作用造成的破坏是地质灾害中最为常见的一种类型，有些快速的重力破坏是很难预测的，这些重力破坏的现象对人类造成了很大的危害。

1963 年意大利 Vajont 水库发生的山体滑坡，$2.5\times10^{8}\ m^{3}$ 的滑坡体从水库边坡滑入水库中，致使库水溢出大坝，造成下游 3000 多人死亡，在世界上引起巨大的震动(图 16-10)。1980 年湖北省远安县盐河池磷矿崩塌，部分山体从标高 700 m 处俯冲到标高 500 m 处的山谷，崩塌

物体积约 $100\times10^4\ m^3$，覆盖在南北长 560 m，东西宽 400 m 的谷地中，最大岩块有 2700 t 重，造成 307 人死亡。发生在美国犹他州菲斯托镇的滑坡阻断了当地的一条河流，掩埋了 6 号高速公路和西部铁路丹佛段的主干线。菲斯托镇也被这个堰塞湖所淹没，造成经济损失 4 亿美元，是美国历史上经济损失最大的一次滑坡(图 16-11)。

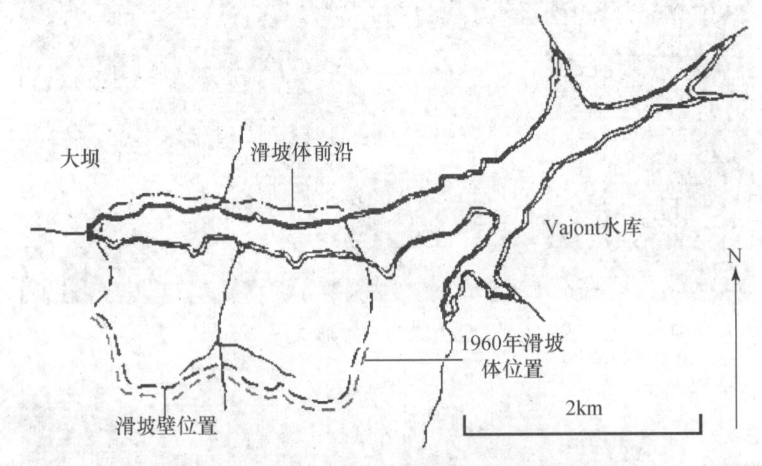

图 16-10　Vajont 水库滑坡示意图

图 16-11　菲斯托镇的滑坡现场

一些触发因素，如地震、暴雨、融雪等，往往是导致不稳定的块体和堆积物发生滑坡、崩落、泥石流等重力作用的严重破坏。如 2001 年 1 月，萨尔瓦多发生的 7.6 级地震导致滑坡体突然崩塌，摧毁了本来地震烈度并不很大的地区的大片住房，1000 多人埋葬于 8 m 厚的崩塌物下，是双重地质灾害造成严重破坏的典型(图 16-12)。

图 16-12 萨尔瓦多 7.6 级地震引发了重力灾害造成的破坏现场

重力作用造成的破坏形式多种多样(图 16-13),破坏的发生往往带有突发性,尤其是一些快速的块体运动更是难于预测。但我们却可以通过对重力作用的研究得知在什么地方容易发生块体运动,从而可以采取针对性的措施,做到防患于未然。

图 16-13 一组重力作用造成公路的破坏

重力地质灾害的防护首先要遵重科学,盲目行为是最大的危害。经常可以见到一些地区把房屋建筑在滑坡体上或容易遭到滑坡、崩落等重力破坏的地方。2001 年 5 月 1 日,重庆市武隆县山体滑坡,致使一幢建筑面积为 $4061\,\mathrm{m}^2$ 的 9 层楼房被摧毁掩埋,造成 79 人死亡、4 人受伤,其根本原因就是在危险地段进行违章建筑。三峡地区的搬迁建筑物也有许多类似的情况,奉节县、巫山县等新城就有许多建筑物处于危险地段(图 16-14),虽然做过一些保护措施,但仍然极为危险。

图 16-14　重庆市奉节县新城的部分建筑

重力作用的防护措施通常都有较强的针对性。对于滑坡、崩落的防护措施通常采用种植深根植物或修筑护坡的办法(图 16-15);修一些排水沟槽,让滑坡区的地表水和地下水尽快排泄,减弱水的作用;在一些特殊的地段,还可以采用钢筋锚定的方式把不稳定的块体固定在稳定基岩上(图 16-16)。

图 16-15　易发生滑坡地段的公路护坡

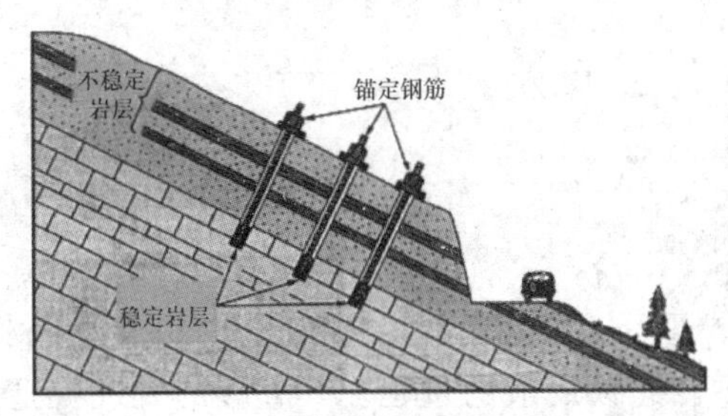

图 16-16 滑坡的锚定保护措施

公路旁过往的车辆和行人很多,为防止从山坡上滚落下来的石头砸伤车辆、行人,在山坡上拉上一张网即可避免发生意外(图 16-17)。泥石流的防治更为困难,山坡上不稳定堆积物是导致泥石流的破坏的根源,种植植物或用铁丝网将这些堆积物固定在一起,使之成为一个整体,可以防止泥石流的发生(图 16-18);在容易发生泥石流的河谷地段修筑大坝也是一种办法,如哈萨克斯坦为了保护首都阿拉木图免遭泥石流的危害,就在小阿拉木图河上修建了一座高达 145 m 的大坝,有效防止了泥石流的侵害。

图 16-17 防止落石伤人的措施

图 16-18 防止泥石流的措施

另一方面,对重力危害区的重力破坏形式、发生规律进行研究,并及时进行处理或预报,也可大大降低重力作用的危害。如斜坡上的裂缝是滑坡发生的先兆,对裂缝的张开幅度和速率变化、滑坡体地下水的活动情况,可以较为准确地预报滑坡发生的规模、时间和可能的危害程度。

16.2　荒漠化过程及对策

荒漠化过程

荒漠化过程使一个地域的生物生产能力严重下降,生态系统贫瘠化,并引起土地载畜量、作物产量、人类健康水平严重下降的一系列不良连锁反应的过程。其直接的表现就是土地退化,荒漠扩大。全球土地荒漠化的面积达 $3600\times10^4\ km^2$,中国土地荒漠化的面积也达 $262.2\times10^4\ km^2$。

荒漠分布于除南极大陆之外的所有大陆上气候干燥的高度干旱地区(图 16-19),并主要分布在南北半球的 10°～45°的纬度带上。全球荒漠主要集中在三种地区:① 副热带高压带控制区,如撒哈拉地区、阿拉伯半岛、墨西哥西北部、澳大利亚西部等;② 内陆干旱盆地,如中亚地区、我国西部、蒙古、美国西部等;③ 寒流经过的沿海地区,如南美西部海岸、非洲西南部海岸等。

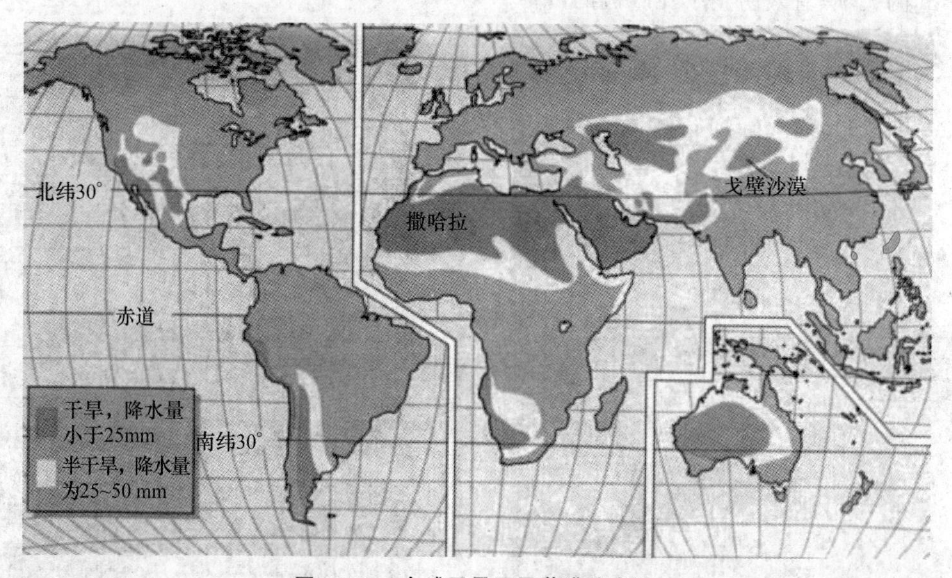

图 16-19　全球干旱区及荒漠分布图

荒漠化过程是从风的破坏作用开始的,风对地表物质的破坏、搬运和沉积,构成了荒漠化全部过程。风选择了地表岩石最薄弱处进行破坏,并把细小的碎屑颗粒搬运走,堆积到特定的位置,造成破坏型的荒漠和堆积型的荒漠。

影响荒漠化过程的因素

影响荒漠化的因素比较复杂,但归根结底无非是自然因素和人为因素两大类。在自然因素中,由于地球长期的演化使地球的表层系统基本处于一种动态平衡的状态,因此改变平衡条件是促使荒漠化进行的主要因素,而荒漠化地区的地质背景则是荒漠化能否进行的基本条件。遭受强烈风化作用的地区,表面岩石疏松的地区,土壤贫瘠的地区都是荒漠化容易发生的地区。

干旱的气候条件是荒漠化过程得以进行的最主要因素。干旱气候使荒漠化地区的降水量达不到植物生长的最低要求,抑制植物的生长,造成植物生产量的严重减少,使风的作用加剧,并导致荒漠化。干旱是一种在时间上渐进式、效果上累加式的破坏,干旱的气候在减少降水量的同时加大了蒸发量,形成一种恶性循环。

受到大气环流的影响,在南北半球的副热带高压带控制区由于降水量极少,加上优势风的长期作用,在这两个地区形成了全球最大的荒漠带(图 16-20)。

图 16-20　世界最大的沙漠——撒哈拉沙漠

大陆内部的盆地因远离大洋而降水量很少,如新疆塔里木盆地的年降水量平均不足 50 mm,局部地区甚至不到 10 mm,加上盆地效应形成干旱气候,也是容易造成荒漠化的地区。

人为破坏是加快荒漠化过程的另一个因素。过度放牧是荒漠化的一个重要的人为因素,绝大部分牧区都是生态环境比较脆弱的地区,草原下面往往就是贫瘠的土地,一旦放牧量超过草场的承载量,草原在风的作用下,大量的水分就会被带走,使草场的生态平衡遭受破坏,环境急剧恶化,造成荒漠化(图 16-21)。乱砍滥伐森林,开垦新的耕地,也是破坏生态平衡,造成荒漠化的一个重要原因。植被是保持土壤中的水分,防止风的侵蚀作用最有效的防护层,破坏植被无疑是在破坏自己的家园。

图 16-21　贫瘠的土地如何承载成群的牛羊

荒漠化的对策

1977年9月，联合国国际荒漠化大会通过了一项行动计划，要求各国政府在合理利用土地，保护和增加生物资源和水资源的基础上采取广泛的措施，并处理好生物、社会、经济和政治问题，力争在20世纪末制止荒漠化的发展。近年来全球荒漠化过程非但没有受到抑制，反而愈演愈烈，引起国际社会的广泛关注。一些旨在遏制荒漠化进程的工程项目和研究项目正在各国开展，我国在治理荒漠化过程方面取得了令人瞩目的成绩。

遏制荒漠化发展的对策最主要的方法就是固沙，其主要措施包括以下几个方面：

(1) 拟定合理的放牧、耕作和林业开发计划，防止植被的破坏。过度放牧、开垦耕地、乱砍滥伐是造成植被破坏，是荒漠化加剧的主要的人为因素，因此拟定合理的放牧、耕作和林业开发计划，防止植被的破坏，是抑制荒漠化进程的首要对策。

(2) 发展有助于限制沙漠入侵的土地利用方式，比如在荒漠化严重的地区进行经济林木的种植及水土保持措施，陕北地区的小流域综合治理已经取得了显著的效果。

(3) 实施阻止沙漠推进的生态工程。这是一项有利于子孙后代的伟业，我国的三北防护林体系经过几代人的努力，现在已经初具规模，对遏制荒漠化进程起到了巨大的作用。

(4) 资助防止荒漠化扩展的相关基础研究。而盲目的治沙方法，可能达不到预期的效果，只有以科学的方法治沙、固沙才能有效地防止荒漠化的扩大。

(5) 普及防止荒漠化进程的科学知识，提高民众的防护意识。资助防止荒漠化扩展的相关基础研究和普及防止荒漠化进程的科学知识，提高民众的防护意识也是不可或缺的一环。

在一些特殊的地段可以采用一些特殊的固沙办法，防止流沙的破坏作用(图16-22)。

图16-22　荒漠化的对策

1—小流域综合治理　2—三北防护林体系　3—塔里木沙漠研究基地　4—公路两侧的秸秆固沙

16.3　河流侵蚀的破坏及预防

河流侵蚀的破坏作用目前还没有引起足够的重视，但河流侵蚀所造成的破坏损失有时却是难于估量。河流的破坏作用主要来自河流的侧蚀，侧蚀最常见的作用结果是把河岸斜坡下部岩石掏空，造成河岸下部失去支撑导致重力灾害的发生，这一类灾害在第一节已经论述过，不再赘述。河流侧蚀作用还可能形成两种灾害性的破坏。

河流在凹岸侵蚀凸岸堆积是河流地质作用的基本规律，平水期这种作用的表现并不十分强烈，但在洪水期凹岸侵蚀可能会给工程建设带来巨大的破坏。2010 年 6 月江西抚州发生的唱凯堤决堤就是发生在抚河弯曲的凹岸，由于洪水的冲击侵蚀而造成决堤，造成了巨大的损失。更多的破坏是发生在一些山区的公路建设中，由于投资不足而时常造成公路被毁(图 16-23)。避免这种灾害的发生其实只要尊重自然规律，不要在可能造成破坏的河流凹岸进行工程建设即可，实在避免不了则应该考虑抵御洪水的各种防护措施。

图 16-23　河流在凹岸的侵蚀作用造成公路的破坏

河流侧蚀作用的另一方面影响因素是地球自转产生的科里奥力，这一作用的结果就是北半球河流的右岸侵蚀更为强烈，导致河流右岸的水土流失，有时甚至导致国土的流失。如中俄边境的界河乌苏里江、中朝边境的界河鸭绿江，其右岸均在中方一侧，因此加强河流右岸的防护，尤其是右侧凹岸的防护是很有必要的。

16.4　酸雨的形成及破坏作用

酸雨是指 $pH<5.6$ 的降水。酸雨严格地讲并非地质灾害，但酸雨造成的破坏与化学风化过程有许多类似的地方，也是最严重的环境污染之一，世界上的许多地方都发生过酸雨事件。酸雨是由于工厂排放的酸性气体，造成空气污染，并经过复杂的大气物理化学过程，通过大气降雨的形式重新返回地面。酸雨中所含的酸性物质主要是硫酸和硝酸。煤炭燃烧排出的二氧化硫和石油燃烧排出的氮氧化物是酸雨形成的主要原因。

大气降水的酸度过高，可能会使生态系统受到破坏，毁坏森林、干扰农作物的光合作用，甚至造成毁灭性的破坏。1982 年 6 月 18 日，重庆市下了一场酸雨，使郊区 2 万亩水稻叶片突然枯黄，几天后局部枯死，造成严重损失(图 16-24)。

酸雨还能腐蚀金属结构、破坏建筑物、加速风化作用的进程(图 16-25)。酸雨可使土壤、湖泊、河流酸化，导致水生生物的结构发生变化，破坏生态平衡。一些发达国家在发展中曾经造成湖泊的严重酸化，导致鱼类死亡。我国酸雨主要分布在长江以南、青藏高原以东地区，酸雨的破坏逐年加重，区域也在逐渐扩大，造成了严重的经济损失。据统计，酸雨造成的损失每年高达 20 亿元以上。

图 16-24　遭受酸雨侵害的水稻

图 16-25　遭到酸雨侵蚀的雕像

16.5　海平面上升的影响因素及对策

国务院新闻办公室在 2008 年 10 月 29 日发表的《中国应对气候变化的政策与行动》白皮书指出，近 30 年来，中国沿海海表温度上升了 0.9℃，沿海海平面上升了 90 mm。中国大陆海岸线长达 1.8 万多千米，易受海平面上升带来的不利影响。相对海平面上升是沿海城市普遍关注的一个问题，我国的沿海大城市如上海、天津等城市，也正受到地面沉降的困扰。海平面上升引发海水入侵、土壤盐渍化、海岸侵蚀，损害了滨海湿地、红树林和珊瑚礁等典型生态系统，降低了海岸带生态系统的服务功能和海岸带生物多样性；气候变化引起的海温升高、海水酸化使局部海域形成贫氧区，海洋渔业资源和珍稀濒危生物资源衰退。沿海城市，地面沉降最严重的后果是地面整体标高的损失，造成城市整体的抗洪能力降低，桥梁净空减少而影响水上交通，潮水上岸致使码头受淹、市区积水等。

如上海市区的海拔高度大约在 1.8 到 3.5 m 之间，最低处只有 0.91 m，地势的低平常使上海夏秋暴雨积涝成灾。未来海平面相对上升还可能造成污水长期回荡以及海水倒灌，威胁长江口沿岸和黄浦江上游水源地安全。

长江三角洲和苏北滨海平原,北起灌河口,南至钱塘江口,有 1.1×10^4 km² 海拔不超过 2 m。地势低平的长江三角洲和苏北滨海平原,地处我国东部新构造运动沉降区,在其 5224.8 km² 的滩涂和 1252 km² 的湿地上,拥有具较高开发价值的自然生产力和种类丰富的生物资源。即使未来海平面相对上升量只有 50 cm,该地区滩涂损失面积也将达到 304.8 km²,年经济损失 774 万元。由于海平面相对上升导致低洼地排水能力下降,在汛期将造成大量洪水滞留腹地。

海平面上升造成的危害已经不再是遥远的话题,而是摆在我们面前的确确实实的问题,及时做好各种应对措施应该进入各级政府的议事日程。

相对海平面上升的影响因素

全球气候变化的影响

玉木冰期之后海平面上升的幅度历来为科学家所瞩目,一般认为 1.8 万年以来海平面上升幅度在 100 m 以上,年平均在 5.6 mm 左右。海平面的升降是全球范围的,同一时期的全球海平面的上升速率应该是一致的,从最近 100 年来海平面的变化趋势来看,美洲西部海岸相对海平面的上升速率不足 1 mm/a,而且没有明显的加快趋势。1 万年来前,闽浙沿海的基岩海岸位于水深约 10 m 处,也就是说这 1 万年来我国东部的海平面上升值为 1 mm/a,这一点与美国西部的情况基本一致。即全球气候变化导致每年 1mm 海平面绝对上升量。

拉张盆地的下沉因素

中国东部属于太平洋弧后盆地扩张区,从中生代以来一直处于地面的沉降状态。从正常大陆地壳解体,到形成大洋地壳的整个过程中,扩张中心的地壳减薄幅度可以达到 30～40 km,地面沉降幅度大约在 5～6 km 左右。这里采用一个大致的估算,扩张中心的地面沉降速度应为:

$$v = v'\tan\theta$$

其中 v' 为水平扩张速度,θ 为陆缘的坡度。如果以洋壳的保守的年扩张速率 20 mm 作为陆壳减薄的水平扩张速度,并以大陆坡的坡度 4°～6°作为陆缘坡度计算,则扩张中心地面的年沉降幅度在 1.4 mm 之间。如果在快速扩张时期,其沉降的速率可能还要大上几倍,显然构造环境的影响并不是一个可以忽略的数值。苏北平原区的钻孔资料表明,QC2 孔在 10400a 时的海水高程为 −67.34 m,向陆推进到 QC4 孔 10080a 时的海水高程为 −13.15 m,表明位于扩张中心边缘的 QC2 孔处沉降速率大大高于陆上的 QC4 井,以平均高于 QC4 井 5.3 mm/a 的速率下沉。

压实作用对地面沉降的影响

压实作用包括三个方面,一是盆地中的松散沉积物,由于孔隙中流体的排出使孔隙体积缩小,二是成岩过程中的压实作用。一般地讲,压实作用可以使沉积物减少 50%的体积,像泥质岩类的压实作用,其体积的缩减量还要大得多。沉积物体积的减少主要是通过垂向尺度的缩短来实现的,因此压实作用造成的地面沉降是相当可观的。我国东部陆缘的边缘海盆地的沉积物主要为粉砂级碎屑物质,特别是东海的内陆架,是以泥和粉砂沉积为主的细粒沉积物带,压实作用的影响不可低估。对于边缘海盆地,压实作用还有另一方面的影响,由于边缘海盆地往往有一侧是水体,在垂向载荷应力的作用下,沉积物可以向水体的一侧蠕动,加大了垂向的应变缩短量,使地面的沉降幅度加大。

地壳均衡作用对地面沉降的影响

在边缘海盆地，由于沉积物的载荷影响，地壳必须通过调整，使之达到均衡状态，这一作用过程在边缘海盆地就是使地面发生沉降。东海盆地新生界的沉积物厚度在10 000 m以上，其中位于浙东的西湖凹陷新生界最大沉积厚度约15 000 m，而盆地在这一时期的水深可能从未超过1000 m，换句话说，东海在新生代通过均衡调整使地面发生的沉降超过10 000 m，平均沉降速率可达0.25 mm/a，而这其中还发生了三次大的沉积间断。

相对海平面上升的总体趋势

中国东部陆缘地面沉降严重威胁着沿海城市，尤其是上海市，年地面沉降的幅度曾达到13 mm。根据对东海古岸线的研究表明，现今水深110～130 m的东海外陆架有一古海岸，从古海岸获得的生物碎屑测定的碳同位素年龄集中在13 000a左右，即年平均地面降率为9～10 mm/a。这一数值与实际观察明显偏大，东海陆架有三级明显的阶地，分别位于110、60、40 m的深度，这可能暗示着从弧后盆地边缘到扩张中心的不同沉降速率。同一时期美国德克萨斯湾相对海平面上升速率只有4.38 mm/a，以此计算，中国东部的海平面相对上升量平均应该在4 mm/a左右。

从全球的情况看，玉木冰期的最后一幕大致结束于20 000—15 000年前。在这之后气候突然变暖的可能性大为降低，而东部构造环境也渐趋稳定，6000年前中国的海陆格局已经与现在大致相当，由此在数百年内东部沿海相对海平面上升速率应该在5 mm/a以下。

从全球范围的海平面变化趋势看，5000年来海平面变化的幅度只在3～4 m之间，由全球气候变化造成的海平面上升速率不足1 mm/a，而且近百年来没有明显加快的趋势。造成沿海相对海平面上升的另一个重要因素是扩张盆地的构造环境，其最大速率可以达到15 mm/a，年均在4 mm/a左右，总体相对海平面上升在5 mm/a以下。

防护措施及对策

相对海平面上升是不以人的意志而转移的，在未来数百年中不会有明显的变化，因此必须去面对这个事实，因此在沿海城市的市政规划应该考虑海平面上升的问题，留有一定的安全系数。

对相对海平面上升所造成的汛期排涝能力降低及所影响的区域和海水倒灌形成咸潮所造成的饮用水安全问题进行评估，并相应的制定应急预案；对相对海平面上升引发的海水入侵所造成的沿海生态系统破坏的规模及速度进行评估，并制定应对措施；相对海平面上升还会造成大面积农田和居民区被淹，应及早论证海平面上升在未来的若干年中可能造成的受损人群的安置问题，甚至是人口迁移问题。

荷兰在应对海平面上升问题上有很丰富的经验，其中建设围海大堤是很重要的一条措施，它可以防止一些重要的经济区遭到海水的入侵，确保经济建设的安全。

进一步阅读书目

张以诚，钟立勋. 滑坡与泥石流. 北京：民族出版社，1987

单运峰. 酸雨、大气污染与植物. 北京：中国环境科学出版社，1993

刘希林，唐川. 泥石流危险性评价. 北京：科学出版社，1995

陈志远.中国酸雨研究.北京：中国环境科学出版社,1997
文宝萍.黄土地区典型滑坡预测预报及减灾对策研究.北京：地质出版社,1997
王尚庆.长江三峡滑坡监测预报.北京：地质出版社,1999
中国科学院水利部成都山地灾害与环境研究所.中国泥石流.北京：商务印书馆,2000
罗元华.地质灾害风险评估方法.北京：地质出版社,1998
肖和平,潘芳喜.地质灾害与防御.北京:地震出版社,2000
潘懋,李铁峰.灾害地质学.北京：北京大学出版社,2002
Pirazizy A A. Environmental geography and natural hazards: exigencies of appraisal in highland-lowland interactive systems. New Delhi: Concept Pub. Co., 1992

第十七章　人类与地球

人类是依附于地球的高级动物，他的所有活动都离不开地球。人类活动的足迹几乎遍布了大陆的每一个角落(图 17-1)，而且正在加快向海洋进军的步伐，因此人类与地球物质能量系统有着千丝万缕的联系，人类与地球系统的物质与能量的交换也在不停地进行着。

图 17-1　藏北无人区留下的车印

17.1　地球系统运动对人类的影响

地球的物质和能量系统是在不断地运动的。地球物质和能量系统运动的直接结果，就是造成地球环境的变迁。地球系统运动使环境发生变迁的主要运动形式有：灾变性的环境变迁，如地震、火山爆发、台风、洪水、泥石流、滑坡、塌陷等(图 17-2)；渐变性的环境变迁，如新构造活动、海平面上升、沙漠推进、气候改变等。根据地球系统的统一性原理，可以知道地球系统的运动形式有其自身发生、发展和演化规律，影响我国环境系统的主要因素来自以下几个方面。

环太平洋构造带

环太平洋构造带是地球物质和能量系统运动表现最为活跃的地区，这一地区的火山、地震活动相当频繁。由于这一地区的地理条件优越，经济极为发达，因而灾害性的物质运动形式也给人类的建设乃至生命保障带来巨大的威胁。地震和火山活动频繁是环太平洋构造带的主要灾害，火山爆发给人类造成的直接危害远远小于地震，但火山爆发给自然环境造成的危害却远远大于地震。火山喷发时除了喷出大量的岩浆和火山灰以外,有时还喷出大量有毒气体,如 CO、SO_2、NH_3 等。火山、地震的危害在前面的章节已经讨论过,在此不再赘述。

台风是该地区主要的突变性灾害,我国是世界上受台风影响最严重的国家之一,在我国登陆的台风(含热带风暴、强热带风暴),平均每年 6～7 个,最多达 40 个,最少也有 3 个,主要集中在 5—10 月,以 7、8 月份最多。

2001 年 9 月,台风"纳莉"造成我国台湾地区 79 人死亡,20 人失踪,208 人受伤,财产损失不计其数。"纳莉"袭击台湾,不仅造成民众重大伤亡,"捷运"系统瘫痪,生活秩序大乱(图 17-2),也给金融机构带来巨大损失。406 家银行总部、分支机构及数十家债券机构等共损失约 9 亿余元新台币,产险公司保险理赔损失则高达 89 亿元新台币。2010 年 9 月台风"凡亚比"造成广东全省受灾人口达 157 万人,因灾死亡 100 人,失踪 41 人,因灾伤病 328 人,紧急转移安置 12.9 万人,直接经济损失 51.5 亿元人民币。台风造成台湾高雄、屏东地区大淹水,夺走 6 条人命,全台仅农、工业损失就超过 56 亿元新台币。

图 17-2 "纳莉"严重干扰了台湾人的生活

图 17-3 新构造运动造成桥梁变形

虽然台风造成的损失经常是巨大的,但从大气环流及全球气候分布情况看,对我国东部沿海而言,台风所带来的好处远远大于它的危害,其中最为重要的是带来大量的降水。

新构造活动频繁是该区另一种主要的地质作用,新构造活动可以使地面变形,建筑物遭到破坏(图 17-3);不断扩张的弧后盆地在接受沉积的同时持续下降是西太平洋地壳运动的主要规律,造成相对海平面的上升,并改变了该区的洋流系统。洋流系统和季风系统是影响气候的主要因素,并决定了黑潮暖流的强度和台风活动的频率。

特提斯构造带

特提斯构造带西起地中海沿岸,经喜马拉雅山向东南亚方向延伸,是影响我国南方的主要构造体系。由于印度板块不断地向北运动,造成青藏高原的持续隆升,对整个大气环流系统及周边水系的发育和环境的变迁产生了巨大的影响,如西南暖湿气流的形成,长江流向的改变等。此外,因河流的强烈切割形成了高山峡谷地貌,崩塌、滑坡、泥石流、雪崩等也是这一地区经常发生的灾害(图 17-4)。资料表明,仅在 1998 年全国就发生不同规模的崩塌、滑坡、泥石流等突发性地质灾害 18 万处,其中较大规模的有 447 处,造成 10 000 多人受伤,1157 人死亡,50 多万间房屋被毁坏,经济损失达 270 亿元人民币。

图 17-4　2001 年昆明市东川区滑坡造成的破坏

据统计,我国每年有近百座县城受到泥石流的直接威胁和危害;有 20 条铁路干线的走向经过 1400 余条泥石流分布范围内。1949 年以来,先后发生中断铁路运行的泥石流灾害 300 余起,有 33 个车站被淤埋。在我国的公路网中,以川藏、川滇、川陕、川甘等线路的泥石流灾害最严重,仅川藏公路沿线就有泥石流沟 1000 余条,先后发生泥石流灾害 400 余起,每年因泥石流灾害阻碍车辆行驶时间长达 1～6 个月。

特提斯构造带的形成对我国南方的气候也有明显的影响,喜马拉雅山的隆起阻隔了西南暖湿气流继续北上,可能是我国西部地区干旱的一个因素;另外,由于横断山脉的阻挡,才形成了南方的雨林气候条件。

盛行西风带

盛行西风带位于南北纬 30°～60°范围内,由于地球自转受科氏力的影响所形成的优势西风,是影响我国北方气候的主要因素。强劲持续的盛行西风使我国西北地区形成大面积的沙漠和黄土地貌,并不断地受到沙漠化进程加剧的严重威胁(图 17-5)。在我国,每年因荒漠化造成的直接经济损失高达 540 多亿元,平均每天近 1.5 亿元。目前我国有荒漠化土地 267.4×10^4 km^2,占国土总面积的27.9%,涉及我国 18 个省区的 471 个县市。沙化土地每年以2460 km^2 的速度在扩展,相当于每年损失一个中等县的土地面积。

图 17-5　正在逼近的沙漠

对人类活动的影响

地球的物质和能量系统的运动对人类活动产生了巨大影响,迫使人类改变自己的生活方式,去适应环境的要求。有证据表明,最古老的猿人化石主要分布在青藏高原周围,因此我国著名学者黄汲清先生就认为,人类之所以走出森林是因为青藏高原的隆起,恶劣的自然环境迫使古人类不得不离开自己的家园，重新寻找适合自己生存的环境。

由于地球物质的运动，地球表面各地区的环境状况不断发生改变。灾变性的环境变迁往往给人类带来重大的经济损失，甚至严重威胁了人类的生命安全。对付突变性的灾害，在科技水平较低的条件下，人类往往是无能为力的。直到现在，人类所能起到的作用也很小，主要是研究灾害发生的机理，进行预报，达到减灾的目的。人类对付渐变性的环境变迁基本有两种方式：一是因地制宜，寻找就地解决的办法，求得发展之路；二是“三十六计走为上”，干脆一走了之。中国西部可以发现许多被遗弃的古城在历史中都曾经繁盛一时，如新疆的楼兰古城、甘肃的黑城，等等(图 17-6)，正是由于风沙肆虐，夺去了人类生存的最基本条件——水，迫使人类不得不离开自己的家园，使昌盛一时的丝绸之路逐渐衰落。

图 17-6　曾经辉煌一时的古楼兰

历史上的黄河经常发生洪泛和改道，黄泛区的农民大多建造一些简易的住房，一旦洪水来临，他们便弃家而逃，等到洪水退去，他们再重返家园，开始新的生活；新疆吐鲁番地区由于年降雨量很低，蒸发量很大，地表水严重缺乏，但地下水还比较丰富，因此这里的人民就发明了坎儿井的特殊水利工程(图 17-7)；蒙古族人以放牧为生，草场的生长情况是他们不断迁徙的原因(图 17-8)。

图 17-7　新疆吐鲁番盆地的坎儿井

图 17-8　游牧中的蒙古包

地球化学场与人类健康

由于地球物质分布的不均匀性，在一些地区会形成某些元素的富集或缺失。元素的迁移、扩散就会形成一定的地球化学场，地球化学场包括了元素的正负异常。一些地方病的形成就是与某种元素的富集或缺失有关（表17-1）。元素的运移规律除了和元素的化学性质有关外，还和地形地貌、岩石的性质、地下水的流向等多种地质因素相关。

表17-1　几种常见的地方病与元素的关系

地方病	症　状	相关元素
骨痛病	人体丧失吸收磷和钙的能力	镉中毒
矮人病	慢性骨关节病变	钙和锶元素的缺乏
克山病	心肌损伤引起血液循环障碍	可能与硒元素缺乏有关
甲状腺机能亢进	甲状腺肿大	碘缺乏
氟地方病	有氟缺乏病变和氟中毒病变	氟中毒或缺失

人体中还有许多微量元素，对人体的生理机能和新陈代谢起到非常重要的作用（表17-2），根据区域地质情况，通过对岩石地球化学特征的认识，及时地补充一些微量元素，或对饮用水源进行处理，可以促进人体健康和有针对性地进行地方病的防治工作。

表17-2　人体中的微量元素及其作用

元素	含量（$\times10^{-6}$）	在人体中的作用
硅	260	细胞组织中
铁	60	造血、运氧　贫血
氟	37	骨骼生长、牙齿　牙病、骨质疏松
锌	33	新陈代谢、缺锌则生长缓慢、伤口愈合慢
铜	1	在一些酶中存在、缺铜会引起贫血、骨质疏松、胆固醇升高
碘	0.2	甲状腺激素　缺碘会引起甲状腺肿大
镁	0.2	新陈代谢
钼	0.1	在一些酶中存在
镍	0.1	帮助铁的吸收
钴	0.02	在维生素B_{12}中，影响与缺少B_{12}一样
铬	0.03	胰岛素、糖尿病
硒		新陈代谢、防治癌症、心脏病、神经系统
砷	18	作用不明

17.2　人类与地球系统的联系

人类与地球系统之间的联系是从最初的单一索取开始的，随着人类科学技术的进步，人类与地球系统的联系已不仅仅是索取，同时也进行着物质和能量的交换。

人类从地球系统中获得所需的物质和能量

远古时期，人类只是地球生物链中的一个小小的环节，对地球物质和能量系统的作用是微乎其微的。原始人类已经认识了各种岩石的不同性质，并用于不同的工具(图 17-9)，然后学会了烧制陶器、辨别矿石和冶炼技术。但人类的这些活动主要是从地球的表面获取各种不同的物质，对地球并未产生影响。

图 17-9 新石器时代的石斧

在人类发展的漫长岁月中，由于技术水平低下，人类从地球获得的物质是很有限的。直到人类学会了耕作，学会了使用工具和制造工具，人类在地球物质和能量系统中才显示出一定的作用。工业革命以后的近 200 年来，人类从地球系统中采掘了大量的煤、石油、天然气、建筑材料和其他金属、非金属矿产，用以支持人类活动的各种需要，而且采掘量在迅速增长(表 17-3)。

表 17-3 世界采掘最多的几种矿产及采掘加速度情况

矿 种	1900 年前	1900—1940 年	1941—1980 年	1980—2000 年	总量
铁矿/($\times10^9$ t)	4.0	6.2	20.4	26.6	57.2
煤矿/($\times10^9$ t)	9.0	47.5	94.0	80.0	230.5
石油/($\times10^9$ t)	0.26	4.5	56.2	62.1	123.0
天然气/($\times10^{12}$ m^3)		1.3	25.8	35.0	62.1
铝土矿/($\times10^9$ t)		0.37	1.63	2.0	4.0

人类在开采有用矿产的同时也改变了地球系统的物质和能量的分布，其所及范围可以深入到地壳 5 km 以下的深处(图 17-10)。随着科学技术的发展，人类所涉及的范围还将到达地球的更深处(俄罗斯克拉半岛的超深钻已经达到超过 12 000 m)。人类为了从地壳中获取 1 t 的矿石，需要同时采出大约 2～3 t 的废料，对一些稀有的矿种，这个比例更是大得惊人。

图 17-10 油田在进行二次、三次采油时，需要同时注入大量的水、蒸汽和化学物质，或采用高压或爆破致裂技术来增加石油的产量，这些措施都直接影响到地球物质和能量系统的平衡

人类的工程技术活动

人类在改变自己的生存条件时，也在不知不觉地改变着地球的物质和能量系统的平衡，城市和工厂建设、道路和水利工程等一些工程技术活动，对地球的表层系统有很大的影响，同时也影响了自然地质过程的进行。

城市和工厂建设的占地面积很大，如北京市的占地面积大约 $1.62\times10^4\ km^2$，到 2000 年世界上的各种人类工程建筑约占整个大陆面积的 15%。这些建筑人为地改变了地貌景观、土壤的成分和植被的发育，水圈的循环。如城市覆盖使地下水得不到充分的补给，使地下水位下降，城市地面沉降。城市和工厂的建设和排污改变了周围环境，同时也改变大气的成分，使城市上空的粉尘、烟雾、硫化物含量增加，造成城市热岛效应，等等(图 17-11)。

图 17-11 工厂排污使海滩变成了铁黄色

表 17-4 全球震级 Ms≥5 级的水库地震目录

水库名称	所在国	坝高/m	库容（$\times 10^8$ m^3）	蓄水日期	初震日期	最大地震日期	最大震级/Ms
柯依纳	印度	103	27.8	1961.6	1963.10	1967-12-10	6.5
克里马斯塔	希腊	165	47.5	1965.7	1965.8	1966-01-24	6.3
新丰江	中国	105	115	1959.10	1959.11	1962-03-19	6.1
卡里巴	赞比亚	125	1750	1958.12	1959.6	1963-09-23	6.1
奥格维尔	美国	235	44	1967.11	1975.5	1975-08-01	5.7
斯林那加林	泰国		177.5	1977.8	1983.4	1983-04-22	5.7
阿斯旺	埃及	111	1640	1964	1975	1981-11-14	5.6
瓦拉岗巴	澳大利亚	137	20.5	1960	1973.3	1973-03-09	5.4
阿科松博	加纳	113	1650	1958	1964.5	1964-11	5.3
金纳萨尼	印度	62		1965	1965	1969-04-13	5.3
门多西诺	美国	50	1.5	1959.1	1959.4	1962-06-06	5.2
齐尔克依	俄罗斯	233	27.8	1974.8	1974.10	1974-12-23	5.1
马拉松	希腊	63	0.4	1929.10	1931.7	1938-07-20	5.0
米德	美国	221	375	1935.5	1936.9	1939-05-04	5.0
尤库班	澳大利亚	116	47.6	1957.6	1959.5	1959-05-18	5.0
蒙台纳尔德	法国	155	2.4	1962.4	1963.4	1963-04-25	5.0
本莫尔	新西兰	118	20.4	1964.12	1965.2	1966-07-07	5.0
沃尔塔格兰德	巴西	56	23	1973.4	1974.2	1974-02-24	5.0
巴萨	印度		9.6	1977.6	1983.5	1983-09-15	5.0

道路和水利工程的建设也使地球的物质和能量系统平衡发生很大的变化，铁路的建设及其护路防洪设施，可以造成铁路两侧水系的改变，从而改变了河流的地质作用过程和地貌景观。公路、铁路的修筑，除了改变水文系统外，还将影响野生动物的习性(图 17-12)。水库的建设不但使库区的地表和地下水系发生很大变化，还增加了库区地壳的载荷，甚至诱发地震(表 17-4)。

图 17-12 公路、铁路改变了水文系统并影响野生动物的习性

原始人类已有穴居的本领，但对地质作用过程并没有多大的影响。现代的地下工程建筑已经具有相当的规模，如日本的海底隧道长达 54 km、德国的地下建筑达 45×10^4 km^2。北京市的地下空间资源已经进入商业性的开发，并为此制定了专门的法规。地下建筑不仅改变了地下物质的分布，也改变了地壳的应力状态。

人类的农业活动

人类的农业活动不仅对地壳表面的土壤层进行改造，同时也改变了人类活动区的生态环境。人类在种植粮食或其他作物时，对地壳表面的土壤进行耕作、灌溉、施肥等活动，使土壤的成分发生了改变，也加速了风化作用的进程。受到人类改造的土壤每年超过 6000 km^2（图 17-13）。人类在开垦荒地时既重新塑造了地貌景观，也使生态环境发生了变化。如一些水土容易流失的地区修造梯田，使水土得以较好地保持（图 17-14）。而在一些草原地区的过分开垦，却造成了土地的荒漠化。

图 17-13　翻耕土壤是主要农业活动之一

图 17-14　修造梯田使水土得到有效的保持

17.3 人类的地质作用

自然界的地质作用是一种非常缓慢的过程，相隔百年的同一地方，在自然地质作用中几乎没有明显的变化(图 17-15)，人类却可以在极短的时间里改变一个地区的面貌。

摄于 1872 年

摄于 1968 年

图 17-15　同一地区相隔百年的面貌几乎没有变化

工业革命以后，随着生产力突飞猛进地发展，一处处矿山被开发，一片片森林被砍伐，一条条河流被污染。人类已成为地球系统中一个重要角色，其作用远远不止是对生物链的破坏，而且在地球系统的运动和平衡，特别是表层系统中起到了相当大的作用。

人类与地球物质和能量系统的联系实际上也是一种外动力地质作用过程，但人类的地质作用形式又有其特殊性，因此有的学者认为应该作为一种新的地质作用方式，即第三地质营力。人类的地质作用大致可以分为以下几个主要方面：破坏地球表层物质、搬运被破坏产物、改变物质和能量系统平衡等三个方面。

破坏地球表层物质

这一过程相当于外动力地质作用中的风化过程和侵蚀过程。人类的破坏作用主要集中在地球的表层，除了个别的科研钻探以外，作用范围一般不超过 5000 km 的深度，但人类的破坏作用通过地球内部各种地质过程的间接作用可以达到更深的范围。人类对水圈、气圈的破坏作用，通过水循环、大气环流等作用几乎遍及了整个水圈和气圈。

在采掘固体矿产，开采石油、天然气和地下水，建设地下工程的过程中，人类破坏了地壳的结构和构造，破坏了地壳各部分之间的联系，使岩石发生解体，加速了风化过程的进行。随着人类技术的发展，这些过程的影响程度越来越大，造成的破坏也越来越严重。污染水圈、破坏大气，危害人类健康。捕杀野生动物，乱砍滥伐森林，破坏生态平衡。

固体矿产开发对地壳的破坏最为严重。露天开采的矿山，对地表的面貌进行了改造，形成独特的人工地貌(图 17-16);地下开采的巷道和采空区会造成地壳应力场的变化,严重的会造成地面沉降、陷落等,使人类的生命、财产遭受损失。

图 17-16　位于美国的世界上最大的矿坑

水污染是目前最为严重的污染问题,主要污染源来自工业和农业生产,部分来自生活用水的污染。水污染可以通过地面径流和地下水渗流扩散。有机物的污染是工业污染中最为严重的,造纸、制革是中国污染最严重的两大污染源,造成污染的主要是一些没有治污能力的小企业(图 17-17)。无机物污染主要来自重金属离子和酸、碱物质。农业污染主要是农药和化肥的使用。

图 17-17　有机磷污染造成湖泊的富营养

1953年日本水俣地区出现的一种怪病，患者口齿不清、耳聋眼花、行动艰难。最初以为是一种地方病，称为水俣病。后经调查证实这是一种人体摄入甲基汞所引起的神经系统疾病，是由一家生产氮气工厂的汞催化剂废水污染所引起的，至今仍无有效的治疗方法。

大气污染目前存在着四大问题：废气排放、温室效应、臭氧空洞、氧气的消耗。

废气排放是大气污染的一个主要方面，废气排放中的酸性气体（如硫化物、氮氧化物等）是造成酸雨的罪魁祸首（图17-18）。最为严重的是一些化工厂的有毒气体泄漏，可能造成极为严重的后果。

图17-18 工厂排放的废气造成严重的大气污染

1984年12月2日午夜，死神降临到印度博帕尔市的上空。该市美国联合碳化物公司所属的农药厂存放甲基异氰酸甲脂的存储罐泄漏，不多时45 t剧毒气体泄漏殆尽。时值半夜，大气结构稳定，风力不大，毒气稀释慢，随风徐徐侵入博帕尔市区的大街小巷。博帕尔市民从睡梦中惊醒，极大的恐惧使人们在大街上盲目地奔逃，市区一片混乱，生命在死神的面前是那样的脆弱。这次事故使1400多人丧生，2万多人受严重毒害，15万人接受治疗，许多人双目失明，同时受害的还有数以万计的牲畜。严重的污染破坏了城市生态，树叶脱落，草木皆枯，湖水变色……

控制CO_2的排放是解决温室效应的一个措施，CO_2的产生还有其他方式，保护植物是另一个措施。许多国家签署了《京都议定书》，尤其是欧盟的坚定态度表明了这一问题越来越受到广泛的重视。温室效应的弊端一方面是使气温升高，全球气候变暖，海平面上升，造成威胁；另一方面，温度升高可以减少能源的损耗，使降雨量增加，促进植物生长。

臭氧层是地球和人类的保护伞，阳光中的紫外线辐射对于地球生命系统具有很大的伤害力，能破坏生物蛋白质和基因物质脱氧核糖核酸。自1969年以来，全球除赤道以外，所有地区臭氧层中臭氧的平均含量减少了3%～5%，全球臭氧层都已受到损害。南极中心地区上空臭氧破坏尤为严重，臭氧含量比正常含量减少了65%，南极边缘地区减少了30%～40%（图17-19）。臭氧层被破坏的主要原因是人造化工制品氯氟烃和哈龙污染大气的结果。在对流层顶部飞行的飞机排出氧化氮气体，也是破坏臭氧层的催化剂。农业无控制地使用化肥，产生大量氧化氮，各种燃料的燃烧也会产生大量氧化氮，这些都是破坏臭氧层的因素。1995年1月

23日，联合国大会通过决议，确定从1995年开始，每年的9月16日为“国际保护臭氧层日”。联合国大会确立“国际保护臭氧层日”的目的是纪念1987年9月16日签署的《关于消耗臭氧层物质的蒙特利尔议定书》，要求所有缔约的国家根据“议定书”及其修正案的目标，采取具体行动纪念这一特殊日子。

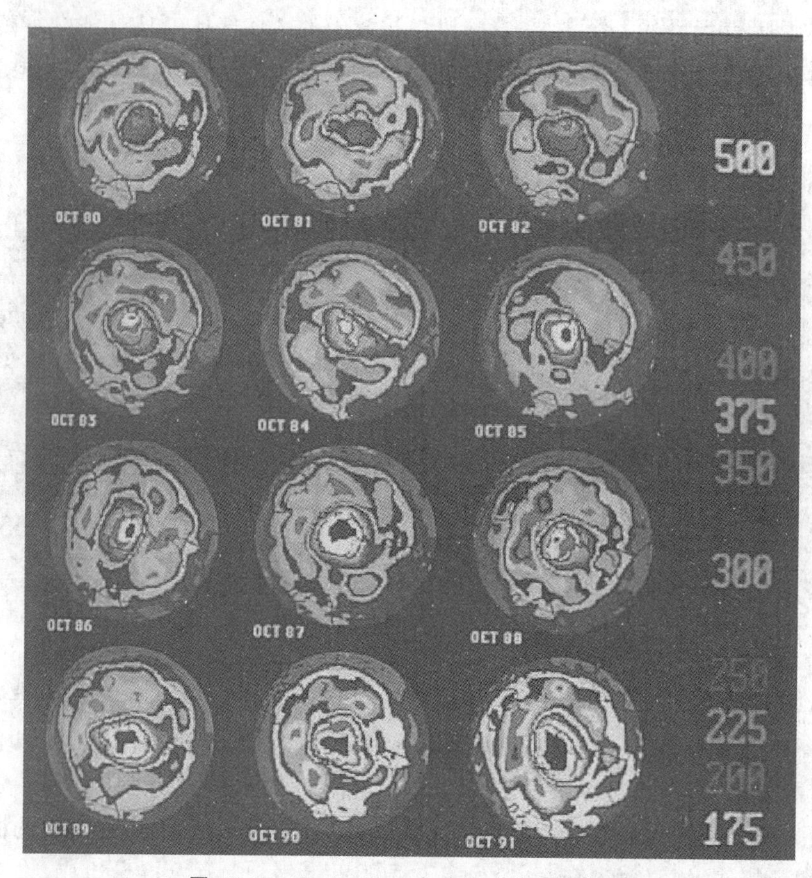

图17-19　1980—1991年南极上空洞的变化

最近世界气象组织发表的一份新闻公报说，在南极上空的臭氧层空洞在2002年9月底已分成两小块，一块集中在南美洲最南端的西部上空，另一块位于非洲南部顶端东南部的上空。世界气象专家认为，这是前所未有的现象。世界气象组织宣布今年南极上空的臭氧层空洞的面积越来越小，为近10年来所观察到的最小数值，这是实施1987年《蒙特利尔议定书》减少氟里昂和其他有害气体向大气层排放的结果。然而，削减损坏臭氧层有害气体的排放量是一个渐进过程，即使各国完全遵守《蒙特利尔议定书》等一系列防止大气污染的国际协定，氟里昂等有害物质在今后10年内仍对臭氧层构成严重威胁，修复南极上空臭氧层空洞尚需50年时间。

氧气的消耗主要是生物的呼吸和风化作用，人类在使用能源的燃烧过程中也要消耗大量的氧气，同时产生二氧化碳。氧气产生主要是植物的光合作用。

搬运被破坏产物

人类在获取有用矿产时，有时会进行长距离地搬运，如我国南方的用煤大部分从北方调运,这是自然过程所没有的现象。人类在运走有用矿产的同时,也将废弃物搬运到一定的位置。为了使生产能够顺利进行,在工程建设时破坏物也都按照工程的要求进行重新塑造,搬运到指定位置,如公路或铁路建设中通常把开挖的土石方被搬运填补到低洼处,重新塑造地貌景观(图17-20)。人类为了各种需要而改变地表的形态,形成各种人为景观,如围海造田、山坡梯田、人工水库等。因此人类活动中所破坏的地壳物质,或近、或远,绝大部分都经过人类的搬运。

图 17-20 修筑盘山公路搬运了大量的土石方

改变物质和能量系统平衡

改变地球系统(尤其是表层系统)的物质和能量平衡也是地质作用的一个特点。农业施肥、采油注水、工程灌浆、工业排污等人类生产活动都影响地壳的物质平衡,粉尘、废气的排放也改变了大气的成分;地下建筑物改变了地壳的应力状态,地表及地下水系的改变,等等,在改变地球的物质平衡时也使地球的能量系统发生了变化。人类的活动还可以形成一些新的物质,如煤炭开采中废弃的煤矸石堆积成黑色的小山(图 17-21),人类生活垃圾填埋形成层状、透镜状的“文化层”,工业粉尘降落形成特殊的泥层,等等,这些物质经过地质作用之后可以形成新的岩石类型。

图 17-21 从地下搬运出来的煤矸石堆积成山

17.4　人类在地球系统中的作用

人类在经历了自然环境不断恶化的痛苦之后，终于清楚地认识到，我们只有一个地球，保护地球是人类永恒的主题。随着科学技术的不断发展，人类在大自然面前已不再是无能为力的，而且可以在地球的物质和能量系统中充分发挥自己的作用，使自然环境逐渐地进入良性循环。

规范人类的行为

1992 年联合国在里约热内卢召开的环发会议，指出了人类在 21 世纪所面临的主要问题是人口、资源和环境，并提出了可持续发展的战略。因此认识人类在地球系统中的作用，规范人类自己的行为准则，理顺人与土地的关系，是人类在 21 世纪所面对的问题。中国已经把“可持续发展”作为 21 世纪议程，就是要充分考虑在发展中减少对环境的破坏，使地球的物质和能量系统可以在正常的范围里运转，以利于经济的持续发展。联合国框架下的《蒙特利尔议定书》、《京都议定书》等一系列国际合约都是旨在规范人类自己的行为，保护地球环境。

控制人口

目前世界人口总数已经超过 60 亿，人口的急剧膨胀已经使地球难以承受（图 17-22），控制人口成为 21 世纪的主要问题。人口问题包括人口生育问题，人口社会问题，人口经济问题等，其中尤为重要的是人口的资源消耗和人与环境的问题。过快的人口增长不仅要消耗大量的地球资源，对环境进行破坏，还会产生诸如教育、就业等社会问题。中国是世界人口大国，人口问题尤为严重，经过了二十几年的努力，人口过快的增长速度已经得到了抑制。中国人口的增长率虽然在逐年下降，但人口总数仍在增加（图 17-23），这种状况需要几代人的努力才能有所改变。

图 17-22　地球怎能承担得起如此拥挤的人群

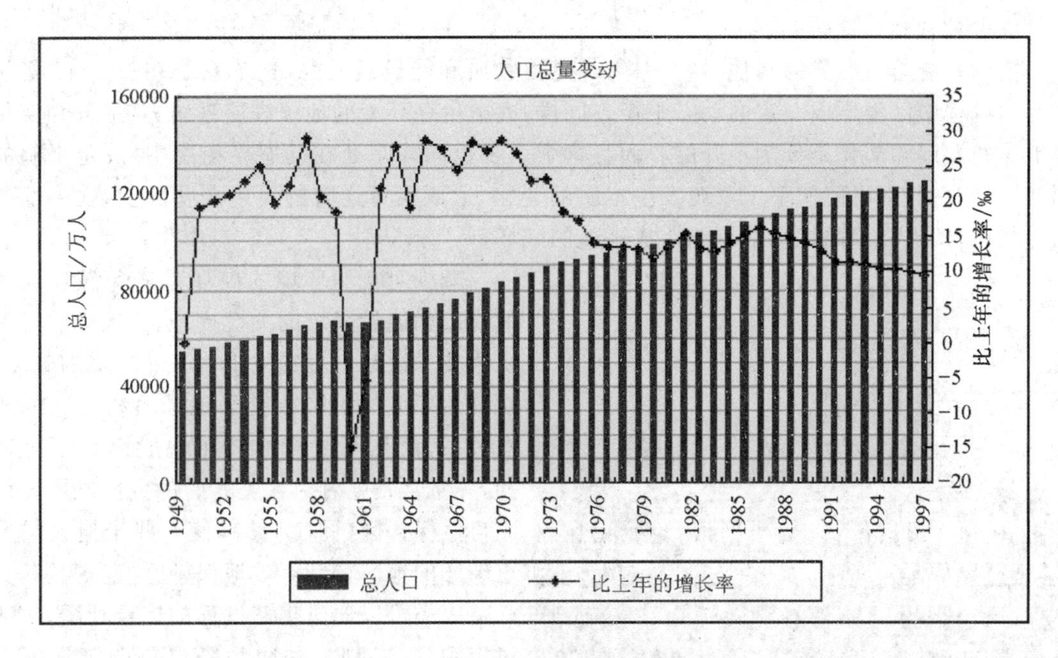

图 17-23 中国人口情况变化图

合理利用资源

自然资源绝大部分是不能再生的,人类必须合理地使用资源,否则给子孙后代留下的将是一个贫瘠的地球。在能源的使用方面,人类可以减少使用污染严重的能源,提倡使用太阳能、风能、水能等清洁能源(图 17-24)。资源方面必须遵循合理利用的原则,使资源的使用量达到最低的标准。尤其像煤和石油等既可以作为能源,又可以作为其他工业原材料的资源和重要的战备物资,更应该合理地加以利用。

图 17-24 新疆达坂城风力电站

减少对自然环境的破坏

地球系统与自然界的其他事物一样，都是由物质和能量组成的，这个系统在长达47亿年的运动过程中已经形成一定的动态平衡。同样，人类生存环境的地球表层系统，其形成和演化与地球的发展和演化是分割不开的。而且这个系统也同样是处在动态平衡之中，决定平衡的因素一旦改变，都可能使整个系统发生本质的变化，造成不可逆转的后果。实际上，在平衡的临界状态，人类极小的扰动都可能造成平衡的破坏。

图 17-25　武夷山自然保护区

减少对自然环境的破坏是避免破坏地球的物质和能量系统的关键措施，在人类的各种工程技术活动中尽量减少对自然环境的破坏。对自然环境的破坏改变了地球系统之间的相互关系，而且所造成的破坏一般都是不可逆的，并常常是朝着对人类有害的方向发展。设立自然保护区(图 17-25)，使一些未遭人类严重破坏的地区得到有效地保护。

人类可以通过生产过程的综合利用，生活垃圾的分类回收，关闭污染严重的工厂等手段，减少各种工业的、农业的、生活的废弃物的排放。严格执行环境保护的有关措施，使各种废弃物的排放量减少到可以自然净化的范围里。

发挥人类的能动性

人类在充分认识自然、了解地球物质和能量系统的运动规律，了解各种自然过程的形成、发展和演化规律之后，就可以充分发挥人类的能动作用，改善自然环境，使之朝着有利于人类的良性循环方向发展，减少自然灾害带来在损失，并及时地加以预报、控制，达到减灾的目的。

20世纪90年代国际减灾十年计划的主要任务，是降低自然灾害造成的损失。目前人类对大气的运动规律及灾害性天气的形成已经可以比较准确地预报，在灾害性天气到来之前人类可以做好防洪、抗旱等应急的准备，这就大大降低了灾害性天气给人类造成的损失(图17-26)。山体滑坡、泥石流等地质灾害人类也已经可以比较准确地预测，这对减少灾害的损失起到了很大的作用。依靠对海平面上升的规律研究，人类可以通过建设围海大堤，防止海水对耕地和城市的入侵。

图 17-26　新疆独库公路上为防止雪崩修建的保护棚

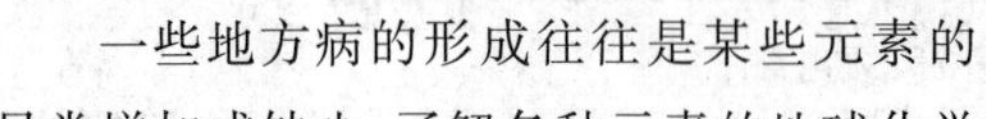

一些地方病的形成往往是某些元素的异常增加或缺少，了解各种元素的地球化学特征及元素的分布、迁移规律，并通过各种调控手

段可以有效地防止和控制地方病的发生。人类可以在局部地区实施人工降雨,改变小环境气候,对缓解旱情,扑灭森林火灾起到了很大的作用。

人类的力量可以使荒漠化得到有效的控制,如中国的三北防护林体系有效地控制了风沙的肆虐,榆林人在与风沙的顽强抗争中,迫使风沙在人类面前低下了头,并逐步地后退。只要通过几代人的不懈努力,荒漠化的进程最终将会得到控制。恢复一些曾经遭受人类破坏的地区的原来面貌,如退耕还林或退耕还牧等,使区域的物质和能量系统得以运转,恢复生态平衡。

随着卫星定位技术的发展,监测大洋板块的扩张和俯冲速率正在成为事实,如果能够掌握大洋板块的运动变化特征与地震活动之间的规律,就可以作出比较准确的地震预报。相信在不远的将来,地震预报也会像天气预报一样可靠,那时地震给人类造成的损失就会大大减小。

合理地分配水资源,可以使环境得到改善。陕北的小流域综合治理已经取得了良好的效果,治理区里的水土不再严重地流失;三峡工程建成之后,将使长江中下游受益匪浅;在计划和实施中的南水北调工程,将在更大的范围里对水资源的利用进行有效的调控(图 17-27)。

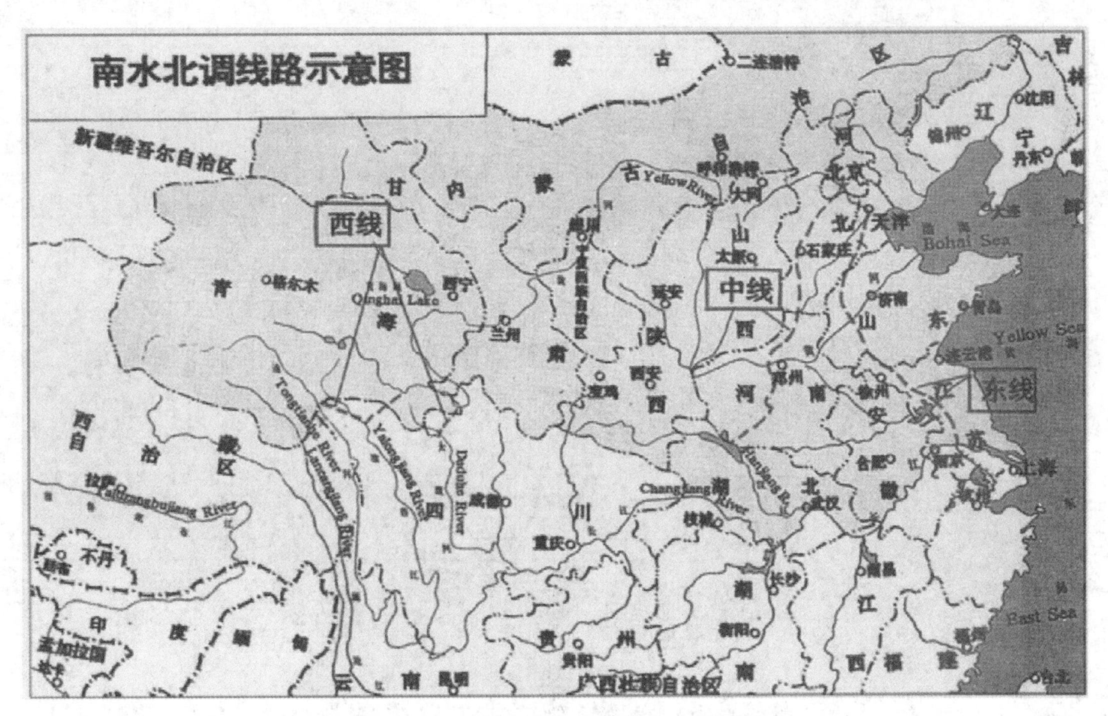

图 17-27　计划和实施中的南水北调工程

进一步阅读书目

古迪(Goudie A)[英]著.人类影响在环境变化中人的作用.郑锡荣,等译.北京:中国环境科学出版社,1989

符淙斌,严中伟.全球变化与我国未来的生存环境.北京:气象出版社,1996

李三练.环境的呼唤 关于人类生存环境的对话.北京:中国环境科学出版社,1997

阿尔·戈尔[美]著.濒临失衡的地球 生态与人类精神.陈嘉映,等译.北京:中央编译出版社,1997

国家自然科学基金委员会.全球变化 中国面临的机遇和挑战.北京:高等教育出版社,柏林:施普林格出版社,1998

曲焕林,程莉蓉.人类生存的地质环境问题[学术讨论会文集].北京:地质出版社,1998

朱大奎,王颖,陈方.环境地质学.北京：高等教育出版社,2000

张兰生,方修琦,任国玉.全球变化.北京：高等教育出版社,2000

蔡运龙,何国琦.人与自然百科(人与土地).沈阳：辽宁人民出版社,2000

晏路明.人类发展与生存环境.北京：中国环境科学出版社,2001

尼斯比特[英]著.逝去的伊甸园 人类生存环境的状况及其变化.郭彩丽,吴向东,徐晶译.北京：中国青年出版社,2001

蒙培元.人与自然.北京：人民出版社,2004

第十八章　地质科学发展阶段与地球科学观的演变

18.1　地质科学的发展

地质科学是最古老的自然科学分支之一。地质科学的发展历史大致可以分成四个主要阶段：地质知识的原始积累阶段，地质概念形成阶段，科学地质学形成和发展阶段，新地球学说形成阶段。

地质知识的原始积累

这一阶段实际上与人类的出现同时开始，人工制作的石器是这一阶段的标志。早在旧石器时代（始于距今约170万年—距今约8千年）人类文明的早期，人类在制造和使用石器的过程中，就开始积累了对于各类岩石的知识。如最早出现在非洲的手斧，距今已经150万年。我国湖北省西北的"郧县人"被认为是中国目前发现的最早使用手斧的古人类（距今至少在80万年以上）。经历了近200万年漫长的积累，在距今约2～3万年的时候，开始出现新石器时代的曙光。新石器时代在距今约6～8千年的时期，得到突然加速的发展，因此，学者们一般将这个时期作为新石器时代的开始。新石器时代，人类的活动范围大为扩大；人类利用磨制、钻孔等在旧石器时代不曾有过的技术，制作出了适于多种用途的各种石器，如，我国的仰韶文化时期（距今6千多年前），古人使用的石器就有石铲、石斧、石镰、石磨盘、石磨棒及少量的细石器和燧石制品等。不仅如此，制陶技术的大发展，也是新石器时代的显著特征。大量出土的彩陶、黑陶等精美制品（图18-1），使我们能够想象那种已经变得较为多彩的古人生活。制陶不但要寻找适用的黏土材料，为了美化陶制品，还要寻找各类矿物做颜料，特别重要的还有要学会控制火，或者说，学会用火。无疑，"用火"对于后来冶炼技术的出现和发展至关重要，而冶炼技术的发展使人类得以进入铜器、铁器等更加进化的阶段。

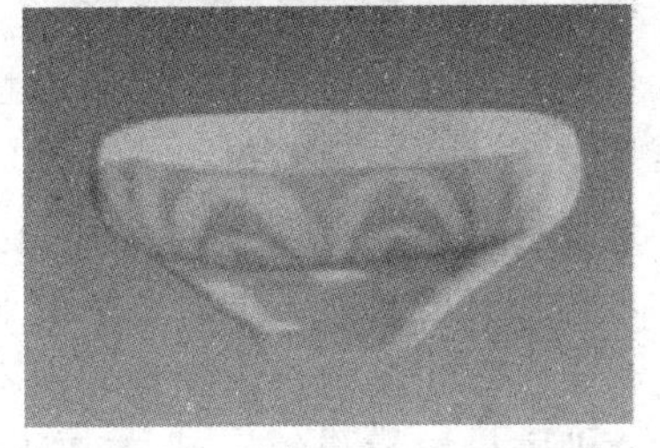

图18-1　仰韶文化出土的陶器

总之，从距今约200万年起，人类经历了先是非常缓慢发展的旧石器时代，后来是发展越来越快的新石器和铜器、铁器时代。在这个过程中，人类的祖先逐渐扩大了利用各类岩石、矿物的范围；有了冶金术之后，为了满足对各类矿石的需求而有了相当规模的找矿活动。这一切使人类积累了相当丰富的关于矿物、岩石的性质，关于矿石分布规律和产出状态等的经验，而这些经验正是产生地质概念的基础。

能在瞬间改变大地面貌的自然界过程，如洪水、火山喷发和地震等，无疑对古人的地球观会产生深刻的影响。在尚没有文字记载的时期，古人的地球观常以神话的形式在各民族中流传下来。神话故事虽然极其多样,但学者们发现,不同的神话,往往与各民族不同的生活环境有关:如有洪水内容的神话故事,多在临海居住的民族中流传;而有灰、石块和雨火从天而降内容的神话,则在多火山地区的民族中流传等。最早的地震记录见于我国的今本《竹书纪年》中。其中一处提到,夏"帝发""七年(公元前1831)陟泰山震";另一处提到"夏桀十年(公元前1809年)",……"夜中星陨如雨,地震,伊洛竭"。这两次地震距离现在都有3800年左右了。这不仅是我国最早的地震记载,也是世界最早的地震记载。自公元前1500年起,古罗马就有埃特纳火山的活动记载,它是最早被记录的火山之一,到2010年已有200多次喷发记载。

地质概念形成的阶段

概念的形成需要建立在大量事实的基础之上。例如,人们认识某种矿物的过程,一般是从稍有认识开始,大概地知道了它的颜色,形状……;进而通过对它的加工和利用,又掌握了它的硬度、密度和比重,以及沿着什么方向容易将其劈开等。可以说,这时人们已经学会了如何鉴别这类矿物,并把它和别类矿物区别开来,或者说,人们有了关于这种矿物的概念。这就是从认识个别事物开始,通过无数次的再认识,达到掌握反映该事物本质特征的过程。这样,概念已不属于经验性和个别性的知识了。为了求得对某种矿物更深入的认识,比如它的分布规律,那就要涉及更多的与此有关联的概念了,例如,它常与哪些矿物生在一起(矿物共生组合概念);该组合又常产在哪一类岩石中(岩石概念),等等。地质概念形成是一个相当漫长的阶段,其间包含着无数先人的含辛茹苦。

初始阶段

初始地质概念形成的阶段与古希腊文明的出现和繁荣密切相关。古希腊几乎是所有科学的摇篮,不过,这些科学最初是合成一门学科的,即自然哲学,它集自然知识与哲学于一身,实际的和观察资料的不足被智慧和逻辑推理所补偿。因此,这一阶段也可以称为地质哲学时期。自然哲学首要的任务是寻找构成世界的物质基础,但不同的人所考虑到的是不同的"物质"。一些人认为是水,另一些人认为是空气,第三部分人认为是火,第四部分人认为是土,第五部分人认为是混合物质。在古希腊思想家的著作中提出了关于地球的具体概念,公元前6世纪,古希腊的毕达哥拉斯就提出了地球球形说,得出了地球是球形的正确结论。有的人甚至认识到了地球内部存在着火-流体物质,这些物质供给了火山喷发和热泉。

最伟大的自然哲学家之一的亚里士多德及稍后的托勒密,把地球放在了宇宙中心的位置。亚里士多德正确地认识到地球在不断地演化,并正确评价(甚至有些过高估计)了流水和地下水在改变地貌方面的作用,亚里士多德还做了矿物和岩石分类的最初尝试。公元2世纪,托勒密除了提出著名的"天球"概念外,还运用圆锥、球面、圆筒等投影方法绘制地图。古罗马的思想家是古希腊人的精神继承者并丰富了他们的成就。古希腊和古罗马科学的繁荣时代从公元前7世纪延续到公元5世纪,并随着罗马帝国的衰落而结束。

《禹贡》多认为是战国(公元前475—前221年)时代的作品,记载岩矿近30种,包括各类土壤10种。大体同时代或稍后的地理著作《山海经》共18篇,其中已提到潮汐与月亮的关系;并记述岩石、矿物达73种之多,以金、石、玉、垩四类为众,暗示矿物的原始分类。《管子·地数》(托名于齐国名相管仲之作)中写道:"山,上有赭者,其下有铁;上有铅者,其下有银;上有丹者,其下有黄金;上有慈石者,其下有银金;此山之以见荣者也"。公元132年东汉时,张衡创制了世界上第一个测量地震的"候风地动仪",开创了用仪器测量地震的历史(图18-2)。公元

1～2 世纪,中国东汉《尚书纬·考灵曜》中记有:“地体虽静,而终日旋转”,“一年之中,地有四游”,反映了当时人们对地动的朴素观念。公元 223～271 年的西晋时期,裴秀绘制了禹贡地域图和地形方丈图,提出绘制地图“制图六体”,是世界上最早的地图和有关制图学的理论等。

图 18-2 张衡画像

从公元 5～15 世纪,欧洲的科学发展几乎是停滞不前,这与中世纪封建社会强大宗教势力的统治有关。即便在最早的大学出现以后(12～13 世纪),科学研究也只是从古希腊和古罗马的自然哲学中选取那些与宗教不矛盾的或者可以按照教义给予解释的部分。古希腊和古罗马时代产生的地质概念就这样被遗忘了。按宗教教义,地球及其生物界的现代面貌是上帝创造的,而且是一次性的事件。在距离海洋很远的山里,在崖壁之间,时而有螺蚌状的生物化石被人发现。虽然古希腊人曾给化石以正确的解释,但在中世纪的欧洲,人们只能按宗教教义给予牵强附会的解释。

然而,中国和阿拉伯文化区,在 5～15 世纪,生产技术在发展,地质概念的积累仍在继续。唐代书法家颜真卿(709—785 年)在《麻姑山仙坛记》中就提到:“高山犹有螺蚌壳,或以为桑田所变”,其意不言自明。北宋的沈括(1031—1095 年)博学多才,有多方面的成就(图 18-3),主要包括:使用水平尺、罗盘针于地形测量,制作表示地形的立体模型称木图;提出海陆变迁、流水侵蚀地形原理;揭示化石的形成,并用化石推断古气候;指出磁偏角现象;考证了公元前 131 年至公元 1072 年的黄河淤积厚度达 10 m(沈括,《梦溪笔谈》),等等。南宋时期的哲学家朱熹(1130—1200 年)在《朱子语类》中也认识到“尝见高山有螺蚌壳……此事思之至深,有可验者”,并得出了地面升降的结论。朱熹还认为,这是因为世界发生了“震荡无垠,海宇变动,山勃川湮”的巨变所引起的,这种巨变是大约 12.96 万年一次的“轮回”。虽然朱熹的认识有他的历史局限性,但从他的论述中我们分明已经看到了构造演化理论中最根本的思想,即构造运动的剧变性和旋回性。

图 18-3 沈括画像

文艺复兴时期

在欧洲,封建主义和教会的统治也不能阻止手工业和科学思想的发展;从 11 世纪以后,逐渐形成了提倡人文主义和宣扬人的自身价值的社会风气,为“文艺复兴”(15 世纪中叶至 18 世纪中叶)时代的到来做了准备。在人类历史上,这是从封建主义向资本主义过渡时期的开始。这时,从中国传入欧洲的火药、指南针、造纸和印刷技术(图 18-4),对促进欧洲生产技术的发展也起到了一定作用。在这一时期,古希腊和古罗马科学的成就得到了应有的承认,并且在此基础上又有了新的发展。

图 18-4 世界上最早的指南针——司南

17 世纪初至 1680 年，是科学史称的“英雄时代”；是近代自然科学奠基和科学巨匠辈出的时代。哥白尼日心体系宇宙观的确立，开普勒和伽利略天体力学规律的发现，牛顿万有引力定律的发现(17 世纪)，以及在此基础上由康德所建立的第一个宇宙成因假说(18 世纪中叶)等，都成了建立独立的地质学科的基础。在 17 世纪哲学家笛卡儿(R. Descartes)和莱布尼茨(G. W. Leibniz)的著作中，我们可以找到关于地球发展的初始思想。他们认为，地球开始是一个熔融的球，在变冷的过程中形成了硬壳，环绕地球的水蒸气在后来浓缩时就形成了大洋(莱布尼茨)。按笛卡儿的意见，在石质壳，即地壳之下存在着可以从中产生金属的层，在内部热的作用下金属被带出到地壳，形成矿脉。笛卡儿和莱布尼茨都认为，地表的形态是由于部分地壳塌入地下空洞中造成的，在沉陷的区域被灌上水，并有沉积物的覆盖。

17 世纪，在地质学奠基中有杰出贡献的是丹麦裔医生斯坦诺。斯坦诺一生酷爱探索大自然，多年在托斯卡纳地区(意大利)进行考察和研究，创立了地层层序律。地层层序律的内容包括：地层上新下老的叠置关系、地层的原始连续性和原始水平产状等。如果地层不连续了，那么，依照层序律判断，这是流水侵蚀的结果；如果产状不水平，那就意味着地层形成后发生过变动。斯坦诺认为岩层发生倾斜是由于地下溶洞的塌陷所造成的。以层序律为基础，他将托斯卡纳地区的地质发展历史划分成 6 个幕。他关于托斯卡纳地区的著作成了最早的一本区域地质专著。从本质上说，地质科学是一门关于地质过程历史的学科，有了层序才有了一个可靠的“时标”，才有可能将纷繁的地质过程纳入到正确的时间框架之中，也才有可能揭示地质作用过程的先后和因果关系，研究其内在的规律。因此可以认为，层序律的被揭示，是从地质概念的积累，迈向地质科学的关键一步。斯氏关于化石、地层和地质构造的许多思想出类拔萃，已经超越了他所处的时代。

英国人胡克(R. Hooke)和意大利人莫罗(A. L. Moro)(18 世纪上半叶)认为造成地表形态的主要作用是内生过程：首先是地震，其次是火山喷发。

在这一时期，中国的古代科学家更注重解决一些实际的问题，如 1424 年，中国明朝永乐年间制发雨量器，供全国各州县使用，是世界上最早使用雨量器大规模测量降水量的国家；1498 年，沈启对湖水的侵蚀搬运进行观察，提出防止湖水侵蚀的方法，此方法同时也可防止海水的侵蚀；1564 年的《吴江考》中有关于水位的科学记载。李时珍(1518—1593)重修的《本草纲目》中所记述的金、玉、石、卤 4 类岩矿已近 200 种。徐霞客(1586—1641)明朝末年的旅行家、地理学家(图 18-5)，在《徐霞客游记》(1640 年)中，记述了石灰岩及岩溶地貌的形成，是世界上最早论及石灰岩岩溶地貌的著作。与徐霞客同时代的宋应星(1600—1650)所著《天工开物》(1638 年)，总结了到那时为止的选冶、陶瓷等知识，其内容的深度和广度为前所未有。可以看出，在我国明代先驱人物的活动中，逐渐形成了接近自然、重视生产技术的风尚。值得一提的还有，1580 年(明万历年间)以后的约 100 年内，徐光启、李之藻、方以智等人，在我国掀起了第一次翻译外国自然科学著作的高潮。总之，到了明代晚期，我国在社会生产和意识形态领域都出现了一些新的东西。可惜的是，从 18 世纪初叶开始，我国进入了一个"闭关锁国"的时代，造成了我国近代自然科学的发展长期停滞不前的恶果。

图 18-5 明代地理学家徐霞客

地质学的形成阶段

地球科学观的形成

18 世纪中叶前后，在一些国家，资本主义生产关系得到确立，生产力迅猛发展，社会意识形态也处在大变革之中。这就是地质学以及整个自然科学形成和发展的社会背景。探索、求证的科学思维和以实验、观测为依据的方法，取代了高雅、综合的自然哲学。正是从这个时候开始，逐渐形成了以积累实际资料为目的的地质旅行的热潮，后来，为了满足工业和社会发展对矿物原料的需求，地质旅行发展成了有组织、有计划的地质考察，其所涉及的地理范围也越来越广了。18 世纪中叶，在一些先进国家，相继成立了专门从事地质和矿产调查的机构，同时，也就有了最初一批的专业地质学家。在地质科学早期发生的激烈争论，如"水火之争"、"均变与灾变之争"，在推动地质科学的形成和发展中起了重要作用。

"水火之争"发生在 18 世纪 70 年代至 19 世纪 20 年代期间。

图 18-6 A. G. 维尔纳

德国人维尔纳(A. G. Werner，1749—1817)(图 18-6)被一些人尊为"地质学之父"，是水成论的代表人物。他是 1765 年成立的世界上第一所名为弗拉别戈矿业科学院的专业学堂的教授。维尔纳从 1775 年起在该校任教，长达 40 年，是一位很成功的教师，他有来自欧洲各国的许多学生和继承人。维尔纳认为，所有的岩石，包括玄武岩和花岗岩都是从水中沉积的；所有的矿物和矿石也都被认为是水成的。火山活动被认为与地表以下不深处的煤或者硫磺的燃烧有关。

维尔纳的地球学说认为，地球是一个僵硬的球体，它最初被原始大洋包围，当一个天体掠过地球时，它的引力吸去了地球表面的一部分水，使大洋水面下降。这一过程反复进行多次，大洋水面一再下降，从而使水下高地露出水面形成陆地。维尔纳将岩石建造自下而上分成 5 层，即：

(1) 原生的(花岗岩、片麻岩等),是通过化学途径从大洋水中沉积的;

(2) 过渡的,部分是化学沉积,部分是碎屑沉积;

(3)“成层的”,主要是碎屑沉积;

(4) 冲积的(砂、黏土、泥炭等);

(5) 火山的,后两个建造只有局限的分布,并且是不久以前形成的。

维尔纳推测,(1)～(3)层以完整圈层的形式包围着地球,称之为“万有建造”。

将岩石划分成具有时代意义的层序,正是维尔纳学说中主要的进步因素,它为层序律的发展和地层学的形成做出了贡献。维尔纳所建立的层序大体符合他所生活和工作的萨克逊地区的地质情况。据记载,他一生没能有机会到更多的地方去考察,因而眼界受到了限制。维尔纳所倡导的学术方向被称为水成论。维尔纳善于观察,他建立了矿物分类和岩石的名词系统,提倡科学方法和给地质学以科学基础。然而,维尔纳未能正确解释地质现象的原因,更没有预见到地质科学的未来。

图 18-7　James 赫顿

苏格兰人赫顿(James Hutton,1726—1797)(图 18-7),兴趣广泛,博学多才。他从观察穿入围岩中的岩脉开始,发现岩脉使围岩受热变质,并做出了解释。他认为,构成岩脉的岩石是熔融岩浆冷却的产物,认为这些岩体是“地下火山”的组成部分。赫顿对于各类地层和变质岩石都很发育的苏格兰地区的考察,使他得出变质岩和沉积岩层的形成都与“热”的作用有关的正确认识。1785 年,赫顿在爱丁堡皇家学会上发表了“地球学说,或对陆地组成、瓦解和复原规律的研究”的报告。赫顿把“地下火”的概念具体化了,指出地下火的源泉是地球深部物质的熔融,后来这种熔融物质被称为岩浆。按照赫顿的意见,地球历史是由无数个旋回组成的。旋回是长时期的,大陆被破坏,伴随着该过程在洋底发生破坏产物-沉积物的沉积和短时期的海底隆起,火成岩的侵入和喷出相互交替。隆起和火成岩的侵入与喷出是“地下火”作用的结果(图 18-8)。

1804 年,英国人詹姆逊(Robert Jameson,1774—1854)在水成论的圣地弗莱堡学成回国。回国后,他发起成立旨在推广水成论的“维尔纳自然史学会”,并断言英国不存在任何“地下火”的踪迹,这就激起了火成论者的抵抗。“水火之争”经常在野外现场进行,面对地质现象各作解释,互不相让,争论有时达到白热化的程度。

赫顿去世之后,他的朋友又帮他出版了《赫顿学说的解说》一书,推动了赫顿学说的传播。赫顿的地球学说认为,花岗岩、玄武岩等岩石是熔融岩浆冷却后的产物(即火成论)。鉴于花岗岩大多出露于山脉的中央,他认为山脉可能是地下大量岩浆上涌所推起的,并使地球表面崎岖不平,同时开始了地面流水缓慢的剥蚀和沉积作用。赫顿认为,在自然界中“既看不到开始的痕迹,也看不到结束的标志”。

维尔纳学派的衰落与地质考察范围的扩大有关。据记载,维尔纳的学生,坚定的水成论

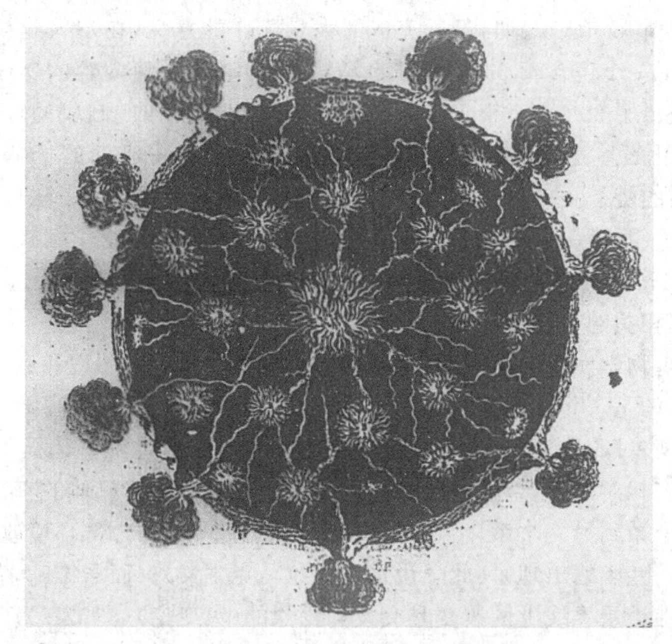

图 18-8 “火成论”的地球模型

者,如法国学者道布森(1769—1813)和德国学者布赫(C. L. von Buch)等,都是在考察了法国的奥弗涅火山,亲眼看到了玄武岩一直连到了一个古火山口的事实之后,放弃了水成论观点。

如何正确看待地质学史中的“水火之争”? 表面上看,玄武岩成因之争延续了几十年,确实是浪费了时日。而且在争论中,主张玄武岩水成的论点无疑是失败了。但历史地看,当地质学者们的观察所及尚未受到很大限制的时代,争论是不可避免的。而且应该承认,争论的双方对地质科学的发展都有重要的贡献,推动了地质学的发展。

罗蒙诺索夫是一位在地质科学的早期做出了重要贡献的卓越俄国学者。他 1763 年的著作《论地球层》和 1757 年的著作《关于由地球的震动而产生金属的话》中,明确地将改变地球表面的因素分成内部和外部两类,并给内部因素以决定意义,但他同时指出,外部因素的意义随时间的推移将有所增长。罗蒙诺索夫认为地壳运动和火山作用的共同原因是“地下火”,他推测了“地下火”的起源,但并不那么清楚(包括岩石相对移动引起的摩擦,煤和硫磺的自燃等)。按照罗蒙诺索夫的想法,这个过程既可以引起上覆岩层的隆起,也可以形成“显示火的山”。因此,在地壳运动中隆起是主要的,而“与山俱来的是山谷”。

灾变论与均变论之争是继“水火之争”后,地质科学史中的第二次、也是涉及地球观和方法论的一次具有更深远意义的论战。一般将 1812 年,法国学者居维叶(G. C. L. P. Cuvier,1769—1832)发表“地球表面的革命”作为论战的开始,1830—1833 年苏格兰地质学家赖尔(Charles Lyell,1797—1875)出版《地质学原理》三卷本巨著作为结束。

当水火之争激烈进行之时,有些学者并未参与其中,继续走着积累地质事实的路。维尔纳和赫顿都未注意化石的收集和研究,然而,英国测量员史密斯(William Smith,1769—1839)在工程开挖中,却收集了大量的地层和化石的资料。他认识到“所有的地层都是顺序沉积到海底的,每一层中保存了生活在那个时代的生物,因此,每一层都有自己的化石,按照化石,可以对比产在不同地点的地层”。按照这个原则,于 1799 年,他已成功地将英国的石炭纪-白垩纪的地层分成系。史密斯并未认识到自己所完成的大量工作的意义，在友人建议他发表这些成果后，他也只是口授了一个包含着23个岩层的厚度、岩性和化石等内容的层序。这个口授的层序以手稿的形式流传了20年，有很大影响。1815年才出版了他所制成的《英国地质图》；1816年出版了《用生物化石鉴定地层》一书，是地层学奠基之作。史密斯的卓越贡献，为他赢得了"英国地质学之父"的赞誉。史密斯的工作，在英国和法国都有后继者。法国学者居维叶（脊椎动物学家）、拉马克（Chevaliar de Lamarck，1744—1829，无脊椎动物学家）、布朗尼亚尔（Alexander Brongniart，1770—1847，植物学家）等将古生物和地层的研究结合起来，推动了古生物学的诞生以及与之相关的生物地层学的发展。

然而，就在古生物学发展的早期，针对地质历史中生物变化的历程和原因就展开了思想斗争。拉马克所倡导的是：生物是均匀演化的（均变论），他提出了两个法则：用进废退和获得性遗传，并认为这两者既是变异产生的原因，又是适应形成的过程。他提出物种是可以变化的，种的稳定性只有相对意义，生物进化的原因是环境条件对生物机体的直接影响。从一个阶到另一个阶，从一个系到另一个系，生物组合发生着逐渐变化，在外部环境改变的影响下，一些生物绝灭了，而另一些生物出现了（此学说也称为拉马克主义）。而居维叶，尤其是他的继承人则坚持，生物组合在地层界线上的改变是突发和剧烈的（灾变论）（图18-9）。他们认为，各组地层所含化石的差异是如此之大，地层中所含化石和现代生物界的差异也是如此之大，说明每个时代都有自己的生物界；各时代曾在地球上生活过的生物，都被一种现代的自然力所不能比拟的所谓"超自然力"所毁灭了，这就为新的"创世"留下了空间。据记载，1830年（这时拉马克刚去世不久），圣提雷尔与居维叶在法国科学院的会议上爆发了激烈的辩论，双方的辩论一天比一天激烈，一共持续了6周时间，如此激烈的辩论在科学史上也是少见的。尽管被称为"灾变论"的极端灾变概念具有明显的缺陷，但在论战初期，却压倒了拉马克的演化主义。直到苏格兰地质学家赖尔在1830—1833年出版了三卷本的《地质学原理》，这种状况才有所改观，达尔文的"进化论"提出之后，"均变轮"的思潮才逐渐地占了上风。

图18-9　科学巨人的对话——均变论与灾变论之争

赖尔始终一贯地运用现实主义方法，以如下的简洁形式表示："现在是了解过去的钥匙"。他从三个基本点出发：第一，改变地球面貌的力在全部的地球历史过程中就其性质和强度来看是一样的，这就是同一样式原则，或称为一致化主义；第二，这些力作用缓慢，但不间断；第三，这些在漫长地质时代里的缓慢变化合起来，就导致了地球上的巨变。这一系列的观点奠定了现代地质学的基础。恩格斯给予赖尔这样的评价："第一次把理性带进地质学中，因为他以地球的缓慢变化这样一种渐进作用，代替了造物主的一时兴发所引起的突然革命"。虽然较之洪堡、布赫、居维叶等人的灾变论前进了一大步，赖尔的观点仍存在某些方法学方面的缺陷。尽管按照赖尔关于地球表面以及相应的生物生活条件变化的学说，应该很自然地得出生物界进化的概念，但赖尔却始终坚持古今一致的极端均变的思维。进化论的奠基人达尔文自认为是赖尔的学生，可是赖尔本人却长期反对这个理论，并坚持创世论。他的一致化主义妨碍了他承认在第四纪时期存在巨大冰盖的事实，他把广泛分布于北欧平原的波罗底地盾岩石的漂砾解释成冰水带来的。只是到了19世纪50～60年代，俄国学者和瑞典学者才证明了这些观点的错误性，并建立了冰盖理论。即便如此，赖尔对现代地质学所做的巨大贡献是不可低估的。

在地质历史中，到底有没有过一种造成毁灭性后果的"巨大力量"(当然不是所谓的超自然力)，而这种"巨大力量"是现在的人们所能观察和认识到的自然力所无法比拟的？答案是肯定的。生命无疑是对环境最为敏感的物质，根据现代地质古生物学研究的结果看，地球历史中有过多次的生物"集群式"灭绝和"大爆发式"的产生过程，这些都是地球环境曾发生剧烈变动的反映。地质历史中的剧变是只有短暂历史的人类所未曾经历，也无法通过直观的方法去认识的。学者们只能根据每一次的剧变所残留下来的"记录"去恢复事变的面貌，找出事变的原因。例如小行星撞击地球，引发恐龙灭绝，就是一种将地球环境剧变归因于"地外因素"的代表性说法；又例如，在精确定年已成为可能的今天，学者们发现了在地球历史中曾有过在很短时间内发生的全球性分布的岩浆事件，后一种是引发地球环境剧变的可能的"地内因素"。由于问题的复杂，这种地质历史中"极端环境"领域的探索才处于开始阶段，不过我们认为，此类研究的本质是通过比较的思路，去预测地球未来的发展，意义不可低估。

当然，地球的历史不是造成剧变后果的"事件"的堆砌，"事件"之间贯穿着相对平静、相对缓慢、但又是从低级向高级阶段演化的历史，"现实主义"原则在揭示其规律中发挥了重要作用。看来，在评价"均变与灾变"之争的时候，更不能简单地宣布哪一派的胜利，正确的态度是给每一派以应有的历史地位。

地质学分支学科的形成

在英国、法国、比利时和德国等国地质学家的努力下，到19世纪40年代初，现代概念中的显生宙地层表实际上已经制定了，并划分了系、统和阶(除了二叠系是20世纪40年代在俄国建立的以外)。地层表建立的过程是地质学发展史中真正的、英雄辈出的时期。

地层表的建立，使不同地点出露的地层有可能通过对比而连接起来，从而得到反映一个地区地质结构的地质图；任何一个地区可通过地层顺序的建立得到一个相对的时间"标尺"，使该地区的构造变动、岩浆事件、沉积序列、成矿作用等等按先后顺序排列起来，从而得到一个地区的地质发展历史。相距遥远的地区，甚至是各洲之间地质构造和地质历史的对比都有可能实现了。从19世纪后半叶起，古生物地层学、构造地质学和岩石学就构成了区域地质工作的三根支柱，使从欧洲开始的区域地质研究，迅速地扩展到美洲、亚洲。反过来，大量区域地质研究的成果，又大大丰富了地质科学的内容，分支学科不断涌现。从20世纪开始，物理学和化学的一系列伟大发现，即天然放射性、伦琴射线、原子结构、门捷列夫周期律等，深刻影响着地质学的发展。到了20世纪的中叶，地质学已经发展成一个学科内容极其丰富的知识体系。

(1) 岩石、矿物学的发展

到了19世纪的后半叶，地质学的发展历史进入了一个新阶段。达尔文的著作《物种起源》及其他地质著作的问世对地质学产生了巨大影响，进化论思想开始向所有的自然科学渗透。在地质学中，这表现在出现了进化古生物学，也表现在古地理学以及整个地史学的发展中。卡尔宾斯基(А. М. Карпинский)给出了绘制古地理图的范例——俄罗斯平原的古地理图。在19世纪末，诞生了关于地表形态的科学——地貌学，它的奠基人之一是美国学者戴维斯，他的观点具有显著的进化色彩。

在这个阶段，在关于地壳组成的学科中，岩石学占据了首位，这是因为英国人索尔比(H. Sorby,1858)发明了偏光显微镜(图18-10)。在显微镜下，通过透明薄片研究岩石；开创了岩石包括火成岩的结构-矿物分类。这个分类的提出者是德国的岩石学家泽克尔(F. Zirkel,1866)、罗森布施(K. H. F. Rosenbusch,1873)和法国岩石学家米歇尔-莱维(A. Michel-Lévy)。随之岩石的化学成分也得到越来越多的关注，俄国岩石学家列文森-列辛格(Ф. Ю. Леинсон-Лессинг,1897)建议了根据岩石化学成分标志的分类。对于岩浆岩成因和多样化的原因开始了活跃的讨论，产生了关于岩浆是一种硅酸盐熔体-溶液的概念；开始了岩浆源数目的争论(单元——玄武岩质的，二元——基性和酸性的，或者是多元的)；提出了岩浆分异的概念——结晶分异或者液态分异，关于围岩同化混染的概念。开始了变质作用学说的发展，分出了变质作用的几种主要类型。

图 18-10　北京大学偏光显微镜实验室

20世纪分出的独立学科还有沉积岩石学——关于沉积岩的科学。分出沉积岩石学以后的岩石学则集中注意于火成岩和变质岩了。同时，沉积岩的研究还要求另外一些方法。如德国学者瓦尔特(E. Walther,1893—1894)及以后美国学者特文霍弗尔(W. H. Twenhofel)、苏联学者阿尔汗格尔斯基和斯特拉霍夫等指出的那样，现代沉积的研究在确立沉积岩石学中起过(还将继续起到)很大的作用。特别是普斯托瓦洛夫和斯特拉霍夫建立了现代沉积岩形成理论——岩石成因论，他们指出，在这个过程中构造和气候具有重要意义。沉积岩石学的发展日益增加了沉积成因矿产在工业发达国家经济中的作用。

在矿物学中开展了综合矿物的工作(还在18世纪末至19世纪初就有了初步的尝试):最复杂的硅酸盐类矿物引起了特别注意;改进了矿物的化学分类;俄国的天才学者费德洛夫在结晶学领域取得了卓越成就,在严格的几何学基础上提出了关于结晶形态和结构的学说,并指出只有230个对称要素组合,与之相对应,元素质点进行排列并形成结晶构造。费德洛夫还发明了万能旋转台,补充了显微镜的功能,提供了确定复杂造岩矿物如长石等的光性的可能。他还建议了根据结晶结构确定物质化学组成的方法(结晶化学分析)。

X射线分析方法的出现,使结晶化学可能成为独立学科。因为X射线分析可以使学者们"看到"各种矿物和化学物质的结晶体内部的结构,这就引起了矿物学的根本改革。建立以结构为基础的新的矿物分类——结构矿物学(别洛夫 Н. В. Белов)。

在矿物学内另一门完全新的地质学分支——地球化学,它的奠基人是美国地质调查所的化学家克拉克,他在1908年发表的《地球化学资料》中做了确定各种元素在地壳中的含量的尝试,由他所确定的地壳中各种元素的含量数值在世界科学界称为克拉克值。在这之后,俄国人维尔纳茨基把地球化学定义为研究地球的原子历史的学科,原子历史的含义是各种化学元素(后来扩展到它们的同位素)的分布、迁移和在地球及其各圈层中,包括大气圈、水圈和生物圈中的循环,并由他的学生费尔斯曼加以发展。地球化学的开创人还有挪威的矿物学家戈德施米特(V. M. Goldschmidt),他把地球化学与结晶化学紧密联系在一起。地球化学在20世纪之初出现以后,获得了非常迅速的发展,并衍生出了一些新方向,如生物地球化学(关于生物界地球化学作用的学说),水文地球化学和宇宙化学(宇宙中化学元素及其同位素的历史);并在理论地球化学的基础上开始了找矿的地球化学方法。

(2) 大地构造学的诞生

20世纪初的大地构造学以收缩假说的危机为特征,该假说曾经在半个世纪的时期内顺利地作为理论地质学的基础。收缩假说的危机是由于天文学家拒绝了康德-拉普拉斯的宇宙形成假说,放射性现象的发现,以及区域构造研究进展——推覆构造的确认等所决定的。虽然仍有少数人相信收缩假说,其中甚至有一些大学者(如奥地利的科伯和德国人施蒂勒),但此时已经出现了几个新的假说,如脉动说、壳下对流说、波动说等。泰勒(F. B. Taylor)首先提出了大陆的水平运动的思想。我国著名地质学家李四光(图18-11)也是活动论的开创者之一,李四光先生利用力学原理解释了地壳中的各种构造形迹,并提出了全球构造演化的"大陆车阀学说"。魏格纳大陆漂移假说的提出,使大地构造学说向离开传统概念迈出了最大的一步,从而开创了大地构造学中的新潮流——活动论,并由此引发了地质科学的第三次论战,即固定论与活动论的论战。活动论的思想在开始时取得了成功,但由于本身存在一切缺陷很快失去了支持。20世纪30~50年代,在大地构造学中固定论观念占据压倒地位,苏联学者别洛乌索夫(В. В. Блоусов)和荷兰学

图18-11 我国著名地质学家李四光

者别梅林提出了最完整的固定论观点。他们两人的观点都从垂直运动占据首位出发，首先是由地幔物质深部分异出的轻物质上升造成隆起，把经典的隆起假说赋予了新的内容。从爱尔兰学者乔利(J. Joly,1929)开始，构造过程的深部能源被普遍认为是天然放射性元素蜕变而产生的热。

与这些纯理论的、在很大程度上是抽象概念发展的同时，关于地壳基本构造单元的学说也继续得到了发展，诸如地槽、造山带、地台等，在这方面积极参与的前苏联学者有阿尔汗格尔斯基、沙茨基、博格丹诺夫等。德国大地构造学家施蒂勒的著作也有重要意义，他是褶皱幕、阶段概念的提出者。

(3) 矿床学和水文地质学的形成和发展

随着矿业的快速发展，19世纪后半叶矿床学也得到了持续的发展，进行了成矿规律的基本总结，并在主张水热作用和主张侧向分泌矿床成因假说的支持者之间展开了争论(所谓侧向分泌是指从旁侧岩石中交代来的金属从冷溶液中沉淀成矿)。但许多学者都曾正确地指出了这两种假说的片面性和成矿过程的多样性。

到19世纪后半叶之前，另一个应用地质学的分支——水文地质学诞生了。水文地质学有着相当长的前历史，但是直到19世纪中叶才基本形成了它的最主要部分——地下水动力学。俄国学者提出了土壤水运动的综合理论，内容涉及地下水成因问题，提出了如下的三种成因类型：渗滤的(雨水和融化水的渗入)，凝结的(携带蒸汽的空气渗入了土地)和深成的，即岩浆成因的(这种水曾被修斯称为初生水)。

(4) 地球物理学的形成和发展

在19世纪后半叶，地球物理学开始得到了发展，首先是重力测量和地震学的发展。50年代在喜马拉雅山麓所做的重力测量得到了出人意料的结果：这座地球上最高的山脉并不显示出重力的明显增加。为了解释这个奇怪的现象，英国的天文学家艾里(G. Airy)和普拉特(J. Pratt)分别提出了两个假说。艾里认为，地表物质的过剩被较轻地壳的加厚所补偿，也就是说，山有根。按照普拉特的推断，这种补偿是由于组成山的岩石较平原之下的岩石密度小而达到的。在以上假设的两种情况下，在深部都将存在地壳界面起伏不平现象的消失和地壳厚度或者密度的变化。地壳的这种现象被称为均衡，并认为它在地壳运动中具有重要意义。地球物理学实际上也是在20世纪才发展起来的科学，虽然上面我们曾提到它的某些方向此前已经存在。对地震波在地球内部传播特征的研究，以及后来人工爆炸或特别的震动而引发的弹性波在地球内部的传播的研究，打开了确立地球圈层结构的道路。19世纪末，由于地质学家对地球内部的情况知之甚少，关于地球的壳下部分的物理状态的认识存在严重分歧，而且在很大程度上这些争论只是抽象的意见：刚性的(物理学家和天文学家坚持如此)或者是粘塑性的(考虑到火山作用现象，地质学家这样认为)。只是在采用了地震方法之后，这个争论才得以解决。学者们进而分出了地核和地幔(德国学者维赫尔特，1897)，确定了地壳的下界(前南斯拉夫地球物理学家莫霍洛维奇，1910)，并最终建立了整个地球结构的现代模型(澳大利亚地球物理学家布伦，1956)。之后提出了与地球液态外核中的对流相关联的地磁的动力理论。从20世纪20～30年代开始，地球物理方法日益成功地用于地壳上层，特别是沉积层的构造解释和有用矿产的寻找。这些应用地球物理方法包括重力勘探、磁法勘探、电法勘探和地震勘探。后来，地震勘探方法取得了最大的成就，它成了查清整个地壳构造的方法(图18-12)。

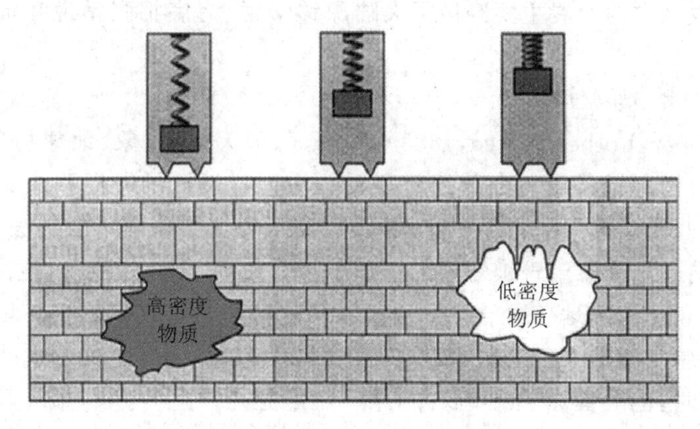

图 18-12 重力勘探基本原理

(5) 放射性的发现和绝对地质年代学的建立

放射性的发现不仅影响了大地构造学的发展，它还有更重要的影响——建立了绝对地质年代学。在这以前，地球年龄的确定是用间接方法（地球的冷却、大洋中盐的积累等），只是放射性同位素蜕变常数的运用才给地质学家们提供了工具，用以确定地球的年龄，各地区代、纪的时间长度和进行不含生物化石的火成岩、变质岩，特别是前寒武纪的变质岩之间的对比。苏格兰卓越的地质学家霍姆斯（A. Holmes，1948）成功地建立了第一个绝对地质年代表。

由于微体古生物学引进了传统生物地层学研究而使生物地层学大大丰富了内容，产生了微体古生物学和孢粉学（孢粉分析）。在阶的内部开始划分带（带的概念由德国学者奥佩尔于1856～1858年提出）。在区域地质和地层学取得进展的基础上，古地理研究也得以广泛开展。

起源于格雷斯利（A. Gressley，1838）的相学说成为一个专门的方向，即同一时代的沉积物可以由复杂的不同的岩石（沉积岩）组成。建造学说也是一个专门方向，它最初被理解为纯地层含义。现在，它作为在相近的古地理和构造环境中形成的岩石的自然组合被赋予了更深刻的含义，可以用作恢复古地理和构造环境的标志。

(6) 应用地质学的形成

在这个阶段，形成了两门与化石燃料研究有关的专门学科——煤田地质学和石油地质学（后来加上天然气）。如果说关于煤的成因问题已被罗蒙诺索夫解决了，剩下的问题是研究它的分布规律和煤盆地的类型，那么，石油的成因却仍然是个争论的问题。为解决此问题曾提出过两个假说：有机说和无机说（确切说法是非生物的）。到了本阶段末期，众多的事实清楚地证实了前一个假说，使之逐渐成为较为完善的石油成因理论，并在此基础上研究了各类含油盆地、油田的分布规律和储量。

当我们要结束对地质发展史这一阶段的讨论时，还要提到两门新兴的学科——工程地质学和冻土学，后一学科的建立几乎全是苏联学者的贡献，水文地质学也获得了长足的进步，特别在研究地下水在垂向和水平方向的水文地质和水化学的分带性方面。从维尔纳茨基的工作开始，地下水被认为是更广泛的天然水系统中的一部分。

新地球学说的形成

地质科学史中曾有过许多关于构造运动原因的假说，板块构造学说是当今地球科学界普遍认同的一个学说。它的发展主要经历了大陆漂移学说、海底扩张学说和板块构造学说几个阶段。

魏格纳与大陆漂移学说

魏格纳(Wegener，Lother Alfred，1880—1930，德国天文、气象、地球物理学家)和他以前的几位先驱学者一样，最初(1910 年末)，也是受到大西洋两侧的非洲和南美洲大陆轮廓酷似的启发，产生过大西洋两侧大陆曾经相连，是后来被撕裂和漂移开了的想法，并下决心要探讨这个问题。魏格纳的这个愿望曾被短暂的军训所打断。到了 1911 年秋，他读到一篇根据古生物证据，论证巴西和非洲陆地曾经连为一体论文，更激发了他的热情。在此后的短短几个月中，他研究了大量原来所不十分熟悉的地质、古生物资料，并得出了关于大陆漂移的“重要的、肯定的论证”。这时，他准备好了两篇文章，第一篇长达 70 个打字页，第二篇短而概括。他不顾让他将成果再搁置一段时间的劝告，于 1912 年 1 月 6 日，以他的第一篇论文为主要内容，走上了法兰克福德国地质联合会的讲坛，做了题为“根据地球物理学论地壳轮廓的形成”的演讲。在权威的专业人士面前，一位从未发表过地质论著的人，想要对传统的观点发起挑战，他所需要的勇气是可想而知的。然而，魏格纳相信自己掌握了真理。据记载，报告引起震惊和一片哗然。但这并不影响他在几天之后，在马尔堡科学协进会上，宣布他的第二篇题为“大陆的水平位移”的论文。这次的听众来自具有更广泛专业背景的人群，获得的反映较为正面。同年，他将这些研究成果整理发表。约一个世纪之前的这短短几个月时间，不仅是魏格纳本人科学活动中最重要的时期，对于整个地球科学来说，也是一个最重要的转折时期，从此，大陆漂移的卓越思想一直影响着地球科学的发展。

1914 年第一次世界大战爆发，魏格纳应征入伍。1915 年，他利用负伤休假期间，将他的思想整理成名为《海陆起源》的书发表，更系统地阐述了大陆漂移的理论。到 1922 年，该书已三次再版，后又被译成多种文字，成为在学术界引起激烈争论的新地球科学观的经典著作。

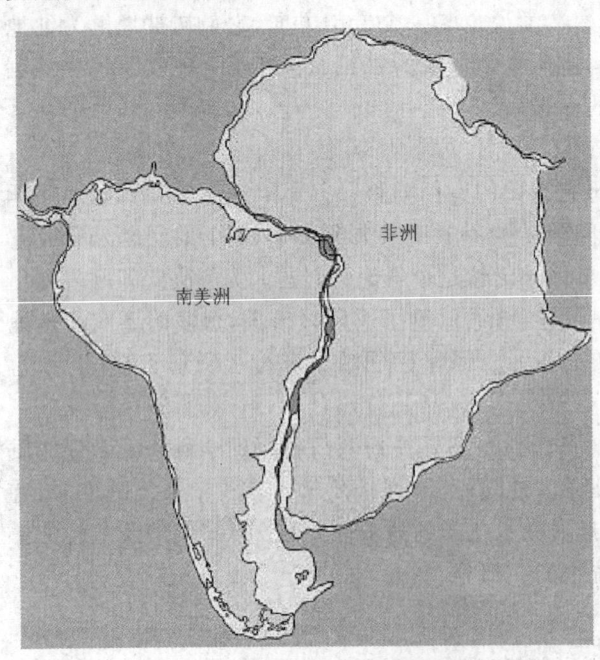

图 18-13　南美洲和非洲大陆的拼合

魏格纳从当时已被广泛接受的艾里(G. Airy)等人的地壳均衡理论中得到启示，他认为地壳均衡理论暗示了地壳之下存在一种高黏性流体(后来被确认为软流圈)，在漫长的地质历史中，大陆既然可以在它上面升降，当然也可以在它上面漂移。

魏格纳论证大陆漂移的证据主要来自以下几个方面：

最直接的证据是大西洋两侧大陆轮廓的一致性。人们可以清楚地从大西洋两侧大陆的轮廓发现，非洲西部和美洲东部的海岸线可以拼合在一起。魏格纳在一封写于年末的信中说：“如果不是比较现代大陆的岸线，而是比较大西洋底的两侧，其一致性(按：指非洲西部和南美东部轮廓线)就更好”。可见魏格纳已经注意到了大陆分裂后,部分陆缘区被海水破坏和淹没的事实。图 18-13 是后人按两个大陆的大陆架边缘所做的拼合图。

舌羊齿植物化石发现于南美、南非、澳大利亚、印度及南极区同一时代岩石中,这种植物成熟的种子直径达几毫米,风不可能携带它漂洋过海。南部各个大陆上几乎同时出现舌羊齿植物化石,无疑成为它们曾经是连接在一起的有力证据。古生代和中生代爬行动物的分布情况也与之类似,爬行动物几个种属的化石,在现在分离的南部各大陆上均有发现(图 18-14)。例如,有一种类似哺乳动物的爬行动物——水龙兽,属于严格的陆生动物,其化石广泛见于南非、南美和亚洲,1969 年美国的一个探险队在南极也发现了它们。这类爬行动物显然不能够游过几千千米宽的大西洋和南极洋。魏格纳之前,为了解释陆生动物何以能在相距很远的大陆之间交流,学者们曾提出过"陆桥"假说。在大量的统计资料的基础上,学者们根据南半球各大陆之间陆生动物种属相似的程度,论证了在哪些大陆之间存在过"陆桥"。由于在现代大洋中并无学者们所论证的"陆桥",因此只能假设,"陆桥"在后来的某种变动中沉没了。魏格纳根据当时已经阐明的"均衡原理"有力地指出,密度小的硅铝质"陆桥"沉没到密度较大的硅镁质洋底是不可能的;进而他提出,被大洋分开的大陆之间生物的交流不是通过陆桥,而是大陆曾直接相连。这样,魏格纳把"陆桥"假说所依据的古生物证据,直接变成了大陆漂移的证据。这是他论证手段的巧妙所在。

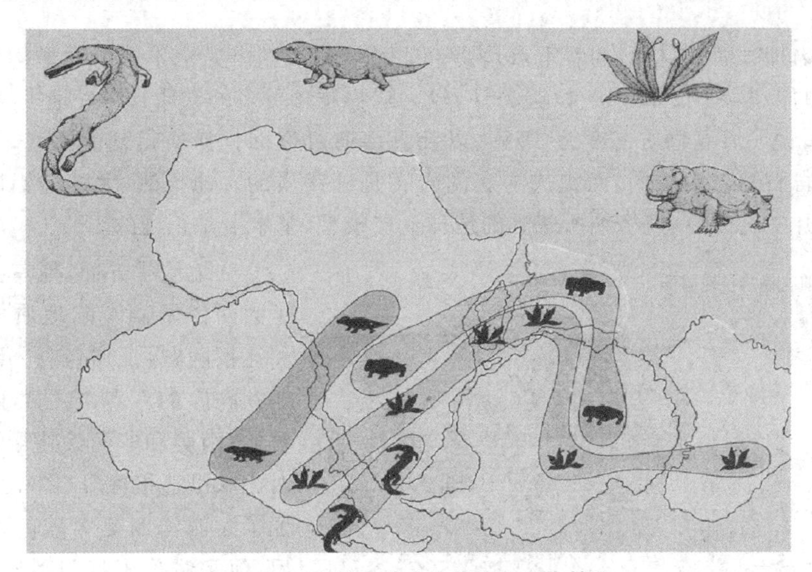

图 18-14 南部大陆古生代生物分布情况

晚古生代(距今约 360～250 百万年),冰川覆盖了南半球大陆的很大部分。根据冰川留下的沉积物的分布范围和下伏岩石上留下的冰川擦痕和擦沟,可以判别冰盖的范围和冰的运动方向(图 18-15)。按现代南半球洋陆的地理分布看,除南极外,各大陆现在均靠近赤道或低纬度分布。如果古生代晚期,洋陆的地理分布也和现代的一样(固定论),那么,冰盖必须有非常广大的面积,几乎整个南半球都类似于极地气候。设想地球自转轴相对其公转轨道平面的方位,在地质历史中没有太大变化的情况下,整个南半球都是极地气候是不可能的。这在当时来说,可算是地质学中的一个不解之谜。更有趣的是这些冰川的运动方向。通过擦痕研究发现,在南美、印度、澳洲的冰川是由海洋向内陆方向运动的。为何会有这样有违常理的冰川运动方向？如果按照大陆漂移说，把有关的大陆按图 18-15 的方案拼合起来，上述的问题就迎刃而解了。南半球古冰川所提供的资料被魏格纳称为“不可动摇”的大陆漂移的证据。

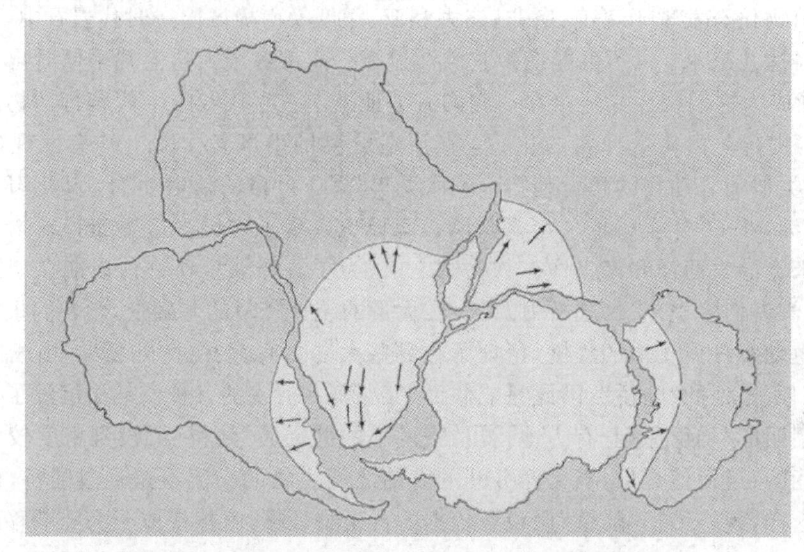

图 18-15　南半球大陆的古生代冰川分布及冰川擦痕方向

在地球物理方面，魏格纳的着重点是要论证大陆和大洋由完全不同的物质构成。他列举了当时有限的海洋重力、海底磁性（强磁性，较大陆物质含更多的铁质）、洋底地震波速（较大陆快 0.1 km/s，说明海底物质密度大）等等，以及直接通过拖网打捞所得到的海底岩石，论证了组成大陆的岩石是硅铝质的，而组成洋底的岩石是硅镁质的。他推测，大陆硅铝质岩石层厚 100 km。抛开一些细节，魏格纳所建立的地球上层模型，基本上是正确的。

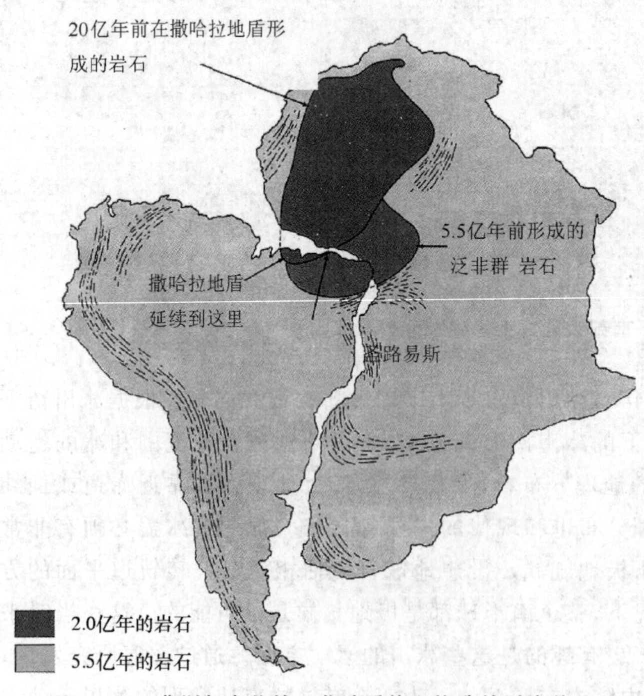

图 18-16　非洲与南美的一些地质体和构造的对应关系

在地质学方面，他首先详细论证了大西洋两侧大陆地质构造的对比和连接问题，证据包括：巴西高原和非洲高原的 5 种岩石类型均可一一对比；南美和非洲大陆褶皱山脉的可对比和可连接性等（图 18-16）。在论证了大西洋两侧大陆的可拼合性之后，他又讨论了格陵兰与赫布里底、法鲁岛、格陵兰与北美拼接的细节，讨论相当深入。接着，他从地质的角度讨论了马达加斯加岛与印度次大陆：根据马达加斯加岛与非洲之间，在第三纪（距今 65～1.6 百万年）仍有相似的动物群，他提出，马达加斯加岛于第三纪后才从非洲分离；他根据地质资料认为，印度次大陆向北漂移达 3000 km 之遥。他的地质论证还涉及澳洲大陆周缘的一些细节。

综上，魏格纳利用了在他那个时代地球科学所拥有的地球物理、古生物、古气候、地质构造等资料，论证了地质历史中，地球上的所有大陆曾经联合在一起。他称这个联合古陆为潘加亚大陆(Pangea)。《海陆的起源》一书论证系统而严密，有些关键的论据，即使在今天看，也没有失去它的意义。

顺便说说，魏格纳绝不是提出地球上的大陆曾经联合在一起的第一人。发生在15世纪末和16世纪初的“地理大发现”，导致了第一张世界地图于1570年出现(图18-17)。这张图上所显示的、大西洋两侧大陆轮廓的相似和可拼合性，曾引起过许多科学先驱的注意。有据可查的学者就有：奥尔泰利乌斯(Ortelius，1596)；培根(Bacon，1620)；普拉塞(Placet，1668)；布丰(Buffon，1749)和洪堡(Humbolt，1845)等。意大利裔学者施奈德(Snider—Pellegrini，1858)可能是第一位明确提出大西洋是由一个原大陆分裂而形成的人。到了19世纪末和20世纪初，更是有多位学者发表过与大陆漂移相类似的观点，如意大利地质学家萨科(Sacco，1895，1906)，美国学者毕克林(Pickering，1907)，泰勒(Taylor，1910)和贝克尔(Baker，1911)等。尽管如此，魏格纳是学术界公认的第一位提出和系统论证了大陆漂移说的人，是该学说的创始人。这一方面是因为地球科学已经发展到了有可能用实际资料去系统论证、而不只是空想“大陆漂移”的时代，魏格纳正是牢牢把握机遇，集先进思想和新事实之大成，站在了当时地球科学的前沿，做出了无愧于时代的巨大贡献；另一方面，作为一个科学家，魏格纳个人的优秀品德，他的执着、勇气和一往无前的献身精神等对于他的成功无疑也是有决定意义的。

图18-17 1570年出现的第一张世界地图(Ortelius A.)

大陆漂移说在20世纪的20～30年代深深震撼了地球科学界，但在激烈的争论中并未赢得在学术界的主导地位；相反，在30年代以后，却很快地衰落了。似乎有着那么多事实依据的大陆漂移说,何以如此呢？这主要是在漂移的可能性和漂移的动力两方面出了问题。前面提到,魏格纳设想,刚性的硅铝质大陆壳在缓慢加压具有可流动性质的层上可以长距离漂移,现在看来,这是一个超前的卓越思想。然而,限于当时的科学水平,却不能证明这种层(相当于现代概念的软流层)的存在,更不用说指出它的具体位置了。因此,魏格纳只能推断硅铝质大陆壳是在硅镁质大洋底上漂移。而硅镁质洋底具有可流动性是不被接受的。其次,魏格纳设想的大陆漂移的动力与地球的自转运动有关,但并不能证明这个力足以推动大陆长距离漂移。虽然在那个时代已经有的地幔对流观点,但这个意义重大的观点却并没有被魏格纳所吸纳和用来解决大陆漂移的动力问题。魏格纳将大洋的形成看成是大陆分裂的结果,而不是原因,可能正是这个偏见妨碍了他。总之,尽管有许多证据的支持,但如果没有了漂移的可能性和漂移的动力来源,大陆漂移说势必就因失去了前提而搁浅了。在一次科学考察中魏格纳的不幸遇难,也是大陆漂移说很快衰落的原因之一。

海底扩张学说

20 世纪的 50 年代中,因古地磁研究的兴起,而积累了越来越多的证据。这些证据说明某些大陆曾有过分裂和拼合的历史。另一个重要进展也是在地球物理方面,随着地震探测精度的提高,原来概念比较模糊的软流层得到确认,地球上层岩石圈/软流圈的划分方案得到越来越多的承认和重视。从上文可知,软流层的被确认,对于解决大陆漂移的可能性问题是何等重要。这样,在 20 世纪的 50 年代后期,沉寂的大陆漂移说又有所复活。正是那个年代,在海洋科学考察和研究基础上蕴育的“海底扩张”学说,也如旭日那样,喷薄欲出了。

(1) 全球裂谷系的发现

具有全球规模的大洋中脊和中央裂谷系是海洋研究的三大发现之一。1946 年美国海军组织了 11 条船,执行“跳高行动”(operation high jump)的探险计划,发现了东太平洋隆起。这个发现引起了哥伦比亚大学拉蒙特研究所黑甄(B. Heezen)的极大兴趣。他认为大西洋脊和太平洋隆起可能具有全球意义,因为他发现沿着大洋中脊的地震活动有更广分布的趋势。黑甄指导一位年轻的绘图员,绘制完成了一张大西洋的海底地貌图。这张图上清晰地出现了一条纵贯大西洋的洋脊轮廓线,这使黑甄受到了极大的鼓舞。1957 年 3 月 26 日,黑甄在普林斯顿大学报告了关于大洋中脊系统的发现,当时普林斯顿大学的地质系主任赫斯(H. H. Hess)激动地对他说:“你动摇了地质学的基础”。

(2) 海底地热流异常

1950 年,在斯克利普工作的马克斯韦(A. E. Maxwell)和他的同事勒维尔(R. Revelle)使用一种装有记录仪器的新装置,在刺入沉积层中 30～50 分钟后就可以记录测试枪的顶部和底部的温度,这样就可以知道测试点的地温梯度,然后测出这段沉积层的热导率,就可以算出热流值。“Horizon”号海洋考察船使用这种方法,在东太平洋洋底测得第一批热流数据,所得到的热流值比预想的要高得多。因此,马克斯韦和勒维尔二人得出一个结论,要么是洋壳下面有一个异常的放射源,要么是有地幔的热物质上涌,才可能使洋壳具有如此之高的热流值。在此之后,各国科学家便进行了大量的地热测量,到 20 世纪 60 年代已经获得了 3000 多个数据。这些数据表明,大洋中脊位置的热流值最高。

(3) 海底磁异常条带

1955 年,美国的“先锋”号考察船再次到美国的西海岸进行考察,在船上工作的英国访问学者梅森(R. G. Mason)根据测量资料绘制出一张海底磁场强度等值线图,这张图上清晰地反映出一系列南北走向的磁场强度的峰和谷。这个发现使科学家们兴奋不已,并促使斯克利普的研究人员再次到“先锋”号上工作,以求更大的发现。1956年斯克利普的科学家们在西海岸附近测制了一幅长2000 km,宽几百千米海底的磁异常图。这张图上清楚地分布了南北向的磁异常条带,而且被许多东西向的断层所切断。分析磁异常条带时,科学家们发现,在两条称为“门多西诺”和“先锋”的巨大断裂两侧找不到相对应的磁异常条带。于是,他们大胆地设想,由于图幅的范围不够大,而断层的断距又太大,致使对应部分错出到了图幅之外。结果不出所料,科学家们终于在图幅西面几百千米处找到相对应的磁异常条带,从而证明门多西诺断层的水平错动距离达1100 km。随着工作的深入,全球范围的海底磁异常条带不断地被发现,而且磁异常条带还有与大洋中脊的延伸方向一致,且从中央裂谷向两侧呈对称分布的基本特征(图18-18)。对条带状的海底磁异常及其分布特征的解释,成了证明海底扩张的关键证据(见后)。

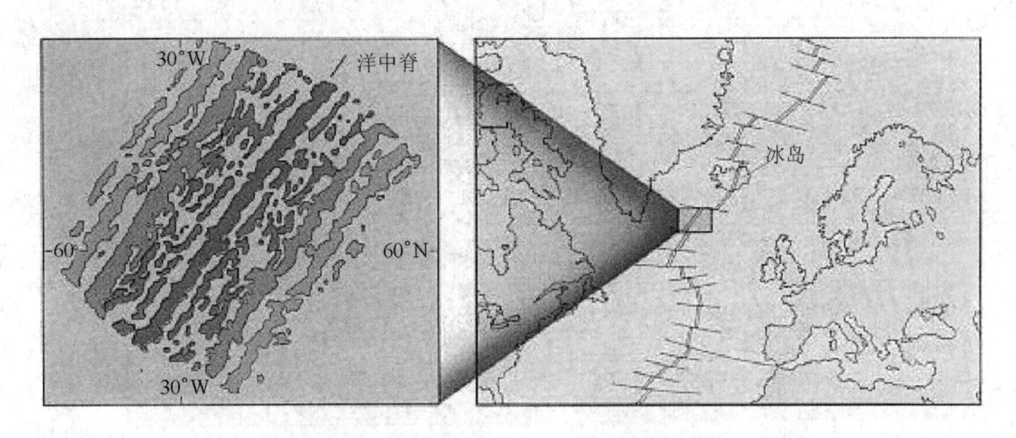

图18-18 大西洋中脊附近的磁异常条带

(4) 海底扩张学说的诞生

赫斯(H. Hess 1906—1969),这位地学革命中的风云人物是美国普林斯顿大学地质系的系主任。第二次世界大战期间,他以运输中队中校的身份参加了那场战争,并且常有机会乘坐潜艇进行水下观察。赫斯没有忘记自己地质学家的身份,仍然潜心观察海底的地质现象,他发现了太平洋海底有许多顶部平坦的火山。战后,赫斯报导了160个这种“太平洋中下沉的古岛”,并以普林斯顿大学第一位地质学教授盖约特(Guyot)的名字命名这种平顶山。这些“盖约特”一般高出海底3~4 km,但离水面不超过1 km,后来他又在汤加海沟发现一座高出海底8200 m的“盖约特”,其平顶离水面730 m,向西倾斜1°,像比萨斜塔一样歪立在海沟的斜坡上,好像它就要沿着海沟的斜坡滑下去一样。按照达尔文的理论,“盖约特”在缓慢下沉过程中应该发育成堡礁,但大部分的“盖约特”并非如此。

最初赫斯认为,这些“盖约特”可能是前寒武纪的古岛,因为那时还没有珊瑚。后来他在“盖约特”顶部的沉积物中发现了白垩纪的浅水动物化石,才认识到“盖约特”是很年轻的火山岛,只是因为快速沉降才未形成堡礁。

赫斯将大洋中脊体系、海底热流异常、洋底沉积物的研究结果和在20世纪40年代或更早已经阐明的毕鸟夫带、地幔对流等等都联系在一起,再加上他自己多年的积累,终于,一个新的学术思想在他的脑海里跃然而出了。1960年,赫斯在普林斯顿大学,以学术报告的形式发表了他的海底扩张说，并在 1962 年整理成文发表。

赫斯的假说认为，地幔物质在大洋中脊的裂谷处上升形成新的洋壳，在海沟处下沉，重新返回地幔深处。大洋不是永恒的构造单元，洋壳大约每隔 300～400 百万年更换一次，并采用了霍姆斯的地幔对流模式来解释这一过程(图 18-19)。由于大洋中脊是长的，因此地幔的对流环就像一只滚动的香蕉。随着对流的进行，新的洋壳不断在大洋中脊处诞生，老的洋壳不断在海沟处消亡。根据地幔对流模式，赫斯解释："盖约特"原本是洋中脊上的火山岛，它们在洋脊处山顶被波浪夷平，洋壳就像长长的传送带，把盖约特从洋脊送到了海沟的同时逐渐地冷却收缩，使盖约特慢慢下沉(图 18-20)，并最终被"焊接"在大陆边缘。

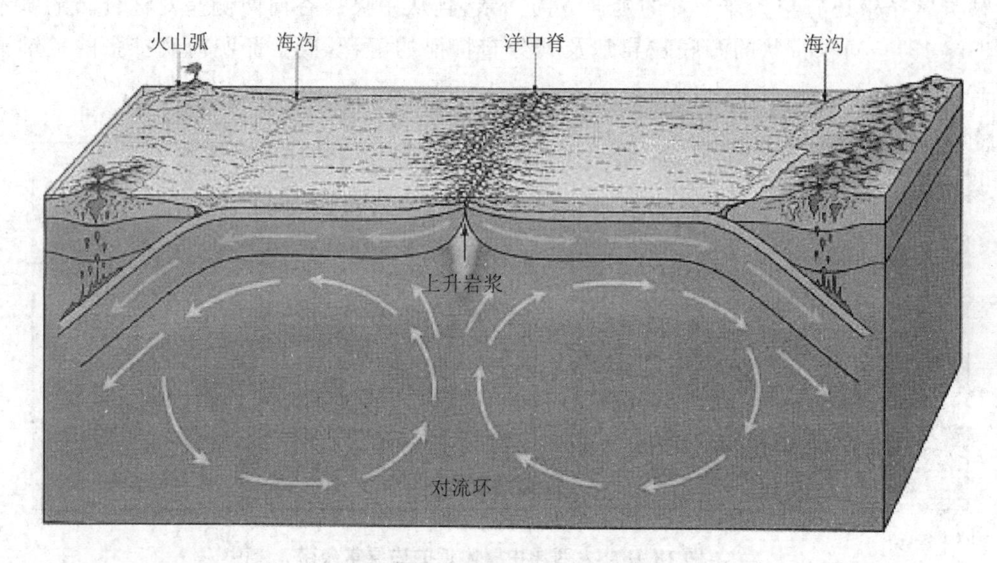

图 18-19　地幔对流模式示意图

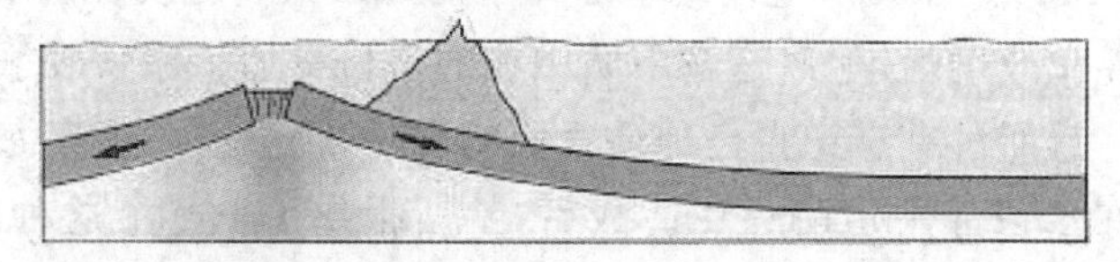

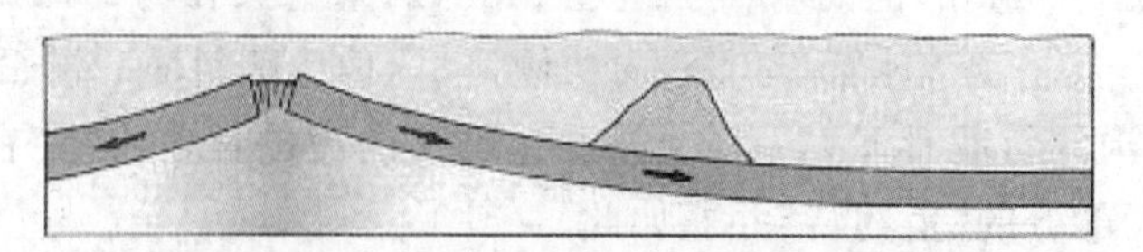

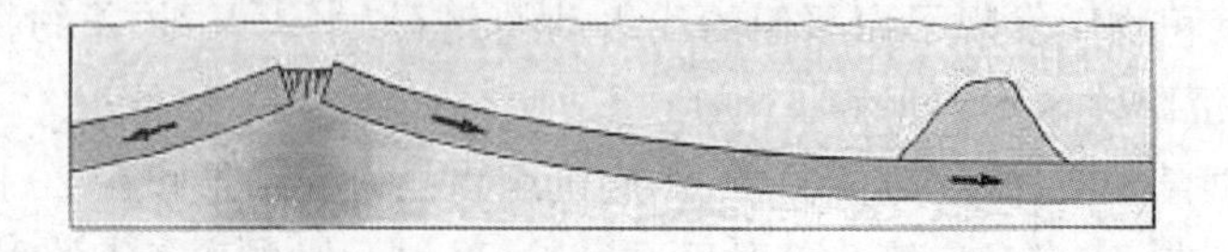

图 18-20　盖约特的形成与运动方式

迪茨是美国海军电子实验室的一名科学家，他在20世纪50年代参加过海军的海洋探险，并在菲律宾以东的马里亚纳海沟见到与赫斯所见到的相似现象，因此也得到了与赫斯相同的结论。50年代，他参加了“先锋”号科学考察船的地磁填图工作，因此特别提到门多西诺、先锋等巨大断层的意义，引起了地质学家的广泛注意。1961年迪茨在英国的《自然》杂志上发表了他的论文，并明确地将这一假说称为“海底扩张”。迪茨的论文比赫斯的报告晚一年，因此人们一般仍把赫斯作为“海底扩张说”的创立者，但也不忘记迪茨的贡献。

1963年英国学者瓦因(F. J. Vine)和导师马修斯(D. H. Matthews)合作发表了一篇论文，对海底磁异常特征进行了解释，认为海底磁异常条带是新生的洋壳在海底扩张中被磁化所形成的，并论证了地球磁场发生了周期性的磁极反转。正是由于瓦因、马修斯解释了磁异常条带的两个问题，使海底扩张学说得到了认同，赫斯的地质史诗从而转变为一场地球科学的革命。

(5) 其他海底地质研究新发现

德国著名的地球物理学家曼尼兹(V. Meinesz)在对东印度洋的考察中发现了一条长达8000 km，宽100 km的负重力异常带。经过长达30年的许多地球物理学家的不懈努力，科学家们终于认识到，海沟和负重力异常带相一致是地球表面最明显的特征，说明在海沟带附近有一种比重力更强大的引力，将地壳拉向地球内部。这个认识有力地支持了霍姆斯地幔对流的假说。

尤温兄弟(J&M. Ewing)在20世纪50年代末对大西洋沉积物的研究时发现，大西洋中脊几乎没有沉积物，大洋底的沉积物也不厚。尤其重要的是，这些沉积物的年龄都不超过2.5亿年，似乎大洋只是中生代以来的产物，因此大洋不可能是永存的。

20世纪40年代，贝尼奥夫(H. Benioff)将南美发生地震的震源投影到一张图上，结果他发现这些震源大都集中在一个长长的斜坡带上。浅源地震发生在海沟附近，而深源地震则发生在安第斯山之下，构成一个长达4500 km，呈45°角向大陆方向倾斜的斜面。实际上日本地震学家和达(K. Wadati)早在1938年就进行了这方面的研究，首先提出了太平洋边缘存在着超深和倾斜的地震带，只是在美国地震学家贝尼奥夫的工作之后才为世人所知，因此后来人们把它称之为“贝尼奥夫带”。最近美国学者也已经认可了和达的工作，并在其教科书中称之为“和达-贝尼奥夫带”(图18-21)。

板块构造学说的创立

从当时的资料积累看，海底扩张学说的主要证据绝大部分来自地球物理的调查结果，从某种程度上讲，很难使得地质学家的信服。因此寻找新的证据来直接证明海底扩张理论是可信的和科学的，成为地质学家心中的强烈愿望。

1956年，美国军事科学家们建议制定一个钻穿莫霍面的计划，几个月后，由美国国家科学基金资助的“莫霍钻计划”开始实施，1961年开始进行海底钻探的试验。初期的结果是令人满意的，在圣地亚哥外3500 m水深的洋底，钻头穿过200 m沉积层后就钻进了玄武岩层。沉积层的年龄大约是2500万年，属渐新世，表明洋底的沉积物非常年轻。后来由于经费问题，“莫霍钻计划”在1966年只好停止，没能取得更大的进展。

1964年，英国的“发现”号考察船在红海的深处发现一个热水坑，水温达44℃，盐度高达256‰，这里的海底热流值比任何地方都高79 μcal/(cm^2·s)。之后又有两个热水坑被伍兹霍尔海洋研究所的其他考察船发现，三个热水坑沿着红海的中心线分布。这一发现说明大洋中脊的中央裂谷确实是热物质上升的地方。

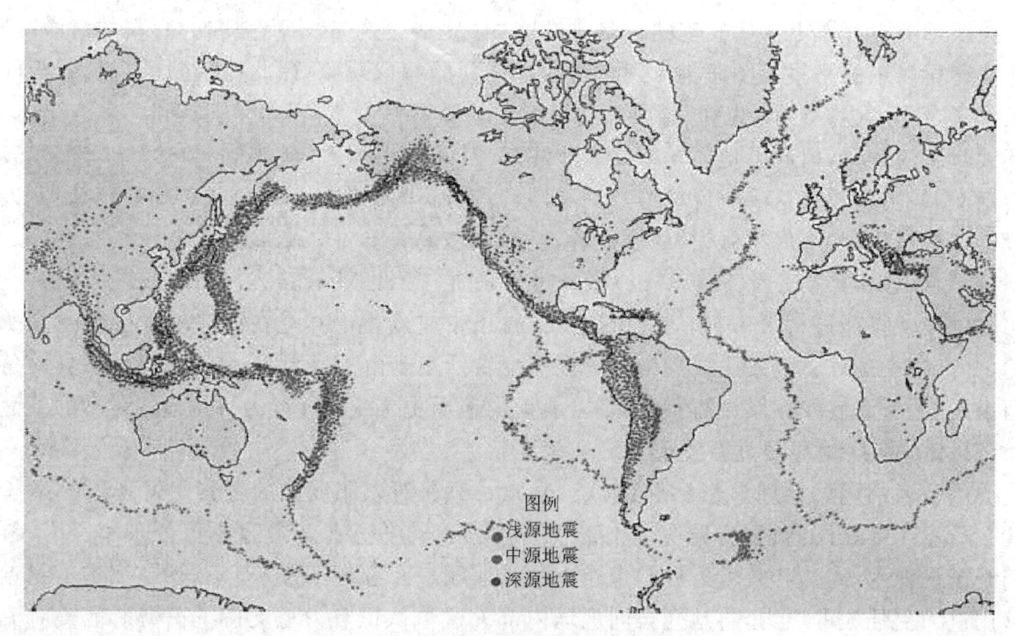

图 18-21　环太平洋地震带的震源分布

1967 年,美国国家科学基金会与斯克利普研究所达成协议,在太平洋和大西洋洋底进行为期 18 个月的钻探,斯克利普研究所在 1968 年启用了新的钻探船,并且以美国和英国首次进行环球航行的"格洛玛"号和"挑战者"号的名字命名,以纪念美、英首次进行环球探险。

"格洛玛·挑战者"号的海底钻探工作取得的主要成果有以下几个方面: ① 洋底岩石测龄和沉积物中的化石表明大洋壳确实很年轻,而且以洋脊的中央裂谷为对称分布,向两侧逐渐变老,证明新的洋壳在中央裂谷形成,并不断地向两侧扩展(图 18-22);② 在大西洋的钻探中

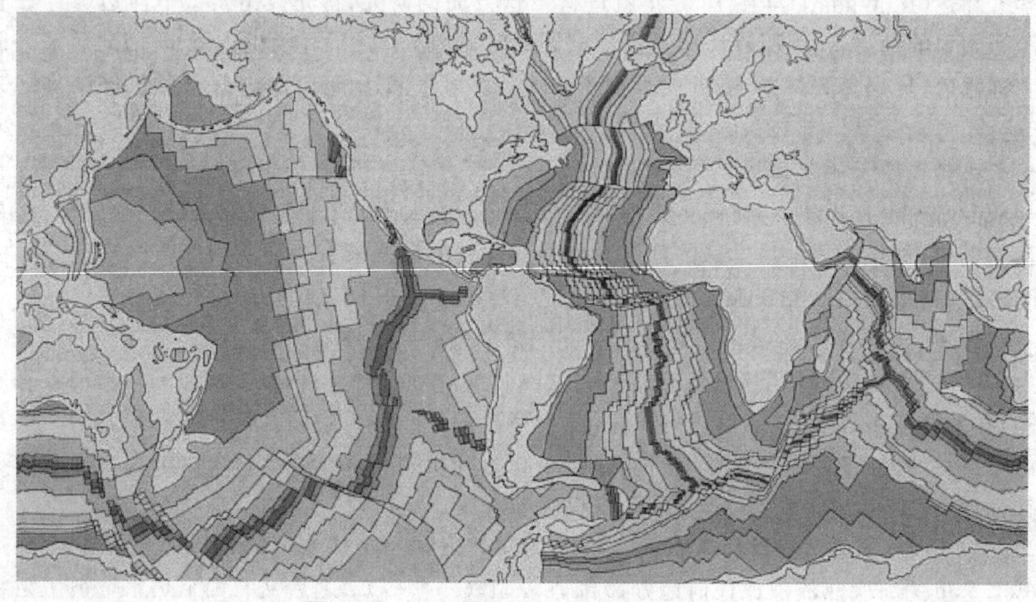

图 18-22　洋壳年龄沿大洋中脊呈对称分布

证实,岩石的形成时代与地磁反向年表预测的结果一致,在大西洋最近六七千万年的扩张历史中,扩张速率保持在4cm/a左右;③ 在大西洋和地中海都打出了蒸发岩层,表明它们都曾经经历过与红海类似的演化过程;④ 发现一些新的问题,如按简单的海底扩张模式推断马里亚纳海沟以西菲律宾海的岩石应当比以东的岩石年龄大,但实际是相当年轻,比东侧洋壳的年龄要小得多,不能以简单的扩张模式加以解释。"格洛玛·挑战者"号的这次航行,初步证实了海底扩张理论,同时也提供了一些新的研究课题,标志着地质学新纪元的开始。

1973年开始,法国和美国的科学家在大西洋开始了代号为"FAMOUS"的大洋中央海底研究计划。根据法国地质学家勒比雄乘坐"Archimede"号潜水器的观察记录,大洋中脊的中央裂谷谷底地形粗糙,两侧的断崖高出谷底大约50～100m,在视域范围内中央裂谷为直线形。勒比雄还清楚地看到,陡峭的断崖边缘有新鲜的熔岩流出,从裂谷的小洞中流出的粗如人腿熔岩像挤牙膏一样,是典型的枕状熔岩。通过声纳查明,在3km范围内熔岩是从分布在裂谷的中心线上的火山口流出的。随着潜水器的上升,可以看出两侧的陡崖成阶梯状。虽然这次潜水只进行了两个小时,观测的范围只有300m,但已清楚地了解了洋中脊的中央裂谷形态,并证实了大洋中脊是产生新洋壳的地方。

随着新资料的不断积累,似乎需要一种新的构造学说才能够解释这些地质、地球物理现象。1968年在一次学术交流会上,当时的几位青年地质学家勒比雄(X. Le Pichon)、摩根(W. J. Morgan)、麦肯齐(D. P. Mckenzie)等不约而同地提出了板块构造学说。

同时,也正是在这个阶段,地质学才成为真正的全球科学,因为它的研究所及已覆盖了全部面积。地质学研究已在那些地球上遥远的和非常难以达到的地区展开(南极、西藏、亚马逊等),首次得到了关于洋底构造的确切资料,因此是涉及了整个地表。

纵观地质学的全部历史,我们可以看到它的发展与其他自然科学的一致性:

(1) 在时间方面,科学的进步是加速度的(请比较一下酝酿时期和地质科学时期的长短)。

(2) 在地质学发展中,短期的快速变化(跃进、革命)和长期缓慢的进化(实际资料的积累)相交替出现。在地质学的历史中这样的革命大致有6个阶段:

- 古希腊和古罗马时期;
- 文艺复兴时期;
- 18世纪中期和末期;
- 19世纪中期;
- 20世纪初期;
- 20世纪60年代。

18.2 地球科学观的演变

对于地球的认识,人类同样是由表及里、由浅入深、由感性到理性的认识过程。地质学各个分支学科的研究都需要对地球有一个清楚的认识,都需要在一种地球科学观的指导下来进行。因此关于地球理论与学说历来都会引起广泛的关注甚至是论战,地质学史中的三次大论战:水成论和火成论、灾变论和均变论、固定论和活动论,归根到底都是在地球科学观方面的争论,也就是对地球演化的认识之争论。虽然关于地球科学观的研究已经逐渐演变成一门独立的分支学科——大地构造学,但地球科学观的进步主要是依赖于各分支学科的进步,每一个分支学科，尤其是新技术的应用获得突破性进展，都可能引发地球科学观的革命。

地球科学观的演变主要集中在对地壳运动的认识上，因为地质学研究最初是从大陆开始的，而且在地壳运动中最显而易见的是山脉的隆起。因此，对构造运动的认识及争论就是从山脉的成因开始的。

在古代，人们就已经注意到地壳运动了。我国唐宋时期就有关于沧海桑田变换的记录(颜真卿《麻姑山仙坛记》、沈括《梦溪笔谈》、朱熹《朱子语类》等)，并认识到地壳运动的剧变性和旋回性。在古希腊，人们曾问，地壳运动的原因是什么？跟火山活动的原因一样吗？一些学者认为地球面貌改变都是由水的作用引起，如河流的侵蚀作用，水灌入地下喀斯特溶洞引起洞顶的崩塌，海平面的升降等；而另一些学者则认为是地下火的作用。第一种意见被称为水成论，第二种意见被称为火成论。最后一位水成论巨匠是科学地质学奠基人之一的德国学者维尔纳(A. G. Werner)，水成论的完全被抛弃是 19 世纪第一个 25 年中的事。

欧洲的文艺复兴运动大大推动了科学发展的进程，这一时期在地质学研究方面最杰出的是前面已经提到的丹麦地质学家斯坦诺。斯坦诺创立了生物地层学的原理，并提出了地层学的三个定律：地层层序律、原始连续性定律和原始水平性定律。从这三个定律出发，如果在野外发现老地层在新地层之上或地层之间有沉积间断或地层产状不是水平的，那就意味着地层发生了构造变动。斯坦诺不仅是生物地层学的奠基人，也是构造地质学的奠基人。斯坦诺认为岩层发生倾斜是由于地下溶洞的塌陷所造成的。

隆起假说

还在 18 世纪后半叶，就出现了第一个科学解释地壳变形和岩浆活动的假说——隆起假说。这个假说的提出应归功于帕拉斯、罗蒙诺索夫和赫顿，也正是这个假说击败了水成论。该假说的拥护者们认为垂直运动，特别是隆起运动(由此而得名)起主要作用，隆起是因岩浆从地球深部上升而引起的，上升的岩浆在某些地方可达于地表。褶皱变形是次要的现象，上升岩浆的推力造成地层顺隆起的坡下滑而形成褶皱。

然而 19 世纪上半叶所发展起来的地质填图，特别是含煤盆地的研究表明，褶皱-推覆构造相当复杂，而且常在远离岩浆作用的地方被发现。这样，用岩层受到侧向挤压解释褶皱的成因更自然得多。同时还发现，在许多褶皱带的中心，火成岩，包括花岗岩常常不是新于而是老于褶皱的岩层，这样就不能把岩浆作用看成褶皱的原因了。所有这些使隆起假说站不住脚了，在 19 世纪 30 年代被新的、收缩假说所代替。

收缩假说

收缩假说是由法国地质学家波蒙(L. Elie de Beaumont)提出的，它的基础是认为初始地球完全处于熔融、火-流体的状态。就这一点来说，可以认为收缩假说是 19 世纪以来占统治地位的康德-拉普拉斯天文假说的合乎逻辑的延伸。地球自外而内的逐渐冷却导致固体地壳的形成，地壳形成后地球还在进一步因冷却而收缩，这就使附着在其表面上的地壳必须适应收缩的地球。这样，地壳势必要受到挤压，破碎，形成褶皱和褶皱系。在收缩假说初始时期，它很难解释为什么褶皱作用不是普遍的，而只存在于一些特定的带。

直到 20 世纪初，收缩假说在地质学中仍处于统治地位，在它的基础上成功地成长起一门动力地质学的分支——构造地质学。奥地利学者休斯(H. Hughes)的巨著《地球的面貌》是对地壳构造的首次综合。

然而在21世纪初弄清了一个事实，它动摇了收缩假说的地位。天文学家们抛弃了康德-拉普拉斯假说，代之以认为地球初始是冷的状态，而且从未整体熔融过的假说。物理学揭示了放射性现象，发现地壳中含有可察觉数量的天然放射性元素，它们的蜕变伴有相当大的热产生。最初的计算表明(这些计算建立在不正确的关于放射性元素分布的推断上，认为放射性元素在整个地壳和地幔中都有)，放射性元素蜕变产生的热不仅可以阻止地球变冷(如果它以前曾是熔融态的话)，而且可以使它重新热起来，甚至可以达到局部熔融。最后，地质学家们在褶皱山系中发现了大型推覆构造，如果用地壳收缩解释的话，要求地球体积在很短的时间里有大幅度的收缩，这在实际上是不可能发生的。收缩假说所面临的这样或那样的困难使大多数学者对它失去了信任。全球构造的解释需要新的假说，人们沿着不同的途径在寻找，并提出了很不相同的假说。

地槽与地台学说

地槽学说的出现使褶皱带发育在特定地理位置的问题变得容易回答：地槽填充了具有塑性的沉积物，褶皱作用也就在地槽带中发生。19世纪中叶，美洲的地质学也得到了迅速的发展。就像美国的经济发展一样，美国的地质学研究也是从东部逐渐向西部扩展的，而阿帕拉契亚山脉可以说是美国地质学的摇篮。美国地质学家霍尔(J. Hall, 1811—1898)对阿帕拉契亚的地质研究，把大地构造学说带到了新的起点。霍尔(1857)在长期的研究中发现，阿帕拉契亚山有一套地层自西向东逐渐增厚，在宾夕法尼亚地区厚度达到4万英尺。他认为如果以此推断当时北美大陆位于4万英尺的深海之下，那是十分愚蠢的，因为他确信他所涉及的地层都是浅水沉积。但霍尔认为山脉的形成与沉积层的褶皱无关，是大陆整体抬升后在地面流水的挖掘下形成的。遗憾的是他对山脉成因的错误认识掩盖了他对地槽的聪明发现，致使他的理论发表了十多年也没有引起人们的重视。当然历史是公正的，人们并没有因此而忘记他对地槽学说的巨大贡献。

1873年，美国地质学家丹纳(J. D. Dana, 1813—1895)在其论文"论地球冷缩的一些结果，包括山脉起源和地球内部性质的讨论"中将霍尔在阿帕拉契亚发现的长条形的沉积盆地命名为地槽(geosyncline)，从此地槽学说成为大地构造学说的主流。丹纳在考虑造山作用时注意到以下三个基本事实：其一，大洋中广泛分布着火山，这是洋壳非常活动的证据；其二，大陆腹地古老地层占据的地区没有现代火山，也很少发生地震，说明陆壳非常稳定；其三，受过强烈扰动的造山带和相伴的火成岩带和变质岩带大多出现在洋陆边界。丹纳认为地球的冷却过程是从大陆腹地开始的，并且使洋壳收缩塌陷，其派生的侧向压力在洋陆边界集中，使地壳发生弯曲形成地槽。地槽的形成需要一个长期的过程，才能形成巨厚的堆积。在地球冷却持续到一定阶段后，沉积层在侧向力的作用下也将发生褶皱，而且沉积越厚，褶皱也就越强烈，同时在深部岩浆的作用下发生变质作用。地槽在经过褶皱的剧变之后逐渐趋于稳定，成为大陆的组成部分，扩大了大陆的面积。在大陆边缘的褶皱山脉受到流水的剥蚀，逐渐地被夷平，剥蚀下来的碎屑物再一次被送到新的地槽中，孕育着下一次的褶皱造山。这就是丹纳的"大陆扩张学说"。

1887年，俄国学者卡尔宾斯基(А. П. Карпинский)研究欧洲东部的地质时发现，出露在芬兰、卡列里、乌克兰等地的前寒武纪岩石是广大的前寒武纪结晶基底的一部分，这个基底被产状平缓的沉积盖层所覆盖。这就是后来被称之为“俄罗斯地台”的，由基底和盖层构成的，地台双层构造概念。由于地台具有坚硬的结晶基底和几乎不变形的盖层，当时大多数地质学家都相信，地台在形成之后就不再遭受强烈的变形。

从霍尔 1857 年关于地槽概念的提出，经过几代人的努力，到 1965 年美国学者奥布英(J. Aubouin)出版的《地槽》一书，对槽台理论进行了全面的总结和提高，这个地球科学观在地质学界的影响超过了一百年的历史。即便是板块构造理论的提出，也还不能含盖槽台学说的所有内容，尤其是大陆构造的研究，许多相关的概念至今仍在使用。

地球膨胀假说

与收缩说完全对立的是地球膨胀假说，这个假说由德国学者希尔根伯格(O. C. Hilgenberg)于 1933 年提出：它以地球初始的连续陆壳因膨胀而解体成功地解释了年轻的大洋盆地的形成；但在解释古大洋封闭，在封闭大洋的位置上形成山系的褶皱-推覆构造中遇到了困难。地球体积有那么大的膨胀，以致产生那么大面积的大洋，其原因何在？这也是完全不清楚的(而地球直径不大的变化可以用地球内部热积累所引起的地幔物质的相转变导致地球直径变大；积累的热释放以后有相反的过程，又导致地球直径变小加以解释)。尽管这个假说面临那么严重的困难，但其对全球构造的解释与板块构造学说有一些相似之处，直到现在还有支持者。

脉动假说

新假说中与收缩假说最为相近的是脉动假说，它是由美国学者布克(W. H. Bucher)和葛利普(A. W. Grabau)、俄国学者乌索夫(M. A. Усов)等人所提出的。按这个假说，地球的体积时而增大，时而减小，有如脉动。在增大期形成断裂，出现地槽和大量玄武岩喷发，在缩小期地槽遭到挤压变形而结束，转变成褶皱山系，在褶皱山系的中心部位形成花岗岩(因为在挤压情况下，岩浆不能到达地表)。这样，脉动说解释了比收缩说所能解释的更多的现象。然而，它在解释诸如阿尔卑斯那样的褶皱山系中褶皱-推覆构造形成的原因时与受到地质学者们批评的收缩说一样无力。脉动说所遇到的更主要的反对意见是，在任何时期，例如现代，人们在地壳中可以见到挤压和拉张现象同时存在，前者表现在山系中，后者表现在裂谷带。可以认为挤压和拉张基本上是相互补偿的，因为古地磁和其他方面的证据表明，至少在最近的 400 Ma 以来地球的体积没有发生大的改变。

活动论假说

与所有的假说相比，走得更远的一个新思路是 21 世纪 20 年代初在理论地质学中出现的新方向——活动论。称它为活动沦的原因是，这个方向的支持者们认为大陆地块有可能有很大尺度(数千千米)的水平位移，或者按后来的说法是岩石圈板块相对于其下的地幔有大尺度的运动。而所有以前的假说都认为地壳或岩石圈与其下的地幔脱离开是不可能的，认为大陆相对于地幔是固定的，因此所有这些假说都合起来称为固定论。第一个相当完善的活动论方向的假说与德国地球物理学家魏格纳(A. Wegener)的名字相联系，他在 1912 年提出大陆漂移假说，经海底扩张学说的发展，最后形成了板块构造学说(见前述)。

固定论假说

20 世纪 30～50 年代,固定论概念占据了主导地位,实质上可以说是隆起假说的再生,这当然是在科学发展的更高阶段上的假说。像在隆起假说中一样,在这个概念里从地球内部岩浆的上升所引起的垂直运动占很重要的地位,上升是由于地幔物质被加热并继续进行着深部分异作用而造成的。按最新的方案,深部物质分异的底界是核、幔边界,而上升到地壳或岩石圈底部的岩浆柱的根在软流圈中。

固定论假说开始形成是在 20 世纪 30～40 年代,与别洛乌索夫和别梅林的名字相联系。可以用以下简短的方式表达别洛乌索夫假说的现代形式: 玄武岩熔体以巨大倒水滴状形式(称软流体)上升到岩石圈的底板,在岩石圈渗透性提高的情况下,导致玄武岩喷发至地表,同时岩石圈下沉。这样就产生了地槽拗陷,随后地槽拗陷中充填了沉积和火山物质。沉积和火山物质的堆积使玄武岩不可能喷至地表,就在深处冷却,同时把热传给地槽沉积,使后者发生变质作用和部分重熔作用而生成花岗岩。变质作用和花岗岩化作用伴随着岩石体积的增加,由于空间有限,这里的地壳就变厚了,地槽沉积也发生了褶皱,同时地槽沉积升至地表,形成了山岳地貌,这样就形成了年轻的褶皱山系。山系以及夷平后而形成的地台区的地壳对岩浆来说变得渗透性较小;所以当再有岩浆上升时,只能把这部分地壳(岩石圈)拱起,形成所谓再生的山系。最后,当有特别大量的熔融玄武岩上升的时候,可以使陆壳破裂,破裂后的碎块被玄武岩浆熔掉,熔不掉的残余下沉到软流圈的底部。这个过程导致大陆壳被大洋型地壳所代替,形成大洋盆。所以称该过程为大洋化(或者称为基性岩化,意思是由基性物质代替酸性地壳)。

别洛乌索夫的假说遇到的主要反对意见是,他的假说只给予水平运动以非常次要的地位,而现在能够证明的平移、逆冲和拉张运动的幅度可以达到几百甚至几千千米,这比幅度只有 10～20 km 的垂直运动大得多了。现在同样可以证实的是地槽形成于幅度很大的水平拉张条件下,而在地槽基础上,褶皱系的形成条件是同样幅度的水平挤压。洋底地壳的岩石化学特征表明,洋底岩石不可能是熔融了大陆地壳的玄武岩熔浆的产物,而是地幔物质局部。

18.3 地球科学的未来

地球科学的主要任务

在 20 世纪末期,各国科学家都曾对 21 世纪地球科学的发展方向进行了预测和展望。1988 年美国《时代》周刊将地球推选为该年度的"风云人物",把人类赖以生存的地球提高到了前所未有的位置。1992 年联合国在里约热内卢召开的环发会议,指出了人类在 21 世纪所面临的主要问题是人口、环境和资源,并提出了可持续发展的战略。为此,国家自然科学基金委员会组织专家在 1991 年编写了《地质科学》发展战略研究报告。1993 年美国国家研究委员会也编写了《固体地球科学与社会》一书,为 21 世纪的地球科学提出了四个目标: ① 了解所有研究领域的各种作用过程;② 满足自然资源的需求;③ 减轻地质灾害;④ 调节和缩小全球变化的影响。国家自然科学基金地学部主任钱祥麟教授也论述过 21 世纪地球科学的"目标是要使之成为一个清洁的地球、安全的地球和富裕的地球"。所有这些都明确地指出,21 世纪地球科学在发展学科自己的同时,必须适应于社会发展的需要,服务于经济建设和人类本身。由此可见，地质学家不再只关心地球上已经发生过的各种地质作用，也不再只是向地球索取，而更加关心正在发生和将来可能发生的各种事件和过程。面对21世纪地质科学新的任务和新的挑战，地质科学如果固守传统的研究方法，将会把自己局限在狭窄的领域里，地质科学需要有新的思维方式，才能够适应学科发展的需要。加拿大地质学家R. N. Farvolden和J. A. Cherry(1991)指出，传统的地质学已经为石油、矿产的勘探和开发、地质调查等部门提供了足够的技术力量，但面对21世纪的新任务，地质学家是否已经准备好了呢？毫无疑问，21世纪将成为地球科学大发展的世纪。

人口问题虽然与地球科学没有很直接的联系，但与人口相关的或者是引发的地球科学问题也是极为重要的，在这一领域中地质学家的任务主要是研究人地关系。

资源问题历来是地质科学所服务的主要对象，从地质学诞生之日起，寻找各种地球资源就是地质学的主要任务，并且形成了许多分支学科，如石油地质学、煤田地质学、矿床地质学等等，广义的资源还包括各种金属、非金属材料的开发利用。合理利用资源也是地球科学家研究的另一个重要问题，其任务是研究和发现各种矿物、岩石的特性及其用途，把各种资源用在刀刃上，如普通石英用于制造玻璃，而压电水晶则是很重要的电子材料。资源问题在许多情况下与环境问题是相关联的，人类在向地球索取资源和使用资源的同时，往往会带来许多环境问题，这些问题也在等待地球科学家解决。

对于我们赖以生存的唯一家园——地球母亲，人类曾把她作为一个永无穷尽的聚宝盆和随意抛弃废物的垃圾桶。人类一度就像一个任性的、不知轻重的孩子，恣意地向大自然索取，沾沾自喜于大自然对人类的无私的奉献，对生态环境一再发出的警示充耳不闻，视若无睹。由于森林遭到破坏，人类排放的温室气体日见增加，我们已经可以直接感受到温室效应带来的气温升高。地球上空由于污染而产生的臭氧空洞更是触目惊心，臭氧空洞中最大的一个比两个美国版图还大。工业污水、汽车废气、垃圾废物等等的排放，全方位地污染了环境的各大要素，土壤、大气、植被、海洋，不一而足。环境问题在21世纪将变得益发突出，地质学家也将面临着严峻的挑战。

自然灾害对人类经济、社会的发展造成了极其严重的危害，为此联合国将1990—1999年定为"国际减灾十年"，并成立了"联合国国际减灾委员会"。虽然国际减灾十年已经结束，但减灾的任务在21世纪依然是人类的重要任务。为了继续推进全球的减灾活动，联合国决定建立一个减灾特别工作组及秘书处，在联合国部门内部实施《国际减灾战略》(ISDR)。联合国还决定维持每年十月的第二个星期三为"国际减灾日"的做法，并要求继续组织开展活动。在各种自然灾害中，地质灾害是最为重要的一种类型，通过预报地质灾害的发生，减少灾害所造成的损失也是地质学家在21世纪的重要任务。

数字地球

1998年1月31日，当时的美国副总统戈尔在加利福尼亚科学中心的演讲中提出了"数字地球"的概念，立刻受到了世界各国政府和地球科学工作者的普遍重视，欧洲及日本、澳大利亚等一些发达国家已经开始实施"数字地球"计划。江泽民主席在1998年6月1日接见部分两院院士时特别强调了"数字地球"的意义。同年10月29日，在中科院地学部召开的"地球科学发展战略研讨会"上，"数字地球"成为到会科学家们最热门的话题，孙枢、马宗晋等院士都做了演讲，"数字地球"的重要意义毫无疑问地展现在我们面前。

数字地球将把有关地球及其相关现象的数据按地理坐标组织、整理和表示。这样，既体现了这些数据的内在的、有机的联系，又是以地球为“纲”，便于按地理坐标检索和使用。数字地球包含种类多样的信息，既有自然方面的，如地形、地貌、地质构造、矿藏分布、山脉河流、气候特点等；又有人文方面的，如历史沿革、风土人情、交通、文教、经济、金融、人口等。它不仅包括全球性的中、小比例尺的空间数据，也包括大比例尺的空间数据，不仅包括地球的各类多光谱、多时相、高分辨率的遥感卫星影像、航空影像，还包括有关可持续发展、农业、资源、环境、灾害、人口、全球变化、城市建设、教育、军事等等。可以说是包罗万象，应有尽有。

正是因为数字地球具有上面提到的特点和功能，所以通过数字地球，人们可以了解到世界上任何地方最新、最全面的实时的情况。从而数字地球在许多方面具有潜在的、广泛的应用前景，如：生态环境的保护、气候变化的预测、精细农业、减灾、打击犯罪活动、外交、国防等等。数字地球将使我们有可能对人为的和自然界的灾害作出快速响应，因此，“数字地球”计划的实施将产生广泛的社会和经济效益。

数字地球包括三个主要的组成部分，即信息的获取、信息的处理和信息的应用。它涉及诸多科学技术领域，其中，信息的获取虽然主要是地球科学的任务，但需要地球科学与其他技术领域的合作；信息的处理需要地球科学和信息科学技术的共同努力；信息的应用则是地球科学服务于社会的主要内容。无论是信息的获取，还是信息的处理和应用，都离不开计算技术、图像处理技术。

“数字地球”概念的提出，为我们展现了地质科学未来的光辉前景。

进一步阅读书目

章鸿钊. 中国地质学发展小史. 上海：商务印书馆，1955

孙荣圭. 地质科学史纲. 北京：北京大学出版社，1984

王仰之. 中国地质学简史. 北京：中国科学技术出版社，1994

吴凤鸣. 世界地质学史 国外部分. 长春：吉林教育出版社，1996

李仲均. 中国古代地质科学史研究. 西安：西安地图出版社，1999

吉利思俾 CC[美]著.《创世纪》与地质学. 杨静一译. 南昌：江西教育出版社，1999

Faul H, Faul C. It began with a stone: a history of geology from the Stone Age to the age of plate tectonics. New York: J. Wiley, 1983.

Montgomery C W. Physical Geology. Wm. C. Publishers, 1988

Tarbuck E J, Lutgens F K. Earth. Merrill Publishing Company, 1990

Wyatt J. Wordsworth and the geologists. Cambridge; New York: Cambridge University Press, 1995

Oldroyd D R. Thinking about the earth: a history of ideas in geology. London: Athlone Press, 1996

Plummer C C, McGeary D & Carlson D H. Physical Geology. WCB/McGraw-Hill, 1999

Ellenberger F. History of geology. VT: A. A. Balkema, 1999

Tarbuck E J, Lutgens F K. Earth. New Jersey: Prentice Hall, Inc. 2002